# 电机轴承应用技术

## 第 2 版

王 勇 才家刚 等编著

机 械 工 业 出 版 社

本书以图文并茂的形式，向广大读者介绍了电机常用滚动轴承的分类、代号表示方法、设计选型技术、润滑的机理和选型、油路及润滑设计、再润滑的周期计算、寿命计算、装配和拆卸工艺、外形尺寸和游隙的测量，电机运行中的轴承噪声与振动分析、测量及故障处理，日常维护保养和运行监测，轴承失效分析、常见故障分析和判断等方面的知识。最后一章以问答的形式给出了一些轴承故障案例。附录给出了常用滚动轴承的使用参数、我国新旧轴承型号对比、中外轴承型号对比、常用轴承游隙等资料，供读者选型时参考使用。

　　本书可供电机设计和研究人员学习参考，可作为与轴承有关的设备使用和维修人员的日常工作指导用书，也可用作技术学校相关专业师生的教材和参考资料。

## 图书在版编目（CIP）数据

电机轴承应用技术/王勇等编著. —2 版 .—北京：机械工业出版社，2023. 12

ISBN 978-7-111-73900-5

Ⅰ.①电… Ⅱ.①王… Ⅲ.①电机 - 轴承 Ⅳ.①TM303.5

中国国家版本馆 CIP 数据核字（2023）第 176791 号

机械工业出版社（北京市百万庄大街22号　邮政编码100037）

策划编辑：江婧婧　　　　　责任编辑：江婧婧
责任校对：郑　婕　张　薇　封面设计：鞠　杨
责任印制：单爱军
北京虎彩文化传播有限公司印刷
2023 年 12 月第 2 版第 1 次印刷
169mm×239mm · 21.5 印张 · 443 千字
标准书号：ISBN 978-7-111-73900-5
定价：109.00 元

电话服务　　　　　　　　　网络服务

客服电话：010 - 88361066　　机 工 官 网：www. cmpbook. com
　　　　　010 - 88379833　　机 工 官 博：weibo. com/cmp1952
　　　　　010 - 68326294　　金 书 网：www. golden - book. com
**封底无防伪标均为盗版**　　机工教育服务网：www. cmpedu. com

# 第 2 版前言

《电机轴承应用技术》出版 3 年多以来，受到了广大电机工程师的热烈欢迎。原本编写这本书的目的是给电机设计人员提供一个系统的设计参考资料，出乎作者意料的是，该书发行之后，还得到了很多设备厂家的电机使用者、大专院校的学生和老师，以及轴承行业从业人员的支持和鼓励。

得益于现代信息沟通工具的便捷性，作者经常通过"电机轴承问题终结者"公众号与数千名读者进行实时直接沟通。在这些沟通中，作者有时回答一些读者的问题，有时也发现了书中的一些需要进一步完善和补充的地方。鉴于此，萌生了编写《电机轴承应用技术》（第 2 版）的想法，以对第 1 版进行内容的调整补充。

本次调整和补充的主要内容如下：

（1）对第一章中轴承基础知识部分进行了修订和补充。将书中引用的标准等信息进行了更新，同时删除了过时的标准和相应的内容；增加了电机最常用几种类型轴承的性能简介，以便于电机轴承工程师随时查阅和了解。

（2）重新撰写了第五章。第 1 版中在第五章介绍了电机轴承寿命校核计算的相应内容，并给出算例。第 2 版中增加了电机轴承受力计算、电机轴承当量负荷计算、电机轴承寿命调整等内容。同时将第 1 版中电机轴承寿命计算的方法重新进行了梳理。在第 2 版中增加了电机轴承校核计算的其他内容，包括电机轴承最小负荷计算、电机轴承温度、润滑校核等。这样就可以涵盖电机轴承校核计算的大部分内容。

（3）重新编写了第九章轴承失效分析的内容，根据最新发布的国家标准，更新了轴承失效分类以及相关的命名等内容。

（4）增加了第十章基于大数据和人工智能技术的电机轴承智能运维的内容。随着工业智能化的发展，大数据技术与人工智能技术被广泛应用，在电机轴承运维过程中，数据分析技术的应用也越来越成为广大电机工程师需要学习和了解的内容。因为这些技术在电机轴承应用中是处于运行过程中的应用，按照时间顺序应该放在投入使用之后，处于状态监测实现到轴承失效之间，所以这一章本应设置在轴承失效分析之前，但是这部分技术相对比较前沿和新颖，与以往技术有很大差别，需要工程师具有相应的数据处理基础和编程基础，专业知识差距较大，因此放在第十章进行介绍。工业大数据和人工智能技术在工业领域中的落地应用尚在探索阶段，本书仅根据作者近年来的实践经验，结合实际案例梳理这部分技术内容的工程实际应用，并非系统介绍相关技术，仅供有关技术人员参考借鉴。

（5）修正了第 1 版中的印刷错误。

本次再版的修订工作主要由王勇完成，才家刚负责部分修改，参加修订工作的还有赵明、常东方、齐永红、王爱军、王爱红、陆民凤、才家彬、赵文杰。

由于编者水平有限，书中难免有不妥甚至错误之处，望各位读者批评指正。

编　者

2023 年 5 月

# 第 1 版前言

电机分为电动机和发电机两大类，其中电动机占绝大部分，是广泛用于各种机械的动力设备。轴承是保障电机正常运行的关键。

电机中所用轴承主要有滚动轴承和滑动轴承两大类，其中滚动轴承应用较多，是本书要介绍的内容。

对于从事电机设计的工程技术人员（本书中简称为电机设计人员）而言，轴承的选择是电机机械结构设计中无法回避的话题，对于从事电机生产及使用和维修的工程技术人员来说，对轴承的装配、拆卸和故障分析诊断是从业人员必备的技能。

选择、应用和维护电机轴承需要做的工作可以概括为如图 1 所示的几个步骤。

图 1　电机轴承的选择、应用和维护

完成上述工作需要具备的知识如图 2 所示。

显然，轴承在电机中的应用技术有其本身的体系。应用技术是根据设备运行工况要求，对给定产品进行选择、使用、维护、分析等方面工作的技术。应用技术的边界条件是"工况要求"和"给定产品"。与设计技术不同的是，应用技术不涉及改变工况要求和改变产品设计。或者说，应用技术是把产品性能用到最佳、使之得以充分发挥其性能的技术。

在现代的教育体系中，对于电机专业而言，有电机的设计、制造、控制技术的教学；对于轴承专业（目前专业名称有所调整）而言，有轴承设计、制造方面的教

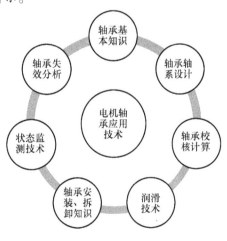

图 2　电机轴承应用知识

学，而对专门的应用技术所谈甚少。由于对应用技术的教育空白，在实际工作中经常遇到的问题往往只能靠摸索和经验的积累来解决。即便在技术资料方面，也很难寻找到成体系的介绍。

正是由于工程技术人员这样的知识体系，造成有些人把设计制造技术用于应用

领域，或者把应用技术归于纯经验，甚至认为存在某种不可知性。

在电机的轴承应用领域，简单地将研发设计技术用于应用领域时，技术人员会经常提出根据工况的设计更改。须知，轴承是标准件，通常在普遍设计不适用的情况下确实存在更改设计的需求，但是在"物尽其用"之前，轻易地提出修改设计，会造成成本的增加，同时轴承在电机中的使用会遇到后续维护通用性不好、难以寻找备品配件的情况。对于电机设计人员而言，轴承知识并非专业技术的核心内容，如果缺乏轴承应用知识，会直接求助于轴承专业技术人员；而轴承工程技术人员如果对应用工况以及应用技术了解不足，就会盲目地修改轴承设计。更有甚者，由于相互沟通不良，会造成工程问题中的责任不清，甚至扯皮。这样的情况在电机制造商和轴承供应商之间频频发生。

另一方面，由于缺乏轴承应用技术教育，一些工程技术人员将应用技术归纳为纯经验领域的学问。日常的轴承应用技术教育都是面对工程实际的口传心授。不同的人有不同的理解，以及不同的表达和传授方式，导致电机轴承应用技术陷入一种标准模糊的境地。甚至很多工程技术人员认为电机轴承存在一些很难解决的问题，而事实并非如此。

实际上，从前面的介绍也可以看出，电机轴承应用技术其实有其自身的体系，这个知识体系并不是独立于电机技术和轴承技术而单独存在的。相反地，电机轴承应用技术和电机技术、轴承技术存在千丝万缕的联系，同时又有其独特的方面。整个电机轴承应用技术处于两个学科的边缘部分，又自成体系。它们之间的关系如图 3 所示。

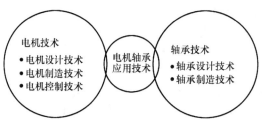

图 3　电机轴承应用技术与相关领域技术的关系

电机轴承应用技术作为"边缘技术"，是电机生产、设计、制造、维护的相关实际工作中最常用的一门技术。其需求的频繁出现和目前电机轴承应用技术教育的空缺给很多工程技术人员造成了困扰。

事实上，国内外很多工程技术人员，经过多年的知识和经验积累，已经逐渐形成电机轴承应用技术的知识体系。很多轴承的应用标准和电机轴承的标准，就是这些技术进展的一个体现。这些规范说明电机轴承应用技术并非零散的经验累积，很多知识有明确规范的使用和解释。遗憾的是，目前市场上很难见到一本系统化介绍电机轴承应用技术的书籍。所以希望本书能够贡献一份力量。

  本书将电机轴承应用知识分为 11 个部分：①电机轴承基础知识；②电机常用滚动轴承的性能及选择；③电机轴系中的轴承结构配置及选择；④电机轴承润滑选择和应用；⑤滚动轴承寿命计算；⑥滚动轴承的装配和拆卸工艺；⑦电机运行中的轴承噪声与振动分析；⑧电机轴承维护与状态监测；⑨电机轴承失效分析；⑩电机轴承在使用前和使用中的检测；⑪电机轴承应用技术问答 61 例。在这些内容中，电机轴承噪声与振动分析部分和最后的应用技术问答部分一样，属于对诸多领域知识的综合应用，其他部分是相对独立的应用知识介绍。

  需要说明的是，本书中各个章节的知识是相互联系的，而非单独割裂的。在实际工作中，面对一个问题，经常需要同时考虑这些知识模块中的各种可能因素，而这些因素之间其实也是相互影响的。比如，在电机轴承轴系设计中，考虑了选什么轴承，如何在轴系中进行布置，进而对轴承进行校核。很有可能校核的结果导致轴承选型的改变，然后又进入轴系设计步骤。在这个过程中交叉运用了轴承基本知识、轴系配置知识、校核计算、润滑甚至安装拆卸等多方面知识。在本书中，只是为了将轴承应用技术进行系统化梳理，才根据实际应用的大致流程进行了切割和排序，而这并不意味着知识的割裂。

  但是，另一方面，本书的内容编排也反映了一些应用技术的流程，同时也界定了某些区别和差异。比如在轴承失效分析和状态监测部分，很多资料都是完整地介绍完轴承的安装拆卸之后讨论失效分析，最后介绍状态监测。事实上，这样的排序模糊了状态监测和轴承失效分析的前后顺序，同时也模糊了两个技术环节之间的相互关系和界限。本书在轴承失效分析和状态监测部分用了一定的篇幅介绍目的、意义和两门技术之间的联系，就是为了帮助读者厘清这两部分技术的关系。

  本书在介绍各个领域技术时，除了着重介绍技术本身"是什么"之外，还着重说明"为什么"。目前很多标准及技术资料对"是什么"的问题已经有了较多描述，但是就"为什么"的问题论述相对较少。在实际工作中也经常遇到电机设计人员坚持"是什么"的教条，而由于不了解"为什么"，便不敢进行变通。希望通过本书的介绍，可以让读者真正掌握电机轴承应用技术，而非知其然不知其所以然。

  本书在介绍过程中尽量避免过多的理论探讨，我们希望通过对实践问题的解决和理论之间的印证能帮助大家更好地理解电机轴承应用技术。

  书中还穿插介绍了一些在国内电机生产中实际遇到的问题以及分析和解决方法，希望能帮助更多的同行解决问题。

  实际上，电机轴承应用技术除了本书所说的一些分类知识以外，还有一些难以被分类、分散在其他领域的知识。在最后一章中，也对一些问题的解答做了补充。

  在前些年，本书编者曾出版过《滚动轴承使用常识》（第 1 版和第 2 版）。本书借用了其中大部分内容。本书中的有些数据来源于国家和行业标准、轴承生产企业的样本和使用手册；引用了刘泽九先生主编的《滚动轴承应用手册》（第 3 版）

中的一些轴承数据。在此，对刘泽九先生及其他相关作者表示衷心的感谢。

　　本书编者中，才家刚编写了第一章、第六章、第十章和附录，以及第十一章的部分内容，并对全书进行统稿；王勇编写了前言、第二章、第三章、第五章、第七～九章以及第四章和第十一章的大部分内容；赵明、赵文杰、齐永红、李红、薛红秋、齐岳等参与了部分内容的编写、资料收集、绘图、打字、校核和修改等工作。

　　由于编者知识水平和实践经验有限，书中难免有不准确甚至错误之处。恳请在电机和轴承行业工作的专家以及广大工作在一线的电机使用和维修人员提出宝贵的意见和建议，在此表示感谢。

编　者

# 目 录

# 第一章 电机轴承基础知识

## 第一节 轴 承 概 述

### 一、轴承的发展史

轴承作为旋转机械中最重要的零部件种类之一，其历史可以追溯到古埃及时期。人类最早使用的"轴承"通常是以直线运动形式减小摩擦，以便于挪动重量巨大的物体。那时候，轴承的概念仅仅是一个原理模型，这样的应用最早可以追溯到修建吉萨姆金字塔的时候。

早期人们在车辆中需要使用一定的装置来减少轮轴与轮毂的摩擦，最简单的轴套轴承就在那个时候被广泛应用。1760 年，英国人约翰·哈里森（John Harrison）在制作海上航行使用的精密航海钟的过程中，发明了带有保持架的滚动轴承。这是最早投入使用的具有保持架的滚动轴承。

具有保持架的滚动轴承诞生之后，在大规模生产的时候，工程师们遇到的最大的困扰就是如何大批量地生产出高精度的钢球以及滚子。1883 年，德国人弗里德里希·费舍尔发明了一种可以大量生产高精度钢球的球磨机。这一发明被认为是后来滚动轴承工业的开端，随着这一发明的应用，滚动轴承迅速扩展到全世界。1905 年，弗里德里希·费舍尔创建了 FAG（Fischers Aktiengesellschaft，费舍尔股份有限公司），后被舍弗勒集团收购。

1895 年，亨利·铁姆肯（Henry Timken）发明了圆锥滚子轴承，并于 1898 年获得圆锥滚子轴承专利。1899 年铁姆肯公司成立，从此为客户带来了可承受较大复合载荷的滚子轴承。

当时市场上有了可以承受径向载荷、轴向载荷以及复合载荷的轴承，但是对于方向变动载荷或者是需要调心的载荷承载还是问题。1907 年，瑞典人斯文·温奎斯特（Sven Wingquist）发明了调心球轴承，并成立了斯凯孚（Svenska Kullarger‑Fabriken，SKF）公司，后来 SKF 又发明了调心滚子轴承。

至此，滚动轴承的主要品类已经全部诞生了，现代轴承工业代表品牌及其生产已经成型。时至今日，这些轴承类型依然涵盖了工程领域使用的主要滚动轴承类型。

## 二、摩擦与轴承

轴承的主要作用是减少机械转动时候相互接触又相对运动的表面摩擦。摩擦通常分为静摩擦、滑动摩擦和滚动摩擦。

当两个相互接触的物体有相对运动趋势而并未出现相互之间的位置改变的时候，接触表面的阻力就是静摩擦力。

当物体相对运动的趋势增大到一定程度，克服了静摩擦的最大值的时候，便出现了相对运动以及相对位置的改变。这个静摩擦的最大值就是最大静摩擦力。而当相互接触的物体发生相对运动时候，物体之间的摩擦力就是滑动摩擦，或者滚动摩擦。

除了接触表面的正压力以外，决定接触表面摩擦力大小的条件还包括接触表面的粗糙度、硬度以及润滑条件。而摩擦系数用来描述接触表面在一定正压力下产生摩擦阻力的程度。一般地，滑动摩擦系数为 0.1~0.2；滚动摩擦系数为 0.001~0.002。可见滚动摩擦与滑动摩擦相比具有更小的摩擦系数。

## 三、轴承分类

正是由于摩擦形式的不同，轴承可以依次分为滚动轴承和滑动轴承。

滚动摩擦是滚动轴承内部滚动体与滚道之间主要的摩擦形式，而滑动摩擦是滑动轴承两个轴承圈之间的摩擦形式，二者对比见表1-1。

表1-1　滚动轴承与滑动轴承对比

| 对比条件 | 滚动轴承 | 滑动轴承 |
| --- | --- | --- |
| 起动摩擦转矩 | 小 | 很大 |
| 运行摩擦转矩 | 很小 | 大 |
| 油脂润滑 | 可用 | 不可用 |
| 油润滑 | 可用 | 可用 |
| 立式安装 | 可用 | 需要特殊设计 |
| 高转速 | 可用 | 可用 |
| 低转速 | 可用 | 不适合 |
| 承受重载荷能力 | 一般 | 适合 |
| 频繁起动 | 可用 | 不适合 |

在一般的中小型电机中滚动轴承应用较广泛，是本书要介绍的内容。本书后续内容如果没有特殊说明，均指滚动轴承。

滚动轴承的种类虽然繁多，但都已成为"标准件"，具有统一的编号形式，使用时按样本选用即可。

## （一）按轴承的尺寸大小分类

轴承的大小是按其公称外径尺寸大小来确定的，具体规定见表1-2。

表1-2　轴承按照其公称外径尺寸大小分类　　　　（单位：mm）

| 类型 | 微型 | 小型 | 中小型 | 中大型 | 大型 | 特大型 | 重大型 |
|---|---|---|---|---|---|---|---|
| 公称外径尺寸 $D$ | $D \leqslant 26$ | $26 < D \leqslant 60$ | $60 < D \leqslant 120$ | $120 < D \leqslant 200$ | $200 < D \leqslant 440$ | $440 < D \leqslant 2000$ | $>2000$ |

## （二）按承受载荷方向、公称接触角及滚动体形状分类

### 1. 公称接触角的定义

公称接触角（用符号 $\alpha$ 表示）是指滚动体与滚道接触区中点处滚动体载荷向量与轴承径向平面之间的夹角。一般滚动体载荷作用在接触区的中心与接触表面垂直，所以接触角即指接触面中心与滚动体中心的连线与轴承径向平面之间的夹角。

通过滚动体中心与轴承轴线垂直的平面称为轴承的径向平面；包含轴承中心线的平面称为轴向平面。

图1-1为几种类型轴承接触角的表示方法。

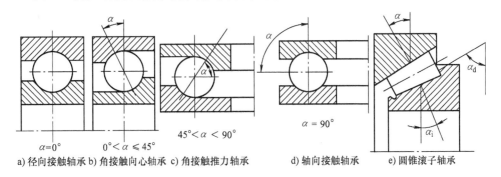

a) 径向接触轴承　b) 角接触向心轴承　c) 角接触推力轴承　　　d) 轴向接触轴承　　　e) 圆锥滚子轴承

图1-1　几种类型轴承接触角的表示方法

### 2. 分类

根据GB/T 271—2017《滚动轴承 分类》，将滚动轴承按其所能承受的载荷方向或公称接触角的不同分为向心轴承和推力轴承；按滚动体形状不同分为球轴承和滚子轴承；综上，滚动轴承按所能承受载荷方向、公称接触角及滚动体形状分类见表1-3。

表1-3　滚动轴承按所能承受载荷方向、公称接触角及滚动体形状分类

| 序号 | 分 类 | | |
|---|---|---|---|
| 1 | 向心轴承<br>（公称接触角<br>$0° \leqslant \alpha \leqslant 45°$） | 径向接触轴承<br>（$\alpha = 0°$） | 径向接触轴承，又称为深沟球轴承 |
| | | | 圆柱滚子轴承 |
| | | | 滚针轴承 |

（续）

| 序号 | 分　　类 | | | |
|---|---|---|---|---|
| 1 | 向心轴承<br>（公称接触角<br>$0° \leqslant \alpha \leqslant 45°$） | | 径向接触轴承<br>（$\alpha = 0°$） | |
| | | 角接触向心轴承<br>（$0° < \alpha \leqslant 45°$） | 调心球轴承 | |
| | | | 角接触球轴承 | |
| | | | 调心滚子轴承 | |
| | | | 圆锥滚子轴承 | |
| 2 | 推力轴承<br>（公称接触角<br>$45° < \alpha \leqslant 90°$） | | 轴向接触轴承<br>（$\alpha = 90°$） | 轴向接触球轴承，又称为推力球轴承 |
| | | | | 推力圆柱滚子轴承 |
| | | | 推力角接触轴承<br>（$45° < \alpha < 90°$） | 推力滚针轴承 |
| | | | | 推力角接触球轴承 |
| | | | | 推力圆锥滚子轴承 |
| | | | | 推力调心滚子轴承 |
| 3 | 组合轴承（一套轴承内有两种或两种以上轴承组合而成的轴承组） | | | |

### （三）按轴承的结构分类

按结构的不同，滚动轴承有很多分类形式，常用轴承类型见表1-4。

表1-4　常用轴承类型

| 序号 | 名称 | 定义 |
|---|---|---|
| 1 | 向心轴承 | 主要用于承受径向载荷的滚动轴承，公称接触角为 $0° \leqslant \alpha \leqslant 45°$ |
| | 径向接触轴承 | 公称接触角为 $0°$ 的向心轴承 |
| | 角接触向心轴承 | 公称接触角为 $0° < \alpha \leqslant 45°$ 的轴承 |
| 2 | 推力轴承 | 主要用于承受轴向载荷的轴承，公称接触角为 $45° < \alpha \leqslant 90°$ |
| | 轴向接触轴承 | 公称接触角为 $90°$ 的推力轴承 |
| | 推力角接触轴承 | 公称接触角为 $45° < \alpha < 90°$ 的推力轴承 |
| 3 | 球轴承 | 滚动体为球的轴承 |
| 4 | 滚子轴承 | 滚动体为滚子，按滚子的形状，又可分为圆柱滚子轴承、圆锥滚子轴承、滚针轴承、球面滚子轴承（调心滚子轴承）等 |
| 5 | 调心轴承 | 滚道是球面形的，能适应两滚道轴心线间的角偏差及角运动的轴承 |
| 6 | 非调心轴承（刚性轴承） | 能阻抗滚道间轴心线角偏移的轴承 |
| 7 | 单列轴承 | 具有一列滚动体的轴承 |
| 8 | 双列轴承 | 具有两列滚动体的轴承 |
| 9 | 多列轴承 | 具有多于两列的滚动体，并且承受同一方向载荷的轴承 |
| 10 | 可分离轴承 | 具有可分离部件的轴承，俗称活套轴承 |

（续）

| 序号 | 名　称 | 定　义 |
|---|---|---|
| 11 | 不可分离轴承 | 轴承在最终配套后，套圈均不能任意自由分离的轴承 |
| 12 | 密封轴承 | 带密封圈的轴承，有单密封和双密封之分 |
| 13 | 沟形球轴承 | 滚道一般为沟形，沟的圆弧半径略大于球半径的滚动轴承 |
| 14 | 深沟球轴承 | 每个套圈均具有横截面弧长为球周长 1/3 的连续沟道的向心球轴承 |

### （四）几种特殊工况下使用的轴承

当设备运行在特殊环境中或具有特殊运行要求的场合时，需用配置符合要求的特殊轴承。几种特殊工况下使用的轴承见表 1-5。

表 1-5　几种特殊工况下使用的轴承

| 名称 | 定义和性能简介 |
|---|---|
| 高速轴承 | 通常指外圈直径与内圈转速的乘积 $> 1 \times 10^6 \, \mathrm{mm \cdot r/min}$ 的滚动轴承。滚动体的质量相对较小，选用特轻或超轻直径系列，有些滚子会是空心的或陶瓷的 |
| 高温轴承 | 工作温度高于 120℃ 的轴承。其零部件需经过特殊的高温回火和尺寸稳定处理，保持架通常使用黄铜或硅铁合金材料制造，160℃ 以上的轴承需用高温润滑脂 |
| 低温轴承 | 工作温度低于 −60℃ 的轴承。可以采用不锈钢制造，保持架用相同材料或聚四氯乙烯复合材料制造，应使用低温润滑脂 |
| 耐腐蚀轴承 | 可在具有腐蚀性介质中运行的轴承。一般采用不锈钢制造（承载能力较差），对于浓酸、烧碱和熔融环境，则需要使用陶瓷材料 |
| 防磁轴承 | 可在较强磁场中工作而不产生涡流损伤的轴承。由非磁性材料制成，例如铍青铜（承载能力较差）和陶瓷等 |
| 自润滑轴承 | 采用以保持架作润滑源的转移润滑方法，维持正常运转的一种特殊轴承。一般用不锈轴承钢制造，性能要求较高时用陶瓷材料，保持架由润滑材料与基体材料（粉末状）烧结而成 |
| 陶瓷轴承 | 用陶瓷材料制成的轴承。用于高速、高温、低温、强磁场、真空、高压等很多恶劣环境中，承载能力高，摩擦系数小，寿命长，可实现自润滑 |

## 四、滚动轴承的基本结构、组成部件以及各部位的名称

一般的滚动轴承都有轴承套圈、滚动体、保持架三个最基本的组成部分。其中轴承套圈包括轴承的外圈以及轴承的内圈。

不同设计的轴承还可能包含密封件、润滑、各种形式的挡圈等结构。图 1-2 为深沟球轴承各组成部分。

密封　外圈　滚动体　保持架　内圈　密封

图1-2　深沟球轴承各组成部分

## （一）常用系列部件及各部位的名称

常用的单列向心深沟球轴承、圆柱滚子轴承、圆锥滚子轴承、角接触球轴承、推力球轴承的各部件及各部位的名称如图1-3所示。

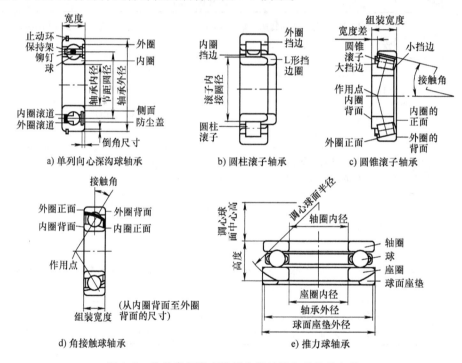

a) 单列向心深沟球轴承　　　b) 圆柱滚子轴承　　　c) 圆锥滚子轴承

d) 角接触球轴承　　　e) 推力球轴承

图1-3　几种常用类型轴承各部件及各部位的名称

## （二）密封装置

很多小型球轴承以及一些调心滚子轴承等有各种密封装置，用于封住内部的油脂和防止外面的粉尘进入（所以也称为"防尘盖"），并分单边或双边两种。在我国标准 GB/T 272—2017《滚动轴承 代号方法》以及 JB/T 2974—2004《滚动轴承 代号方法的补充规定》中规定：用字母和数字标注在规格型号后面，单边的称为

Z 型，双边的称为 2Z 型。常用的有"-Z"（轴承一面带防尘盖，例如6210-Z）、"-2Z"（轴承两面带防尘盖，例如 6210-2Z）、"-RZ"（轴承一面带非接触式骨架橡胶密封圈，例如 6210-RZ）、"-2RZ"（轴承两面带非接触式骨架橡胶密封圈，例如 6210-2RZ）、"-RS"（轴承一面带接触式骨架橡胶密封圈，例如6210-RS）、"-2RS"（轴承两面带接触式骨架橡胶密封圈，例如 6210-2RS）等符号，如图 1-4所示为深沟球轴承的密封类型。

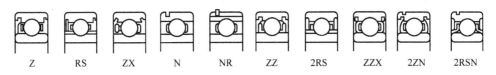

| Z | RS | ZX | N | NR | ZZ | 2RS | ZZX | 2ZN | 2RSN |

图 1-4　深沟球轴承的密封类型

### （三）保持架

保持架在轴承中是用于分隔引导滚动体的运行的元件。它可以防止滚动体之间的金属直接接触带来的摩擦和发热，同时为润滑提供了空间，对于分离式的轴承在安装和拆卸的过程中也起到了固定滚动体的作用。

保持架有用于球轴承的波浪式和柱式及圆锥轴承的花篮式、筐式等多种形式，波浪式的材质一般用钢材冲压制成，花篮式的材质则有实体黄铜、工程塑料、钢或球墨铸铁、钢板冲压、铜板冲压等多种。其形状如图 1-5 所示，保持架所用材料的字母和数字代号见表 1-6。

图 1-5　滚动轴承的保持架

表 1-6　保持架材料代号

| 代号 | 材 料 名 称 |
| --- | --- |
| F | 钢、球墨铸铁或粉末冶金实体保持架，用附加数字表示不同的材料：F1—碳钢；F2—石墨钢；F3—球墨铸铁；F4—粉末冶金 |
| M | 黄铜实体保持架 |
| T | 酚醛层压布管实体保持架 |

（续）

| 代号 | 材 料 名 称 |
|------|------------|
| TH | 玻璃纤维增强酚醛树脂保持架（筐形） |
| TN | 工程塑料模注保持架，用附加数字表示不同的材料：TN1—尼龙；TN2—聚砜；TN3—聚酰亚胺；TN4—聚碳酸酯；TN5—聚甲醛 |
| J | 钢板冲压保持架，材料有变化时附加数字区别 |
| Y | 铜板冲压保持架，材料有变化时附加数字区别 |
| V | 满装滚动体（无保持架） |

### （四）滚动体

滚动体按其形状分类，有球形、圆柱形（含短圆柱形、长圆柱形和针形）、锥形（实际为圆台形）、球面形（鼓形）和针形等几种（见图 1-6）。

球形滚子　　　圆柱形滚子　　　锥形滚子　　　球面形(鼓形)滚子　　　针形滚子

图 1-6　滚动体的类型

## 五、滚动轴承代号

### （一）代号的三个部分名称及包含的内容

GB/T 272—2017《滚动轴承 代号方法》规定了滚动轴承代号的编制方法。其中规定滚动轴承代号由前置代号、基本代号和后置代号共 3 个部分组成，其排列见表 1-7。由于第 1 部分（前置代号）对于识别整套轴承意义不大，所以下面仅介绍第 2 和第 3 部分所包含的内容。

表 1-7　滚动轴承代号的构成

| 顺序 | 1 | 2 | | | | 3 | | | | | | | |
|------|---|---|---|---|---|---|---|---|---|---|---|---|---|
| | 前置代号 | 基本代号 | | | | 后置代号 | | | | | | | |
| | | | 尺寸系列 | | | 1 | 2 | 3 | 4 | 5 | 6 | 7 | 8 |
| 内容 | 成套轴承分部件 | 类型 | 宽/高度系列 | 直径系列 | 内径 | 接触角 | 内部结构 | 密封与防尘套圈变形 | 保持架及其材料 | 轴承材料 | 公差等级 | 游隙 | 配置 | 其他 |

### （二）基本代号和所包含的内容

1. 类型代号

基本代号中的类型代号用数字或字母符号表示，各自所代表的内容见表 1-8，为滚动轴承基本代号中轴承类型所用符号，对应示例如图 1-7 所示，为常用和特殊用途滚动轴承外形和局部断面图。

表 1-8　滚动轴承基本代号中轴承类型所用符号

| 代号 | 轴承类型 | 图例 | 代号 | 轴承类型 | 图例 |
|---|---|---|---|---|---|
| 0 | 双列角接触球轴承 | 图 1-7a | 7 | 角接触球轴承 | 图 1-7h |
| 1 | 调心球轴承 | 图 1-7b | 8 | 推力圆柱滚子轴承 | 图 1-7i |
| 2 | 调心滚子和推力调心滚子轴承 | 图 1-7c | N | 圆柱滚子轴承（双列或多列用 NN 表示） | 图 1-7j |
| 3 | 圆锥滚子轴承 | 图 1-7d | QJ | 四点接触球轴承 | 图 1-7m |
| 4 | 双列深沟球轴承 | 图 1-7e | U | 外球面球轴承 | |
| 5 | 推力球轴承 | 图 1-7f | C | 长弧面滚子轴承 | |
| 6 | 深沟球轴承 | 图 1-7g | | | |

注：在表中代号后或前加字母或数字，表示该类轴承中的不同结构。

a) 00000型　　b) 10000型　　c) 20000型　　d) 30000型

e) 40000型　f) 50000型　　g) 60000型　　h) 70000型

i) 80000型　　j) N和NN0000型　　k) NU0000型　　l) NJ0000型

m) QJ0000型　　n) RNA0000型

图 1-7　常用和特殊用途滚动轴承外形和局部断面图

**2. 尺寸系列代号**

基本代号中的尺寸系列代号用两位数字表示，前一位是轴承的宽度（对向心轴承）或高度（对推力轴承）系列代号，后一位是轴承的直径（外径）系列代号，例如"58"表示该轴承的宽度系列为5、直径系列为8的向心轴承,详见表1-9,为滚动轴承尺寸系列代号。

表1-9 滚动轴承尺寸系列代号

| 直径系列代号 | 向心轴承 | | | | | | | | 推力轴承 | | | |
|---|---|---|---|---|---|---|---|---|---|---|---|---|
| | 宽度系列代号 | | | | | | | | 高度系列代号 | | | |
| | 8 | 0 | 1 | 2 | 3 | 4 | 5 | 6 | 7 | 9 | 1 | 2 |
| | 尺寸系列代号 | | | | | | | | 尺寸系列代号 | | | |
| 7 | — | — | 17 | — | 37 | — | — | — | — | — | — | - |
| 8 | — | 08 | 18 | 28 | 38 | 48 | 58 | 68 | — | — | — | — |
| 9 | — | 09 | 19 | 29 | 39 | 49 | 59 | 69 | — | — | — | — |
| 0 | — | 00 | 10 | 20 | 30 | 40 | 50 | 60 | 70 | 90 | 10 | — |
| 1 | — | 01 | 11 | 21 | 31 | 41 | 51 | 61 | 71 | 91 | 11 | — |
| 2 | 82 | 02 | 12 | 22 | 32 | 42 | 52 | 62 | 72 | 92 | 12 | 22 |
| 3 | 83 | 03 | 13 | 23 | 33 | — | — | — | 73 | 93 | 13 | 23 |
| 4 | — | 04 | — | 24 | — | — | — | — | 74 | 94 | 14 | 24 |
| 5 | — | — | — | — | - | — | — | - | — | 95 | — | — |

在和类型代号合写成组合代号(轴承系列代号)时,前一位是0的,可省略(另有其他可省略的情况,详见表1-10,为滚动轴承内径系列代号)。

宽度、高度、直径(外径)的实际尺寸数值,将根据其代号从相关表中查得。

3. 内径系列代号

基本代号中的内径尺寸系列代号用数字表示,根据尺寸大小的不同,表示方法也有所不同,详见表1-10,为滚动轴承内径系列代号,其中 $d$ 为轴承内径,单位为 mm。

表1-10 滚动轴承内径系列代号

| 公称内径/mm | | 内径系列代号 | 示例 |
|---|---|---|---|
| 0.6~10(非整数) | | 用公称内径毫米数直接表示,在其与尺寸系列代号之间用"/"分开 | 深沟球轴承 618/2.5, $d$ = 2.5mm |
| 1~9(整数) | | 用公称内径毫米数直接表示,对深沟球轴承及角接触球轴承7、8、9直径系列,内径尺寸系列与尺寸系列代号之间用"/"分开 | 深沟球轴承 62/5,618/5, $d$ = 5mm |
| 10~17 | 10 | 00 | 深沟球轴承 62/00, $d$ = 10mm |
| | 12 | 01 | 深沟球轴承 619/02, $d$ = 15mm |
| | 15 | 02 | |
| | 17 | 03 | |

（续）

| 公称内径/mm | 内径系列代号 | 示例 |
|---|---|---|
| 20～480<br>（22、28、32除外） | 公称内径毫米数除以5的商数，如商数为个位数，需在商数左边加"0" | 推力球轴承591/20，$d=100$mm<br>深沟球轴承632/08，$d=40$mm |
| ≥500以及<br>22、28、32 | 用公称内径毫米数直接表示，在其与尺寸系列代号之间用"/"分开 | 深沟球轴承62/22，$d=22$mm<br>调心滚子轴承230/500，$d=500$mm |

注：为了明确，表中轴承内径系列代号的数字加了下划线（例如2.5），实际使用时不带此下划线。

**4. 常用的轴承组合代号**

轴承的结构类型代号和尺寸系列代号合在一起组成轴承的组合代号。常用的轴承组合代号见表1-11，为常用轴承组合代号，表中用括号"（）"括起来的数字表示在组合代号中可以省略。

**表1-11　常用轴承组合代号**

| 轴承类型 | 简图 | 类型代号 | 尺寸系列代号 | 组合代号 |
|---|---|---|---|---|
| 深沟球轴承 | | 6 | 17 | 617 |
| | | 6 | 37 | 637 |
| | | 6 | 18 | 618 |
| | | 6 | 19 | 619 |
| | | 16 | (0) 0 | 160 |
| | | 6 | (1) 0 | 60 |
| | | 6 | (0) 2 | 62 |
| 双列深沟球轴承 | | 4 | (2) 2 | 42 |
| | | | (2) 3 | 43 |
| 圆柱滚子轴承 外圈无挡边圆柱滚子轴承 | | N | 10 | N10 |
| | | | (0) 2 | N2 |
| | | | 22 | N22 |
| | | | (0) 3 | N3 |
| | | | 23 | N23 |
| | | | (0) 4 | N4 |
| | | | 10 | N10 |
| 内圈无挡边圆柱滚子轴承 | | NU | 10 | NU10 |
| | | | (0) 2 | NU2 |
| | | | 22 | NU22 |
| | | | (0) 3 | NU3 |
| | | | 23 | NU23 |

**11**

（续）

| 轴承类型 | | 简图 | 类型代号 | 尺寸系列代号 | 组合代号 |
|---|---|---|---|---|---|
| 圆柱滚子轴承 | 内圈单挡边圆柱滚子轴承 | | NJ | 10 | NJ10 |
| | | | | (0) 2 | NJ2 |
| | | | | 22 | NJ22 |
| | | | | (0) 3 | NJ3 |
| | | | | 23 | NJ23 |
| | 外圈单挡边圆柱滚子轴承 | | NF | (0) 2 | NF2 |
| | | | | (0) 3 | NF3 |
| | | | | 23 | NF23 |
| 推力轴承 | 推力球轴承 | | 5 | 11 | 511 |
| | | | | 12 | 512 |
| | | | | 13 | 513 |
| | | | | 14 | 514 |
| | 双向推力球轴承 | | 5 | 22 | 522 |
| | | | | 23 | 523 |
| | | | | 24 | 524 |
| | 推力圆柱滚子轴承 | | 8 | 11 | 811 |
| | | | | 12 | 812 |
| 圆锥滚子轴承 | | | 3 | 02 | 302 |
| | | | | 03 | 303 |
| | | | | 13 | 313 |
| | | | | 20 | 320 |
| | | | | 22 | 322 |
| | | | | 23 | 323 |

5. 向心滚动轴承常用尺寸系列

向心滚动轴承常用尺寸系列如图1-8所示。

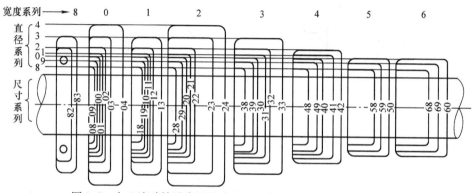

图1-8　向心滚动轴承常用尺寸系列示意图（圆锥滚子轴承除外）

### （三）轴承后置代号及其含义

滚动轴承后置代号用于表示轴承的内部结构、密封防尘与外部形状变化，以及保持架结构、材料改变、轴承零部件材料改变、公差等级、游隙等方面的内容，用字母或数字加字母符号表示。现将与常用轴承有关的密封防尘与外部形状变化和保持架结构、材料改变等方面的内容介绍如下。

#### 1. 密封、防尘与外部形状变化代号

密封、防尘与外部形状变化代号用字母或数字加字母表示，见表1-12，为密封、防尘与外部形状变化代号及所包含的内容。

表1-12　密封、防尘与外部形状变化代号及所包含的内容

| 代号 | 含　义 | 示例 |
|---|---|---|
| – RS | 轴承一面带骨架式橡胶密封圈（接触式） | 6210 – RS |
| – 2RS | 轴承两面带骨架式橡胶密封圈（接触式） | 6210 – 2RS |
| – RZ | 轴承一面带骨架式橡胶密封圈（非接触式） | 6210 – RZ |
| – 2RZ | 轴承两面带骨架式橡胶密封圈（非接触式） | 6210 – 2RZ |
| – Z | 轴承一面带防尘盖 | 6210 – Z |
| – 2Z | 轴承两面带防尘盖 | 6210 – 2Z |
| – RSZ | 轴承一面带骨架式橡胶密封圈（接触式）、一面带防尘盖 | 6210 – RSZ |
| – RZZ | 轴承一面带骨架式橡胶密封圈（非接触式）、一面带防尘盖 | 6210 – RZZ |
| N | 轴承外圈有止动槽 | 6210N |
| NR | 轴承外圈有止动槽，并带止动环 | 6210NR |
| – ZN | 轴承一面带防尘盖，另一面外圈有止动槽 | 6210 – ZN |
| – ZNR | 轴承一面带防尘盖，另一面外圈有止动槽，并带止动环 | 6210 – ZNR |
| – ZNB | 轴承一面带防尘盖，同一面外圈有止动槽 | 6210 – ZNB |
| U | 推力球轴承 带调心座垫圈 | 53210 U |
| – FS | 轴承一面带毡圈密封 | 6203 – FS |
| – 2FS | 轴承两面带毡圈密封 | 6206 – 2FS |
| – LS | 轴承一面带骨架式橡胶密封圈（接触式，套圈不开槽） | NU3317 – LS |
| – 2LS | 轴承两面带骨架式橡胶密封圈（接触式，套圈不开槽） | NNF5012 – 2LS |

#### 2. 保持架材料代号

保持架材料代号见表1-6。但当轴承的保持架采用表1-13所列的结构和材料时，不编制保持架材料改变的后置代号。

表1-13　不编制保持架材料改变后置代号的轴承保持架结构和材料

| 轴承类型 | 保持架的结构和材料 |
|---|---|
| 深沟球轴承 | 1）当轴承外径 $D \leqslant 400\text{mm}$ 时，采用钢板（带）或黄铜板（带）冲压保持架<br>2）当轴承外径 $D > 400\text{mm}$ 时，采用黄铜实体保持架 |
| 圆柱滚子轴承 | 1）圆柱滚子轴承：当轴承外径 $D \leqslant 400\text{mm}$ 时，采用钢板（带）冲压保持架；外径 $D > 400\text{mm}$ 时，采用钢制实体保持架<br>2）双列圆柱滚子轴承采用黄铜实体保持 |

（续）

| 轴承类型 | 保持架的结构和材料 |
|---|---|
| 滚针轴承 | 采用钢板或硬铝冲压保持架 |
| 长圆柱滚子轴承 | 采用钢板（带）冲压保持架 |
| 圆锥滚子轴承 | 1）当轴承外径 $D \leq 650\text{mm}$ 时，采用钢板冲压保持架<br>2）当轴承外径 $D > 650\text{mm}$ 时，采用钢制实体保持架 |
| 推力球轴承 | 1）当轴承外径 $D \leq 250\text{mm}$ 时，采用钢板（带）冲压保持架<br>2）当轴承外径 $D > 250\text{mm}$ 时，采用实体保持架 |
| 推力滚子轴承 | 推力圆柱或圆锥滚子轴承，采用实体保持架 |

3. 公差等级代号

公差等级代号用字母或数字加字母表示，见表 1-14。较常用的为 0 级（普通级）、6 级、6X 级、5 级、4 级和 2 级。其中 0 级尺寸公差范围最大，称为普通级，用于普通用途的机械（例如一般用途的电动机）；之后按这一前后顺序，尺寸公差范围依次减小，或者说精度等级依次提高。公差范围的具体数值见附录及相关表册。

表 1-14  公差等级代号

| 代号 | 含　义 | 示例 |
|---|---|---|
| /PN | 公差等级符合标准规定的 0 级，代号中省略，不表示 | 6203 |
| /P6 | 公差等级符合标准规定的 6 级 | 6203/P6 |
| /P6X | 公差等级符合标准规定的 6X 级 | 30210/P6X |
| /P5 | 公差等级符合标准规定的 5 级 | 6203/P5 |
| /P4 | 公差等级符合标准规定的 4 级 | 6203/P4 |
| /P2 | 公差等级符合标准规定的 2 级 | 6203/P2 |

4. 游隙代号

游隙代号用字母加数字表示（0 组只用数字"0"），如不加说明，是指轴承的径向游隙（详见第 2 章），见表 1-15。常用深沟球轴承和圆柱滚子轴承的径向具体数值分别见附录。

表 1-15  游隙代号

| 代号 | 含　义 | 示例 |
|---|---|---|
| — | 游隙符合标准规定的 0 组 | 6210 |
| /C1 | 游隙符合标准规定的 1 组 | NN3006K/C1 |
| /C2 | 游隙符合标准规定的 2 组 | 6210/C2 |
| /C3 | 游隙符合标准规定的 3 组 | 6210/C3 |
| /C4 | 游隙符合标准规定的 4 组 | NN3006K/C4 |
| /C5 | 游隙符合标准规定的 5 组 | NNU4920K/C5 |
| /C9 | 游隙不同于现行标准规定 | 6205 – 2RS/C9 |

（续）

| 代号 | 含 义 | 示例 |
|---|---|---|
| /CN | 0 组游隙。/CN 与字母 H、M 或 L 组合，表示游隙范围减半；若与 P 组合，表示游隙范围偏移<br>/CNH 表示 0 组游隙减半，位于上半部<br>/CNM 表示 0 组游隙减半，位于中部<br>/CNL 表示 0 组游隙减半，位于下半部<br>/CNP 表示游隙范围位于 0 组上半部及 C3 的下半部 | — |

注：公差等级代号与游隙代号同时表示时，可进行简化，取公差等级代号加上游隙组号（0 组不表示）的组合。例如：某轴承的公差等级为 P6 组、径向游隙为 C3 组，可简化为"/P63"；某轴承的公差等级为 P5 组、径向游隙为 C2 组，可简化为"/P52"。

## （四）常用轴承代号速记图

常用轴承代号类型和尺寸系列内容速记"关系图"如图 1-9 所示。

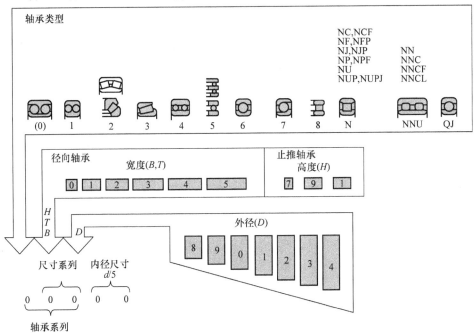

图 1-9 常用轴承代号中类型和尺寸系列内容速记"关系图"

# 第二节 齿轮箱常用轴承介绍

前文介绍了轴承的通用性能，这些性能特征对于滚动轴承而言是具有共性的，是作为电机工程师对轴承性能了解的基础，同时也是进行齿轮箱设计时对轴承通用考虑的重要因素。

在轴承的分类中，每一种不同类型的轴承都具有不同的设计，同时也具有不同的个性性能。对于电机设计而言，有些轴承是经常使用的类型，因此对这些轴承特性的了解也十分重要。本节就针对电机设计中常用的轴承类型的个性特征进行介绍。同时也列举出几大国际知名品牌在这些类型的轴承中的一些特性的设计以及代号，供电机工程师进行齿轮箱轴承选择的时候参考。

## 一、深沟球轴承

深沟球轴承是所有轴承中最古老、最传统也最成熟的产品类型，是所有轴承中使用最广泛的一类轴承。如图1-10所示，深沟球轴承的滚动体是球形，工作的时候滚动体在滚道内进行周向旋转，同时有一定的自转。深沟球轴承滚道的曲率半径和球的半径不同，每个套圈均具有横截面弧长为球周长 1/3 以上的连续沟道，因此称之为"深"沟球轴承。

图1-10 深沟球轴承

深沟球轴承有单列、双列等多种设计，其中单列深沟球轴承使用最为广泛。

深沟球轴承是一体式轴承，其内圈、外圈滚动体和保持架组装之后就成为一个一体的组件，在使用的时候不可分离。也正是因为这个原因，深沟球轴承具有使用简单、安装方便的特点。

深沟球轴承是电机中最主要的一个轴承类型，它主要用于必须对轴进行轴向定位且轴向载荷较小的场合。

### (一) 深沟球轴承载荷能力

深沟球轴承运转的时候，其内部滚动体和滚道之间的接触是点接触。相比其他接触形式而言，深沟球轴承的承载能力不是很大。

从深沟球轴承的结构可以看出，深沟球轴承主要承受径向载荷。由于其滚道具有一定深度，因此滚动体可以在相对轴向偏离的相对位置承载，从而具备一定的轴向载荷承载能力。所以深沟球轴承可以承受径向载荷、轻轴向载荷，以及相应的复合载荷。

深沟球轴承还能够承受轻度的偏心载荷。其偏心角度应该小于 10 弧分⊖。

---

⊖ 1 弧分 = 0.0167°。

**（二）深沟球轴承的转速能力**

深沟球轴承内部滚动体与滚道的接触是点接触，轴承滚动时所产生的滚动摩擦相对线接触等较小，由此而带来的发热也相对较小。

同时，深沟球轴承滚动体质量比圆柱形或者圆锥形滚子小，因此在高转速下轴承滚动体离心力较小。所有这些因素使得深沟球轴承具有较高的转速能力。

**（三）深沟球轴承的密封形式**

深沟球轴承结构相对简单，在一定尺寸以下的深沟球轴承可以安装防尘盖、密封件，同时内部预填装润滑脂。

深沟球轴承常见的防护方式有防尘盖、轻（非）接触式密封，以及接触式密封三大类。同时不同品牌厂家的密封设计有所不同。

1. 防尘盖

具防尘盖的深沟球轴承，通常也被称为带铁盖的深沟球轴承。其结构就是在轴承滚动体两侧加装了一个金属的防护盖，也就是防尘盖，因为防尘盖和轴承内圈并无接触，仅仅缩小了灰尘进入的入口空间，从而对轴承内部起到了一定的保护作用，因此，这类轴承不具备任何的液体防护能力，仅对轻污染的场合可以起到保护作用。具防尘盖的深沟球轴承一般在出厂之前其内部都预先填装了适当的润滑脂，有的厂家轴承内的润滑脂量可以有不同的选择，以适应不同工况。

各个品牌的设计具体结构不同，其防护能力也略有差异。图 1-11 所示为一些具防尘盖的深沟球轴承结构示意。

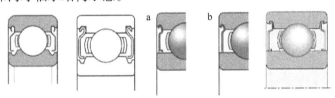

图 1-11 具防尘盖的深沟球轴承结构

2. 轻（非）接触式密封

一般密封轴承采用的都是骨架式密封，密封件内部有一个钢制骨架，外部涂覆着橡胶材料，密封件的唇口是橡胶部分构成的。密封件唇口和轴承内圈不接触的设计就是非接触式密封，接触力较小的就是轻接触密封。目前主要品牌的轻接触式密封深沟球轴承结构如图 1-12 所示。

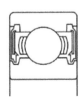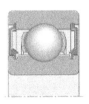

图 1-12 具轻（非）接触式密封的深沟球轴承结构

由于此类轴承密封效果较具防尘盖的轴承好，同时轴承密封件骨架外层有一层橡胶材料，且其主要密封作用的密封唇口也是橡胶材料，因此这种密封根据橡胶材料的不同，有不同的使用温度限值。具体请参考本章前面的介绍。

此类轴承仍然不能使用于重污染的场合，同时对液体污染的防护能力也不强。由于其接触力较小，因此在需要一定密封性能，但是转速又较高的场合经常得以使用。

3. 接触式密封

接触式密封的密封件和非接触式的密封件相类似，差别是密封件的唇口和轴承内圈相接触，因此叫作接触式密封。目前主要品牌的接触式密封深沟球轴承结构如图 1-13 所示。

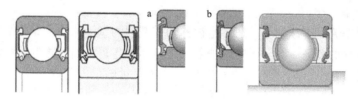

图 1-13　具接触式密封的深沟球轴承结构

接触式密封的深沟球轴承其密封能力相对较好，可以具备防尘和一定程度的液体污染防护能力。和非接触式密封相同，由于密封件材料的原因，其运行条件也有一定的限制，比如温度。具体数值请参考本章相关内容。

密封能力和唇口接触力之间是一个矛盾关系，越大的接触力，密封性能越好，但是唇口和内圈之间的摩擦就越大，轴承转动的阻转矩就越大，从而发热和磨损也越大，轴承转速能力就受到限制。因此接触式密封轴承密封件的设计要在轴承转速能力、运转灵活性和轴承密封性能之间取得平衡。

对于一些污染场合，使用接触式密封的时候会出现唇口摩擦偏大、轴承发热的情况，此时需要更换接触力相对较小的轻接触式密封的轴承。但是此时也牺牲了轴承密封的防护能力。此类故障需要根据具体工况进行平衡选择。

对于不同防护方式的轴承性能对比见表 1-16。

表 1-16　不同防护方式的轴承性能对比

|  | 具防尘盖的深沟球轴承 | 非接触式密封深沟球轴承 | 接触式密封深沟球轴承 |
|---|---|---|---|
| 转速性能 | 高 | 较高 | 一般 |
| 发热 | 低 | 低 | 高 |
| 阻转矩 | 低 | 中 | 高 |
| 防尘能力 | 好 | 较好 | 很好 |
| 防水能力 | 差 | 较差 | 好 |

**（四）深沟球轴承常见后缀**

生产的不同常见深沟球轴承在设计上的差异一般会用一些后缀标识清楚。为便于机械工程师参考，现摘录部分品牌的深沟球轴承密封与防护常见后缀，见表 1-17。

表 1-17　深沟球轴承常见后缀——密封与防护

| 品牌 | 后缀 | 防护方式 |
|------|------|---------|
| SKF | Z | 单侧具防尘盖 |
| | 2Z | 双侧具防尘盖 |
| | 2RZ | 双侧低摩擦密封 |
| | 2RSL | 双侧低摩擦密封（轻接触） |
| | 2RSH | 双侧接触式密封 |
| FAG | Z | 单侧唇密封 |
| | 2Z | 两侧间隙密封 |
| | 2RSR | 两侧唇式密封 |
| | RSR | 单侧唇式密封 |
| | BSR | 迷宫式密封 |
| NTN | ZZ | 非接触式防尘盖 |
| | LLB | 非接触式密封 |
| | LLU | 接触式密封 |
| | LLH | 低摩擦力矩式密封 |
| NSK | ZZ | 双侧防尘盖 |
| | ZZS | 双侧防尘盖 |
| | DDU | 接触式密封 |
| | VV | 非接触式密封 |

常见游隙一般都按照 ISO 5753—2009《滚动轴承——内间隙第 1 部分：径向轴承的径向内间隙》标注后缀，见表 1-18。

表 1-18　深沟球轴承常见后缀——游隙

| 后缀 | 常见游隙 | 后缀 | 常见游隙 |
|------|---------|------|---------|
| CN | 普通游隙组 | C3 | 大于普通游隙组的游隙 |
| C2 | 小于普通游隙组的游隙 | C4 | 大于 C3 组的游隙 |

通常很多品牌缺省后缀的保持架默认为钢保持架，但是保持架安装方式（铆接、搭扣）等根据各自工艺和设计各有不同。

FAG 和 SKF 常见的深沟球轴承保持架后缀见表 1-19。

表1-19 常见深沟球轴承保持架后缀

| 品牌 | 后缀 | 保持架 |
|---|---|---|
| SKF | J | 冲压钢保持架 |
| | M | 车削黄铜保持架 |
| | MA | 外圈引导车削黄铜保持架 |
| | MB | 内圈引导车削黄铜保持架 |
| | TN9 | 注塑玻璃纤维增强尼龙66保持架 |
| FAG | TVH | 玻璃纤维增强尼龙实体保持架 |
| | M | 实体黄铜保持架，滚动体引导 |
| | Y | 冲压黄铜保持架 |

## 二、圆柱滚子轴承

圆柱滚子轴承是电机中常用的另一类滚动轴承类型。圆柱滚子轴承内部的滚动体是圆柱形，运行时滚动体在滚道上滚动，而其间的接触是线接触，因此，圆柱滚子轴承具有承载能力好、运转平稳可靠、形式多样可以用在很多场合等特点。同时圆柱滚子轴承多为分体式结构，可以分开安装。

圆柱滚子轴承类型丰富，有带保持架的，也有不带保持架的；有单列的，也有双列的或者多列的等多种形式。

在电机中，圆柱滚子轴承多用于中大型电机等轴承径向负荷比较大的场合，以及其他振动、冲击载荷较大的地方。

### （一）圆柱滚子轴承不同结构类型

一般圆柱滚子轴承由内圈、外圈和滚动体组成，其滚动体为圆柱形。按照圆柱滚子轴承轴向定位能力不同，可以分为浮动型圆柱滚子轴承、半定位圆柱滚子轴承、定位圆柱滚子轴承，以及带挡圈的圆柱滚子轴承。如图1-14所示为带保持架的圆柱滚子轴承。

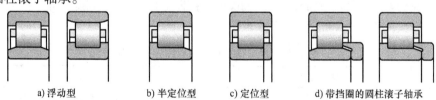

a) 浮动型　　　b) 半定位型　　　c) 定位型　　　d) 带挡圈的圆柱滚子轴承

图1-14 单列圆柱滚子轴承不同结构类型

对于不带保持架的单列满装圆柱滚子轴承有如图1-15所示的设计，这类轴承在电机中应用不多。

### （二）圆柱滚子轴承的载荷能力

从圆柱滚子的结构可以看出，轴承内部滚动体与滚道之间的接触是线接触。与球轴承相比，圆柱滚子轴承滚动接触面积更大，因此轴承径向承载力更大。

对于浮动型圆柱滚子轴承，在一侧的轴承圈上，其内部轴向是自由放开状态，在轴承运转的时候滚动体可以在轴向上自由移动。此类圆柱滚子轴承没有轴向载荷承载能力。也正是由于这个特性，浮动型圆柱滚子轴承是良好的浮动端轴承。

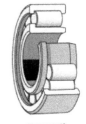

a) NCF型　　　　　　　b) NJG型

图 1-15　单列满装圆柱滚子轴承

对于半定位型圆柱滚子轴承，轴承外圈由两侧挡边，而轴承内圈在一侧有挡边。轴承在单侧挡边方向可以承受轴向载荷，而在另一个方向自由移动。因此半定位型圆柱滚子轴承可以作为单向定位轴承，承受一定的单向轴向载荷。但是这个轴承承受单相载荷的能力是通过滚动体与滚道挡边的滑动摩擦实现的，与滚动摩擦相比这个摩擦发热较大，因此其承受轴向载荷能力有限。

对于定位型圆柱滚子轴承，轴承外圈具有两个挡边，轴承内圈具有一个挡边加一个平挡圈。轴承除了较大的径向载荷承载能力以外，在双向可以承受一定的轴向载荷。定位型圆柱滚子轴承可以作为定位轴承使用，同时其轴向承载能力是依赖于滚动体与挡边之间滑动摩擦而产生的，因此其轴向承载能力有限。

带挡圈的圆柱滚子轴承外圈两侧具有挡边，轴承内圈单侧带挡边，同时具有一个挡圈。这类轴承与定位型圆柱滚子轴承一样可以承受较大的径向载荷，并进行轴向定位，且轴向承载能力有限。

对于满装的圆柱滚子轴承而言，内部没有保持架，因此可以布置更多的滚动体。与带保持架的圆柱滚子轴承相比，其径向载荷能力更大。由于发热较大，允许转速较低，这类轴承在电机中并不常用。

另外，圆柱滚子轴承内部的接触形式决定了这类轴承对载荷偏心的敏感性。因此圆柱滚子轴承不能承受偏心载荷，其最大偏心载荷角度为 2~4 弧分。

总体上，圆柱滚子轴承承载能力具有如下特点：

1）具有较好的径向承载能力。

2）摩擦小，具保持架的圆柱滚子轴承是所有滚子轴承中摩擦力最小的一类。

3）具保持架的圆柱滚子轴承由于保持架可以正确地引导滚子运动，同时又具有较好的强度和滑动摩擦特性，因此可以运行的速度范围宽广。

4）定位型圆柱滚子轴承可以承受中等程度的轴向载荷，但是由于此时会增大滚动体与挡边之间的摩擦，因此需要加强轴承润滑和散热。

5）轴承运行的时候容易出现侧面位移。

6）是理想的浮动端非定位轴承。

7）对偏心载荷敏感。

### （三）圆柱滚子轴承的转速能力

圆柱滚子轴承内部滚动体和滚道之间的线接触在承受载荷的时候，其发热比球轴承的点接触形式的大；同时轴承滚动体的质量比相同内径球轴承的也大，相应地，高速运转的时候离心力也大。因此，与球轴承相比，圆柱滚子轴承的转速能力会低一些。

但是对于具保持架的圆柱滚子轴承，保持架的强度较好，以及保持架可以为润滑提供良好的空间，并且其自身也有一定的滑动摩擦特性，因此这类轴承仍然可以在较好的转速情况下运行。

另一方面，对于具保持架的圆柱滚子轴承而言，不同的保持架设计以及润滑方式影响其转速能力。请参照本章前面章节的介绍并根据表2-2进行修正。

对于满装的圆柱滚子轴承，其内部没有保持架分隔滚动体，运转的时候滚动体的运行轨迹只能靠轴承圈，以及滚动体之间的碰撞来修正，因此这类轴承不适用于高转速的场合。

### （四）圆柱滚子轴承常见后缀

圆柱滚子轴承除基本代号以外，不同厂家也会根据自己的设计做一些后缀标识。

圆柱滚子轴承的游隙符合ISO 5753 – 2：2010《滚动轴承、内部间隙、第2部分：四点接触球轴承轴向游隙》规则，因此其后缀形式可以参考表1-18。需要提醒机械工程师注意的是，即便是相同的游隙组别，不同类型的轴承游隙值也不相同。例如深沟球轴承C3组游隙值并不等于圆柱滚子轴承C3组游隙。

关于轴承材质热处理的后缀见表1-20。

表1-20　圆柱滚子轴承常见后缀——材质热处理

| 品牌 | 后缀 | 含义 |
|---|---|---|
| SKF | HA3 | 表面硬化内圈 |
| | HB1 | 贝氏体硬化内圈和外圈 |
| | HN1 | 表面经过特殊热处理的内外圈 |
| FAG | J30P | 褐色氧化涂层 |

圆柱滚子轴承保持架常见后缀见表1-21。

表1-21　圆柱滚子轴承常见后缀——保持架

| 品牌 | 后缀 | 含义 |
|---|---|---|
| SKF | M | 组合式车削黄铜保持架，滚动体引导 |
| | MA | 组合式车削黄铜保持架，外圈引导 |
| | MB | 组合式车削黄铜保持架，内圈引导 |

（续）

| 品牌 | 后缀 | 含义 |
|---|---|---|
| SKF | ML | 窗式黄铜保持架，一体式车削，内圈或者外圈引导 |
| | MP | 窗式黄铜保持架，一体式开口加工，内圈或者外圈引导 |
| | MR | 创世黄铜保持架，一体式车削，滚动体引导 |
| | P | 注塑玻璃纤维增强尼龙66保持架，滚动体引导 |
| | PH | 注塑聚醚醚酮保持架，滚动体引导 |
| | PHA | 注塑聚醚醚酮保持架，外圈引导 |
| FAG | MP1A | 实体黄铜保持架，单片，外圈引导 |
| | MP1B | 实体黄铜保持架，单片，内圈引导 |
| | M1A | 实体黄铜保持架，双片，外圈引导 |
| | M1B | 实体黄铜保持架，双片，内圈引导 |
| | JP3 | 冲压钢窗式保持架，单片，滚动体引导 |
| | TVP2 | 玻璃纤维增强尼龙66实体窗式保持架 |

### 三、角接触球轴承

角接触球轴承是另一类电机中常用的轴承。如图1-16所示，从其结构可以看出，轴承内部滚动体与滚道之间的接触是点接触，并且其接触点连线与法线存在一个角度，就是我们所说的接触角。

角接触球轴承有如下几种设计：

1）单列、单向角接触球轴承。

2）双列、双向角接触球轴承。

3）四点接触球轴承、单列双向角接触球轴承。

在电机中，角接触球轴承常用作承受较大的轴向负荷的工况，例如风机、立式电机等。四点接触球轴承主要作为推力轴承使用，在电机中有时候也会被用作定位轴承（两柱一球结构）。

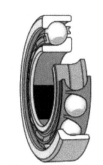

图1-16 单列角接触球轴承

#### （一）角接触球轴承的载荷能力

在角接触球轴承中，由于接触角的存在，使之可以承受比较大的轴向载荷（相对于深沟球轴承而言），以及相应的径向载荷。其受力路径如图1-17所示。

单列角接触球轴承只能承受单向轴向载荷。如果需要承受双向轴向载荷，则需要与其他轴承配合使用，或者两个角接触

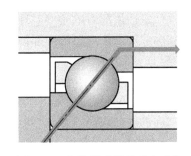

图1-17 角接触球轴承受力示意

球轴承配对使用。

双列角接触球轴承可以承受双向轴向载荷。其受力类似于两个单列角接触球轴承的配对使用。

一般在没有特别指定的情况下，角接触球轴承的接触角默认为40°。除此之外，根据不同工况需求，也有其他接触角的角接触球轴承。接触角越大，其承受轴向载荷的能力就越大。

四点接触球轴承只能承受双向的轴向载荷，不能承受径向载荷，因此在安装的时候应避免造成运行时的径向受力。

**（二）角接触球轴承的配对使用**

当两个角接触球轴承配对使用的时候，这个组合就可以承受双向的轴向载荷或者某个单向的更大载荷。但是并非任意两个角接触球轴承并列布置就可以变成配对的角接触球轴承使用。一般情况下，两个轴承的端面需要进行特殊的加工，从而保证两个轴承并排夹紧后的轴承内部留有合适的预载荷。因此，如果需要使用两个角接触球轴承配对使用，则需要和轴承厂家说明，以提供可以配对使用的轴承，同时在使用的时候轴承配对表面必须相对，不可装反。

也有一些厂家提供通用配对角接触球轴承。这类轴承两个端面都经过特殊加工，因此可以任意组合形成配对。

角接触球轴承配对使用的方式有串联、背对背、面对面等方式，如图 1-18 所示。

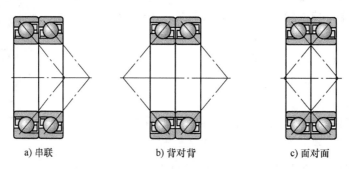

a) 串联　　　　　　b) 背对背　　　　　　c) 面对面

图 1-18　角接触球轴承的配对方式

不同厂家通用配对的角接触球轴承加工情况不同，因此如果需要知道两个通用配对角接触球轴承配对后的内部预载荷（预游隙），必须参考相应的轴承型录或者咨询厂家。

从图 1-18 中可以看出：

1）串联的角接触球轴承，其单向承载能力扩大，但是这个组合依然不可以承受相反方向的轴向载荷。

2）背对背配对安装的角接触球轴承可以承受两个方向的轴向力以及径向力。此时，两个轴承受力线相交于轴线距离较远的两个位置，因此整个支撑点的抗倾覆力矩比较大，支撑的刚性更好。

3）面对面配对安装的角接触球轴承可以承受两个方向的轴向力以及相应的径向力。此时，两个轴承受力线相交于轴线距离较近的两个位置，因此整个支点的抗倾覆力矩较小。

对于双列角接触球轴承，其内部受力相当于两个背对背安装的单列角接触球轴承。因此可以承受双向的轴向载荷以及相应的径向载荷，并且其支撑刚性较好，抗倾覆力矩较大。如图1-19所示。

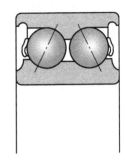

图1-19　双列角接触球轴承

**（三）角接触球轴承的速度性能**

角接触球轴承的内部滚动接触和深沟球轴承类似，因此具有较高的转速性能。又由于角接触球轴承运行的时候所有滚动体都承受载荷，系统刚性更好。角接触球轴承的转速性能甚至可以优于深沟球轴承。因此，在某些高转速场合，会使用施加过预紧的角接触球轴承替代深沟球轴承，来获得更高的转速性能。

对于配对使用的角接触球轴承，配对之后其总体速度性能下降为单个角接触球轴承的80%左右。不同的品牌厂商可能给出不同的推荐值，可以咨询厂家获得准确值。

**（四）角接触球轴承常见后缀**

与接触角相关的后缀见表1-22。

表1-22　角接触球轴承后缀——接触角

| 品牌 | 后缀 | 含　义 |
|---|---|---|
| SKF | A | 30°接触角 |
| | AC | 25°接触角 |
| | B | 40°接触角 |
| NTN | C | 15°接触角 |
| | A | 30°接触角 |
| | B | 40°接触角 |
| NSK | C | 15°接触角 |
| | A | 30°接触角 |
| | B | 40°接触角 |
| | A5 | A15°接触角 |

与配对相关的后缀见表1-23。

表1-23　角接触球轴承常用后缀——配对

| 品牌 | 后缀 | 含义 |
|---|---|---|
| SKF | DB | 背对背配对 |
| | DF | 面对面配对 |
| | DT | 串联配对 |
| | CA、CB、CC | 通用配对轴承，配对后预游隙可以从型录中查取 |
| | GA、GB、GC | 通用配对轴承，配对后预载荷可以从型录中查取 |
| FAG | DB | 背对背配对 |
| | DF | 面对面配对 |
| | DT | 串联配对 |
| | UA | 通用配对轴承，配对后轴承组具有很小的轴向游隙（参照型录） |
| | UL | 通用配对轴承，配对后轴承组具有很小的预载荷（参照型录） |
| | UO | 通用配对轴承，配对后轴承组具有0游隙 |
| NTN、NSK | DB | 背对背配对 |
| | DF | 面对面配对 |
| | DT | 串联配对 |

与保持架相关的后缀见表1-24。

表1-24　角接触球轴承常用后缀——保持架

| 品牌 | 后缀 | 含义 |
|---|---|---|
| SKF | F | 车削钢保持架 |
| | M | 冲压钢保持架 |
| | J | 冲压钢保持架，滚动体引导 |
| | P | 注塑玻璃纤维增强型尼龙66保持架，滚动体引导 |
| | Y | 窗式冲压黄铜保持架，滚动体引导 |
| FAG | JP | 冲压钢板保持架 |
| | MP | 黄铜实体保持架 |
| | TVH、TVP | 玻璃纤维增强尼龙实体保持架 |

角接触球轴承如果有不同的精度等级会在后缀中标注，例如P5、P6等。

## 四、调心滚子轴承

调心滚子轴承结构如图1-20所示，轴承内部有两列鼓状滚动体，其外圈为球面滚道，因此保证了这个轴承具有自调心能力。

调心滚子轴承在圆柱、圆锥、行星齿轮箱中广泛应用。

调心滚子轴承也有一些不同的内部设计：一种是有锥度内孔的调心滚子轴承；

另一种是为便于润滑，在调心滚子轴承外圈两列滚子之间开放了补充润滑孔；还有就是部分品牌的部分调心滚子轴承也提供带密封的轴承设计。

图 1-20　调心滚子轴承

**（一）调心滚子轴承载荷能力**

调心滚子轴承内部是两列可以调心的滚子运行在球面滚道之上，具有较大径向载荷承载能力，同时具备双向的轴向载荷承载能力。

由于调心滚子轴承是两列滚子承载，所以相较于单列的圆柱滚子轴承而言，其径向载荷承载能力更大。相应地，其滚动体滚动发热更大，散热更不利，内部润滑更困难，高速下滚子离心力更大，因此其转速能力相对圆柱滚子轴承更差。

调心滚子轴承由于其内部的滚动体和滚道的形状，导致其具有良好的调心性能，可以适应一定程度的负载不对中。

调心滚子轴承在承受轴向负荷时候，当轴向负荷 $F_a$ 与径向负荷 $F_r$ 之比大于等于 $1.1e$ 的时候（$e$ 为计算系数，请参考轴承当量负荷计算部分），调心滚子轴承两列滚子中与轴向负荷方向相对的一列承担全部负荷，另一列不承担负荷如图 1-21 所示，这种情况导致不承担负荷的一列滚子出现因最小负荷不足而难以形成纯滚动，因此可能造成轴承的提早失效。

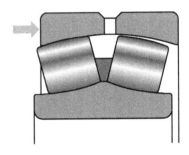

图 1-21　调心滚子轴承承受轴向
负荷时的承载状态

**（二）调心滚子轴承的常用后缀**

与游隙相关的后缀与 ISO 5753—2：2010 要求一致，可参考表 1-18。

与保持架相关的后缀见表 1-25。

表 1-25　调心滚子轴承常见后缀

| 品牌 | 后缀 | 含义 |
|---|---|---|
| SKF | C（J），CC | 两个窗式冲压钢式保持架，内圈无挡边和一个有内圈引导的导环 |
| | EC（J），ECC（J） | 两个窗式冲压钢式保持架，内圈无挡边，带一个内圈引导的导环和增强型滚子组 |
| | CA，CAC | 叉型车削黄铜保持架，内圈两侧有挡边和一个由内圈引导的导环 |
| | CAF | 与 CA 型相同，材质为车削钢 |
| | ECA，ECAC | 叉型车削黄铜保持架，内圈两侧有挡边，带一个内去哪引导的导环和增强型的滚子组 |
| | ECAF | 与 ECAC 相同，材质为车削钢 |

（续）

| 品牌 | 后缀 | 含义 |
|---|---|---|
| SKF | E | 内径小于65mm的为两个窗式冲压钢式保持架，内圈无挡边和一个内圈引导的导环；<br>内径大于65mm的为两个窗式冲压钢式保持架，内圈无挡边和一个内圈引导的导环 |
| | CAFA | 由外圈引导的叉型车削钢保持架，内圈两侧带挡边和一个内圈引导的导环 |
| | CAMA | 与CAFA相同，材质为车削黄铜 |
| FAG | MB | 黄铜实体保持架 |
| | TVP | 玻璃纤维增强型尼龙保持架 |

注：1. 带锥孔内圈的调心滚子轴承后缀一般为K，SKF的后缀K代表锥度为1:12，K30代表锥度为1:30。

2. SKF调心滚子轴承后缀W+数字代表具有注油孔的调心滚子轴承。

# 第二章 电机常用滚动轴承的性能 及选择

电机轴承的选型是电机设计人员在电机设计中的一项重要工作，同时也是电机后续轴承相关工作的起点，对电机后续轴承运行起到十分关键的作用。

电机轴承的选型本质是按照电机工作时轴支撑点需要的承载能力与能够满足这个要求的轴承进行匹配的过程。这就要求电机设计人员在设计电机时，不仅仅要对外界工况要求十分了解，同时也要对各类轴承的性能十分熟悉。所以，电机轴承使用的第一步就是了解不同类型轴承的性能。

本章将介绍轴承的一些共有性能，其中包括轴承各部位允许的最高温度、承载特性、轴承的转速性能、不同温度下的性能、不同轴承保持架的性能、轴承游隙的选择等，同时讲述供电机设计人员参考使用的电机用轴承选型方法。

## 第一节 轴承允许的最高温度

### 一、电机轴承的运行温度

电机轴承能够运行的温度是一个很宽泛的概念。常用轴承通常由轴承内圈和外圈、滚动体、保持架、润滑、密封等元件构成。如果电机轴承在某个温度下稳定运行，这些元件不仅需要能够承受住这个温度，而且还要在这个温度下承载、运转。通常选择轴承时，就已经选定了轴承的这些元件，因此某个轴承能稳定运行的最高温度就已经被确定了。

这里讨论的轴承温度指的是轴承外圈温度，实际工况中应该采取轴承外圈温度测量值作为轴承温度值，如果无法测量轴承外圈温度，应该尽量贴近轴承外圈来测量轴承温度值。

电机设计人员在测量轴承温度之前需要明确一点——电机轴承的允许运行温度应该是多少。

首先，电机轴承的发热不应该是电机主动热源的主要部分。轴承在电机中的作用主要是支撑，并且减少轴的旋转摩擦。虽然轴承旋转时也会发热，轴承的发热不应该给电机带来过多的额外热量。而轴承本身的温度也应该主要是由电机机座和轴传导而来的热量导致的。

电机在进行设计时要考虑所用绕组绝缘材料的耐热等级温度值，这个温度值是保证电机内部绝缘部件在电机工作温度下依然能够起到有效绝缘作用的限度。但是，电机内部绝缘耐热等级的温度要经过传导才能到达轴承部分，所以轴承部分的温度不可能等于绝缘温度等级。在现实中，经常有电机设计人员用电机内部绝缘等级的温度当作对轴承温度的要求，这是不正确的。

根据很多国家标准，一般中小型电机滚动轴承的工作温度不得高于95℃。一般的，在外界环境温度正常时，中小型电机轴承部分的温度也不会到达这样的限值。在实际工况中，电机轴承温度在60~70℃时比较常见。一旦电机轴承温度达到90℃，就要引起电机设计人员的重视。

本章所说的电机轴承的温度，通常是指电机工况温度范围。例如，电机长期在低温下工作（北方冬季），电机工况温度很高（钢厂等特殊环境）等的情况。外界温度对电机轴承运转提出了要求，因此需要考量轴承每一个部件允许的工作温度范围。

## 二、轴承钢热处理尺寸稳定温度

轴承是由轴承钢加工而成，轴承钢经过一定的热处理后可以保持一定的尺寸稳定性。轴承钢的热尺寸稳定性是指轴承钢在受到热作用下外形尺寸不发生永久变化的性能。当然，在受热时，钢材质内部金属组织结构和成分也会发生变化，对于外部而言，最重要的变化就是尺寸和硬度。

对于普通轴承钢都有一个热处理稳定温度，在这个温度以下轴承保持尺寸稳定，同时轴承钢材质的硬度等也满足使用要求。一般轴承的热处理稳定温度为120℃。在轴承上通常用 SN 标记，或者省略标记。除此之外，根据 DIN 623 ［DIN 62 为德国标准《滚动轴承代号》的编号，DIN 为德国标准化学会（Deutsches Institut für Normung e. V.）的缩写］，轴承的热处理稳定温度及其相应后缀为 S1、S2、S3 和 S4，所对应的热处理稳定温度见表 2-1。

表 2-1　轴承热处理稳定温度

| 后缀 | S1 | S2 | S3 | S4 |
|---|---|---|---|---|
| 热处理稳定温度/℃ | 200 | 250 | 300 | 350 |

相应地，各个轴承生产厂家对不同类型轴承的热处理稳定温度有不同的要求，因此具体默认的热处理稳定温度需要咨询相应厂家。例如：

FAG 轴承：外径 <240mm 的轴承为 150℃；外径 ≥240mm 的轴承为 200℃；其他轴承用后缀标出。

SKF 轴承：深沟球轴承为 120℃；圆柱滚子轴承为 150℃；球面滚子轴承为 200℃；NTN 轴承为 120℃；其他轴承用后缀标出。

### 三、轴承保持架温度范围

轴承不同材质的保持架能够承受的温度范围不同。通常钢或者黄铜保持架能够承受的温度范围比较大，和轴承钢相近。但对于尼龙保持架则不同，通常普通尼龙保持架能够承受的温度范围是 – 40 ~ 120℃。

一般不建议使用者超出这个温度范围使用。但对于某些短时超出此温度范围（尤其是高温）的，依然有可能使用。因为尼龙保持架随温度上升，其硬度变软是一个连续过程，即不是突然到120℃马上就崩溃，因此在略微超过120℃时依然有使用的可能性，具体适用性需要请轴承专业技术人员给出建议。有些品牌的轴承会给出查询表格，比如SKF的建议图表如图2-1所示。

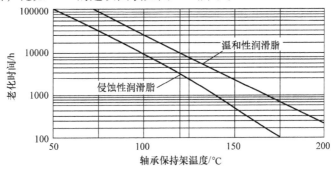

图 2-1  SKF轴承尼龙保持架温度 – 老化时间关系曲线

### 四、密封件的温度范围

对于封闭轴承，在某工作温度下选择合适的轴承就需要考虑密封件可以承受的温度范围。常用封闭轴承的防护方式多为金属材料防尘盖或橡胶材料密封件。

对于金属材料防尘盖，温度范围不需要特殊考虑。

对于橡胶材料密封件，需要根据密封件所采用橡胶材料的不同，来获知密封件能承受的最高温度。常用的密封轴承密封件材料是丁腈橡胶（NBR）和氟橡胶（FKM）。对于丁腈橡胶，工作温度范围是 – 40 ~ 100℃，可稳定地工作于100℃以内，可短时工作于120℃；对于氟橡胶，其工作温度范围是 – 30 ~ 200℃，可稳定地工作于200℃以内，可短时工作于230℃。

其他密封轴承密封件的允许工作温度，需向轴承生产厂家咨询。

### 五、轴承润滑脂允许的温度范围

温度是影响润滑的一个最重要的关键因素。随着温度的升高，润滑脂基础油黏度降低。在高温或者低温下运行，就需要具有特殊性能的润滑脂。并且，基于70℃计算的润滑脂寿命，其运行温度每升高15℃，寿命将降低一半。因此，轴承能否运行于高温环境，轴承本身的材质并不是最大的障碍，而润滑脂的选择成为了瓶颈。

关于温度和轴承润滑之间的关系，具体内容请参考润滑部分的内容。

### 六、电机用滚动轴承适用的温度范围

电机用滚动轴承允许的工作温度应该是轴承各个零部件能够允许的工作温度的最窄范围（下限中的最高值以及上限中的最低值）。只有在这个温度范围内才能保证所用轴承每一个零部件的安全。作为一个多零部件组合的主体，任何一个组成零部件，如果因超出工作温度范围而引起失效，最终都会以轴承整体失效的形式表现出来。

在根据工作温度选择电机轴承时，还应注意的是，通常是根据电机额定工作温度（或者假定额定工作温度）进行的选择。电机在实际工作中要经历停机冷态、稳定热态和短暂过载的情况，这些情况都会带来温度的波动，从而影响所选轴承的运行表现。

作者曾遇到的两个具体案例。

案例一：我国北方某电机厂，每到冬季就会出现电机噪声不达标比例较大的问题。起初，电机厂认为是轴承质量问题。后来经过检查发现，在冬季，该电机厂原材料仓库内实际温度接近 0℃，而试验场地的温度也只有 10℃ 左右。电机在这个环境温度情况下，通常起动初期噪声较大，待运行到稳定时噪声明显减小。其实这是一个典型的实际工作温度和额定工作温度不同带来的问题。电机设计人员根据稳定工况，按照 70℃ 的情况选择的轴承和润滑，在接近 0℃ 起动时，油脂稠度过高，带来噪声。当电机进入运行状态时，电机温升趋于稳定，即接近额定温度，电机轴承噪声自然会降低。因此这种情况不是轴承质量问题，也不是工程技术人员设计问题（当然，工程技术人员可以设计 0℃ 工作的轴承，可是这种工况既不是额定工况，也不是常见工况，如果兼顾 70℃ 工况，又兼顾 0℃ 工况，这样将付出很多不必要的成本）。

案例二：作者在国内见到的绝大多数客户选择的油脂都是普通中温油脂，而在印度，据说电机生产厂选择的普通轴承油脂都是我国所说的高温油脂。最初觉得他们是选型不当。后来亲赴印度，才体会到那里平时的环境温度就在 30 ~ 40℃，电机一旦满载稳定运行，很多电机内部温度将达到 90℃ 以上。因此普通电机选择高温油脂是恰当的。但作者建议印度电机生产厂家，在做出口电机时，若出口到北方，需要对润滑脂进行调整。相应地，作者想到国内的电机生产厂，也需要根据自己电机出口地点，考虑电机实际工作温度的不同，从而进行正确的轴承用润滑脂温度范围选择。

# 第二节  电机轴承的转速

电机轴承的选择需要考虑的另一个重要因素是转速。以前电机调速技术不发达，电机所能运行的转速范围有限，而随着电机调速和控制技术的发展，电机可运行的转速范围越来越宽，从而对机械零部件的转速能力提出了挑战，因此选择正确转速能力的轴承变得至关重要。

通常谈及轴承转速或者额定轴承转速要讨论两个基本概念：轴承的热参考转速和机械极限转速。

## 一、轴承的热参考转速

轴承旋转时会发热，并且随着转速的升高，这个发热会越来越严重。因此国际上制定了一套轴承热平衡条件，在这个条件下达到热平衡的最高转速就定义为轴承的热参考转速。

根据国际标准 ISO 15312—2018《滚动轴承—热转速等级—计算》，确定热参考转速的给定轴承的参考条件如下。

### （一）外圈固定、内圈旋转的轴承

环境温度 20℃，轴承外圈温度 70℃。

对于径向轴承：轴承径向负荷为 0.05 倍额定静负荷。

对于推力轴承：轴承轴向负荷为 0.02 倍额定静负荷。

### （二）普通游隙的开式轴承

1. 对于油润滑

润滑剂：矿物油，无极压添加剂。

对于径向轴承：ISO VG32，40℃基础油黏度为 $12\text{mm}^2/\text{s}$。

对于推力轴承：ISO VG68，40℃基础油黏度为 $24\text{mm}^2/\text{s}$。

润滑方法：脂润滑。

润滑量：以最低滚子中心线位置作为油位。

2. 对于脂润滑

润滑剂：锂基矿物油，基础油黏度40℃时为（100~200）$\text{mm}^2/\text{s}$。

对于这个定义，如果要转换成实际工况下轴承的温度，就需要进行一些调整计算，这里不进行计算的展开。电机设计人员可以咨询轴承工程技术人员进行计算或者仿真。

电机设计人员需要了解的是，轴承的热参考转速标志的是轴承热平衡状态下的最高转速。换言之，就是如果轴承运转速度高于这个转速，轴承就会过多地发热。

但是，如果电机设计人员可以改善润滑和散热，使轴承即便运行在高于热参考转速的情况下，其温度依然不至于过高，那么，即使超过这个转速也是允许的，但前提是机械强度要足够。

由此可知，轴承的热参考转速不是一个不可以超越的转速限定，它标志着热平衡下的转速参考，在一些条件下（例如加强散热）可以超越，但是这种超越需要谨慎处理。

## 二、轴承的机械极限转速

在电机的热参考转速中已经说明，如果改善散热，就可以超越热参考转速值，但究竟能够超越多少？这里就涉及轴承机械极限转速的问题。

轴承的机械极限转速是指在轴承运行于理想状态下，轴承可以达到的机械和动力学极限转速。也就是假定一切状态理想，轴承自身旋转在高速下，由于离心力的作用，其内部结构的机械强度将达到极限。标志此极限的转速，就是轴承的机械极限转速。

轴承的机械极限转速与轴承类型、轴承内部设计等诸多因素相关。因此，不同类型的轴承，其机械极限转速不同；相同型号的轴承，不同厂家设计生产的轴承，其机械极限转速也可能有所不同。

由于轴承的机械极限转速是一个极限的定义，因此在任何情况下都不应该在超过这个转速的情况下应用轴承（轴承设计普遍的薄弱点是保持架，在超越机械极限转速的情况下，经常出现的情况就是保持架断裂）。

本书附录C～附录J给出了电机常用滚动轴承的极限转速范围，各种轴承的具体数据请查阅轴承样本。

## 三、轴承热参考转速与机械极限转速和其他因素之间的关系

在各个轴承生产厂家的轴承型录中，都会发现一个问题：有的轴承的机械极限转速高于热参考转速；有的轴承的热参考转速高于机械极限转速。电机设计人员会发出这样的问题：如果轴承的热参考转速高于其机械极限转速，那就意味着电机轴承还没有过热时，其所承受的机械强度已经达到极限，轴承已经失效。如此一来，热参考转速如何得出呢？

事实上，轴承的热参考转速是一个热平衡结果。当然，轴承生产厂家会根据ISO 15312—2018《滚动轴承—转速等级—计算》来进行一些轴承转速试验，但是更多的情况下此值是一个热量平衡计算值。而轴承型录上的这个额定值也多数是一个计算值。

相应地，不同类型轴承热参考转速和机械极限转速的相对高低揭示了轴承运行时限制转速的主要矛盾所在。比如，深沟球轴承的热参考转速高于机械极限转速，而圆柱滚子轴承则相反。这说明，在转速升高的情况下，对深沟球轴承而言，发热不是主要矛盾，而其机械强度（保持架强度）将是限制转速的主要瓶颈；对圆柱滚子轴承而言，转速提高时，由于该类轴承是线接触的，散热不利，因此其发热是

限制转速的主要瓶颈，而其相对结实的保持架不是限制轴承转速的主要因素。

所以，了解轴承结构，可以帮助我们理解轴承热参考转速和机械极限转速之间的关系。

## 四、主要轴承品牌对轴承转速的定义

上述轴承转速的基本定义适用于几乎所有的滚动轴承类型。因此在各个轴承生产厂家的综合型录里，对轴承转速的定义基本上都涵盖了这两个基本概念。

多数主流轴承生产厂家直接引用了热参考转速和机械极限转速的定义作为产品的额定转速，但也有一些生产厂家将轴承的额定转速定义为油润滑和脂润滑的额定转速。

之所以有这样的定义，是因为实践中人们发现轴承在起动时，在使用油润滑和脂润滑两种不同的润滑条件下，轴承的温度有所不同。对于油润滑，温度偏低；对于脂润滑，温度偏高。根据这个理解做了一系列实验，从而界定了不同的额定转速。从这个定义可以看出，这种额定转速其实质上也是热参考转速的概念，只不过根据不同润滑介质而定义出了不同的数值。但是在实际工况中，当轴承稳定运行时，油润滑和脂润滑所带来的温度差异并不十分显著，所以很多主流轴承生产厂家又将这两个转速合并为统一的热参考转速。

由上述可知，当我们翻阅不同厂家轴承的型录时，如果额定转速只有油润滑和脂润滑的定义，就说明这里定义了热参考转速，并将其根据不同润滑介质进行分列。如果厂家定义了一个热参考转速和一个机械极限转速，就说明他们是合并了油润滑和脂润滑的热参考转速，同时也会提供机械极限转速。

## 五、影响轴承转速能力的重要因素

不同的轴承转速能力不同。轴承高转速运行时，其各个零部件的离心力，以及各个零部件的相互摩擦发热等因素是影响轴承转速能力的重要因素。

### （一）轴承大小与轴承转速能力的关系

从离心力的角度来看，由常识可知，轴承直径越大，其零部件重量也越大，因此轴承高速旋转时离心力也就越大，相应的轴承的转速能力就会越低。由此可以得到第一个基本的规律：轴承越大，转速能力越弱。

如果轴承内孔直径相同，若对于同一种轴承（如深沟球轴承），重系列的轴承零部件体积和重量（主要是滚动体）大于轻系列的轴承；对于不同类型的轴承滚动体的重量，圆柱滚子轴承大于球轴承。而滚动体重量越大，高速转动时离心力也就越大，因此其转速能力也就越低。由此可得到第二个基本规律：相同内径轴承的转速能力，重系列轴承低于轻系列轴承；圆柱滚子轴承低于球滚子轴承。

通过以上两个基本规律，在为高转速电机选择轴承时，如果想选择转速能力高的轴承就需要：

1）尽量选择小轴径轴承。

2）尽量选择轻系列轴承。

3）尽量选择球轴承，其次是单列圆柱滚子轴承，再次是双列圆柱滚子轴承。

上述原则为一个通用的定性原则，不可以教条使用。具体选用时可以根据这些原则来确定，最后还是以校核轴承的热参考转速和机械极限转速值为准。

**（二）不同类型轴承的转速能力**

不同类型的轴承（考虑相同内径），由于其内部设计结构等的不同，具有不同的转速能力。图2-2就某一个尺寸的轴承进行了对比，从中可以得到一些定性的结论。

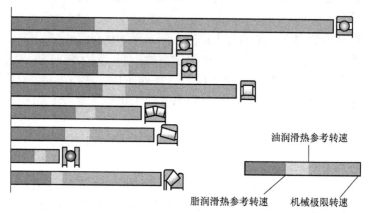

油润滑热参考转速

脂润滑热参考转速　　机械极限转速

图 2-2　不同类型轴承转速能力

**（三）轴承不同设计的转速能力**

对于相同轴承，根据不同需要，有时会使用不同的内部设计，这些不同的内部设计也带来了轴承转速能力的不同。其中最重要的是密封件和保持架的设计带来的不同。

1. 不同保持架设计的轴承转速能力

保持架作为轴承重要的零部件，对轴承转速能力有着重要的影响。

（1）从材质角度看　轴承常用的保持架材质主要有钢、尼龙和铜3种［结构和代码等内容详见第一章第一节中第二（三）部分和第二节第三（二）部分］。

1）钢保持架。钢保持架具有强度高、使用温度范围宽、重量相对较轻的特点，是最常用的轴承保持架材质。由于钢保持架的这些特点，此类轴承可以运行于较宽的温度范围和速度范围。

2）尼龙保持架。尼龙保持架具有重量轻、弹性强、边界润滑性能良好的特点。尼龙保持架的强度在所有保持架材质中是最弱的，因此在具有较大振动场合和频繁起停的工况下，容易出现断裂。但由于它是所有常用保持架材质中最轻的，因此此类轴承的转速能力最高，经常被使用于高速场合。尼龙保持架的应用有其温度限制，通常的尼龙保持架温度范围是 $-40 \sim 120℃$。

3）黄铜保持架。黄铜保持架具有强度高、抗震、加速性能优良、油润滑下转速能力卓越的特点。通常应用于有较大振动、频繁起停、油润滑的场合，以发挥其特性。但黄铜保持架价格相对较高，同时不能在有氨的环境下工作。有时会和一些油脂发生化学反应。因此在选用时要考虑这些因素。

（2）从保持架引导方式角度 轴承运转时，保持架的运动轨迹受到滚动体运动和自身重力的影响，会被不断地修正其运动轨迹，实现绕轴心的自转。这种运动轨迹的修正就是通过保持架和滚动体或轴承圈的碰撞来完成的。通常，依照引导方式的不同，分为滚动体引导、外圈引导和内圈引导，如图 2-3 所示。

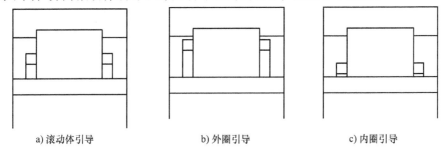

a) 滚动体引导          b) 外圈引导          c) 内圈引导

图 2-3　圆柱滚子轴承保持架的三种引导方式示意图

从图 2-3 中可以看到，内圈和外圈引导的方式，其保持架距离内圈或者外圈比较近，靠和这个圈的碰撞修正运动轨迹。保持架和轴承圈之间的狭缝非常不利于脂润滑。而对于油润滑，由于虹吸作用，非常容易保持润滑油。因此在使用脂润滑，且 $ndm > 250000$ （式中，$n$ 为轴承转速，单位为 r/min；$dm$ 为轴承内外径的算术平均值，单位为 mm）时，不建议使用内圈或者外圈引导的轴承。

常见的轴承磨铜粉现象是由于使用了外圈或者内圈引导的轴承工作于过高的转速，造成保持架和内外圈之间无法良好润滑而产生的。如果无法更换轴承，而又无法改变成油润滑，那么使用黏度低的油脂会有一些帮助，但仍然不能解决根本问题。

对于内外圈引导的保持架类型，在轴承运转时，保持架需要和内圈或者外圈发生碰撞摩擦，而保持架和引导的轴承圈之间的距离很小，因此在不同润滑方式下，表现出的轴承转速能力不同。

1）脂润滑时，保持架边缘和引导的轴承圈之间的距离无法被油脂良好地润滑，因此在一定转速时（$ndm > 250000$ 时）会出现保持架和轴承圈之间的干摩擦（铜保持架轴承经常出现的掉铜粉现象，就是这种摩擦产生的）。所以，此时内外圈引导的轴承转速能力会低于滚动体引导轴承的转速能力。

2）油润滑时，由于内圈或者外圈引导的轴承，保持架和引导的轴承圈之间有一个狭缝，这个狭缝对润滑油来说会有一个虹吸作用，因此可以良好地将润滑油吸附到保持架端部与轴承圈之间。在轴承高速运转时，保持架和轴承圈之间的相对碰撞或者摩擦，都可以由润滑油在其中起到很好的润滑作用。因此，这种情况下，内外圈引导的轴承转速能力会高于滚动体引导的轴承转速能力。

上述由于保持架设计因素带来的转速能力不同在圆柱滚子轴承上十分常见。电机设计人员可以和相应品牌的轴承技术人员联系，拿到更详细的技术资料。因为品牌不同，设计方法和系数各不相同，此处不一一列举。

保持架的加工方式等往往是轴承设计厂家已经设定好的，对于电机设计人员来说并没有太多的选择余地。但是对于最常用的中小型深沟球轴承以及一些圆柱滚子轴承，轴承生产厂家往往可以提供不同材质的保持架以供选择。因此电机设计人员可根据实际工况，同时根据前面讲述过的一些基本原则选择合适的保持架类型。

比如，对于高转速的场合，经常使用尼龙保持架；对于振动较大、需要频繁起动的电机，可以选择铜保持架；对于使用油润滑的轴承，选择内圈或者外圈引导的保持架等。

1）保持架材质方面。轴承保持架重量越轻，其自身离心力越小，轴承转速能力越高。因此通常而言，尼龙保持架转速能力最高，其次是钢保持架，再次是铜保持架。

2）从保持架设计方面。保持架有引导和保持滚动体的功能，但其自身的运动也需要一些引导。从重量看，外圈引导最重，滚动体引导次之，内圈引导最次。除重量以外，不同类型的保持架结构也有所不同，因此导致其机械极限转速能力不同。由于各个品牌设计不同，因此这方面的折算方法也不尽相同，以斯凯孚集团生产的圆柱滚子轴承为例，其圆柱滚子轴承不同保持架的机械极限转速折算系数见表2-2。

表2-2　不同保持架的机械极限转速折算系数

| 保持架类型 | P, J, M, MR | MA, MB | ML, MP |
|---|---|---|---|
| P, J, M, MR | 1 | 1.3 | 1.5 |
| MA, MB | 0.75 | 1 | 1.2 |
| ML, MP | — | — | 1 |

2. 不同密封设计的轴承转速能力

轴承密封结构和代码等内容详见第一章第一节中第二（二）部分和第二节第三（一）部分。

电机中常用的封闭式轴承主要是深沟球轴承。通常深沟球轴承的防护方式主要有两大类：一类是加防尘盖（见图2-4）；另一类是加密封件（见图2-5）。

（1）具有防尘盖的深沟球轴承　具有防尘盖的深沟球轴承的防尘盖多为金属材料，且防尘盖固定于轴承外圈上，和轴承内圈有一个非常小的间隙，即不与内圈接触。当轴承旋转时，间隙中可能会分布一些油脂。由于防尘盖和轴承内圈是非接触形式的，所以防尘盖通常不会影响轴承的转速能力。因此具有防尘盖的深沟球轴承的转速能力与开式轴承相当。但其仅具备基本的防尘能力，而不具备密封能力，所以不能防护细微尘埃以及液体污染。

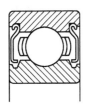

图 2-4　具有防尘盖的深沟球轴承结构

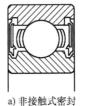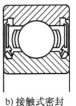

a) 非接触式密封　　b) 接触式密封

图 2-5　两种密封方式的深沟球轴承结构

（2）具有密封件的深沟球轴承　具有密封件的深沟球轴承的密封件多为橡胶材质（丁腈橡胶或者氟橡胶居多）。主流品牌提供轻接触式密封（或者非接触式密封，见图 2-5a）和接触式密封（见图 2-5b）两种防护能力的密封深沟球轴承，且其转速能力不同。

轻接触式（或者非接触式）密封轴承，有的轴承生产厂家设计的密封件和内圈轻微接触，有的并不接触，但是具有一个类似迷宫的结构；接触式密封轴承密封件和内圈有接触，因此在轴承旋转时，接触的密封唇口和内圈之间产生摩擦，会发热。就转速能力而言，两者相比，接触式密封的轴承低于轻接触式密封的轴承。

对比上述两类（三种）轴承防护方式，会得到一个总体结论：密封效果较好的轴承，其运转阻转矩就会较大，高速运转时会产生较多的热量（由密封唇口和内圈之间的摩擦引起），其转速能力也会较弱。

因各品牌密封件设计有所不同，致使密封件对转速的影响程度各不相同。电机设计人员需要从所有品牌的产品型录中找到对应值。

对于开式轴承，电机设计人员有时需要进行密封设计，以保护轴承。密封件起到密封作用是靠密封唇口和轴之间的压紧而产生的。由密封件与轴之间的摩擦产生热量的多少决定，与密封的唇口形状设计、密封材质、轴的表面加工精度等相关。总体上来讲，使用一般橡胶材料的密封件，密封唇口和轴之间的相对线速度建议不超过 14m/s 为宜。

# 第三节　电机轴承的承载能力

电机轴承由于其本身设计特性会导致其承载能力不同。在第一章第一节的内容中，讨论了几种常用类型轴承承受不同方向负载的能力。本节就轴承承载能力的方向、分类及其大小进行介绍。

## 一、电机轴承承载方向及其分类

轴承的负荷是从轴承的一个圈通过滚动体传递到轴承的另一个圈，那么其公称接触角（轴承公称接触角的定义和常用轴承的数值见第一章第一节相关内容）的连线也就是轴承内部承载力传递的方向。由此可知，轴承公称接触角越大，轴承的轴向承载能力越大，反之亦然。

如果轴承的公称接触角为 0°，也就意味着轴承承载方向没有轴向分量，轴承承受纯径向负荷，这种轴承被称为径向轴承或者向心轴承。

相应地，如果轴承的公称接触角为 90°，也就是轴承的承载方向没有径向分量，轴承承受纯轴向负荷，这种轴承被称为推力轴承。

公称接触角为 0°~90°的轴承，统称为角接触轴承。这类轴承同时具有轴向承载能力和径向承载能力。

## 二、根据接触角对轴承分类

常用轴承的接触角大小和范围在第一章第一节中已经做了简单介绍。下面再介绍一些详细内容。

接触角在 0°~90°之间，以 45°为界，根据接触角的大小，可以对轴承进行分类，如图 2-6 所示。

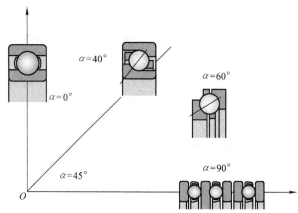

图 2-6　轴承按接触角分类

接触角为 0°的，称之为向心轴承，如果滚动体是球，称为向心球轴承，也叫深沟球轴承；如果滚动体为圆柱状滚子，称为向心圆柱滚子轴承，其中径长比在 1:3 以上的，称之为短圆柱轴承（也叫圆柱滚子轴承），径长比在 1:3 以下的，称之为滚针轴承。

接触角为 0°~45°之间的，称之为向心推力轴承。

接触角为 45°~90°之间的，称之为推力向心轴承。

向心推力轴承和推力向心轴承统称为角接触轴承。如果滚动体是球，就是角接触球轴承。

接触角为90°的，为推力轴承，根据滚动体不同分为推力球轴承和推力滚子轴承。

对于圆锥滚子轴承，由于其两个滚道之间并非平行，因此可以针对某一个滚道法线与垂直方向夹角来计入接触角。此处不展开，若需了解，请参看相关资料。

需要说明的是，深沟球轴承由于其内部滚道为一个圆形沟槽，因此当轴承承受轴向负荷时，滚动体在两个滚道上的接触点会相应地出现偏移。宏观上讲，深沟球轴承具有一定的轴向承载能力；微观上讲，此时深沟球轴承接触点连线已经与垂直方向出现夹角，处于角接触球轴承的工作状态。此时已经不是作为一个纯向心轴承承载。这就是深沟球轴承作为向心轴承却能够承载轴向负荷的原因。

### 三、轴承承载负荷大小的能力选择

轴承的承载是通过滚动体和滚道之间的接触实现的，在相同压强下，承载面积越大，其整体承载负荷就会越大。

从宏观的角度来讲，对于球轴承而言，滚动体和滚道之间的接触是点接触；对于圆柱滚子轴承而言，滚动体和滚道之间的接触是线接触；对于调心滚子轴承而言，每次都是一对滚子和滚道接触，不仅仅是线接触，而且线接触的长度大于单列轴承。

由上述分析可知，电机常用的轴承中，在相同内径下，调心滚子轴承的承载能力大于单列圆柱滚子轴承，单列圆柱滚子轴承承载能力大于深沟球轴承。斯凯孚对各类轴承的承载能力有一个定性的对比，如图2-7所示，图2-7中轴承的承载能力用基本额定动负荷的方式表示。

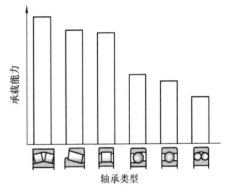

图2-7　不同类型轴承的承载能力

## 第四节　电机轴承游隙的选择

### 一、游隙的概念

轴承一圈固定，另一圈相对固定圈的移动距离就是轴承的游隙。如果这个移动是径向的，则这个移动距离就是径向游隙（对向心轴承而言，理论上的径向游隙是指外圈滚道直径减去内圈滚道直径，再减去2倍滚动体的直径）；如果这个移动是轴向的，这个游隙就是轴向游隙。如图 2-8 所示。

通常，各轴承生产厂家轴承型录里使用的游隙值，对于径向轴承（深沟球轴承、圆柱滚子轴承、球面滚子轴承等）而言，都是径向游隙；对于角接触球轴承、圆锥滚子轴承、推力轴承而言，都是轴向游隙。

在第一章第一节中已经介绍，根据设计游隙的大小，将轴承游隙分成 5 组，分别用后缀符号 C2、C0、C3、C4、C5 表示。其中 C0 是普通游隙组别，C2 组游隙小于 C0 组，其他数字越大游隙越大。

以上说的轴承游隙概念是指轴承的初始游隙（即单个轴承的游隙，如图 2-8 所示）。当轴承被安装在电机轴上和轴承室中并运行于稳定工况时的游隙是轴承的工作游隙。

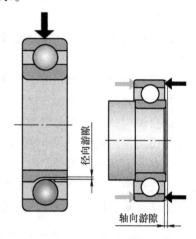

图 2-8 向心球轴承的游隙

## 二、工作游隙的概念和数值计算

一般而言，轴承圈和轴以及轴承室之间有一定的公差配合。通常一个圈为过盈配合（相对较紧），一个圈为过渡配合（相对较松）。以普通卧式内转式电机轴承为例，通常轴承内圈为过盈配合，轴承外圈为过渡配合。此时，会使轴承内圈直径有所增大，而轴承外圈直径基本不变。这样就会造成轴承内部径向游隙相较于初始径向游隙有一个减小量；另一方面，当电机运行于稳定工况时，电机达到稳定温升，由于转子发热通过转轴传导给轴承内圈，造成轴承内圈温度高于外圈温度，所以轴承内圈的热膨胀量就大于轴承外圈，由此又带来一部分轴承径向游隙的减少量。轴承处于正常工作状态时的游隙就是轴承的工作游隙。如图 2-9 所示。

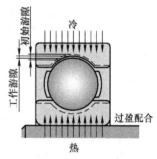

图 2-9 向心球轴承的初始径向游隙和工作径向游隙

轴承工作的径向游隙 $C_{工作}$ 由初始径向游隙 $C_{初始}$ 减去由于公差配合带来的径向游隙减少量 $\Delta C_{配合}$，再减去由于温度变化带来的径向游隙减小量 $\Delta C_{温度}$ 而得到，用公式表示为

$$C_{工作} = C_{初始} - \Delta C_{配合} - \Delta C_{温度}$$

实际上，对于球轴承，当施加一定载荷时，由于滚球与沟道的挤压作用，深沟球轴承的径向游隙将会有所增加，在规定的径向载荷下，深沟球轴承的径向游隙增量见表 2-3。计算球轴承的工作径向游隙时，应对此增加值加以考虑。

表 2-3　在测量载荷下深沟球轴承的径向游隙增加量

| 内径范围 /mm | 测量载荷 /N | 不同游隙组别（代号）的径向游隙增加量/μm | | | | |
|---|---|---|---|---|---|---|
| | | 2 组（C2） | 0 组 | 3 组（C3） | 4 组（C4） | 5 组（C5） |
| >10 ~ 18 | 25 | 3 | 4 | 4 | 5 | 5 |
| >18 ~ 30 | 50 | 4 | 5 | 5 | 6 | 6 |
| >30 ~ 50 | 50 | 3 | 4 | 4 | 5 | 5 |
| >50 ~ 80 | 100 | 5 | 6 | 7 | 7 | 7 |
| >80 ~ 100 | 150 | 6 | 8 | 8 | 9 | 9 |

注：测量载荷 <50N 时，游隙增加量 <2μm。

### 三、工作游隙与轴承寿命的关系

　　轴承在电机轴上工作时，假定无轴向负荷，分布在轴下方的滚动体承受由轴传递来的径向负荷。此时这些分布着承受径向负荷的滚动体的区域就是负荷区。当电机轴承存在正工作游隙时，分布在轴承最上方的滚动体不承受径向负荷。这些分布着不承受径向负荷的区域叫作非负荷区。轴承理想的负荷区范围是轴承径向负荷方向大约150°的范围。如图 2-10 所示。

　　在径向负荷下：①轴承游隙过大，负荷区会变小，承载的滚动体数量变少，单个滚动体承载变大，轴承应力集中；②轴承游隙过小，负荷区会变大，承载的滚动体数量变多，影响轴承寿命。

　　对于普通径向轴承而言，图 2-11 所示为轴承工作游隙与轴承寿命的关系。从图 2-11 中可以看到，当轴承的工作游隙是一个比零略小的值时，轴承寿命达到最佳值。但是此时如果由于外界因素等导致轴承游隙进一步减小，轴承会迅速进入预负荷状态，将导致轴承寿命大幅度下降。在现实工况中就是轴承的"抱死"状态，轴承会迅速失效。

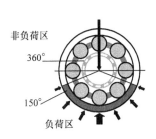

图 2-10　轴承负荷区分布

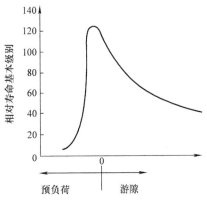

图 2-11　轴承工作游隙与轴承寿命的关系

　　轴承的正常工作游隙若是一个比零略大的值，则当轴承游隙受到外界影响变小时，轴承内部游隙不至于进入抱死状态；相反地，当受到外界影响，轴承工作游隙变大时，轴承的寿命会有所降低，但是下降的速度不大，不至于让轴承迅速出现问题。实践也证明，比零略大的值是一个比较安全的工作游隙值。

## 四、轴承游隙的选择

　　电机设计人员在选用轴承时，对于向心轴承，需要让轴承工作于一个比零略大的工作游隙（对于角接触球轴承等轴向轴承，工作游隙为负值），而轴承由于温度和配合带来的游隙减小量在外界设计已经确定时就已经被固定下来，因此，实际就要选择一个合适的轴承初始游隙，以保证轴承在正常工作时的工作游隙是一个理想值。

　　轴承应用工程技术人员可以根据实际的轴承的初始游隙、公差配合、轴承预计的温度分布等，计算轴承的工作游隙。但对于电机设计人员而言，通常在电机中使用的轴承游隙就是C0（CN）组和C3组游隙的轴承。只有在特殊需求下才对游隙进行核算。由于轴承游隙有标准分组，所以校核的结果往往是通过调整公差配合来使工作游隙达到要求值（另一种方法是让轴承生产厂家定制某种初始游隙的轴承，通常这种做法可行性较差）。

　　对于C0组和C3组游隙的选择，不妨以前面关于轴承游隙与寿命的关系作为指导原则。通常而言，对于负荷重、转速高、温升高的场合，会更多地使用C3组游隙的轴承。

## 五、电机生产厂遇到的游隙选型典型问题

　　电机生产厂设计的电机采用圆柱滚子轴承和深沟球轴承搭配时（一柱一球结构或者两柱一球结构），通常由于负荷等原因，选择C3组游隙的圆柱滚子轴承及深沟球轴承。我们可以对比一下深沟球轴承及圆柱滚子游隙表（见附录A和附录B）。从表中不难发现，相同内径的圆柱滚子轴承的径向游隙较深沟球轴承的径向游隙大；圆柱滚子轴承的普通径向游隙几乎相当于深沟球轴承C3组的径向游隙。这样，如果在相同的温度、相似的配合的情况下，圆柱滚子轴承的工作游隙明显大于深沟球轴承工作游隙，这也是圆柱滚子轴承更容易出现滚动体进入负荷区的激振现象和出现啸叫声的原因（见第七章电机运行中的轴承噪声与振动分析相关内容）。所以，如果可以对圆柱滚子轴承选择小一组的初始游隙，或者C3L组的初始游隙，将会大大减少其啸叫声发生的比率。

# 第三章 电机轴系中的轴承结构配置及选择

轴承的选型和结构配置是电机设计人员在电机结构设计时必须进行的一项重要工作。电机轴承的结构配置包含了根据给定工况需要做的如下一些工作。

1）根据负荷、转速等情况，大致选择轴承类型。

2）根据轴系的工况要求，将轴承合理地配置在轴系之中。

3）电机轴、轴承相关的周边设计，其中包括润滑通路和预负荷等。

电机轴承结构配置工作的后续工作是对轴承进行基本校核，包含寿命计算和润滑计算等内容。若此部分校核结果要求对轴承进行修改，再返回轴承结构布置进行调整，如此往复，完成电机结构设计中轴承轴系部分的设计工作。通俗说就是，电机轴承结构配置解决轴承类型选择问题和将轴承放到图样里的问题，而轴承寿命校核是解决选多大的轴承的问题。两者相辅相成，紧密相关，是结构设计不可分割的组成部分。

本章解决的主要问题是电机轴承的结构配置，而在根据工况进行合理的轴承类型选择之前，需要对轴承的基本承载特性有一个了解才可以进行后面的工作。因此建议读者在学习本章内容之前，先学习本章之前介绍的电机常用各类轴承相关内容，以了解轴承的承载特性。

## 第一节 电机轴承基本结构配置原理

### 一、电机轴承配置的基本概念

电机轴承的结构配置通常是指电机设计人员根据电机的承载和转速需求，选择出可以承载的轴承类型，并将其在轴系中进行机械布置的过程。因此，了解电机的承载工况就是十分关键的第一步。

前面已经讨论了电机中常用的轴承承载能力，下面讨论电机轴承的承载工况。

### 二、电机轴承的承载

电机轴承的承载系统可以承担负荷的方向如图3-1所示。

由图 3-1 可知，电机轴系主要承受外界施加的负荷按照方向分，包括轴向负荷和径向负荷（图 3-1 中分别用 $F_a$ 和 $F_r$ 来表示）。

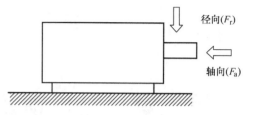

图 3-1　电机系统的外界承载示意图

在三坐标系统中，除了轴向和径向之外还有周向。如果电机轴承受的周向负荷构成力偶矩，则大小相当方向相反的两个周向力相互抵消，如图 3-2 所示。此时电机所承受的力偶矩对轴承不构成影响，外界转矩和电机内部电磁转矩相平衡。

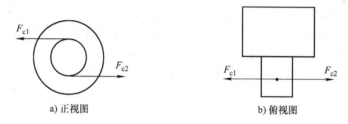

a) 正视图　　　　　　　　b) 俯视图

图 3-2　电机轴承承受的力偶矩示意图

如果电机轴端承受周向负荷，并不构成力偶矩，这个周向负荷从俯视角度就成为电机轴系的径向负荷，应该纳入考虑范围。

电机有立式、卧式、倾斜安装等不同的安装方式。不同的电机安装方式会导致电机内部轴承承载情况的不同，下面以内转式（即内转子式）电机为例分别介绍。

## （一）卧式安装电机

一般电机的轴系是两支撑结构，对于卧式安装电机，不论凸缘端盖安装还是底脚安装，其轴承负荷情况大致如图 3-3 所示。图 3-3 中，粗实线表示电机转子（或轴。后同）；$G$ 代表转子重量；$F_r$ 代表径向负荷；$F_a$ 代表轴向负荷。

电机作为机械系统的一部分，承受外界的（主要是加在轴伸端）轴向负荷和径向负荷，同时承受周向转矩负荷。

电机内部的轴承作为轴系的支撑点，承受由外界传递进来的轴向负荷和径向负荷，并将这些负荷从转轴通过轴承、电机端盖传递到机座上。这些负荷包括外界联轴器的重量（对于利用联轴器直连的系统）、带轮的重量和带轮的带张力（对于利用带联结传动的系统）等负荷。

图 3-3　卧式安装电机两支撑结构轴系负荷状态示意图

同时，电机作为转矩输出（对于电动机是输出，对于发电机是输入）装置，其内部电磁转矩将用于输出到外部，通过轴伸端和外部转矩相平衡。因此，轴承不承担转矩部分带来的负荷。在电机轴承端直接连接齿轮的工况下，如果齿轮单侧啮合，则此负荷应该计入，因有时此负荷会用传出转矩的方式给出（为避免混淆，此处加以说明）。这就是前面说到的电机轴端周向负荷的计入方式。

另外，作为轴系的支撑，整个转子的重量 $G$ 也会作为轴承的径向负荷由轴承承担。

对于较细长的电机，如果轴的挠度使得电机内部产生相应的单边磁拉力，那么，这个单边磁拉力也会由轴承承担。

综上所述，电机（卧式安装电机）轴承承受的负荷主要包括电机转子的重量、单边磁拉力、电机外界的径向负荷（联轴器重量和带轮重量加带张力等）、电机外界的轴向力（风叶推力及其他轴向推力）。

某些读者可能会有一个误解，认为电机的转矩负荷应该计入轴承的径向负荷。前已述及，转矩不被计入。轴承在转矩负荷中充当阻转矩仅仅是作为损耗存在。

电机轴承结构配置设计中，大致了解负荷的状态并且对负荷情况有一个定性的理解就可以继续进行。但是，要对轴承规格的大小进行选择，就需要对轴承负荷的大小进行定量的计算，从而用轴承的寿命计算来进行相应的校核。

**（二）立式安装电机**

对于立式安装电机，不论凸缘端盖安装还是底脚安装，其负荷情况大致如图3-4所示。

在这种情况下，电机机座和外界相连，电机转子的重量就成为了电机轴承的轴向负荷。外界如果连接带轮，那么带轮的重量也成为电机的轴向负荷，带张力将成为电机的径向负荷。如果电机是联轴器连接，联轴器重量则成为电机轴承轴向负荷。

同卧式安装电机不同，立式安装电机（排除加工误差影响）不会产生由于转轴挠度引起的定转子中心线不重合，因此不会出现由于转轴挠度产生的单边磁拉力。所以此工况下单边磁拉力不予考虑。

和卧式安装电机相同的是，立式安装电机的转矩负荷通常依然不计入轴承负荷，道理和前面讲述的相同（同样轴端直接连接齿轮且齿轮单边啮合的情况单独考虑）。

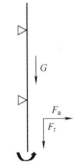

图3-4　立式安装电机轴系负荷状态示意图

对比卧式安装电机和立式安装电机的负荷情况，不难发现，立式安装在电机内部轴承承受的负荷发生了很大的变化——所有的重力都变成了轴向负荷，而不是径向负荷。此时对于轴承类型选择的影响，后面会详细阐述。

**（三）倾斜安装的电机**

倾斜安装的电机内部轴承负载情况，不论凸缘端盖安装还是底脚安装，其承载情况如图 3-5 所示。

此时，电机转子重力和外界（联轴器或者带轮重力）载荷都既有轴向分量也有径向分量。因此需要根据电机安装的倾斜角度进行分解。

电机倾斜安装，转子重量的径向分量会使电机轴发生径向挠曲，因此有可能会产生单边磁拉力，此时单边磁拉力应该纳入考虑范围。

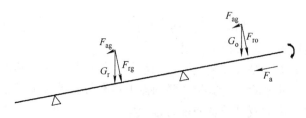

图 3-5　倾斜安装电机轴系负荷示意图

## 三、电机轴承结构配置的基本形式

### （一）轴系轴向定位的三种方式

电机通过底脚和基础进行连接，同时通过轴伸端和外界负载进行连接。通常的电机轴伸端都有轴向最大窜动量的要求，也就是说不希望电机轴可以沿着轴向无限制地移动。因此，在轴承布置上就需要对电机轴进行轴向定位。电机轴的轴向定位多数是依靠轴承完成的，所以要在轴承室的设计上考虑对电机轴的轴向定位问题。而图 3-6 所示的轴承无定位方式，通常不采纳。

图 3-6　无定位轴承的轴系示意图

电机轴一般是一个双支撑点轴系，那么就有两种可能性进行轴向定位，一种是双支点轴向定位结构（见图 3-7）；另一种是单支点轴向定位结构（见图 3-8）。到底选用哪种呢？首先，我们知道电机在工作时定子和转子都会发热，这样机座和轴都会随之升温直至工作温度稳定为止。以普通内转子式电机为例，电机定子绕组发热会传导到定子铁心，再由定子铁心传导到定子机座。定子机座通常布置有散热筋（片）等结构，很多电机还会通过风扇进行冷却；另一方面，电机的转子绕组发热会传导到转子铁心，再传导到轴上。转子的散热只有通过气隙以及电机内部的其他空间进行。因此，相比之下，电机转子的散热相对于定子而言明显要差很多。通常而言，电机的转子温度会高于定子。因此电机轴的热膨胀比例会比机座端盖大。这种膨胀包括轴向尺寸的膨胀和径向尺寸的膨胀。这两种尺寸的膨胀都会对电机轴承的运行产生影响。在电机轴承结构配置中，主要的影响因素是轴向膨胀。

假如对电机两端的轴承都进行轴向定位，如图 3-7 所示。那么，当电机运行于工作温度时，电机转子轴向长度的膨胀将会比机座轴向长度的膨胀大，这样就会对两个轴向固定的轴承产生随温度而变的轴向附加负荷。这个负荷不仅仅随温度而变化，同时还会受到电机形状、定转子热容量等的影响。因此，在进行轴承校核计算时，无法准确计算。这样的轴向附加负荷会对两套轴承的寿命产生影响，从而出现轴承的提前失效。所以通常不推荐两端轴承全部进行轴向固定的配制方法（小型电机交叉定位是一个特例，后续将要详述）。

图 3-7　双支点轴向定位轴系示意图　　　　图 3-8　单支点轴向定位轴系示意图

既不能将两端轴承全部轴向放开，也不能将两端轴承全部轴向固定，那就只能使用一端轴承轴向固定，一端轴承轴向放开的轴承配置方法，如图 3-8 所示。在这个配置里，首先电机轴的轴向定位靠右边轴承完成。而当热膨胀发生时，左边轴承可以沿着轴向进行移动，从而消除了由于热膨胀带来的轴向附加负荷。

**（二）定位端和浮动端轴承**

前已述及，将电机的轴系通过一套轴承进行轴向固定；另一套轴承的轴向放开进行热膨胀轴向位移的调整。这样，把对轴系进行轴向固定的轴承叫作定位端轴承，而相应的可进行轴向位移的轴承叫作浮动端轴承。

1. 定位端、浮动端轴承的轴承室固定

定位端轴承要对轴系进行轴向固定，因此就必须在轴承室设计时将轴承的轴向进行锁定。通常的布置如图 3-9 所示。

浮动端轴承要能够实现轴承的轴向位移。通常内转式卧式电机轴承内圈和轴之间配合相对比较紧，因此在热膨胀时轴带着轴承沿轴向位移，因此轴承外圈应该留出足够的偏移空间。通常的布置如图 3-10 所示。

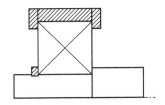 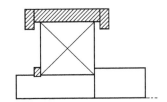

图 3-9　轴承的轴向固定示意图　　　　图 3-10　轴承的轴向浮动示意图

2. 定位端、浮动端轴承类型的选择

（1）定位端　定位端的轴承需要对轴系进行轴向定位，这套轴承就不可在轴承内部出现轴向移动。换言之，定位端轴承必须是可以承受轴向负荷的轴承。在前面的轴承介绍中已说明，深沟球轴承、角接触球轴承、调心滚子轴承等可以承受轴向负荷，因此这些轴承都可作为定位轴承。需要说明的是，单列角接触球轴承通常只能承受单向轴向负荷，因此它只可以对轴系进行单向定位。要注意的是，在承受反向轴向负荷时，单列角接触球轴承会脱开然后出现发热卡死等情况。所以，如果使用角接触球轴承作为定位轴承，要么配对使用，要么使用双列面对面或者背对背的角接触球轴承，要么加预负荷避免脱开。

电机设计人员经常会问：面对面配置的角接触球轴承和背对背配置的角接触球轴承在电机使用上有什么不同？首先说明一点，两个角接触球轴承配置在轴的两个支撑点上，这样的结构不属于定位端加浮动端结构。因此，轴的膨胀会影响到轴承内部游隙（预负荷）。这方面需要进行相关计算，以确定合适的推荐值。这种应用对圆锥滚子轴承同理，在齿轮箱中经常使用。对于电机生产厂而言有些吃力。但是将两个角接触球轴承配对放于定位端的应用是可以被采纳的定位端加浮动端结构。下面通过图 3-11，以分开布置的角接触球轴承为例进行简单的说明。

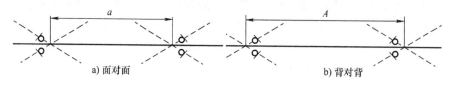

a) 面对面　　　　　　　　　　　b) 背对背

图 3-11　角接触球轴承系布置示意图

图 3-11a 是面对面配置的角接触球轴承结构。从图中的负荷线（虚线）可以看出，两端轴承负荷线与轴中心线交点的距离为 $a$。图 3-11b 是背对背配置的角接触球轴承结构，两轴承负荷线与轴心点之间的距离为 $A$。可以看到，背对背和面对面的一个区别是负荷线与轴心线交点之间的距离，背对背的大于面对面的，也就是说，背对背结构里支撑受力点间距大，轴系在垂直平面抗倾覆转矩的能力大。换言之，就是轴系刚性更好。当然，轴系刚性要根据需求取舍，有的轴系需要降低一些刚性，所以就需要选择面对面的配置。

以上说明对于配对角接触球轴承和圆锥滚子轴承在轴系的配置里同样有效。

（2）浮动端　浮动端轴承要求可以在轴升温尺寸变化时，轴承可以在轴承室内进行轴向的移动。因此通常让轴承与轴承室的配合适度放松就可以达成。深沟球轴承、圆柱滚子轴承、球面滚子轴承都可以作为浮动端轴承使用。其中，圆柱滚子轴承（NU 和 N 系列），由于滚动体可以在滚道内部有润滑的情况下实现轴向移动，因此是非常良好的浮动端轴承。另外，由于圆柱滚子轴承内部结构可以实现在轴承内部的轴向移动，因此轴承内外圈的结构设计和定位端一致即可。大致如图 3-12 所示。

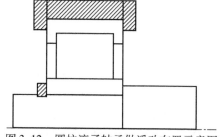

图 3-12　圆柱滚子轴承做浮动布置示意图

对于浮动端轴承而言，角接触球轴承、圆锥滚子轴承均是不适合被选用的。因为这两类轴承不可以在有剩余游隙的工况下运行。一旦出现反向受力，轴承内部会脱开，从而出现滚动体打滑和轴承发热烧毁的风险。

3. 轴伸端和非轴伸端轴承

电机通常有轴伸端（或称为主轴伸端）和非轴伸端（或称为辅轴伸端）。轴伸端是负责将电机转矩输出（对电动机为输出，对发电机为输入）的部分。非轴伸端通常会连接冷却风扇、制动器和编码器（转子位置传感器，如旋转变压器）等。而电机轴承的定位端和浮动端是根据对电机轴的轴向定位需求而确定的。那么电机的定位端、浮动端和电机的轴伸端、非轴伸端的关系怎样确定呢？

（1）从温度变化带来的轴向窜动角度来看　首先我们来看把电机的定位端轴承放在电机的轴伸端的情况，如图 3-13 所示。

在图 3-13 中所示的结构中，定位端轴承位于轴伸端一侧。当电机由冷态工作到稳定温度时，电机轴的轴向膨胀会在定位端轴承两侧延展。在这个结构里，也就是在轴伸端轴承两侧轴向膨胀。对于轴伸端一侧的轴端而言，这里的轴向伸长量是基于轴伸端轴承（在这里是定位端）到轴端的距离 $L_1$。

（2）再看把定位端轴承置于非轴伸端的情况　把定位端轴承置于非轴伸端的情况如图 3-14 所示。在图 3-14 的结构中，定位端轴承位于非轴伸端一侧。当电机由冷态工作到稳定温度时，电机轴的轴向膨胀同样在定位端轴承两侧延展。在这里，就是从非轴伸端轴承向轴伸端轴端的膨胀。对于轴伸端一侧的轴端而言，此时的轴向伸长是基于非轴伸端轴承（依然是定位端轴承）到轴端的距离 $L_2$。

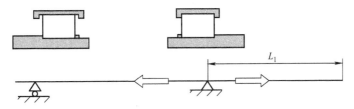

图 3-13　定位端轴承置于轴伸端的布置示意图

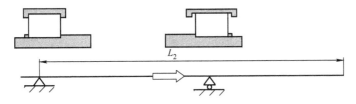

图 3-14　定位端轴承置于非轴伸端的布置示意图

从上面的分析不难得出结论，如果是同一台电机，上述两种情况下 $L_2 > L_1$，因此由温度带来的热膨胀量 $\Delta L_2$ 将大于 $\Delta L_1$。也就是将定位端轴承置于轴伸端时，电机由于工作温度变化带来的轴伸端伸长量（也就是温度引起的轴向窜动量）小于将定位端轴承置于非轴伸端时的情况。对于电机轴向窜动要求严格的场合，将轴承的定位端置于电机轴伸端将有利于控制电机轴向窜动（尤其对一些轴向长度较大的电机而言，这个影响更加明显）。

（3）从电机轴承布置的协调性角度看 在前面电机轴承承载的分析中可以知道，电机轴承（以卧式安装电机为例）承担着电机转子重量和电机轴伸端的轴向及径向负荷。如图3-15所示。

图3-15 卧式电机轴系受力情况示意图

从轴承的受力简图，不需要计算也可以大致知道 $b_2$ 处轴承的径向负荷会小于 $b_1$ 处轴承的径向负荷。也就是轴伸端轴承的径向负荷会大于等于非轴伸端轴承的径向负荷。当然我们可以定性地估计，承受大负荷的轴承可能会大。

相应地，如果把轴伸端定义成定位端，那么，这个轴承除了承受比非轴伸端轴承更大的径向负荷之外，还需要承受轴向负荷。这样一来，轴伸端轴承的选择可能要比非轴伸端轴承大很多。

在这种情况下，我们宁可让负荷不大的非轴伸端轴承作为定位端来承受轴向负荷，以使得电机轴承总体设计得更协调。这种协调的总体设计会避免轴伸端轴承选择过大而带来的成本增加，同时也避免了非轴伸端轴承可能出现的最小负荷不足的问题。

当然，如果电机没有外界径向负荷，那么仅仅当转子重量作为两套轴承的径向负荷时，两端轴承的承载相似，这样，用哪一端作为定位端轴承带来的轴承结构配置协调性问题就不突出了。此时，轴向窜动的因素将会变成主流因素来考虑。

**（三）不同安装方式定位端与浮动端轴承的受力**

1. 卧式安装电机内部轴承的承载

对于卧式安装电机，其转子重量、联轴器重量、带轮重量、单边磁拉力等所有的径向负荷都由电机两端轴承共同承担；外界轴向负荷由定位端轴承承担，浮动端轴承不承担此负荷。

2. 立式安装电机内部轴承的承载

对于立式安装电机，其转子重量、联轴器重量、带轮重量等负荷全部是轴向负荷，这些负荷全部由电机定位端轴承承担；外界带轮张力等径向负荷由两套轴承共同承担。

通常，电机选用的轴承中径向轴承居多（深沟球轴承、圆柱滚子轴承和球面滚子轴承都属于径向轴承），因此，这类结构中通常是在定位端使用径向轴承的轴向承载能力。对立式安装电机中的浮动端轴承而言，若外界没有径向负荷的话，此处轴承几乎不需要承载，所以经常出现由于最小负荷不足的情况从而产生明显的轴承噪声、发热甚至烧毁的情况。一般情况下，建议此类电机浮动端所用的轴承选择相对适应轻载的轴承系列，同时降低润滑脂的稠度，在可能的情况下，添加预负荷，以避免轴承承受负荷达不到滚动所需的最小负荷值。

从上面的分析可以看出，很多用户简单地把卧式安装电机进行立式安装的做法是十分有害的。对于小型电机，由于轴承内部承载的富余量较大，有时不一定出现故障，但实际上电机内部轴承承载已经完全不同。这点需要电机使用者和电机设计人员一起注意。

# 第二节　电机轴承的典型配置方式及分析

前面就电机轴承结构配置的基本原则进行了一些阐述，本节将根据电机轴承结构的一些典型配置及其特点、应用范围以及常见问题进行分析，同时提出一些设计中需要注意的细节问题。需要强调的是，通常的轴承结构布置为很多电机设计人员所熟知，但是其原因以及其中的细节事项，还是很多人最大的困扰。注意这些细节，就会避免后续很多的电机轴承问题。

## 一、卧式安装电机基本轴承结构布置

卧式安装是电机中最常用的一种安装方式。前面已讲述过卧式安装电机内部轴承承载状况的不同，由此也带来轴承结构布置的不同。

### (一) 双深沟球轴承结构 （DGBB + DGBB）

对于普通中小型电机，当电机外部不连接轴向和径向负荷时，经常使用两个深沟球轴承的结构布置。最常见的工况是中小型电机轴伸端通过联轴器连接外部转矩负荷；也有时是连接外部不太重的径向负荷，诸如小带轮等情况。

1. 普通双深沟球轴承结构

（1）双深沟球轴承结构布置形式　电机中最常用的轴承结构配置是双深沟球轴承结构。顾名思义，此结构中电机定位端与浮动端轴承全部使用深沟球轴承。其基本布置情况如图 3-16 所示。

从图 3-16 中可见，右侧轴承作为定位端，左侧轴承作为浮动端。两套轴承共同承担电机的径向负荷，同时右侧轴承作为定位端轴承承

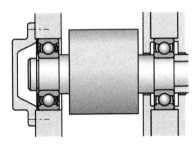

图 3-16　双深沟球轴承结构布置

担电机的轴向负荷。为减小电机噪声（见第七章电机运行中的轴承噪声及振动分析相关部分），在这种布置中对非定位端轴承（左侧）添加了一个弹簧垫圈（一般

为波形弹簧)。

(2) 双深沟球轴承结构承载特点及注意事项　这类结构中使用的两端轴承都是深沟球轴承,而深沟球轴承具有转速能力卓越但承载能力不高的特点。当电机转子重量不大、外界负载不大时,这类结构经常被使用。通常很多中小型电机都符合这个特点,因此这类结构在中小型电机中经常使用。

事实上,一些相对较大的电机,如果没有外界额外的大负荷,则选用相对较大的深沟球轴承也可以满足应用的要求。前面曾说过深沟球轴承承载能力不高,是相较于圆柱滚子轴承而言。通常通过寿命计算校核之后,很多场合深沟球轴承是可以胜任的。

一个典型的案例是风力发电机轴承配置。在早期风力发电机结构设计中存在一些争议,国内有不同的几种主张,其中,有用两柱一球轴承结构的(后续详述);有用两个深沟球轴承的。在风力发电机的工况中,发电机两端轴承仅仅承受电机转子重量和外界联轴器重量。安装时允许最大5°的倾斜。其轴向、径向负荷均不算很大,经过计算,深沟球就可以满足。用圆柱滚子轴承,从轴承寿命计算的角度看,富余量很大,感觉安全系数更高。但是这样的情况下,圆柱滚子轴承会面临最小负荷不足的风险。实践证明,很多电机生产厂两柱一球轴承结构的风力发电机确实出现了由于最小负荷不足而带来的电机轴承噪声问题。到目前为止,当年曾倍受争议的功率为1~2.5MW的风力发电机(双馈型)普遍使用双深沟球轴承的结构。

2. 交叉定位结构

(1) 交叉定位结构布置形式　作为在小型电机中普遍使用的一种结构形式,如图3-17所示。

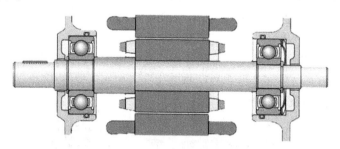

图3-17　电机轴承交叉定位结构布置

在这个结构中我们发现,既没有明确的定位端,也没有明确的浮动端。两套轴承分别在某一个方向上对轴进行轴向定位。我们通常称之为交叉定位。在交叉定位系统中,当电机转子在工作温度运行产生轴向膨胀时,这个轴向的膨胀力如果很大,就会对轴承产生危害;但如果这个轴向膨胀力很小时,这个轴向力就变成了电机两端轴承的一个轴向预负荷,不仅不会影响寿命,反而会在噪声控制上产生良性的影响。由此可见,这种结构应用在小型电机中是非常适合的,因为小型电机轴的长度短、温升相对差别不大，因此由膨胀带来的轴向附加负荷并不会很大。

（2）交叉定位结构承载特点　交叉定位系统经常被使用于小型电机当中。其承载特点与普通两轴承结构类似，承载能力不高，外界无额外的大的轴向和径向负荷，同时电机转速相对较高。

**3. 双深沟球轴承结构的预负荷问题**

关于电机轴承的预负荷问题，长期困扰着一些电机设计人员，这其中包括预负荷的选取和如何实现此项预负荷。作者在很多电机现场见到预负荷虽然经过计算，但是实际电机安装时，预负荷施加无效。有的将弹簧彻底压扁，有的弹簧根本没有接触受力面。下面就此问题给出一个清楚的解答。

首先，不论在双深沟球轴承的结构中还是在交叉定位的结构中，为了减小电机轴承噪声（其原因在第七章电机运行中的轴承噪声及振动分析相关部分进行深入讨论），推荐对整个轴承系统施加一个轴向的预负荷。通常采用弹簧预负荷的方式施加，这个预负荷的大小可以按照下式计算：

$$F = kd$$

式中　$F$——预负荷值（N）；

$k$——系数；

$d$——轴承内径（mm）。

当为了减小轴承噪声，式中的系数 $k$ 可以选取 5 ~ 10。

通常，问题到这里还不能结束，因为电机设计人员需要解决如何实现这么大的预负荷。如果用弹簧对轴承系统施加预负荷，那么根据弹簧弹性形变可知

$$F = K\Delta L$$

$$\Delta L = \frac{kd}{K}$$

$$\Delta L = L - L_1$$

$$L_1 = L - \frac{kd}{K}$$

式中　$F$——预负荷值（N）；

$K$——弹簧弹性系数；

$\Delta L$——弹簧变形量（mm）；

$L$——弹簧的初始长度（mm）；

$L_1$——弹簧承受预紧力压缩变形后的长度（mm），如图 3-18 所示；

$k$——系数；

$d$——轴承内径（mm）。

通过这些计算，在绘制电机图样时

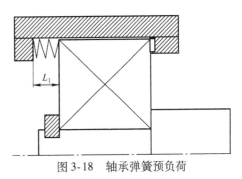

图 3-18　轴承弹簧预负荷

已经完成了为电机轴承施加预负荷的工作。电机设计人员在设计电机总装配图时，预留的这个 $L_1$ 要根据电机轴承的预负荷并通过计算得出，而非随机给出（这一点，很多电机设计人员都曾经犯过错误，所以在此特意强调）。

当然，这个尺寸会受到很大的轴向累积公差的影响。正是考虑到这一点，我们在算预负荷时，给出的系数范围是 5～10，此范围足够电机尺寸链累积公差的补偿。

另外，弹簧变形后长度 $L_1$ 为弹簧初始长度 $L$ 的 0.5～0.75 倍时，弹簧的弹力最佳。所以上述计算之后的 $L_1$ 需要落入此区间，否则需要调整相应系数，以确保可靠。

4. O 形圈问题

铝壳电机在小型电机中十分普遍。然而铝壳电机轴承座材质是铝，而轴承的材质是轴承钢，两种材质的热膨胀系数不同。铝的热膨胀系数几乎是钢的 2 倍。这样，如果在冷态选择合适的轴承室配合，那么在工作温度的稳态时，此处配合就会偏松。所以就会出现轴承外圈跑圈的问题。

面对这个问题，很多电机生产厂采取了各种各样的应对措施。比如有的厂家使用加紧轴承室配合的方法。这样一方面增加了安装难度；另一方面，铝材质相对于钢而言比较软，当轴承装入轴承室后，轴承室本身就会发生变形。当温度升高时，依然会出现配合变松而跑圈的问题。

也有的电机生产厂使用胶水将轴承外圈和轴承座粘连在一起。这种方法显然对后期维护时的拆卸带来了不小的难度。并且，胶干后会变硬，从而影响了轴承外圈和轴承室的接触，此时的轴承室恐怕很难谈及圆度的问题。由第七章电机运行中的轴承噪声及振动分析中相关部分不难得出结论：在这样的情况下，很容易出现噪声。

一个比较可靠的方法是在电机轴承室内加入一个 O 形圈。通常 O 形圈材质为橡胶。安装 O 形圈需要在电机轴承室内部开一个槽，以放置 O 形圈。推荐尺寸如图 3-19 所示。

如果 $b$ 值过大，则 O 形圈不能发挥弹性作用阻止外圈跑圈；若 $b$ 值过小，在安装轴承时十分容易将 O 形圈切开。

如果 $a$ 值过大，会影响外圈和轴承室内部的接触，并影响对 O 形圈的支撑；若 $a$ 值过小，则不能容纳橡胶圈的变形。

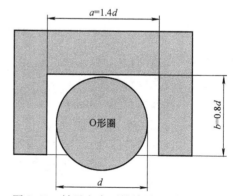

图 3-19　轴承室内开槽放置 O 形圈的尺寸

同时还需要考虑轴承倒角尺寸不至于切伤 O 形圈。

**（二）一柱一球轴承结构**（CRB + DGBB）

当因电机连接的外部径向负荷比较重，深沟球轴承的径向负荷能力不足以承担时（通过寿命校核，如果选用轴承的寿命过短，就说明承载能力不能符合要求），通常考虑引入圆柱滚子轴承。在中小型电机中，若外部连接带轮负荷，而带轮的张力较大时，通常会使用圆柱滚子轴承加深沟球轴承的轴承结构布置，即一柱一球轴承结构布置。

**1. 一柱一球轴承结构布置形式及选型建议**

此类电机的轴承结构布置如图 3-20 所示。电机常用的圆柱滚子轴承多为 NU 系列和 N 系列。图 3-20 所示的例子中使用的是 NU 系列的圆柱滚子轴承。前已述及，NU 系列圆柱滚子轴承不具备轴向承载能力，因此不可以作为定位端轴承。因此这个系统中用深沟球轴承作为定位端轴承对轴系进行轴向定位。

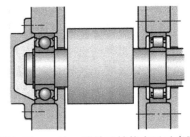

图 3-20　一柱一球轴承结构布置示意图

另外，由于外界承载较重的径向负荷，因此把圆柱滚子轴承布置在轴伸端以承受这个较重的径向负荷。

**2. 一柱一球轴承结构承载特点及注意事项**

一柱一球轴承结构受力大致情况如图 3-21 所示。可以很容易地计算出圆柱滚子轴承和深沟球轴承的径向负荷如下：

对于圆柱滚子轴承

$$F_{r1} = \frac{F_r c + F_{rg} a}{b}$$

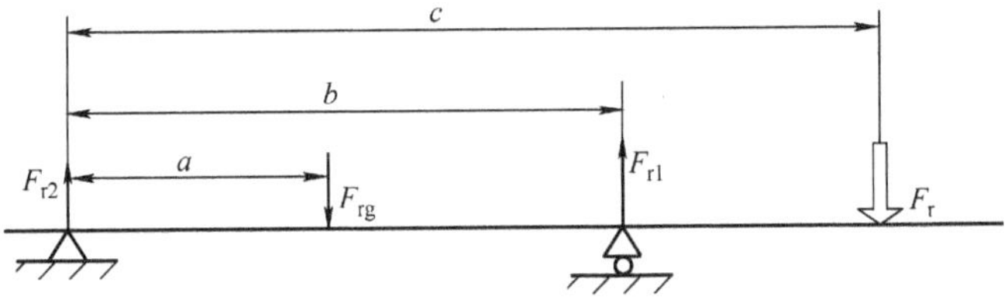

图 3-21　一柱一球轴承结构受力示意图

对于深沟球轴承

$$F_{r2} = \frac{F_{rg}(b - a) - F_r(c - b)}{b}$$

显然，$F_{r1} > F_{r2}$。尤其当 $F_r$ 很大时，圆柱滚子轴承的径向负荷将远大于深沟球轴承的径向负荷，甚至在一定情况下会出现 $F_{r2}$ 为负值的情况。

因此，一柱一球轴承结构适用于径向负荷很大的电机中。同时需要引起注意的是非轴伸端深沟球轴承的负荷情况。当电机轴伸端的径向负荷足够大时，有可能出现非轴伸端的深沟球轴承最小负荷不足的问题，从而产生噪声和发热等情况。

另外一种经常出现的问题是，将这种电机轴承结构配置用于轴伸端径向负荷不大的场合。如果轴伸端负荷不大（或者为零），则电机轴伸端轴承和非轴伸端轴承所承受的负荷相差不大，而轴伸端使用了负荷能力很大的圆柱滚子轴承，这就很有可能出现圆柱滚子轴承最小负荷不足的情况，从而引发噪声等故障（在第七章电机运行中的轴承噪声及振动分析相关内容中所讲到的某钢厂的案例就是这种情况）。

**（三）两柱一球轴承结构**（2CRB + DGBB）

两柱一球轴承结构是电机设计中经常使用的经典轴承结构布置方式，经常在中大型电机中出现。中大型电机自重很大，电机轴承即便仅仅支撑转子重量，其负荷也已经十分大了。选用深沟球轴承作为轴伸端轴承使用，当进行负荷校核时，如果寿命校核计算不达标，应该选用两柱一球轴承结构。

1. 两柱一球轴承结构布置形式及注意事项

两柱一球轴承结构布置形式通常如图3-22所示。从图3-22中可见，两柱一球轴承结构的两个支撑端，一端使用一套圆柱滚子轴承，另一端使用一套圆柱滚子轴承加一套深沟球轴承的结构，如图3-22右侧和图3-23所示。由于圆柱滚子轴承（NU或N系列）不能承受轴向负荷，所以不能作为定位端轴承使用，因此在需要定位的一端和一套深沟球轴承配合使用，起到定位端的作用。

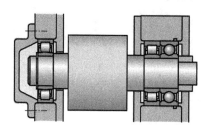
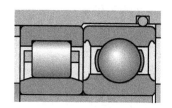

图3-22 两柱一球轴承结构布置示意图　　图3-23 两柱一球轴承结构中的定位端

深沟球轴承和圆柱滚子轴承在定位端配合，起到定位端轴承承受轴向负荷和径向负荷的作用，其中圆柱滚子轴承负责承担径向负荷，深沟球轴承负责对轴系进行轴向定位。因此在这个部位的轴承室加工时需要注意两个细节（参见图3-23）：①圆柱滚子轴承和深沟球轴承的轴承室尺寸应该不同。由于我们希望径向负荷由圆柱滚子轴承承担，因此深沟球轴承就需要在径向上放开，避免承担径向负荷。试想，如果两套轴承的轴承室支撑做成一样，那么就无法得知哪套轴承承担了多少径向负荷，有可能深沟球轴承承担了非预期的径向负荷，造成轴承失效。②由于深沟球轴承径向上被放开，就存在轴承外圈跑圈的可能性。因此需要对深沟球轴承的外部安装O形圈，以防止其跑圈。现实中，有些电机生产厂用轴向夹紧的方式来避免深沟球轴承跑圈，这种方法不如用O形圈可靠。

另一方面，两柱一球轴承结构两端都是圆柱滚子轴承，这个结构对电机的不对中（两端轴承室的轴线同轴度较差）十分敏感，因此需要在此方面多加注意。

在润滑角度，由于定位端圆柱滚子轴承和深沟球轴承安装在一起，因此确保两套轴承的润滑也十分重要。其再润滑时间间隔以最短的一套轴承再润滑时间间隔为准，并且保证油路通过两套轴承（后续油路部分详述）。

2. 两柱一球轴承结构布置的承载特点及选型建议

两柱一球轴承结构适合于中大型电机，两端轴承承受一个比较重的径向负荷。在轴承的定位端使用深沟球轴承进行轴向定位。

通常在卧式安装的中大型电机中作为定位端使用的深沟球轴承所承受的轴向力并不大，因此在选择轴承时应选择轻系列的深沟球轴承，例如，如果能选用 62 系列，则尽量不选 63 系列。

另外，在两柱一球轴承结构布置中，由于圆柱滚子轴承的转速能力低于球轴承，因此往往在高转速的情况下，圆柱滚子轴承的转速会成为一个阻碍。许多电机生产厂在设计高速电机时会遇到这个问题。通常可行的做法有以下几种：

1）在满足负荷的情况下，尽量选择轻系列的圆柱滚子轴承。如 10 系列、2 系列等。因为负荷越轻的系列轴承，其转速能力越高。

2）在轴径允许的情况下，尽量缩小轴承尺寸。因为轴承的转速能力通常用 ndm 值（轴承内径与外径算术平均值乘以转速）来衡量，能够减小轴承直径尺寸，可以在很大程度上提高其转速能力。

3）如果以上方法都无法满足转速要求时，建议校核重系列深沟球轴承是否能满足其负荷要求和转速要求。这是因为：首先，深沟球轴承转速能力比圆柱滚子轴承高；其次，随着现今轴承生产加工工艺和材质的改善，深沟球轴承的负荷能力已经较过去有很大提高，因此存在深沟球轴承替代圆柱滚子轴承的可能性（如果一旦替代，就会改成双球轴承结构）。

4）如果以上的方法均不能满足要求，则需要使用滑动轴承。

作者曾遇到一个案例，某电机厂总工程师邀请作者帮助进行电机成本优化。作者尝试用深沟球轴承对圆柱滚子轴承进行替代，在一些机型里确实得到了一定的预想结果。但是这种方式的可行性是有限的，并不是所有的圆柱滚子轴承都可以进行这样的替代。并且有些大型深沟球轴承的成本未必比相应尺寸的圆柱滚子轴承低；另一方面，受深沟球轴承的负载能力所限，技术上也难以做到。

在上述案例中，这位总工程师向作者提出：现在越来越多的客户为了取消齿轮箱，一味地提高对电机转速的要求。当然，在电机的电磁理论上很多情况都是可以做到的，但是在机械上，尤其是轴承上就出现了无法跨越的鸿沟。有时不得已而使用了滑动轴承。这样一来，省去了齿轮箱，貌似减少了成本、简化了结构，但是其实这些省出来的成本和结构又加到滑动轴承上。总体上未见得更有效。

百年前，在轴承的转速能力范围远大于电机调速范围时，控制调速等技术面临挑战，而机械方面留有较大的富余量。随着永磁电机、变频调速电机等技术的发展。调速技术开始对轴承转速范围提出了新的挑战。两者的挑战是良性的，但是，在电气上的简化，势必在机械上带来难度。就目前的技术发展而言，在很多情况下，单纯地依靠变频调速就提倡完全去掉齿轮箱，在很多场合下会遇到机械难度的阻碍。要解决这个问题，我们只能期待更新技术的发展，而不能过分地激进。

**（四）双调心滚子轴承结构**（SRB + SRB）

双调心滚子轴承结构布置在一些电机生产厂也有应用。调心滚子轴承有两列可调心的滚子，因此其径向负荷承载能力比圆柱滚子轴承还好，所以在重负荷的场合是一个可选择的轴承类型。

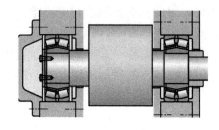

在双调心滚子轴承结构中，由于调心滚子轴承既具备轴向承载能力，也具备径向承载能力，因此它既可作为定位端轴承使用，也可以作为浮动端轴承使用，其布置方式和深沟球轴承类似。图3-24所示为非轴伸端作为浮动端，轴伸端作为定位端的双调心滚子轴承布置。

图3-24　双调心滚子轴承结构布置示意图

需要注意的是，双调心滚子轴承的结构不需要和双深沟球轴承结构一样施加预负荷。相应地，如果径向负荷不足时，一定的预负荷会造成调心滚子轴承非承载列负荷过轻的问题。

双调心滚子轴承结构的承载和双深沟球轴承的承载相似，只是载荷大小上远比深沟球轴承大。通常这种布置是在转速不高而承载能力超过了圆柱滚子轴承承载能力时采纳的一种解决方案。

双调心滚子轴承结构的转速能力不如前面几种轴承结构，在高速领域应给予谨慎使用。

**（五）深沟球轴承加配对**（面对面或者背对背）**角接触球轴承结构**〔DGBB + ACBB（DB/DF）〕

卧式安装电机在承受不是很大的轴向负荷时，可以使用深沟球轴承来承担。但如果轴向负荷较大，超过了深沟球轴承的承受能力，就需要采用深沟球轴承加配对角接触球轴承的轴承结构布置方式。

*1. 深沟球轴承加配对角接触球轴承的结构布置*

深沟球轴承加配对角接触球轴承的结构布置如图3-25所示。

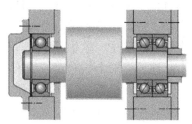

轴伸端使用两套面对面配置的角接触球轴承作为定位端；非轴伸端使用一套深沟球轴承作为浮动端，并且用弹簧施加预

图3-25　深沟球轴承加配对角接触球轴承的结构布置

负荷以减少深沟球轴承噪声。

　　需要注意的是，作为定位端配对的角接触球轴承需要选用配对的角接触球轴承。并非任意两套角接触球轴承就可以配对，这需要对轴承圈断面进行特殊加工方可得到。有的品牌提供通用配对的角接触球轴承，但是多数厂家提供的单个角接触球轴承都不能任意配对，需要和厂家说明需要配对轴承。

　　判断角接触球轴承面对面或者背对背的方法是：两套角接触球轴承，外圈薄的一面相对是面对面配置；外圈厚的一面相对是背对背配置；一厚一薄的端面相对是串联安装配置。

　　2. 面对面配置或者背对背配置对角接触球轴承配对后的预游隙和预负荷问题

　　通常，配对的角接触球轴承会被设置或内外圈压紧之后轴承内部剩余游隙或者预紧。这是通过调整轴承配对端面尺寸得到的。

　　如图 3-26a 所示，如果背对背安装的轴承外圈端面紧贴之后内圈端面仍有距离，那么压紧内圈之后轴承内部就会产生预紧；相反，如果内圈压紧、外圈之间有距离，则两套轴承圈压紧之后，轴承内部就会有剩余游隙。对于面对面安装的轴承如图 3-26b 所示，电机设计人员可以自己推断理解，此处不赘述。

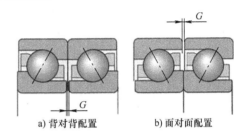

a) 背对背配置　　　　b) 面对面配置

图 3-26　配对角接触球轴承的预负荷

　　需要指出的是，以上阐述的预游隙和预负荷都是指轴承处于未安装状态时的。当轴承安装到轴上之后，由于轴和轴承内圈的配合较紧，轴承内部的预游隙会被减少至预负荷状态。这正符合角接触球轴承的运行需求。除了安装配合，还要考虑温升变化的状态。因此，对于电机用户，不建议选择未安装情况下过大预负荷的配对角接触球轴承。

　　3. 深沟球轴承加配对角接触球轴承结构的承载特性及注意事项

　　双列配对角接触球轴承可以承受较大的双向轴向负荷。因此，采用这种配置轴承结构的电机可以承受较大的双向或者单向轴向负荷。这些负荷由定位端配对角接触球轴承来承担。作为浮动端的深沟球轴承不承受外界的轴向负荷，但是和定位端轴承一起承担径向负荷。

　　由于配对的缘故，配对之后的角接触球轴承的转速能力为原来单个轴承的80%左右，因此电机设计人员在使用这个配置时需要注意转速限制。

　　如果电机承受单向的轴向负荷，有的电机生产厂会选用深沟球轴承加单个角接触球轴承的配置方式。如果单从受载角度看，貌似合理，但是，单个角接触球轴承只能承受单向轴向负荷，在不受载或反向受载时会出现轴承脱开、发热烧毁的现象。后面会提到，对于立式安装电机，短暂卧式安置可以通过施加预负荷的方式避免出问题；但对于一直处于卧式安装的电机，这个轴向预负荷需要一直施加，并且需要一些计算。另外，在安装时也需要十分小心。这些因素为电机的可靠性带来了很大的风险。基于以上考虑，建议电机设计人员，即便在电机只承受单向轴向负荷的工况下，还是可以使用配对角接触球轴承而不是单个轴承的结构布置方式。

**（六）圆柱滚子轴承加配对**（面对面或者背对背）**角接触球轴承的结构** [CRB + ACBB（DB/DF）]

卧式安装电机如果需要承受较大的轴向负荷和较大的径向负荷时，通常采用圆柱滚子轴承加配对角接触球轴承的结构布置方式。

1. 圆柱滚子轴承加配对角接触球轴承的结构布置

圆柱滚子轴承加配对角接触球轴承的结构有两种方式，一种是非轴伸端采用面对面配置的角接触球轴承作为定位端，轴伸端使用圆柱滚子轴承作为浮动端，如图3-27a所示；另一种是轴伸端采用面对面配置的角接触球轴承作为定位端，非轴伸端使用圆柱滚子轴承作为浮动端，如图3-27b所示。

和前面的情况一样，配对角接触球轴承不能使用任意两套轴承放在一起使用，需要选用配对轴承。

圆柱滚子轴承作为浮动端轴承的用法中，由于圆柱滚子轴承本身不能承受轴向负荷，而是良好的浮动端轴承，因此只需将圆柱滚子轴承两端全部固定，轴承会在内部实现轴向浮动。

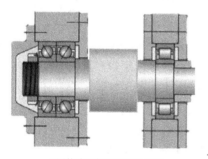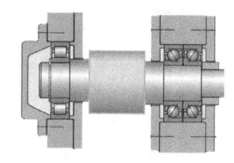

a) 圆柱滚子轴承置于轴伸端      b) 圆柱滚子轴承置于非轴伸端

图3-27 圆柱滚子轴承加配对角接触球轴承的结构布置

2. 圆柱滚子轴承加配对（面对面或者背对背）角接触球轴承结构的承载特性及注意事项

在圆柱滚子轴承加配对角接触球轴承的结构布置中，全部轴向负荷由配对的角接触球轴承承担，同时圆柱滚子轴承和角接触球轴承一起承担径向负荷。

配对的角接触球轴承比单列轴承的径向负荷承载能力大，同时圆柱滚子轴承也有很大的径向负荷承载能力。因此这个配置不仅可以承受较大的轴向负荷，也可以承受较大的径向负荷。

在图 3-27a 中，把圆柱滚子轴承放置于轴伸端，这样，外界较大的径向负荷就主要由圆柱滚子轴承承担（在前面曾经分析过轴伸端与非轴伸端径向承载的差别）；同时，双向的轴向负荷由非轴伸端的配对角接触球轴承承担。由于定位端在非轴伸端，因此整个轴承系统的刚性弱于定位端在轴伸端的配置。

如果轴承系统承受的径向负荷主要来自内部而非外界，那么不妨考虑图 3-27b 给出的轴承结构配合方式。在这个轴承结构配置中，将图 3-27a 给出的定位端和浮动端轴承进行互换，即将定位端的配对角接触球轴承放置在轴伸端，将浮动端的圆柱滚子轴承放置在非轴伸端。这样一来，轴伸端为定位端，整个轴系的刚性又有所提高，而外界并没有很大的径向负荷，因此圆柱滚子轴承和配对角接触球轴承共同承担较大的电机内部的径向负荷（通常就是转子重量）。由此可以推断，使用这种配置的电机通常是中大型电机。

## 二、立式安装电机基本轴承结构布置

立式安装电机和卧式安装电机内部轴承承载的方向有很大不同，因此立式安装电机也具有不同的轴承类型选择及其结构布置，本部分内容根据立式安装电机的大小（其实也就是轴向转子自重负荷的大小）来介绍一些典型的立式安装电机轴承结构布置，这其中一些布置也可以适用于轴向负荷很大的卧式安装电机。

### （一）双深沟球轴承结构（DGBB + DGBB）

1. 双深沟球轴承基本结构布置

对于小型立式安装电机，两个深沟球轴承的结构经常被使用，其布置如图 3-28 所示。和卧式安装电机一样，这种轴承布置也设置了定位端和浮动端。图 3-28 中轴伸端为定位端，非轴伸端为浮动端。同时，浮动端的轴承使用波形弹簧施加预负荷进行预紧。

2. 双深沟球立式安装电机轴承承载及注意事项

前已述及，立式安装电机全部转子重量都变成轴承的轴向负荷，在双深沟球结构的立式安装电机中，所有的轴向负荷都施加在定位端深沟球轴承之上。由于深沟球轴承主要用于承载径向负荷，所以其轴向承载能力相比径向要弱。这个结构布置不可用于大轴向负荷的情况。因此，双深沟球轴承结构多用于小型立式安装电机中。同样的这类轴承结构布置的电机，应该可以承受一定的径向负荷，比如一定张力的带轮负载。

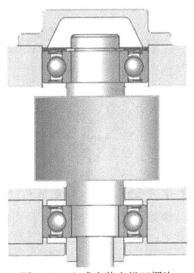

图 3-28　立式安装电机双深沟球轴承的结构布置

双深沟球结构立式安装电机，当外界没有径向负荷时，其浮动端轴承处于非常小的负荷或者无负荷状态，因此需要使用弹簧垫圈来施加一定的预负荷。这个预负荷的作用不仅仅在于减小噪声，更在于使浮动端深沟球轴承能承受一定的负荷，不至于小于最小负荷从而产生滑动摩擦而发热。

**（二）深沟球轴承加角接触球轴承的结构**（DGBB + ACBB）

对于中型立式安装电机，或者外界轴向负荷较大的电机，通常需要使用深沟球轴承加角接触球轴承的结构布置方式。

**1. 深沟球轴承加角接触球轴承的基本结构布置**

深沟球轴承加角接触球轴承的基本结构布置如图 3-29 所示。在这个结构中，轴伸端使用深沟球轴承，非轴伸端使用角接触球轴承。由于角接触球轴承具有单向轴向承载能力，所以在相反方向上是不可以承载、不可以作为双向定位的。在这个结构中对轴伸端的深沟球轴承外圈安装弹簧，施加了一个向下的轴向力。这样一来，在两套轴承之间产生了对外圈的轴向力。在不承受外界负荷时，这个力刚好使角接触球轴承顶紧，同时又为深沟球轴承提供了预负荷。此时两套轴承的布置类似于交叉定位系统。

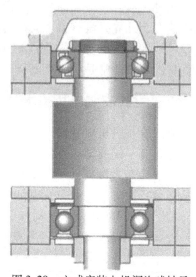

**2. 深沟球轴承加角接触球轴承结构的承载**

在图 3-29 所示的深沟球轴承加角接触球轴承结构布置中，外界不承载时，以转子重力为

图 3-29　立式安装电机深沟球轴承
加角接触球轴承的结构布置

主的轴向负荷施加在非轴伸端的角接触球轴承上；轴伸端的深沟球轴承承受弹簧施加的预负荷。当外界施加轴向负荷时，依然是非轴伸端角接触球轴承承受。从图 3-29 中不难发现，这种轴承结构布置的电机是用来承受和转子重力同向的轴向负荷的。当外界负荷反向向上时，如果这个负荷小于转子重力，那么轴系依然总体上承受一个向下的轴向负荷。此时两端轴承受力方向状态不变。但是当外界负荷大于转子重力时，非轴伸端的角接触球轴承就有反向脱开的风险（若略大于重力，此时弹簧预负荷还可以起一些作用。此处不详述，读者可自行分析）。一旦这种情况发生，角接触球轴承就会发热甚至烧毁。

**3. 深沟球加角接触球轴承结构的注意事项及常见问题**

深沟球轴承加角接触球轴承的结构十分常用，但由于选型及使用不当而经常出现问题。因此在设计、试验和使用中需要注意以下问题：

（1）轴承受力方向　角接触球轴承承受单向轴向负荷，切不可反向使用，否则轴承在运行过程中会直接脱开，造成发热、保持架断裂，然后烧毁。一个简单判断角接触球轴承受力方向的方法是看轴承圈，通常表观上可以看到角接触球轴承在某一侧总是一个圈厚、一个圈薄，正确的推力施加方向应该在厚的一侧。

（2）此结构中深沟球轴承的预负荷　在深沟球轴承加角接触球轴承的结构中，要在深沟球轴承侧施加一个预负荷。此负荷会给角接触球轴承和深沟球轴承一个正确受力方向的预负荷，使两者都不致脱开。但是要判断好预负荷方向。以图3-29为例，如果此时将弹簧垫圈放置在深沟球轴承靠近轴伸端的一侧，而不是靠近转子铁心的一侧，则这个预负荷方向恰恰是使角接触球轴承脱开的方向，势必造成问题。

这些注意事项往往被一些电机生产厂忽视，因此会经常出现以下问题：

1）电机安装完毕，进行通电运转测试时，电机为卧式放置状态，发生了角接触球轴承烧毁的事故。从前面的分析可知，这类电机主要是承受轴向负荷，当电机处于立式放置时，即便没有外界负荷，轴承系统也会承受一定的轴向负荷，不至于使角接触球轴承脱开而出现发热烧毁的现象。但如果采取卧式放置状态下进行运转测试，则所有的轴向力都变成了径向力，此时角接触球轴承很容易烧毁。要解决这个问题，要么在测试时将电机处于立式放置状态，要么在电机内部深沟球轴处施加足够的预负荷。事实上，因为一直保持电机立式状态并不利于后续储运，所以后者是更可靠的方法。

2）电机在立式放置状态下进行运转试验，在外界直接连接轴向风叶负荷时，突然角接触球轴承发热烧毁。我们经常会遇到电机轴承直接连接轴流式风叶的情况，很多电机生产厂将电机送到客户处进行实地测试时，会遇到起动瞬间角接触球轴承发热甚至烧毁的情况。从流体动力学我们知道，轴流式风扇在起动时会有一个比较大的反向作用力。正是这个反向作用力，在电机起动时将使电机轴系承受一个比较大的反向轴向力（与设计时考虑的方向相反）。当然，不难得出结论，其中的角接触球轴承在这样的状态之下就会出现脱开烧毁的问题。其具体的解决方法还是在轴承系统内施加足够的弹簧预负荷，使整个转子在起动时不至于被反向拉动。轴向力的计算可以从风机生产厂家那里获得。轴向力的方向可以参考前面介绍的方法来确定。

3）电机在立式放置状态下进行运转试验，在外界未加负荷时，出现间歇性噪声、角接触球轴承发热甚至烧毁现象。作者曾经遇到的一个具体案例是：电机起动运行时，角接触球轴承发热，经检查发现是轴承表面疲劳、滚动不良所致。可是电机此时立式测试，外界并没有连接负荷。后经过仔细检查发现，电机内部定、转子轴向未对齐，当电机起动时，由于磁场的耦合，转子受电磁力的作用被向上拉，从而出现轴向位移。当时测试时转子重约1t，运行起来上浮了2mm。由此找到了轴承烧毁的原因。作者在卧式安装的电机中也曾遇到类似问题：电机出现周期性噪声，检查轴承无问题，后来更换转子，噪声消失。拆开检查转子，发现转子铁心压入尺寸超差（即定、转子轴向偏移量较大）。

### （三）深沟球轴承加串联角接触球轴承结构［DGBB + ACBB（DT）］

立式安装电机如果轴向负荷很大，单个角接触球轴承无法承担时，可以采用串联角接触球轴承加深沟球轴承的结构布置方式。此布置方式与单个角接触球轴承加深沟球轴承的结构布置方式相似，但是增加了串联角接触球轴承，大大提升了轴向承载能力。

深沟球轴承加串联角接触球轴承的结构布置方式如图3-30所示。

在这种轴承结构布置中，两套串联的角接触球轴承承担大轴向负荷，轴伸端深沟球轴承被施加弹簧预负荷，同角接触球轴承构成交叉定位系统。这点和深沟球轴承加单个角接触球轴承类似，所不同的是，此时弹簧预负荷需要为两套串联的角接触球轴承在卧式而非受载情况下提供预负荷，因此需要的预负荷值比单套的要大。

和前面提及的配对角接触球轴承一样，串联布置的角接触球轴承也需要选择配对轴承，并非任意安装。同时，由于配对原因，配对角接触球轴承的最高转速相当于单套角接触球轴承的80%左右。

其余关于测试、安装和使用时的问题，类似于单个角接触球轴承与深沟球轴承的配置，请电机设计人员自行参考，此处不再重复。

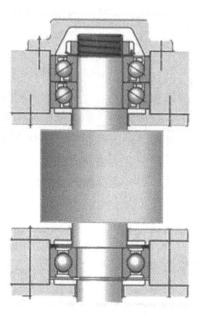

图3-30 立式安装电机深沟球轴承加串联角接触球轴承的结构布置

### （四）面对面或者背对背配对角接触球轴承加深沟球轴承的结构［ACBB（DB/DF + DGBB）］

立式安装电机如果需要承受较大的双向轴向负荷，而深沟球轴承经过校核无法满足需求时，通常选用面对面或背对背配对的角接触球轴承加深沟球轴承的结构配置方式。

面对面或者背对背配对角接触球轴承加深沟球轴承的结构配置方式如图3-31所示。从图3-31中可见，两个角接触球轴承面对面安装配对布置在非轴伸端作为定位轴承，单个深沟球轴承被布置在轴伸端作为浮动端轴承，同时在深沟球轴承上用弹簧施加预负荷。

采用这种轴承配置方式的立式电机能够承受双向的轴向负荷。

在这种电机的轴承结构中应该选择配对角接触球轴承，而不是任意两套轴承的搭配，同时需要选用合适的配对轴承以及预负荷（预游隙）组。和其他配对的角接触球轴承一样，配对轴承的转速能力是单个轴承的80%左右。

由于这种结构的立式电机定位端是一个刚性的能承受轴向和径向负荷的轴承组,这很像一个单独的深沟球轴承作为定位端的结构(当然刚性比单个深沟球轴承高)。因此,这类电机在安装测试时,如果采取卧式放置,不一定会造成什么伤害。

### (五) 圆柱滚子轴承加球面滚子推力轴承结构

在一些大型立式安装电机(诸如水轮发电机等)中,其转子自重作为很大的轴向负荷出现,在这种情况下,会使用一种圆柱滚子轴承加球面滚子推力轴承的比较特殊的结构布置方式,如图3-32所示。其中球面滚子推力轴承具有很大的轴向承载能力,同时具备一定的适应偏心的能力。因此整个电机立式安装的这一端就一直作为定位端。在另一端,使用圆柱滚子轴承作为浮动端轴承。

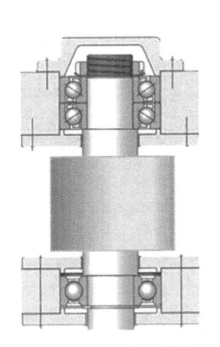 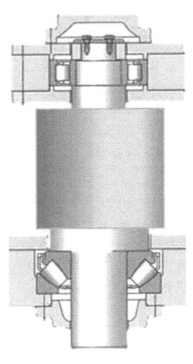

图3-31　立式安装电机深沟球轴承加面对面角接触球轴承的结构布置　　图3-32　立式安装电机圆柱滚子轴承加球面滚子推力轴承的结构布置

通常,球面滚子推力轴承的尺寸都较大,而其额定转速也不高,适应了这种电机的工况要求。

这种轴承结构,除了考虑轴承选型,还要考虑球面滚子轴承支撑部分在受载时的应变情况。这需要专门的有限元计算,以确保运行时支撑的可靠。本书对此不详细展开介绍,读者可自行参考相关资料。

### 三、电机轴承配置快速查询

前面就电机轴承结构配置进行了详细的讲述，这些轴承结构配置的介绍都是根据轴承自身特点和电机外界负荷特点进行展开的。为便于读者根据电机本身情况以及外界负荷情况进行快速查询，给出了一个总结查询表，见表3-1。

表3-1　电机轴承配置速查

| 电机规格 | 安装方式 | | 负荷类型 | | 轴承配置方式 |
|---|---|---|---|---|---|
| | 立式 | 卧式 | 外界轴向负荷 | 外界径向负荷 | |
| 小型电机 | 否 | 是 | 轻 | 轻 | DGBB + DGBB |
| | 否 | 是 | 轻 | 重 | CRB + DGBB |
| | 否 | 是 | 重 | 轻 | 2ACBB（DB/DF）+ DGBB |
| | 是 | 否 | 轻 | 轻 | DGBB + DGBB |
| | 是 | 否 | 重 | 轻 | ACBB + DGBB |
| 大中型电机 | 否 | 是 | 轻 | 轻 | 2CRB + DGBB 或 SRB + SRB |
| | 否 | 是 | 重 | 轻 | CRB + 2ACBB |
| | 是 | 否 | 轻 | 轻 | ACBB + DGBB |
| | 是 | 否 | 重 | 轻 | ACBB（DT）+ DGBB |

注：DGBB（Deep Groove Ball Bearing）为深沟球轴承；CRB（Cylindrical Roller Bearing）为圆柱滚子轴承；SRB（Spherical Roller Bearing）为调心滚子轴承，又叫球面滚子轴承；ACBB（Angular Contact Ball Bearing）为角接触球轴承；DB 为背对背；DF 为面对面；DT 为串联。

表3-1 仅列出了根据电机负荷大小、方向等因素可能的轴承结构配置形式，读者可根据这个表进行查询得到相应的轴承结构布置形式，然后再在相应的章节里找到具体展开的介绍，以指导实际设计工作。

本表中还有如下限制条件：

1）表中并未列出轴承处于轴伸端或者非轴伸端，同时表格中的推荐只是定性描述下的推荐，仅作参考。在实际工况中，要根据负荷大小及方向等因素，结合实际情况做相应的调整，切不可教条。

2）表中对负荷的轻重等描述为定性描述。负荷的轻重根据轴径所要求的轴承承载能力来决定。其中轴径的最小值应该是可以传递扭矩所要求的最小直径，在这个直径基础上的轴承将按照 $C/P$ 的值进行划分，得出轻、中、重负荷。或者，电机设计人员可以根据寿命计算来判断负荷对所选轴承来说是否过大或者过小。

3）一个表不可能覆盖所有电机负荷类型的轴承结构布置选择。特种电机或特殊工况的电机的轴承结构布置要根据实际工况灵活选择。

### 四、一个四轴承结构的磨头电机配置轴承的选型特殊案例

某电机生产厂生产的磨头电机，其结构为四轴承结构（见图3-33），为其选择

轴承配置。

　　该电机将双列面对面的两套角接触球轴承放置在非轴伸端；另外两套深沟球轴承放置在轴伸端（由于外界尺寸要求，前端不得不伸长，从而需要两套轴承进行支撑）。要求电机在承载轴向负荷时，电机轴的轴向窜动不超过 0.02mm。

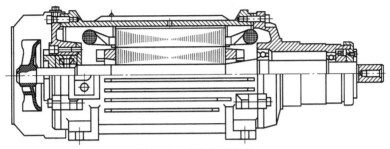

图 3-33　磨头电机结构

　　从图 3-33 中可以看到，角接触球轴承到轴伸端面的距离较长，在轴向负荷承载的情况下要求轴向窜动不超过 0.02mm 十分困难，即使不考虑轴的挠曲，细长轴的伸缩量也大大影响了这个尺寸精度要求。

　　当时作者发现，此电机生产厂选择面对面角接触球轴承中等预游隙配置。轴承安装后，刚性不足。后建议将面对面改为背对背，同时加紧轴和轴承室的配合，以提高刚性。问题得以解决。

　　但这并不是一个完美的解决方案，作者建议厂家后续可以考虑将角接触球轴承前置，这样磨头部分的刚性更好，更有利于保证轴向不超过 0.02mm 的窜动。

　　在这个结构中，轴承配置不属于我们前面介绍的电机轴承结构配置典型范畴。但这个配置充分利用了面对面配置角接触球轴承加深沟球轴承的结构，同时在调整配合、刚度等方面有一些独到之处，可以给读者一些启发。

# 第三节　电机轴承配置中的公差配合选择

　　前面的内容讨论了将电机轴承布置在轴上的各种方式，工程实际中电机设计人员还要根据轴承的实际情况对轴承与轴、轴承与轴承室之间的公差配合进行选择。轴承配置中的公差配合包括两部分内容，一个是尺寸公差，另一个是形状位置公差。

## 一、电机轴承及相关部件公差配合（尺寸公差）选择的原理和原则

　　用普通卧式安装内转子式电机为例，说明轴承和轴及轴承和轴承室之间的公差配合选择原则。其他情况可以以此类推。

　　当电机工作时，转子在电磁转矩的作用下旋转，转子轴通过配合拉动轴承内圈旋转，轴承内圈捻动滚动体在轴承外圈上滚动。安置在轴承室内的轴承外圈承受滚动体的滚动摩擦，但和轴承室之间不发生相对移动（宏观而言）。

**（一）轴承内圈配合选择分析**

对于轴承内圈而言，在运转过程中相对轴来说是被动旋转，同时轴承内圈还需要捻动滚动体滚动随之受到滚动体的阻转矩。轴的主动"拉动"是通过轴与轴承内圈之间的摩擦力实现的。这个摩擦力受到摩擦系数与正压力的影响。摩擦系数已定，那么正压力就是由轴承内圈与轴之间的配合以及轴承承受的径向负荷带来的。正是因为轴需要主动拉动轴承内圈，所以此处的配合多数选用紧配合（过盈配合）。如果轴与轴承内圈之间的摩擦力突破最大静摩擦力范围，则轴承内圈和轴之间就会发生相对滑动，这就是电机工程实际中遇到的轴承内圈跑圈现象。所以选择轴承内圈配合时，至少要使轴承内圈与轴的配合摩擦阻力足够大，大到不至于使轴承内圈跑圈的程度。

考虑到轴承所承受的负荷状态，在轴承的径向负荷方向，轴承内圈和轴的配合力以及径向负荷一同构成了轴与轴承内圈之间的正压力，此处静摩擦力很大；相反，在径向负荷反向，此时轴承内圈和轴之间的配合力与径向负荷方向相反，此处正压力变小，最大静摩擦力最小。为避免轴承内圈跑圈，必须增加配合带来的正压力（加紧配合），使之不产生相对滑动。这种情况，越大的径向负荷就会越明显。因此在推荐轴与轴承内圈配合时，负荷越大，推荐的配合就会越紧（可参阅表 3-2）。

更深入地，如果考虑径向负荷同向与反向的正压力差异，也就会了解轴的正压力在径向负荷同向和反向两个方向上存在差值，此差值会引起静摩擦力的不同。试想，如果轴承内圈径向负荷反向的正压力无法产生阻止轴承内圈跑圈的最大静摩擦力，那么此时这部分轴承内圈就会产生沿运动方向的滑动。如果此时正压力同向并未发生轴承内圈跑圈（正压力足以产生阻碍相对运动的摩擦力），那么，作为一个整体的轴承内圈，则会产生内部的推拉张力，此张力的累积，就会使轴承内圈在轴上发生蠕动。以此类推，读者可以深入思考轴承内圈在轴上蠕动时的工作状态。此部分内容较深入，此处提及仅作参考，并不展开。有兴趣的读者可以参阅相关轴承分析资料。

再考虑电机的运行工况：当电机运行处于变速状态（起动、停机、改变转动方向），轴与轴承内圈之间的摩擦力拖动轴承内圈与轴同步旋转、变速，因此需要更大的正压力以实现更大的静摩擦力，这需要更紧的配合，以保证轴承内圈和轴之间不出现相对滑动（跑圈）。另外，对于振动较大的场合，轴承内圈与轴之间的径向负荷处于不稳定状态，同样需要更紧的配合，以避免轴承内圈跑圈。

**（二）轴承外圈配合选择分析**

对于轴承外圈而言，滚动体在滚道上的滚动使轴承外圈受到一个沿着转动方向的滚动摩擦；同时轴承外圈和轴承室之间的摩擦力提供阻力，使轴承外圈静止在轴承室内不旋转。由于滚动摩擦力很小，因此轴承外圈和轴承室之间所需要的保持不相对滑动的最大静摩擦力与轴承内圈和轴之间相对静止所需要的静摩擦力相比较小。所以，通常而言，轴承外圈和轴承室的配合选择较轴承内圈与轴配合松一些的配合。

轴承承载时，轴承滚动体仅在负荷区的轴承外圈上滚动。负荷区轴承外圈与轴承室之间的正压力来源于径向负荷以及与其配合所产生的径向力。轴承外圈外表面的滑动摩擦抵抗轴承外圈滚道上的滚动摩擦所需要的正压力不会很大，一般而言，径向负荷的正压力已经足以提供这个静摩擦力；另一方面，非负荷区轴承滚动体和轴承滚道之间并不会产生负荷，也不会产生沿滚动方向的滚动摩擦力，所以轴承外圈也不需要与轴承室发生静摩擦（配合）阻碍轴承外圈跑圈。而在这种情况下，负荷越大，负荷区就越大，负荷区正压力也越大，负荷区轴承外圈提供的静摩擦力也越大。这样，径向负荷本身就自动地调节了防止轴承外圈跑圈的阻力。因此不需要考虑调整轴承外圈和轴承室之间的配合来保证轴承外圈不跑圈。换言之，对于外圈静止负荷的情形，负荷的大小不应该成为影响轴承外圈配合选择的最主要的因素。

可以更深入地考虑，在轴承外圈和轴承室之间的摩擦力足以阻碍轴承外圈跑圈时，如果加入对轴承刚性的思考，情况会有微妙的变化。在轴承滚动体和轴承滚道接触的地方，轴承滚道受到的向前的滚动摩擦力大，在不接触的地方没有力。微观地看轴承外圈，其受到了局部的向前推动的滚动摩擦力。而组成外圈本身在这些力的影响下发生微观的压缩和伸张。在这些力的影响下，轴承外圈和轴承室之间会出现微观的蠕动（像蠕虫一样伸张、收缩着前行）。这也是我们见到运行良好的轴承有时其外圈依然有颜色变深和小幅度蠕动腐蚀趋势的原因。关于这部分内容的深入分析，此处仅做提示，不展开。请有兴趣的读者参考相关的轴承分析资料。

1. 对于振动冲击负荷

这种工况下，轴承外圈和轴承室的接触本身就不是一个恒定的接触，其接触力也不是一个相对接触表面稳定的正压力。因此不能依赖径向负荷本身为轴承外圈提供足够正压力来产生防止轴承外圈跑圈所需的最大静摩擦力。在这种情况下，就需要加紧配合，从而通过配合的正压力防止轴承外圈跑圈。所以在选择轴承外圈配合时，如果负荷振动，那么所需要的配合就会越紧。

2. 考虑不同轴承类型

对于球轴承而言，使轴承外圈产生滚动方向运动趋势的滚动摩擦是由点接触滚动实现的；对于圆柱滚子轴承而言，滚动摩擦是线接触实现的。显然，圆柱滚子轴承比球轴承的滚动摩擦力更大，同时使轴承外圈产生滑动的力也更大。因此，对于电机而言，通常圆柱滚子轴承的外圈配合比球轴承紧。圆柱滚子轴承通常使用在中型电机中，因此在一些推荐表格里直接备注了中型电机、小型电机等。

3. 对于小型铝壳电机

一般的小型铝壳电机，其转子自重很小，通常使用的是深沟球轴承。当电机运行于稳定温度时，铝壳电机轴承室内径的热膨胀比轴承外圈直径的热膨胀大一倍。此时防止轴承外圈跑圈的静摩擦力多半都由径向负荷带来的正压力产生。往往这种电机的径向负荷又很小，因此经常会出现轴承外圈跑圈现象。电机生产厂家有时会选紧一级的配合，但是，这样又给安装带来了不便。因此，这里建议使用 O 形圈（见本章第二节相关内容）。

4. 对于立式电机

前已述及，电机轴承外圈和轴承室之间的摩擦是阻碍轴承外圈跑圈的重要因素。但是对于立式电机而言，如果没有外界的径向负荷，轴承外圈和轴承室之间就不会有足够的正压力以形成摩擦力阻止外圈跑圈。因此在立式电机中通常建议轴承外圈与轴承室选择相对于卧式电机紧一个级别。有时候还需要使用 O 形圈等防止外圈跑圈的额外措施。

5. 对于外转式电机

对于外转式电机，轴承内圈外圈受力状况与内转式相反，因此选择原则也需要做相对调整。

通常情况下，旋转的轴承圈是紧配合；非旋转的轴承圈是过渡配合（内转子式电机的轴承内圈和外转子式电机轴承外圈是旋转圈，因此是紧配合；其相对应的另一个轴承圈为过渡配合）。

### （三）电机轴承公差配合的选择建议

一般而言，轴承是标准件，因此要实现上述的配合就需要对轴以及轴承室的公差进行选择。具体的选择建议可以参见表3-2 和表3-3（表中，$P$ 为当量负荷，单位为 N；$C$ 为额定动负荷，单位为 N）。

表 3-2　实心轴径向轴承配合

| 条件[①] | 轴径/mm | | | 公差 |
|---|---|---|---|---|
| | 球轴承[①] | 圆柱滚子轴承 | 调心滚子轴承 | |
| 轻负荷、变化负荷 ($P \leqslant 0.05C$) | ≤17 | — | — | js5 |
| | >17 ~100 | ≤25 | — | j6 |
| | >100 ~140 | >25 ~60 | — | k6 |
| | — | >60 ~140 | — | m6 |
| 中等负荷、重负荷 ($P > 0.05C$) | ≤10 | — | — | js5 |
| | >10 ~17 | — | — | j5 |
| | >17 ~100 | — | <25 | k5 |
| | — | ≤30 | — | k6 |
| | >100 ~140 | >30 ~50 | >25 ~40 | m5 |
| | >140 ~200 | — | — | m6 |
| | — | >50 ~65 | >40 ~60 | n5[②] |
| | >200 ~500 | >65 ~100 | >60 ~100 | n6[②] |
| | — | >100 ~200 | >100 ~200 | p6[③] |
| | >500 | — | — | p7[②] |
| | — | >280 ~500 | >200 ~500 | r6[②] |
| | — | >500 | >500 | r7[②] |

72

（续）

| 条件① | 轴径/mm | | | 公差 |
|---|---|---|---|---|
| | 球轴承① | 圆柱滚子轴承 | 调心滚子轴承 | |
| 极重负荷、工作条件<br>非常恶劣的冲击负荷<br>（$P > 0.1C$） | — | >50 ~65 | >50 ~70 | n5② |
| | — | >65 ~85 | — | n6② |
| | — | >85 ~140 | >70 ~140 | p6④ |
| | — | >140 ~300 | >140 ~280 | r6⑤ |
| | — | >300 ~500 | >280 ~400 | s6min ± IT6/2④ |
| | — | >500 | >400 | s7min ± IT7/2④ |

① 对于深沟球轴承，一般情况下，表中轴公差应大于普通游隙的径向游隙。有时工作条件需要加紧配
　合，以防止轴承内圈跑圈。如果游隙合适，大多数情况下可以使用大于普通游隙的游隙（C3），以下
　公差可以使用：轴径 10 ~17mm：k4；轴径 >17 ~25mm：k5；轴径 >25 ~140mm：m5；轴径 >140 ~
　300mm：n6；轴径 >300 ~500mm：p6。

② 轴承内部径向游隙可能会大于普通游隙。

③ 轴承内部径向游隙可能会大于普通游隙（C3），并推荐用于内径 <150mm 的情况下。对于内径
　>150mm 的轴承，内部径向游隙大于普通游隙可能是必需的。

④ 推荐轴承内部游隙大于普通游隙。

⑤ 内部径向游隙大于普通游隙可能是必需的。圆柱滚子轴承推荐内部游隙大于普通游隙。

表 3-3　铁或钢质轴承座的径向轴承配合——非分离式轴承座

| 条件 | | 示例 | 公差 | 外圈位移 |
|---|---|---|---|---|
| 负荷相对<br>外圈方向<br>固定 | 各种负荷类型 | 标准电机 | H6（H7）① | 可有位移 |
| | 通过轴的热传导，有效的<br>定子冷却 | 装有调心滚子轴承的大型电机，<br>异步电机 | G6（G7）② | 可有位移 |
| | 精确且静音运行 | 小型电机 | J6③ | 通常可有位移 |
| 负荷相对<br>外圈方向不<br>固定 | 轻负荷或普通负荷（$P \leq$<br>$0.1C$）可有外圈轴向位移 | 中型电机 | J7④ | 通常可有位移 |
| | 普通负荷（$P > 0.05C$）可<br>无外圈轴向位移 | 中型或大型电机，装有圆柱滚<br>子轴承 | K7 | 不能位移 |
| | 重冲击负荷 | 重型牵引电机 | M7 | 不能位移 |

① 对于大型电机（$D > 250mm$）且轴承外圈和轴承座温差大于 10℃时，应该使用配合 G7。

② 对于大型电机（$D > 250mm$）且轴承外圈和轴承座温差大于 10℃时，应该使用配合 F7。

③ 如果要求轴承圈容易位移，应使用 H6。

④ 如果要求轴承圈容易位移，应使用 H7。

## 二、电机轴及轴承室的形状位置公差

电机轴及轴承室的形状位置公差（简称形位公差），对电机轴承的最终影响十
分大。形位公差不良会引起各种电机轴承的问题。

电机轴承部位的形位公差不良带来的最大影响就是电机的噪声问题（在第七章电机运行中的轴承噪声与振动分析相关内容有详细阐述，该部分同时也给出了电机噪声的测量方法和相关标准）。

另外，有些电机轴承跑圈现象出现之后，通过直接测量相关部件尺寸公差未发现超差时，就应该对形位公差进行测量和判断。

关于电机轴承部位形位公差的选择可以参考表 3-4（其中"特殊需求"指相对于运行精度或者均衡支撑而言。参见图 3-34）。

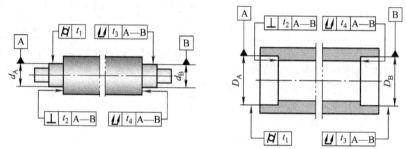

图 3-34  电机轴承部位形位公差标注图样

表 3-4  电机轴承部位形位公差推荐表

| 表面特性 | 特性符号 | 公差 | 容差[1] | | | | | |
|---|---|---|---|---|---|---|---|---|
| | | | 普通 | | P6 | | P5 | |
| | | | 普通需求 | 特殊需求 | 普通需求 | 特殊需求 | 普通需求 | 特殊需求 |
| 圆柱度 | ⌭ | $t_1$ | IT5/2 | IT4/2 | IT4/2 | IT3/2 | IT3/2 | IT2/2 |
| 总径向跳动 | ⌰ | $t_3$ | IT5/2 | IT4/2 | IT4/2 | IT3/2 | IT3/2 | IT2/2 |
| 台肩垂直度 | ⊥ | $t_2$ | IT5 | IT4 | IT4 | IT3 | IT3 | IT2 |
| 总轴向跳动 | ⌰ | $t_4$ | IT5 | IT4 | IT4 | IT3 | IT3 | IT2 |

① 对于较高精度等级的轴承（精度等级 P4 等），请参考高精度等级轴承的相关标准。

# 第四节  电机轴承基本尺寸的选择（轴承承载能力校核）

在完成轴承类型选择之后就需要根据承载情况选择大小合适的轴承。在工程实际中，轴承选择过大或者过小都会带来相应的问题。事实上，选择轴承尺寸实际上是选择轴承承载能力，或者说是选择合适承载能力的轴承。轴承尺寸小就意味着承载能力不足；反之，轴承尺寸大就意味着轴承承载能力有余。为了直观，本章直接称之为轴承尺寸选择。

电机设计人员在进行轴承大小的选择时，首先是要在一个可能的边界条件之下进行的。这个边界条件就是轴承尺寸选择的限制。轴承的选择不能突破这个限制。这个边界条件，就决定了轴承尺寸的选择。

　　轴承尺寸选择除了考虑必须处在其边界条件以内之外，为了提高设计的有效性（提高功率密度、减小体积、降低成本），在电机轴承选型过程中，电机设计人员会在轴承选择上尽量优化。这个优化包括选择成本更低的轴承、减小所选轴承的体积、简化轴承后期维护，同时满足承载、旋转的要求。

# 一、轴承尺寸的选择

## （一）概述

　　基于不同类型轴承的特性，在根据应用工况对轴承的类型和结构布置进行初步设计的同时还需要对轴承的具体选型进行计算校核。本章所说的选型计算校核指的是，按照轴承结构布置选择轴承的类型，根据外界负荷状态，校核所选轴承的大小。也就是通过轴承基本尺寸的选择校核，以确定轴承基本代号。

　　除了对轴承基本尺寸的选型校核外，电机设计人员还要根据实际工况对轴承不同的细节设计进行选择，也就是选择轴承后缀的部分。

　　所以电机轴承的总体选型工作的过程如下：通过轴承尺寸选型校核确定一台电机内部所需轴承具体型号的尺寸、类型代号部分；根据轴承工作的实际工况，对保持架、游隙、热处理、润滑等进行考量，决定所选择轴承后缀。当所有这些工作完成时，电机设计人员的轴承选型工作才能宣告完成。

　　轴承后缀相关的选择准则可以在第一章中得到解答，而轴承类型选择部分在第二章中做了介绍，本章不再重复。因此本章重点阐述轴承基本代号选择（轴承尺寸选择校核部分）。

　　在完成轴承类型选择之后，就需要根据承载情况选择合适大小的轴承。在工程实际中，选择过大或者过小的轴承都会影响设备最终的运行。轴承选择得小，外界负荷超过轴承的承载能力，轴承寿命无法达到设备预期；轴承选择得过大，一方面造成轴承负荷能力的浪费，从而引起成本的浪费；另一方面还可能是轴承无法承受其实现正常运转的最小负荷，一旦这种情况发生，轴承反而会因为不能有效地形成滚动，从而出现发热，甚至烧毁等问题。

　　下面先介绍电机轴承选型的边界条件，同时对其校核计算进行介绍，进而讨论一些可能的优化原则。

## （二）电机轴承尺寸选择的上限和下限

### 1. 电机轴承尺寸选择的下限（轴承承载能力下限）

　　电机轴承尺寸选择的下限主要包括两个方面：①轴承的承载能力；②最小轴径。

　　通常，我们当然希望轴承占用的空间越小越好，但是小的轴承的承载能力相对也较弱，所以轴承的承载能力是轴承选择的下限因素之一。一般用轴承疲劳寿命计算的方法校核轴承的承载能力，以确保所选轴承可以承受此负荷，并达到预期运行状态。

另一个轴承大小选择的下限是外界的机械结构（轴径）。轴承的寿命理论是20世纪40年代提出的，通过几十年轴承生产制造技术的发展，使现今的轴承普遍在寿命理论所标识的轴承承载能力的基础上有很大的提升。这也给了我们很多机会，可以将轴承尺寸选择得更小（有利于提高转速性能和降低成本）。但是，有些工况下轴承尺寸可以缩小，但电机轴径需要满足转矩传输，不可以减小，此时电机的最小轴径就成了制约轴承选小的另一个下限因素。关于轴承尺寸下限计算请参考电机轴承疲劳寿命计算相关内容。

2. 电机轴承尺寸选择的上限（轴承承载能力上限）

电机轴承尺寸选择的上限也受到两个方面因素的制约：①可允许的轴承室空间；②轴承最小负荷。

电机设计人员总是试图提高整个电机的功率密度，因此总会试图将电机设计得尽量高效、紧凑，因此，电机的整个体积留给轴承室的空间是轴承尺寸选择的上限之一。

同时，即便没有尺寸上限的要求，轴承本身相对于外界负荷的运转也有其自身限制。这就是轴承的最小负荷。大马拉小车的情况对于轴承而言会带来滚动不良（具体讨论将在轴承最小负荷部分展开）。可以想象，大马拉小车的情况下，车（负荷）已定，那么就要调整马，需要更小的马，或者说不需要比可以拉得动车的马更大的马。也就是说，此时选择的负荷能力是所需负荷能力的上限。对于轴承而言，越大的轴承其负荷能力也就越大，因此轴承的最小负荷成为电机轴承尺寸上限，是轴承负荷能力上限的另一个因素。关于轴承最小负荷计算在本节第（四）部分《电机轴承最小负荷——电机轴承尺寸上限校核》部分进行详细介绍。

当完成了对电机轴承尺寸的选择时，就选出了具备合适承载能力的轴承。此时仅完成了轴承选型的基本工作。换言之，就是完成了轴承基本代号的选择，或者完成了对轴承滚动体和轴承圈的选择。

前已述及，轴承的寿命是涵盖轴承滚动体、滚道、润滑、密封、保持架等诸多因素的概念。因此轴承的选型也需要针对各个部分进行选择。这些轴承零部件中滚动体和轴承圈多数被反映在轴承主代码上，而润滑、密封、保持架等因素通常会在轴承后缀中表现出来。所在完成轴承主代号选择之后，就要进行轴承后缀的选择。和轴承尺寸选择一样，要为轴承选择合适的零部件（密封、保持架、润滑），一方面需要了解外界工况；另一方面是要对轴承各个零部件的性能有一定的了解。

首先，轴承外界的工况主要包含负荷、温度、转速、污染、振动、起停频次等实际运行条件。

其次，需要了解轴承各个零部件针对上述各种工况的适用性。在第一章和第二章中，分别介绍了轴承各个零部件的特性，本章不重复这些内容。

**（三）电机轴承疲劳寿命计算——电机轴承尺寸选择的下限校核**

1. 电机轴承疲劳寿命与轴承寿命的关系

轴承由轴承圈、滚动体、保持架、密封等轴承基本零部件组成。在轴承运行的时候，不论是什么原因导致轴承中的某些零部件的失效，即宣告该轴承寿命终止。也就是说，轴承的寿命是由轴承所有零部件中最小寿命来决定的。

而轴承疲劳寿命特指轴承本体部件（滚动体和滚道）在承载运转情况下由于表面下的疲劳而失效的情况。

由此可知，轴承的疲劳寿命仅仅是轴承寿命中涉及某一方面的因素，并非全部。

2. 电机轴承疲劳寿命的工程实际意义——为轴承疲劳寿命正名

电机轴承的疲劳寿命计算是很多电机设计人员常用的轴承校核计算方法。通常一些工程师会望文生义，认为轴承疲劳寿命计算是预知轴承寿命的计算方法。因此就会遇到一个问题，往往经过疲劳寿命计算的轴承实际寿命并非计算结果。当然排除计算错误的因素，比较流行的解释是：疲劳寿命是一个概率值，因此有可能出现实际值和计算值之间的偏差。这个解释虽然从轴承疲劳寿命计算的角度给出了一些阐述，但是实际上曲解了寿命计算在工程实际中的真正作用。

当然不可否认，轴承疲劳寿命计算得到的是一个概率结果。可是，即便考虑这个因素，那么现实工况和轴承疲劳试验所对应的实验工况也千差万别。换言之，实际的工程应用情况几乎无法复制轴承疲劳寿命计算的实验工况。既然如此，那么这个寿命计算如果用来预知寿命，就是没有意义的。

那么是不是可以认为轴承疲劳寿命计算真是无意义的呢？既然如此，为什么在工程设计中所有的工程师都会使用这个校核计算呢？显然答案是否定的，轴承疲劳寿命校核计算是非常具有工程实际意义的校核方法。只不过轴承疲劳寿命校核计算的目标不是绝对的轴承的寿命值，而是通过轴承疲劳寿命的相对值校核轴承选型的大小。我们都知道轴承疲劳寿命校核计算的结果是一个轴承工作的寿命值，单独看此值意义并不大，但是如果成千上万的机械设备，其轴承疲劳寿命都不低于某标准，那么一台新的设备轴承疲劳寿命如果也达到这个标准，就说明这个轴承大小的选择（承载）是合理的。比如，对于中小型电机，我们要求轴承寿命达到25000 ~ 30000h，那么相类似的中小型电机的轴承选型如果也达到这个值的范围，就意味着轴承大小选择和承载是恰当的。如果小于这个值，就说明所选轴承承载能力不能达到要求，从而需要选择更大承载能力的轴承（简言之就是更大的轴承）；如果新设计的轴承疲劳寿命大于这个值，就说明所选择的轴承承载能力有余量。从提高设计有效性的角度，就说明还有缩小轴承的可能性。

综上所述，电机轴承疲劳寿命校核计算是一个校核轴承选型大小是否合适的校核工具，绝非决定电机轴承选型的绝对方法。

具体轴承寿命校核计算及其算例将在第五章详细阐述。

**（四）电机轴承的最小负荷——电机轴承尺寸选择上限校核**

通常而言，进行轴承疲劳寿命校核计算的时候，如果计算结果超出正常要求的情况也需要引起电机设计工程师的注意。首先如果计算结果超过的不多，那么就有可能需要尝试减小轴承，以尝试是否可以从此降低轴承成本；另一方面如果超出的幅度比较大，通常会有一个轴承所承担的负荷无法达到最小负荷的情况。

物体之间滚动形成的因素包括一定的正压力以及一定的摩擦系数。对于轴承而言，滚动体和滚道之间的正压力就是由轴承所承受的负荷带来的。这个能够让轴承所有滚动体形成有序正常滚动的最小负荷就是我们说的轴承最小负荷。

不难看出，某一工况所能提供的负荷作为轴承最小负荷的时候，其实这个负荷标志着这个轴承负荷能力上限。如果此时选择比这个负荷要求能力更大的轴承，往往会造成最小负荷不足。

前面所说，如果轴承疲劳寿命计算超过需求值过大的时候，就有可能发生最小负荷不足的情况。此时需要进行校核计算，以确保轴承选型正确。

在后面计算中可以看出，对于深沟球轴承，其所需要的最小负荷非常小。此时有可能深沟球轴承计算疲劳寿命值十分大，同时也满足最小轴承负荷的要求。在这种情况下，如果允许轴径缩小，电机设计人员有可能选择小一号的轴承。如果轴径无法进一步缩小，就只能维持当前选择。这种情况在分马力电机，家电用小电机的设计中经常遇到。特此说明。

不同轴承所需要的最小负荷不同，相同轴承的不同设计也会使轴承所需最小轴承不同。因此各个轴承厂家对轴承最小负荷的计算也有自己的推荐。本书仅就FAG 和 SKF 轴承的最小负荷计算进行介绍。其他的轴承计算可以询问轴承厂家的应用工程，以获得帮助。轴承最小负荷的计算示例如下：

FAG 轴承的最小负荷计算方法：FAG 轴承针对不同轴承类型给出了轴承最小负荷推荐值（其中，当量负荷用符号 $P$ 表示，其计算方法见第五章滚动轴承寿命计算相关内容；轴承额定动负荷用 $C$ 表示）。

对于球轴承：$P = 0.01C$。

对于滚子轴承：$P = 0.02C$。

对于满滚子轴承：$P = 0.04C$。

$C$ 为轴承额定动负荷。

SKF 轴承最小负荷的计算方法

对于深沟球轴承：

$$F_{\mathrm{m}} = k_{\mathrm{r}} \left( \frac{vn}{1000} \right)^{\frac{2}{3}} \left( \frac{d_{\mathrm{m}}}{100} \right)^2$$

式中　$F_{\mathrm{m}}$——轴承的最小负荷（kN）；

　　　$k_{\mathrm{r}}$——最小负荷系数（SKF 轴承型录可查）；

　　　$v$——润滑在工作温度下的黏度（$\mathrm{mm}^2/\mathrm{s}$）；

　　　$n$——转速（r/min）；

　　　$d_{\mathrm{m}}$——轴承平均直径（mm），$d_{\mathrm{m}} = 0.5(d + D)$。

对于圆柱滚子轴承：

$$F_{\mathrm{m}} = k_{\mathrm{r}} \left( 6 + \frac{4n}{n_{\mathrm{r}}} \right) \left( \frac{d_{\mathrm{m}}}{100} \right)^{2}$$

式中　$F_{\mathrm{m}}$——轴承的最小负荷（kN）；

　　　$k_{\mathrm{r}}$——最小负荷系数（SKF 轴承型录可查）；

　　　$n$——转速（r/min）；

　　　$n_{\mathrm{r}}$——参考转速（r/min，SKF 轴承型录可查）；

　　　$d_{\mathrm{m}}$——轴承平均直径（mm），$d_{\mathrm{m}} = 0.5(d + D)$。

通常，轴承体积越大，需要的最小负荷越大，轴承所选用的润滑黏度越高，所需要的最小负荷越大；轴承转速越高，需要的最小负荷也越大。反之亦然。

之所以把轴承最小负荷计算作为校核轴承尺寸选择上限的原因是：如果所选轴承承受的负荷已经达到其最小负荷，那么轴承就不能再继续选择更大的尺寸，否则，轴承所需最小负荷将大于轴承实际负荷。这样的结果就是轴承内部滚动体无法形成有效滚动，从而导致设计失败。

## 二、轴承尺寸选择校核小结

本部分所讲的轴承尺寸选择是界定了轴承尺寸选择的上限和下限，在这个范围内选择的轴承，从尺寸大小上和承载能力上满足了设计目标的要求。总结轴承尺寸选择的边界条件见表 3-5。

表 3-5　轴承尺寸选择的边界条件

| 轴承尺寸选择 | 上下限 | 校核方法 |
| --- | --- | --- |
| 上限（负荷能力上限） | 外界尺寸要求 | 允许最大轴径、轴承室尺寸 |
| | 轴承承载能力上限 | 轴承最小负荷校核 |
| 下限（负荷能力下限） | 最小轴径 | 轴扭矩校核 |
| | 轴承承载能力下限 | 轴承疲劳寿命计算 |

## 三、电机轴承选型小结

电机轴承选型部分的工作确定了一台电机所需要的轴承型号。在轴承选型之初，需要考虑轴承结构布置因素；待选型完毕后，才正式进入电机轴承系统结构设计部分，也就是将选择好的轴承布置在电机的图样上。所以，电机轴承选型是轴承在电机应用中的第一步，同时也是十分重要的一步。工程实际中，经常遇到电机轴承使用的问题，其中有不少的问题追根溯源是轴承选型不当所致。而一旦是这样的问题，往往在后续的生产、检验和使用中，工作人员是很难有好的方法和手段进行处理和解决的。所以，电机轴承的选型不仅仅是电机轴承使用的第一步，也是后续无法更改的一步，希望能够予以足够的重视。

# 第四章　电机轴承润滑选择和应用

## 第一节　电机轴承润滑脂知识简介

### 一、电机轴承润滑设计概述

对于机械结构而言，控制系统是大脑，传感器是神经，机械装置是骨骼肌肉，轴承是心脏，而润滑是血液。执行机构执行各种动作，轴承从物理角度减少摩擦，那么润滑剂就是从化学角度减少摩擦。

#### （一）电机润滑设计的基本步骤

电机会经历设计、生产制造、运输、储存、使用维护、维修等阶段，这些阶段构成了电机产品的生命周期。电机中的润滑在电机的生命周期主要包含两大阶段，共6个步骤。

1）电机生产设计制造阶段：电机设计人员需要根据电机工况选择合适的润滑，同时还需要对电机轴承润滑的寿命进行计算；电机设计人员需要计算初次润滑的注入量，电机生产人员需要按照规定的量采用正确的方法将油脂注入轴承。

2）电机的使用维护阶段：电机使用和维护人员需要正确地选择补充油脂，他们需要了解补充润滑应该需要的剂量，同时还需要采用正确的方法将润滑剂补充到轴承内部。

总结起来，两个阶段的润滑工作都会面临"用什么?""怎么用?""用多少?"等几个问题，如图4-1所示。

图4-1　润滑设计的基本问题

在讨论这几个具体步骤之前，先简单地介绍一些润滑的基本知识，包括：①润滑剂及润滑基本原理；②润滑剂（润滑脂、润滑油）的性能指标。

电机中通常使用的润滑介质主要是润滑油和润滑脂。当然，个别领域也有使用固体润滑的，由于实际使用不多，本书不予介绍。

**（二）润滑油和润滑脂简介**

润滑油是复杂碳氢化合物的混合物，通常的润滑油由基础油和添加剂两个部分组成。其中起润滑作用的主要是基础油。

润滑脂（也被称作油脂）是半固体状润滑介质，通常由基础油、增稠剂和添加剂组成。基础油主要承担润滑作用，增稠剂除了保持基础油以外也起到一定的润滑作用。

润滑油和润滑脂中的添加剂（抗氧化润滑剂和极压添加剂等）会使两种润滑介质具有更好的性能。

关于润滑脂和润滑油的特性的对比如下：

1）润滑脂：具有良好的附着性能、油路设计简单、便于安装维护；附着在轴承上，防止轴承受到污染；立式安装电机使用方便；由于黏度原因有一定的发热，因此在某些高速领域无法胜任。

2）润滑油：具有很好的流动性，需要专门的油路设计，以及相应的附属设备；由于黏度较低，在高速场合可以适用；可以适用于油气润滑，以达到超高转速的润滑；使用循环润滑可以起到冷却作用；发热少。

一般电机中最经常使用的是润滑脂。润滑油只有在中大型电机的一些场合下才会使用。如果使用润滑油，那么相应的润滑油路、密封、过滤、油站等设计就不可或缺。

本章内容着重介绍润滑脂的润滑。

## 二、润滑脂的主要性能指标和检测方法

### （一）主要性能指标

了解润滑脂的一些主要性能指标及其含义，有助于后续对润滑脂的选择。

润滑脂的性能指标包含色剂（外观）、黏度（或称为稠度，用锥入度计量，锥入度曾用名为"针入度"）、耐热性能（滴点、蒸发量、高温锥入度、钢网分油、漏失量）、耐水性能、机械安定性、耐压性能、氧化安定性、机械杂质、防蚀防锈性、分油、寿命、硬化、水分等多项，其中主要质量指标有滴点、锥入度、机械杂质、机械安定性、氧化安定性、防蚀防锈性等。下面着重介绍其中的黏度和滴点。

1. 黏度

黏度是一种测量流体不同层之间摩擦力大小的度量。

润滑脂中所含有的基础油的黏度就是指基础油不同层之间的摩擦力大小。这是一个润滑选择重要的指标。单位通常用厘斯（cSt）表示，$1cSt = 1mm^2/s = 10^{-6}m^2/s$。基础油的黏度是一个随温度变化而变化的值。一般地，随着温度的升高，基础油的黏度将变小。在计量时，一般都用40℃作为一个温度基准。因此一

般润滑油和润滑脂都会提供40℃时的基础油黏度值。

2. 黏度指数

润滑剂的黏度随着温度变化而变化的快慢程度，用黏度指数表示。有的润滑剂厂商给出黏度指数的指标，有的则给出两个温度值（40℃和100℃）时的基础油黏度，用以标识基础油黏度随温度的变化。

3. 锥入度

对于润滑脂而言，其黏度通常用锥入度试验进行计量。润滑脂的黏度在很大程度上取决于使用增稠剂的种类和浓度。锥入度的单位是 mm/10。

4. NLGI 黏度代码

根据润滑脂不同的锥入度，将润滑脂的黏度进行编码，称为 NLGI 黏度代码，具体内容如表4-1所示。

表4-1　润滑脂的 NLGI 黏度代码

| NLGI 黏度代码 | 锥入度/(mm/10) | 外观 |
|---|---|---|
| 000 | 445 ~ 475 | 流动性极强 |
| 00 | 400 ~ 430 | 流体 |
| 0 | 355 ~ 385 | 半流体 |
| 1 | 310 ~ 340 | 极软 |
| 2 | 265 ~ 295 | 软 |
| 3 | 220 ~ 250 | 中等硬度 |
| 4 | 175 ~ 205 | 硬 |
| 5 | 130 ~ 160 | 很硬 |
| 6 | 85 ~ 115 | 极硬 |

我们经常提及的电机中最常用的 2 号脂和 3 号脂，指的就是所用润滑脂的NLGI黏度代码为 2 或 3。从表4-1中可以看到，2 号脂的锥入度大于 3 号脂，也就是说 2 号脂的润滑比 3 号脂 "软"，或者叫 "稀"。

5. 滴点

滴点是在规定条件下达到一定流动性的最低温度，通常用摄氏度（℃）表示。对润滑脂而言，就是对润滑脂进行加热，润滑脂将随着温度上升而变得越来越软，待润滑脂在容器中滴第一滴或者柱状触及试管底部时的温度，就是润滑脂由半固态变为液态的温度称为该润滑脂的滴点。它标志着润滑脂保持半固态的能力。滴点温度并不是润滑脂可以工作的最高温度。润滑脂工作的最高温度最终还要看基础油黏度等其他指标。把滴点作为润滑脂最高温度的衡量方法实不可取。

也有经验之谈，认为润滑脂滴点温度降低 30 ~ 50℃ 即可认为是润滑脂的最高工作温度。这个经验之谈的结论有一定依据，但是依然要校核此温度下的基础油黏度方可下定论。

**（二）润滑脂的滴点、锥入度和机械杂质含量简单定义和检测方法**

1. 简单定义、说明和正规的检测方法

润滑脂的滴点、锥入度、机械杂质含量 3 个主要指标的简单定义、说明和正规的检测方法见表 4-2。

表 4-2　润滑脂主要质量指标滴点、锥入度、机械杂质含量

| 指标名称 | 定　义 | 说　明 | 检测方法 |
|---|---|---|---|
| 滴点 | 润滑脂从不流动向流动转变时的温度值 | 本指标是衡量润滑脂耐温程度的参考指标。一般润滑脂的最高使用温度应比其滴点低 30℃ 左右，以保证其不流失 | 将润滑脂放入滴点仪中，在规定的条件下加热，润滑脂滴下第一点时的温度即为滴点温度 |
| 锥入度 | 表明润滑脂稀稠程度的鉴定指标 | 锥入度小时，润滑脂的塑性大，滚动性差；锥入度大时结果相反。此外，润滑脂经剪切后稠度会改变，测定润滑脂经剪切前后的锥入度差值，可知其机械稳定性 | 用重 150g 的标准锥形针放入 25℃ 的润滑脂试样中，测量 5s 后进入的深度。按 1/10mm 计算其数值 |
| 机械杂质含量 | 润滑脂中不溶于乙醇‐苯混合液及热蒸馏水中物质的含量 | 润滑脂中混有机械杂质会使滚动体及沟道产生不正常的磨损，产生噪声，使轴承过早的损坏 | 可用酸分解法进行试验。将试样用酸分解后过滤，计算剩余物质的重量。现场可使用简易的方法 |

2. 简易鉴别方法

（1）皂基的鉴别　把润滑脂涂抹在铜片上，然后放入热水中，如果润滑脂和水不发生反应，水不变色，说明是钙基脂、锂基脂或钡基脂；若润滑脂很快溶于水，变成牛奶状半透明的乳白色溶液，则是钠基脂；润滑脂虽然能溶于水，但溶解速度很缓慢，说明是钙钠基脂。

（2）纤维网络结构破坏性的鉴别　把涂有润滑脂的铜片放入装有水的试管中并不断转动，若没有油质分离出来，表明润滑脂的组织结构正常，如果有油珠浮上水面，说明该润滑脂的纤维网络结构已破坏，失去了附着性，不能继续使用。究其原因主要是保管不善、经受振动、存放过久等。

（3）机械杂质的检查　用手指取少量润滑脂进行捻压，通过感觉判断有无杂质，或者把润滑脂涂在透明的玻璃板上，涂层厚度约为 0.5mm，在光亮处观察有无机械杂质。

## 三、润滑的基本原理

### （一）润滑的基本状态与油膜的形成机理

轴承的润滑剂分布在滚动体和滚道之间，将两者分隔开来，避免金属之间的直接接触，同时减少摩擦。通常而言，润滑大致有边界润滑、混合边界油膜润滑和流

体动力润滑3种基本状态，如图4-2所示。

1）在边界润滑状态，油膜厚度约为分子级大小，因此，此时的润滑几乎是金属之间的直接接触。

2）在混合油膜润滑状态，运动表面分离，油膜达到厚膜状态，但存在部分金属直接接触。

3）在流体动力润滑状态，较厚的油膜受载呈现弹性流体特性，金属被油膜分隔。

使用润滑剂的目的就是避免金属和金属之间的直接接触而减小摩擦，因此在实际润滑过程中是期望达到不出现边界润滑的状态。

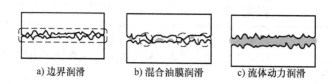

a) 边界润滑　　　　b) 混合油膜润滑　　　　c) 流体动力润滑

图4-2　润滑基本状态

1902年，德国人斯特里贝克（Stribeck）通过研究，揭示了润滑剂黏度、速度、负荷与摩擦系数之间的关系，这些内容成了奠定润滑研究的最重要的理论。这就是如图4-3所示的著名的斯特里贝克曲线（Stribeck Curve）。

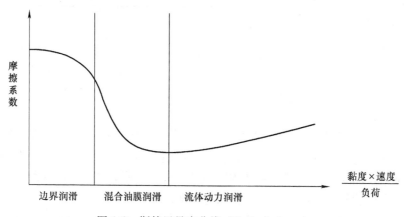

图4-3　斯特里贝克曲线（Stribeck Curve）

这个曲线清楚地揭示了黏度、速度、负荷和摩擦系数的关系。这里所说的摩擦副（面）是指广泛意义的摩擦表面，关于具体理论分析可以参阅相关资料，在此不做过多介绍。

对于轴承这种特殊的摩擦副，我们不妨用一个很简单的例子来说明其润滑的基本原理以及相关因素（普通摩擦副中润滑剂的挤压性极其重要，而轴承中除了这个因素以外，楔形空间的存在也十分关键。仅作为后续理解的参考）。

图 4-4 展示的是滑水运动的场景，在这个场景中，我们对滑水运动员的运动状态进行分析（滑水运动员的受力状态参见图 4-5）。

图 4-4　滑水运动

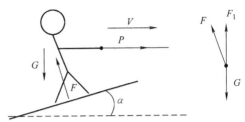

图 4-5　滑水运动员受力状态

滑水运动员受到重力 $G$、绳子拉力 $P$ 和浮力 $F$，同时滑水板和水平面有夹角 $\alpha$。

其中水平面对滑板浮力向上的分量为 $F_1 = F\cos\alpha$。

当 $F_1 = G$ 时，人就可以在水面上浮起来。从式 $F_1 = F\cos\alpha$ 可以看出，要使浮力向上的分量达到人体重力时，必须要有倾斜角 $\alpha$ 以及足够大的浮力 $F$。

这个例子可以直接类比为润滑状态。人浮在水面上，可以类比成轴承滚动体浮在油膜上。因此，要形成润滑就必须有一个仰角 $\alpha$。这就是通常所说的润滑形成的一个必要条件——就是要有一个楔形空间。

对于一套轴承，给定了滚动体和滚道的形状，当滚动体和滚道接触时，其接触面楔形空间的楔形角就已经固定。

当轴承在某给定工况运行时，其负载已定，也就相当于滑水运动员的重力已确定。

由此可见，确定"浮力"的三个因素：重力（轴承的负荷）、楔形角（滚道和滚动体尺寸）和浮力，其中前两个因素已经确定。因此，我们想"浮起"滚动体，只能在"浮力"上想办法。

下面，让我们来看看影响"浮力"的几个因素。

**（二）温度、黏度和油膜形成的关系**

试想两个场景：①人在水面上被相同速度的快艇拉着滑行；②人在一池蜂蜜上被相同速度的快艇拉着滑行。显然处在蜂蜜上的人，更容易浮出水面。但是相应地，拉着在蜂蜜上滑行的人要比拉着在水面上滑行的人需要花更大的力气。两个场景最大的区别就在于蜂蜜和水的黏度不同。

相同地类比到轴承润滑场景。形成油膜相当于把滚动体浮起来，黏度越大的润滑剂，就越容易实现这个目标。而相应地，在相同的速度下，黏度越大的润滑剂形成润滑所产生的阻力就越大。这些阻力在润滑里以发热的方式表现出来。

我们都知道，润滑剂的基础油黏度随着温度上升而降低。因此温度越高，基础油黏度就越低，反之亦然。

由此可以得到结论：温度越高，越不容易形成油膜。因此，在温度高的情况下必须选择基础油黏度大的润滑剂，以保证在较高温度时有足够的黏度。

相应地，温度越低，越容易形成油膜，同时也引起较多的发热。因此，温度越低时必须选择基础油黏度较小的润滑剂，以避免过多的发热。

### （三）转速和油膜形成的关系

小孩子经常会好奇，为什么滑水的人可以站在水面上，而我们平时无法站在水面上。如果仔细观察滑水运动员也会发现，在最开始时，运动员并不是站在水面上的，随着快艇速度的提高，运动员开始浮出水面。也就是说，即便滑水板的楔形空间已定，若需要产生浮力，还是需要一定的相对速度。只有当速度足够高，人才能浮出水面，速度越快，滑水板受到向上的浮力就越大。当速度达到一定值时，滑水运动员甚至可以飞离水面直至减速后落回水平。

类比到轴承润滑，在相同黏度、相同负荷时，转速高的容易形成油膜，反之亦然。

另一方面，转速越高，润滑发热就越多。因此在高转速的情况下，会选择基础油黏度低的润滑，以减少发热。

对于低转速的工况，形成油膜的因素不利，因此选择基础油黏度高的油脂进行补偿，以形成油膜。

对于极低转速，即使使用很高基础油黏度的油脂，依然不能形成油膜，因此需要考虑在油脂内部添加极压添加剂的方式来达成润滑效果。

二硫化钼是电机生产厂经常使用的一种极压添加剂，在极低转速时，二硫化钼通过分子间的特殊结构为滚动体和滚道之间形成一道润滑屏障。但是二硫化钼也有其应用限制。首先在温度高于80℃的场合，不适用二硫化钼添加剂；其次，在转速比较高的场合下，二硫化钼不仅无法发挥作用，反倒充当了磨料的作用，对滚动体和滚道造成表面损伤（表面疲劳）。

由上述论述可知，如果电机转速因素或者油脂的基础油黏度因素足够形成油膜，那么使用极压添加剂不但不会发挥其应有的作用，还会造成材料的浪费，并有可能造成类似于二硫化钼磨损轴承的损害。

### （四）负荷和油膜形成的关系

还是用滑水运动员的例子来看，假设水池不变、快艇速度不变、滑水板倾角一样。一个体重大的人和一个体重小的人在滑行，很显然，体重小的更容易浮出水面。

类比于轴承润滑，在给定轴承转速和所用基础油黏度时，负荷轻的情况相较于负荷重的情况更容易形成油膜。

由此可知，在重载的情况下，需要提高油脂的基础油黏度，以补偿重载不利于形成油膜的因素来建立油膜。

在轻载的情况下，可以采用基础油黏度低的油脂，这样既可以保证油膜的形成，也可避免由于基础油黏度过高而产生的发热问题。

## 四、电机轴承润滑与温度、转速、负荷的关系

前面我们提及的轴承温度、转速、负荷的高中低的定义如下。

### （一）温度

对于轴承温度高低的定义见表4-3。

表4-3　轴承温度高低的划分

| 分档名称 | 低温 | 中温 | 高温 | 极高温 |
|---|---|---|---|---|
| 温度值/℃ | <50 | 50~100 | 101~150 | >150 |

### （二）转速

通常考量轴承转速用的指标是 $ndm$ 值，即轴承内外直径的平均值$[(d+D)/2]$与轴承运行转速 $n$ 的乘积，即

$$ndm = n\left(\frac{d+D}{2}\right) \tag{4-1}$$

式中　$n$——轴承转速（r/min）；

　　　$d$——轴承内径（mm）；

　　　$D$——轴承外径（mm）。

对轴承转速高低的定义见表4-4。

表4-4　轴承应用的转速高低的划分

| 分档名称 | 速度范围（$ndm$ 值） | | |
|---|---|---|---|
| | 球轴承 | 调心滚子轴承 | 圆柱滚子轴承 |
| 超低速 | — | <30000 | <30000 |
| 低速 | <100000 | <75000 | <75000 |
| 中速 | <300000 | <210000 | <270000 |
| 高速 | <500000 | ≥210000 | ≥270000 |
| 超高速 | <700000 | — | — |
| 极高速 | ≥700000 | — | — |

### （三）负荷

衡量负荷轻重通常用负荷比（$C/P$ 值，其中，$C$ 代表额定动负荷，单位用 kN；$P$ 代表当量负荷，单位用 kN）来区分。轻重的划分规定见表4-5。

表4-5　轴承负荷轻重的划分

| 分档名称 | 轻负荷 | 中负荷 | 重负荷 | 极重负荷 |
|---|---|---|---|---|
| 负荷比（$C/P$ 值） | >15 | 8~15 | 2~4 | <2 |

用上面的划分可以对工程实际中的工况做大致分类。在前面的分析中可以看出，温度、转速、负荷是轴承润滑建立的最关键因素。对于电机而言，轴承、负荷、转速、温度等诸多因素都是已经给定的，因此电机设计人员只能在选择油脂基础油黏度上动脑筋，以平衡各方面关系，在达成良好润滑的同时不至于过热。

综合诸多因素，我们可以归纳电机轴承润滑选择的基本原则见表4-6。

表4-6　基础油黏度选择的参考因素

| 选择参考因素 | 温度 | | 转速 | | 负荷 | |
|---|---|---|---|---|---|---|
| | 高 | 低 | 高 | 低 | 高 | 低 |
| 对基础油黏度的要求 | 高 | 低 | 低 | 高 | 高 | 低 |

在这个基础原则之上，我们需要平衡温度、转速、负荷三者之间的关系。所有的润滑选择都是一个平衡，甚至有时需要一些妥协。

这种妥协在齿轮箱行业尤为突出，设计工程师既要照顾高速轴的高速轻载，又需要估计低速轴的低速重载。两者之间本身就是相互矛盾的，而在齿轮箱中又都是使用同一个齿轮油进行润滑。这就要考验设计人员的平衡能力。

## 五、不同成分润滑脂的兼容性

原则上讲，不同成分的润滑脂是不能混用的。这一点在对轴承第一次注脂时是很容易做到的。但在机械运行过程中，补充或更换油脂时，则往往会因为一时找不到原用品种或其他客观和主观原因而使用另一品种的润滑脂，造成不同成分混用的结果。

不同成分混用后，有时没有出现异常，有时则会出现油脂稀释或板结、变色等现象，造成润滑作用降低，最终损坏轴承的严重后果。之所以出现上述不同的结果，涉及不同成分的润滑脂之间的兼容性问题。混用后作用正常的，说明两者是兼容的，否则是不兼容的。

表4-7和表4-8分别给出了常用润滑脂基础油和增稠剂是否兼容的情况，供使用时参考。表中："+"为兼容；"×"为不兼容；"?"为需要测试后根据反映情况决定。对表中所列不兼容的品种应格外加以注意。

表4-7　常用润滑脂基础油兼容情况

| 基础油 | 矿物油/PAO | 酯 | 聚乙二醇 | 聚硅酮甲烷基 | 聚硅酮苯基 | 聚苯醚 | PFPE |
|---|---|---|---|---|---|---|---|
| 矿物油/PAO | + | + | × | × | + | ? | × |
| 酯 | + | + | + | × | + | ? | × |
| 聚乙二醇 | × | + | + | × | × | × | × |

（续）

| 基础油 | 矿物油/PAO | 酯 | 聚乙二醇 | 聚硅酮甲烷基 | 聚硅酮苯基 | 聚苯醚 | PFPE |
|---|---|---|---|---|---|---|---|
| 聚硅酮（甲烷基） | × | × | × | + | + | × | × |
| 聚硅酮（苯基） | + | + | × | + | + | + | × |
| 聚苯醚 | ? | ? | × | × | + | + | × |
| PFPE | × | × | × | × | × | × | + |

表4-8　常用润滑脂增稠剂兼容情况

| 增稠剂 | 锂基 | 钙基 | 钠基 | 锂复合基 | 钙复合基 | 钠复合基 | 钡复合基 | 铝复合基 | 粘土基 | 聚脲基 | 磺酸钙复合基 |
|---|---|---|---|---|---|---|---|---|---|---|---|
| 锂基 | + | ? | × | + | × | ? | ? | × | ? | ? | + |
| 钙基 | ? | + | ? | + | × | ? | ? | × | ? | ? | + |
| 钠基 | × | ? | + | ? | ? | + | ? | ? | ? | ? | × |
| 锂复合基 | + | + | ? | + | + | ? | ? | + | × | × | + |
| 钙复合基 | × | × | ? | ? | + | ? | × | ? | ? | + | + |
| 钠复合基 | ? | ? | + | ? | ? | + | + | ? | × | ? | ? |
| 钡复合基 | ? | ? | ? | ? | ? | × | + | ? | ? | ? | ? |
| 铝复合基 | × | × | × | ? | ? | + | + | + | × | ? | × |
| 黏土基 | ? | ? | ? | ? | ? | ? | ? | ? | + | + | ? |
| 聚脲基 | ? | ? | ? | × | + | ? | ? | ? | ? | + | + |
| 磺酸钙复合基 | + | + | × | + | ? | ? | ? | ? | × | × | + |

# 第二节　电机滚动轴承润滑脂的选择和应用

## 一、电机轴承润滑脂的选择

电机完成结构初步设计之后，要进行润滑选择。我们把润滑选择使用维护方案的制定叫作润滑设计。电机轴承润滑设计的第一步骤是为设计的电机选择油脂。

在实际工作中，油脂供应商通常会提供油脂牌号及应用温度范围等数据。很多时候，电机设计人员会根据这些数据，即油脂的适用温度范围、电机的预计工作温度以及一些经验进行油脂的选择。本章第一节所述的油脂相关知识可以给大家在这种定性选择时提供一定的参考依据。请注意，前面讲述的油脂相关内容（含涉及选择油脂的部分）绝不是经验结论，而是基于一定的理论、实践以及计算得出的。

经验法则经常遇到一些难以解决的问题，诸如：

1）少许超过油脂工作温度范围时，是否还可以选用？

2）相同温度范围的油脂其他指标不同，该如何选择？

3）同是3号脂，有什么区别？

4）是不是所有相同机座号的电机都可以使用同一种油脂？

5）同一种电机给不同工况的客户，油脂选择是不是可以相同？

经验的选择方法在多数场合下是适用的，但是如果能够了解油脂选择原则背后的定量方法，会让选用者具备更大的灵活性和准确性。面对上述问题，也会有非常清晰的答案。本节就此进行深入讲解。

另举一例说明经验法则的失效。通常，钢厂高速线材导位轴承，工作于100～200℃甚至更高的温度中，同时承受非常大的加速度。按照温度原则，应该选择高温轴承油脂，但实践证明，选择高温油脂其效果非常差，而真正正确的方法反倒是选择低温油脂作为初次润滑，以及稀油的油气润滑进行连续润滑。

## 二、基础油黏度选择

前已述及，电机轴承润滑选择的关键是油脂基础油黏度的选择。通过油脂基础油黏度的选择而使轴承在运行状态下避免工作于边界润滑状态（见本章第一节中的"润滑的基本状态与油膜的形成机理"）。通常，电机在确定温度、转速、负荷下运行达成润滑状态有一个所需要的最小基础油黏度 $\nu_1$；同时我们选择的油脂基础油在这个温度、转速、负荷下有一个实际黏度 $\nu$。则定义黏度比为

$$\kappa = \frac{\nu}{\nu_1} \tag{4-2}$$

其中，给定工况下的实际基础油黏度可以从图4-6和图4-7中根据温度、所选油脂基础油黏度（通常供应商提供基于40℃的油脂基础油黏度）查出 $\nu$。

给定工况下，所需的最小基础油黏度可以根据以上 $ndm$ 值、转速在图表中查出 $\nu_1$：

由实际黏度和所需最小基础油黏度之比得到黏度比 $\kappa$。

黏度比 $\kappa$ 与润滑状态的关系如图4-8所示。下面对图4-8中给出的各阶段进行分析。

1. 边界润滑阶段

当 $\kappa < 1$ 时，轴承滚动体和滚道之间无法有效分隔，不能形成良好的油膜。滚动体和滚道之间的负荷主要靠金属之间的直接接触来承担。此时需要使用极压添加剂以避免轴承润滑不良。同时，当 $\kappa < 0.1$ 时，在计算轴承寿命时该考虑额定静载荷（在第五章滚动轴承寿命计算相关内容中会具体讨论）。

2. 混合油膜润滑阶段

当 $\kappa \geq 1$ 时，轴承滚动体和滚道之间形成油膜，此时处于混合油膜润滑状态。滚动体和滚道被分隔，但是偶尔会出现金属之间的接触。

在工作下的黏度

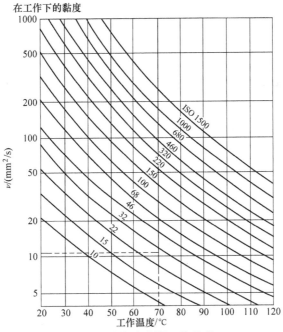

图 4-6　润滑脂实际工作黏度 $\nu$

工作温度下的所需黏度

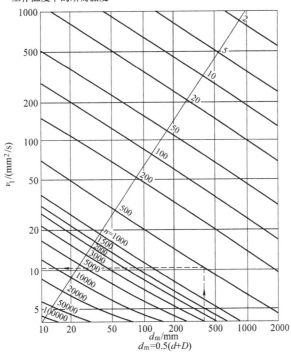

图 4-7　工作温度下所需运动黏度

（形成润滑所需要的最小黏度）$\nu_1$

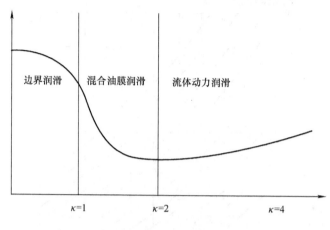

图 4-8　$\kappa$ 与润滑状态的关系

**3. 流体动力润滑阶段**

当 $\kappa \geqslant 2$ 时，轴承滚动体和滚道之间形成良好的油膜，此时处于流体动力润滑状态，滚动体和滚道完全分隔。

当 $\kappa \geqslant 4$ 时，轴承滚动体和滚道之间形成流体动力油膜，滚动体和滚道被完全分开，轴承承载主要由油膜承担。但是过大的基础油黏度会造成轴承温度过高。尤其当转速较高时更为明显。

在斯特里贝克曲线里，我们如果固定转速和负荷，那么黏度就变成影响润滑的变量。因此上述状况可以用曲线描述。

## 三、极压添加剂的使用

电机设计人员在进行电机润滑设计时经常会使用极压添加剂，或者抗磨损添加剂。但是也存在滥用极压添加剂的情况，由此也带来了不少电机轴承问题。

电机轴承润滑极压添加剂通常在如下情况下使用：

润滑油膜难以形成的情况：此时 $\kappa < 1$。这种情况下滚动体和滚道之间处于边界润滑状态，有很多的金属直接接触，需要添加挤压添加剂以避免金属之间的磨损（表面疲劳）。

极低转速的情况：如果轴承的 $ndm < 10000$，那么此时轴承处于低速运行。如果需要形成油膜就需要很高的基础油黏度。此时推荐使用极压添加剂以辅助润滑。

极高转速的情况：轴承极高转速是指：①对于中径 $dm \leqslant 200\text{mm}$ 的轴承，当 $ndm > 5 \times 10^5 \text{mm}$ 时；②对于中径 $dm > 200\text{mm}$ 的轴承，当 $ndm > 4 \times 10^5 \text{mm}$ 时。在轴承处于这个转速下的时候，形成油膜所需的润滑剂基础油黏度很低，在电机起动的时候，轴承转速不高，而此时较低的基础油黏度使润滑膜很难形成。因此在达到高转速时 $k$ 值合理，但是起动的时候就会润滑困难。此时建议使用极压添加剂避免转速未达到极高的时候出现干摩擦。

极压添加剂的使用也有需要注意的地方，在温度低于80℃时，当 $\kappa < 1$ 时，使用极压添加剂可以延长轴承寿命；但当温度高于80℃，有些极压添加剂可能会降低轴承寿命。比较常见的二硫化钼极压添加剂在温度高于80℃时就会出现影响轴承寿命的效果。

综上所述，建议在选用极压添加剂时，要根据实际工况的需求进行选用，不可滥用，更要注意极压添加剂的使用限制。

电机设计人员根据以上计算方法校核基础油黏度选择的基本步骤如图4-9所示。

#### 四、油脂黏度的选择

前已述及，油脂黏度用锥入度表征的NLGI值来表示。油脂的黏度其实是增稠剂保持基础油能力的一个指标。油脂的基础油黏度为轴承润滑提供了保障，那么，油脂黏度为油脂在轴承上的附着提供基础。通常油脂黏度的选择没有过多定量计算。总体的原则是：温度高、负荷重、转速低的工况选择黏度高的油脂，电机中常用3号脂；相应的温度低、负荷轻、转速高的工况选择黏度低的油脂。电机中常用2号脂。

#### 五、其他一些工况

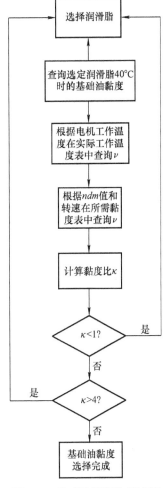

图4-9　基础油黏度选择流程

对于立式电机，电机轴处于竖直位置，油脂受到重力影响会向下垂落，为了避免油脂过多的流失，这种工况下应该选择3号脂。

电机处于振动工况，由于频繁振动，会使油脂乳化，皂基纤维更早的剪断。因此除了减少再润滑的时间间隔以外，还需要选择3号脂。

## 第三节　电机轴承油路及润滑设计

### 一、油路设计

电机轴承的油路设计可以算作电机轴承结构布置的一部分，也可以算作润滑设计的一部分。电机轴承油路设计是指电机内部为轴承添加润滑以及补充润滑的通路。

对于中小型电机，有时候采用封闭轴承（带密封件或者防尘盖的轴承），通常这种封闭轴承都是终身润滑轴承，也就是说油脂的寿命应该比轴承寿命长，也就是说在轴承生命周期中不需要进行补充润滑。所以对于这样的轴承，不需要安排特定的润滑油路。

对于开式轴承（目前只有中小型深沟球轴承和部分调心滚子轴承有封闭式结构），轴承安装完毕就需要施加润滑。并且在轴承运行一段时间之后需要根据油脂的再润滑时间间隔进行补充润滑。所以对这类轴承的结构布置就需要设计润滑油路。

一般的油路设计包含进油、油路通道、排油三个环节。下面用一个例子来说明：

图4-10是一个典型的双深沟球轴承结构示意图，定位端置于主轴伸端，浮动端置于非主轴伸端。在主轴伸端外侧有一个迷宫密封，内侧是橡胶密封。浮动端双侧使用橡胶密封。

对于定位端轴承，从图4-10中可见，进油孔安排在轴承室的上端，对于轴承是从右侧进油，排油孔布置在轴承室的下端，从轴承左侧出油。

对于浮动端，进油孔布置在轴承室的上端，从轴承左侧进油；排油孔安排在轴承室的下端，从轴承右侧排油。

从上面的布置可以看到，电机轴承油路设计有两个非常重要的原则：

第一，进油孔和出油孔必须位于轴承两侧。

第二，进油孔最好在轴承上端，排油孔最好在轴承下端。

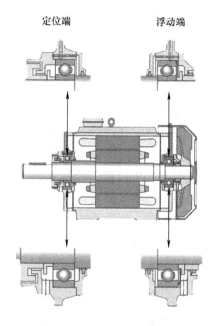

图4-10 双深沟球轴承结构示意图

确定这两个原则的理由不难理解，就是要求补充润滑时，①补充进去的油脂必须能够流入轴承；②油脂从加入到排出必须流经轴承。

这两个原则不仅仅适用于两个深沟球轴承结构，同时也可以适用于所有电机中的轴承结构布置。

在一些高速电机的应用中，由于轴承转速很高，因此轴承内部所需的油脂量较小，因而需要频繁地补充润滑。这样一来，就不能依赖轴承自然排油来实现这种条件。通常，电机生产厂使用"甩油盘"来进行排油。具体结构如图4-11所示。

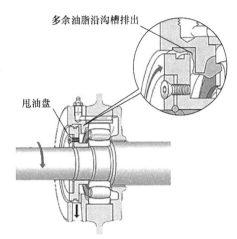

当电机运行时，速度越高，附着在甩油盘上的油脂就会越多地被甩出来，从而减少轴承腔内的油脂，以避免过多的油脂搅拌发热；同时，在补充润滑时，多余的油脂也会在运转时被甩油盘甩出。由于甩油盘甩油的量和电机转速正相关，所以就形成了一个动态的排油系统，从而保证了轴承内部的油脂量平衡。

甩油盘的结构层尺寸推荐值见表4-9（参见图4-12）。

图4-11　甩油盘结构

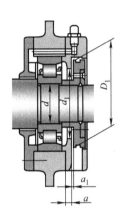 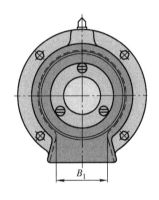

图 4-12　甩油盘结构尺寸

表 4-9　甩油盘的结构尺寸推荐值

| 孔径 $d$ | | 尺寸 | | | | |
|---|---|---|---|---|---|---|
| 2 系列 | 3 系列 | $d_1$ | $D_1$ | $B_1$（min） | $a$ | $a_1$ |
| 30 | 25 | 46 | 58 | 30 | 6 ~ 12 | 1.5 |
| 35 | 30 | 53 | 65 | 34 | | |
| 40 | 35 | 60 | 75 | 38 | | |
| 45 | 40 | 65 | 80 | 40 | | |
| 50 | 45 | 72 | 88 | 45 | 8 ~ 15 | 2 |
| 55 | 50 | 80 | 98 | 50 | | |
| 60 | 55 | 87 | 105 | 55 | | |
| 65 | 60 | 95 | 115 | 60 | | |

（续）

| 孔径 d | | 尺寸 | | | | |
|---|---|---|---|---|---|---|
| 2 系列 | 3 系列 | $d_1$ | $D_1$ | $B_1$（min） | $a$ | $a_1$ |
| 70 | — | 98 | 120 | 60 | | |
| 75 | 65 | 103 | 125 | 65 | | |
| 80 | 70 | 110 | 135 | 70 | 10～20 | 2 |
| 85 | 75 | 120 | 145 | 75 | | |
| 90 | 80 | 125 | 150 | 75 | | |
| 95 | 85 | 135 | 165 | 85 | | |
| 100 | 90 | 140 | 170 | 85 | | |
| 105 | 95 | 150 | 180 | 90 | | |
| 110 | 100 | 155 | 190 | 95 | 12～25 | 2.5 |
| 120 | 105 | 165 | 200 | 100 | | |
| — | 110 | 175 | 210 | 105 | | |
| 130 | — | 180 | 220 | 110 | | |
| 140 | 120 | 195 | 240 | 120 | | |
| 150 | 130 | 210 | 260 | 130 | 15～30 | 2.5 |
| 160 | 140 | 225 | 270 | 135 | | |
| 170 | 150 | 240 | 290 | 145 | | |
| 180 | 160 | 250 | 300 | 150 | | |
| 190 | 170 | 265 | 320 | 160 | 20～35 | 3 |
| 200 | 180 | 280 | 340 | 170 | | |
| — | 190 | 295 | 360 | 180 | | |
| 220 | 200 | 310 | 380 | 190 | 20～40 | 3 |
| 240 | 220 | 340 | 410 | 205 | | |
| 260 | 240 | 370 | 450 | 225 | | |
| 280 | 260 | 395 | 480 | 240 | 25～50 | 3 |
| 300 | 280 | 425 | 510 | 255 | | |

## 二、轴承的初次润滑

### （一）电机轴承初次润滑分析

电机油脂选择完成之后，就要考虑轴承以及轴承室内部油脂的添加量。轴承室内部添加的油脂过多或者过少都会对轴承运行产生不利影响，而轴承润滑问题带来的电机轴承失效表征通常以温度的形式表现出来。

图4-13 展示的是某台电机油脂添加过多、过少和适量 3 种情况下轴承温度和

运行时间的记录曲线。

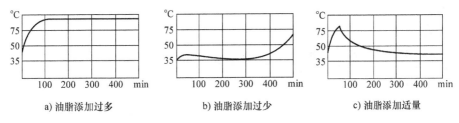

a) 油脂添加过多　　　　b) 油脂添加过少　　　　c) 油脂添加适量

图4-13　油脂添加量不同情况下轴承温度与运行时间的关系曲线

油脂添加过多时，轴承搅拌过多的油脂发热，电机持续出现轴承温度过高。

油脂添加过少时，初始电机轴承温度较低，但是油脂不足导致润滑不良，后续电机轴承将出现因润滑不良而引起的急剧温升，甚至轴承烧毁。

油脂添加适量时，起初电机内温度较低，油脂黏度相对较大，油脂在轴承内进行"匀脂"的过程中将产生较多的热量，使轴承温度很快升高。但当匀脂过程结束后，电机温度达到稳定温度时，油脂黏度也将降低到正常值，电机轴承温度将会回落到正常的稳定值。这个时间的长短与电机的结构、运行转速、轴承结构和所用油脂的类型等有关，一般需要几个小时。

电机设计人员可以根据图4-13中电机轴承温度的趋势对油脂填充量进行大致判断。

### （二）初始注脂量的经验值

初始注入轴承内（含轴承室内）的油脂量多少的原则是：在能保证轴承充分润滑的前提下越少越好。

通过实践经验总结，下述原则是比较合适的。

对开式轴承，比较合适的油脂注入量应视轴承室空腔容积（将两个轴承盖与轴承安装完毕后，其所包容的内部空间中空气占有的部分，见图4-14中除轴承滚珠以外的空白部分）大小和所用轴承转速（对于交流电动机，也可用极数代替转速）来粗略地计算注脂量，见表4-10。

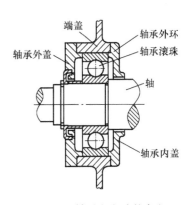

图4-14　轴承室空腔的定义

表4-10　根据机械的工作转速确定轴承润滑脂注入量

| 转速/(r/min) | < 1500 | 1500 ~ 3000 | > 3000 |
| --- | --- | --- | --- |
| 润滑脂注入量（与轴承室空腔比例） | 2/3 | 1/2 | 1/3 |

对于具有如图4-12所示的甩油盘（又称为挡油盘）轴承室结构的，应适当增加第一次的注脂量，并且在轴承外盖空腔内不要注油脂（这里是接受被甩出"废

油脂"的"垃圾箱",其中的油脂不会进入轴承中用于润滑,所以新注入的油脂将被浪费)。此种结构,因轴承室中的油脂将会越甩越少,如不按要求定期加注油脂,则将会因油脂过少而降低润滑效果,最终油脂因过热干涸,使整个轴承损坏。

**(三) 初始注脂量的计算方法**

图4-15给出的是各类、各系列轴承润滑脂填充量与轴承内径的关系,曲线的编号代表轴承系列,例如6为深沟球轴承,可参考使用。

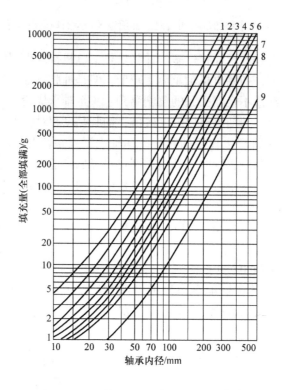

图4-15 各类、各系列轴承润滑脂填充量与轴承内径的关系图

轴承内部空间全部填满油脂,对于操作人员来说有时候很难把握。经常出现的情况是轴承涂满油脂,但实际上轴承内部还有气泡或者剩余空间。因此操作人员需要一个对具体的量的指导。

电机设计人员可以假设轴承是一个实心铁环,由此可以计算出铁环重量;另一方面,轴承本身的重量可以在轴承生产厂家提供的型录里查得。这两个重量的差值除以铁的密度,即可得到轴承内部空间体积。此数值再乘以油脂密度,即可得到需要在轴承内部添加油脂的重量。

$$G_{轴承内} = \frac{W_{铁环} - W_{轴承}}{\rho_{铁}} \rho_{油脂} \qquad (4-3)$$

电机轴承室剩余空间油脂填充量为

$$G_{轴承室内} = \left(\frac{1}{3} \sim \frac{1}{2}\right)\left(V_{轴承室} - V_{轴承}\right) \tag{4-4}$$

由此，一套轴承初次添置油脂重量为

$$G_{初} = G_{轴承内} + G_{轴承室内} \tag{4-5}$$

有了油脂的重量，操作人员就有一个比较好的度量来确保轴承室内的油脂填充量。

生产线中，为确保工人可以保证电机轴承初次润滑添脂量，可以采用以下方法：①使用带有油脂计量装置的润滑脂填装设备。比如油脂计量泵等；②可以使用固定量器工装。对不同电机不同轴承按照事先计算好的油脂填充量制作定量容器，生产线上工人只需要根据工装量器的容量，将容器内的润滑脂填入轴承即可。

**（四）初次润滑方法**

滚动轴承的注油工具有手动注脂和压力注脂两种形式，俗称为油枪，较大的生产、使用和修理单位则可能使用带有计量装置的专用注脂机（罐或桶），如图 4-16 所示。应禁止使用带棱角的钢制工具，以及易掉屑的工具或手套。

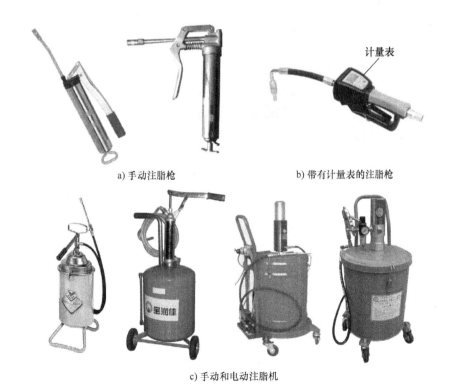

a) 手动注脂枪　　　　　　b) 带有计量表的注脂枪

c) 手动和电动注脂机

图 4-16　滚动轴承注脂工具

注润滑脂时，场地要干净清洁，所用工具应用汽油清洗干净。油脂注完后，应尽快装配好其他部件，要防止进入轴承中的油脂夹带灰尘杂物，特别是砂粒和铁屑等。

利用注脂工具，通过注油装置给轴承加注润滑脂的操作如图4-17a所示。对没有注脂装置的电机，则应拆开轴承盖直接往轴承室中注油，如图4-17b所示。应注意使用与原用油脂相同牌号的油脂，以避免不同组分的润滑脂发生有害反应而减小甚至失去润滑作用，造成轴承过热损坏。

若原有润滑脂已变质，则应将其用汽油等溶剂彻底清除，然后重新加注新油脂。

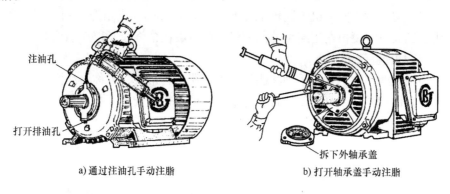

注油孔

打开排油孔

a) 通过注油孔手动注脂

拆下外轴承盖

b) 打开轴承盖手动注脂

图4-17　滚动轴承的注脂

### 三、轴承的运行中补充润滑的时间间隔

电机运行一段时间后，轴承中初次添加的油脂会随着运行时间的延长而逐渐减弱其润滑作用，并且其量也会减少。此时需要添加润滑脂（对有注油装置的电机）或更换新的润滑脂（对没有注油装置的电机），这项工作称为轴承的补充润滑，或称为再润滑。

#### （一）油脂寿命的基本概念

油脂本身也有寿命期限。通常，油脂的寿命会受到外界氧化等化学影响，因此即使是储存而并未使用的油脂也有一定的寿命。不同油脂的储存寿命需要咨询油脂生产厂家或查阅相关资料。

当油脂在轴承内运行时会承受负荷。增稠剂（皂基）的纤维会在负荷下不停地被剪切。当纤维长度被剪切到一定程度时，基础油在增稠剂里的析出和回析就会出现问题。宏观表现就是油脂的黏度降低。此时，油脂的润滑性能就不能满足工况需求。在润滑领域通常通过油脂剪切实验来测量油脂的稳定性。

由上面描述可知，油脂在运行一段时间之后其物理和化学性能都可能发生改变，而无法满足润滑要求，此时油脂就达到了它的寿命。

对于电机而言，维护保养人员会在油脂达到寿命之前进行再润滑。所以，我们会选择油脂的再润滑时间间隔。而油脂的再润滑时间间隔是 $L_{01}$ 寿命，也就是可靠性为99%的油脂寿命。可靠性99%的意思是，在这个时间内至多允许1%的失效。而轴承疲劳寿命通常为 $L_{10}$ 寿命，也就是可靠性为90%的轴承疲劳寿命。两者之间是2.7倍的关系。显然，再润滑时间间隔从寿命角度留下了十分大的可靠性空间。这也是每次再润滑不需要将老油脂全部更换的原因（油脂替换情况除外）。

**（二）补充润滑时间间隔的计算**

润滑脂的预计寿命是受多种因素影响的。例如润滑脂的种类、轴承的转速和温度、工作环境中粉尘和腐蚀性气体的多少、密封装置的设计和实际作用发挥的情况等。

对于密封式或较小的轴承，轴承本身和其中的润滑脂两者之一都决定了一套轴承的寿命。无须也不可能在中途添加或更换润滑脂。

开式轴承再润滑的时间间隔计算有如下两种方法，可参考采用。

**1. 方法1**

根据经验，温度对补充油脂时间间隔的影响是：当温度（在轴承外环测得的温度）达到70℃以上时，每增加15℃，补充油脂时间间隔将缩短一半。

对于开式轴承，补充润滑脂的时间间隔可参考图4-18。

图4-18给出的是以含氧化剂的锂基脂为准，普通工作条件下的固定机械中水平轴的轴承内，润滑脂的补充时间间隔（其中纵坐标轴为补充时间间隔 $t_f$，单位为h；横坐标轴为运行转速 $n$，单位为 r/min；$d$ 为轴承内径，单位为 mm）。其中 a 坐标为径向轴承；b 坐标为圆柱滚子和滚针轴承；c 坐标为球面滚子、圆锥滚子和止推滚珠轴承。若为满滚子圆柱滚子轴承，则间隔为 b 坐标对应值的1/5；若为圆柱滚子止推轴承、滚针止推轴承、球面滚子止推轴承，则间隔为 c 坐标对应值的1/2。

现举例如下：

某深沟球轴承，其内径 $d$ =100mm、运行转速 $n$ =1000r/min、工作温度范围为60～70℃。请确定补充润滑脂的时间间隔。

在图4-18的横轴上，在 $n$ =1000r/min 处做一条平行于纵轴的直线，与内径 $d$ =100mm 的曲线的交点所对应的纵轴 a 坐标（适用于径向轴承——深沟球轴承）的数值约为 $1.2 \times 10^4$。则本例补充润滑脂的时间间隔为12000h。

**2. 方法2**

图4-19是确定轴承运行温度为70℃时补充润滑的时间间隔与轴承转速因数 $A$ 和轴承系数 $b_f$ 的乘积的关系图。

图中横坐标是轴承转速因数 $A$（即 $ndm$ 值）与轴承系数 $b_f$ 的乘积。$b_f$ 的数值与轴承类型有关，可从表4-11中查取。

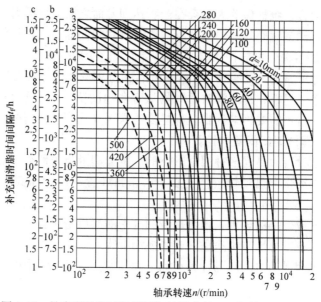

图 4-18 补充润滑脂时间间隔与轴承内径、运行转速的关系图

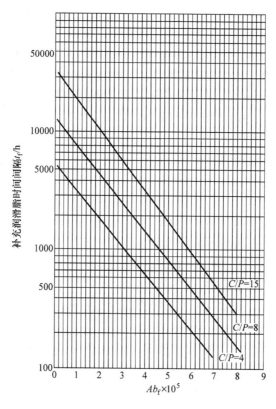

图 4-19 补充润滑时间间隔与轴承系数 $b_f$ 和转速因数 $A$ 的乘积的关系图（70℃）

表 4-11　轴承系数 $b_f$ 和转速因数 A 的推荐值

| 轴承类型 | 相关条件 | | 轴承系数 $b_f$ |
| --- | --- | --- | --- |
| 深沟球轴承 | | | 1 |
| 角接触球轴承 | | | 1 |
| 圆柱滚子轴承 | 非定位端 | | 1.5 |
| | 定位端，无外部轴向负荷或轻轴向变化负荷 | | 2 |
| | 定位端，有恒定的轴向负荷 | | 4 |
| | 无保持架，满滚子轴承 | | 4 |
| 自调心球轴承 | $F_a/F_r < e$ 且 $dm \leqslant 800mm$ 时 | 213，222，238，239 系列 | 2 |
| | | 223，230，231，240，248，249 系列 | 2 |
| | | 241 系列 | 2 |
| | $F_a/F_r < e$ 且 $dm > 800mm$ 时 | 238，239 系列 | 2 |
| | | 230，231，232，240，249 系列 | 2 |
| | | 241 系列 | 2 |
| | $F_a/F_r > e$ 时 | 所有系列 | 6 |

注：$F_a$ 为轴向负荷；$F_r$ 为径向负荷；$dm$ 为轴承平均直径；$e$ 为轴承负荷系数。

　　查询方法：首先计算 A（$ndm$）值，在表 4-11 中查到轴承系数 $b_f$，两者相乘找到图 4-19 中的横坐标点，然后计算轴承的 $C/P$ 值，在图线参考的 3 条线之间取出计算的 $C/P$ 值，然后查纵坐标得到再润滑时间间隔小时数。

**（三）再润滑时间间隔计算注意事项**

　　上述再润滑时间间隔计算有一定的限制，在这些限制之内，还要根据实际工况进行调整，方可得到正确的计算结果。

　　补充润滑时间是一个估算值，上述计算方法是基于优质锂基增稠剂、矿物油的情况进行的。再润滑时间间隔还会随着油脂的不同有所调整。

　　上述计算方法（见图 4-19）是基于 70℃下油脂的情况进行估算的。在实际工况中每升高 15℃，油脂的再润滑时间间隔减半；实际工况温度每降低 15℃，再润滑时间间隔加倍。

　　再润滑时间间隔是在油脂可工作范围内有效，若超出油脂工作温度范围，不可以用这个方法进行估算。

　　对于立式电机和在振动较大的工况中使用的电机，用图 4-19 查询的再润滑时间间隔应该减半。

　　对于外圈旋转的轴承，用图 4-19 查询的再润滑时间间隔减半（另一个方法是计算 $ndm$ 时用轴承外径 D 代替轴承中径 $dm$）。

　　对于污染严重的场合，应该根据实际情况缩短再润滑时间间隔。

　　对于圆柱滚子轴承，图 4-19 给出的值只适用于滚动体引导的尼龙保持架或者黄铜保持架的产品。对于滚动体引导的钢保持架（后缀为 J）以及内圈或者外圈引导的铜保持架圆柱滚子轴承，再润滑时间间隔减半。

　　上述再润滑时间间隔计算是针对需要进行再润滑的开式轴承而言的。对于封闭轴承（带密封盖或者防尘盖的轴承）而言，如果需要了解润滑寿命的话，只需要根据图 4-19 中的方法查询再润滑时间间隔，乘以 2.7 即可。这是因为，再润滑时间间隔是 $L_{01}$ 的寿命，如果折算成和轴承寿命相同的可靠性，就应该转换成 $L_{10}$。这是一个概率换算的过程：$L_{10}$ = 2.7 $L_{01}$。

## 四、再润滑时油脂的添加量以及添加方法

### （一）再润滑基本原则

对于再润滑时间间隔超过 6 个月的轴承，一般建议在维护时依照前面述及的方法进行油脂的全部更换。

对于再润滑时间间隔不足 6 个月的轴承，一般建议根据再润滑时间间隔定期对轴承进行补充润滑。

有些系统中（诸如高污染等需要频繁补充润滑的场合），一般会设计自动注脂器，这样就由自动注脂器进行连续补充润滑。

### （二）再润滑油脂添加量

进行再润滑时需要控制油脂的添加量。油脂添加过少，无法起到补充润滑的作用；油脂补充过多，会导致轴承室内油脂过量从而带来轴承发热等问题。对于普通不具有注油孔的轴承，正确的润滑量可以由下式计算：

$$G_p = 0.005DB \tag{4-6}$$

式中　　$G_p$——再润滑填脂量（g）；

　　　　$D$——轴承外径（mm）；

　　　　$B$——轴承厚度（mm）。

有些调心滚子轴承在两列滚子之间有补充润滑孔的设计，这一类轴承的再润滑填脂量为

$$G_p = 0.002DB \tag{4-7}$$

### （三）再润滑注脂的基本方法

进行润滑油路设计时，对于使用开式轴承的电机（特别是功率较大的电机），电机设计人员都会设计注油孔和注油装置（俗称注油嘴）。因此在做再润滑时，通常使用注油枪等工具通过注油装置进行补充油脂。

平时应尽量保持注油嘴清洁。在进行再注油之前，需要对注油嘴进行清洁。

在补充润滑时，要打开排油孔。观察排油情况，待排油停止，关闭排油孔。排油孔在不用时也要注意保持清洁。

### （四）再润滑填脂注意事项

1. 使新添加油脂和旧油脂温度接近

通常情况下，进行补充润滑的设备都是处于运行状态，电机处于工作温度。而再润滑时，新的油脂处于非工作状态，也就是冷态温度。此时，虽然新旧油脂牌号相同，但由于温度不同，油脂黏度和基础油黏度都是不同的。这样的新脂注入，会对轴承润滑不利。在我国南方地区，这种情况还不突出；在北方地区，如果在冬天

进行再润滑工作，从仓库里提出的油脂温度很低，这时将其加入到热态的旧油脂中，两者黏度相差很大，如果冷态油脂在变热之前搅入滚动接触面，将对轴承不利。其解决方法就是，在补充润滑之前，新脂温度尽量接近运行中的旧脂温度。

2. **注意填脂时机**

如果可以的话，最好的补充润滑时机是在设备低速运行时进行。在这种状态下，新填入的油脂和旧脂一起，相对而言，会经历一个很好的匀脂过程，对轴承润滑是最有利的时机。

还有一种状态就是停机维护，此时电机停转，加入适量油脂，待加脂完毕，设备维护完成电机起动时，多余油脂会从排油孔排出。这种时机虽然不如低速运行好，但是比常速运行填脂的情况要理想很多。

## 五、用经验曲线获得更换油脂的时间间隔

对没有轴承注油装置的电机，应视其运行状态、使用环境条件等因素，决定是否全部更换轴承中原有的润滑脂。

图 4-20 为电机轴承更换油脂周期的经验曲线，可供使用时参考。图 4-20 中的 $K_f$ 为轴承结构类型系数，见表 4-12；$n$ 为轴承转速，单位为 r/s；$D_m$ 为轴承平均直径，单位为 mm；$t_f$ 为补充润滑脂时间间隔，单位为 h。

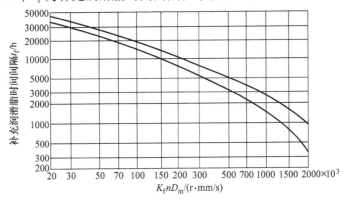

图 4-20　轴承更换油脂周期的经验曲线

表 4-12　轴承结构类型系数 $K_f$

| 轴承类型 | 类型系数 $K_f$ | 轴承类型 | 类型系数 $K_f$ |
|---|---|---|---|
| 单列深沟球轴承 | 0.9 ~ 1.1 | 推力短圆柱滚子轴承 | 90 |
| 双列深沟球轴承 | 1.5 | 推力球轴承 | 5 ~ 6 |
| 单列角接触球轴承 | 1.6 | 双列推力角接触球轴承 | 1.4 |
| 双列角接触球轴承 | 2.0 | 滚针轴承 | 3.5 |
| 四点接触向心推力球轴承 | 1.6 | 圆锥滚子轴承 | 4.0 |
| 单列短圆柱滚子轴承 | 1.8 ~ 2.3 | 单列调心滚子轴承 | 10 |
| 双列短圆柱滚子轴承 | 2.0 | 调心球轴承 | 1.3 ~ 1.6 |
| 无保持架的满滚子轴承 | 25 | 有中挡边调心滚子轴承 | 9 ~ 12 |

# 第五章  电机轴承选型校核计算

## 第一节  轴承校核计算基本概念

为了满足设计要求，工程师在进行电机设计的时候，需要对电机轴承的一些性能和参数进行校核计算。电机轴承在不同因素影响下，校核计算的最终总体表现是电机轴承的运行寿命，这也代表着电机设计者对轴承的最终运行性能要求。

在工程实际中，工程技术人员往往采用将"电机运行寿命"的要求细化成与之相关的不同参数，然后进行校核计算。这些参数可能包括：轴承受力（负荷）因素，轴承摩擦因素（润滑），以及达成这些因素的其他因素（强度、硬度等）。

在对诸多因素进行校核计算的时候，基本过程大致是这样的：在电机轴承大致选型完成之后，根据电机对轴承的各种性能要求，核算轴承理论上应有的性能表现。如果计算结果符合预期，则校核计算通过；如果计算结果不符合预期，则需要进行选型调整，然后对调整过的选型进行重新校核计算，直至计算结果符合预期为止。

在对电机轴承进行校核计算之前，首先需要明确对于一台电机的轴承选型而言，需要进行哪些方面的校核，同时明确哪个因素是最重要的因素；然后对这些不同方面的参数或者指标分别根据相应的校核计算方法实施校核计算。

需要说明的是，电机轴承的校核计算一般是对正常工况下轴承运行表现的估算，这里无法涵盖正常操作以外的情况，例如野蛮操作，环境突然的变化，污染的进入等。

本章将就电机轴承选型校核计算的主要内容进行详细阐述，首先介绍电机轴承校核计算应该涵盖的内容，然后分别对电机轴承各个需要进行校核计算的因素进行详细展开。

### 一、电机轴承选型校核计算应包含的内容

轴承在电机中运行，设计者的最终期望是轴承可以达到一定的运行寿命。这样的期望实质上是要求电机轴承在一定时间长度（预期寿命）内的运行表现稳定可

靠不失效。

我们知道，电机轴承是由诸多零部件组成的，其中包括轴承内圈、外圈、滚动体、保持架、润滑脂、密封件等。这些零部件作为轴承的组成部分，如果其中任何一个出现了失效，那么轴承作为一个整体也就失效了。因此，我们说，轴承的寿命等于各个组成零部件寿命中的最短值，如式（5-1）所示。

$$L_{轴承} = Min(L_{滚道}、L_{滚动体}、L_{保持架}、L_{润滑脂}、L_{密封件}) \qquad (5\text{-}1)$$

式中　　$L_{轴承}$——轴承总体寿命（h）；

　　　　$L_{滚道}$——轴承滚道寿命（h）；

　　$L_{滚动体}$——轴承滚动体寿命（h）；

　　$L_{保持架}$——轴承保持架寿命（h）；

　　$L_{润滑脂}$——轴承润滑脂寿命（h）；

　　$L_{密封件}$——轴承密封件寿命（h）。

式（5-1）使用了小时作为单位，这是因为工程实际中经常要求以小时单位。具体到各个因子的寿命校核结果，一般也可以转化成小时为单位。

从式（5-1）不难看出，在对轴承进行校核计算的时候需要对上述诸多参数进行校核，因此这也构成了电机轴承校核计算所应该涵盖的内容。

其中，轴承的滚道和滚动体往往是轴承运行时候承载负荷的零部件，因此这些零部件的寿命与轴承的负荷情况相关，并且在轴承校核计算中一并地考虑。在这部分校核计算中通常使用轴承基本额定寿命校核计算以及轴承最小负荷校核计算的方法进行。

在这些零部件中，轴承的保持架、润滑脂、密封件等的寿命除了与轴承的运行状态有关，同时也与其他因素相关，比如材质、温度等。因此这部分的寿命校核与一般所说的轴承寿命校核计算有些差异。

综上所述，对轴承进行校核计算的时候应该包含：轴承基本额定寿命计算、轴承最小负荷计算、轴承性能参数校核、轴承润滑计算、密封件性能参数校核等。

## 二、轴承的疲劳与轴承寿命

轴承在运转的时候由于承担一定负荷，这个负荷在轴承滚动体与滚道接触的地方产生接触应力。这个接触应力在轴承内部产生的剪应力分布如图5-1所示。从图中可以看到，$P_0$ 为接触应力；$z$ 为表面下深度；$a$ 为接触宽度；$\sigma$ 为剪应力。在滚动体与滚道接触表面金属材料之下的某一个深度 $z_0$ 处出现最大的剪应力 $\sigma_{max}$。通常这个最大深度会为 0.1 ~ 0.5mm。每次滚动体滚过滚道，这个剪应力就会反复出现。当出现次数达到一定数量的时候，金属便会出现疲劳，由此开始失效。

不论材质如何，这种剪应力的往复总会出现。只不过出现的时间与滚动体滚过的次数，以及正压力成正相关的关系（后面的寿命计算公式中反映了这个关系）。当初始疲劳点出现之后，疲劳会沿着一定的方向向金属表面蔓延，最终出现轴承金属的表面剥落。这就是轴承失效模式中非常典型的一种——表面下疲劳剥落。

上述的轴承失效过程描述的就是轴承的疲劳失效。而在给定的工况下（见 ISO 281—2010《滚动轴承　额定动载荷和额定寿命》），轴承疲劳失效的时间（转动圈数）就是我们所说的疲劳寿命。

通过上面分析不难发现，轴承的疲劳寿命与最大剪应力和内部循环剪应力往复次数有关。这其中，轴承内部的最大剪应力与轴承的负荷相关；内部循环剪应力往复次数与轴承的转数相关。也就是说轴承的疲劳寿命与轴承的负荷以及轴承转动的圈数相关。

工程师通常把轴承转动的圈数，通过轴承的转速折算成时间，因此又有了时间单位的轴承疲劳寿命（工作制计算中将更详细地介绍进行折算的方法）。

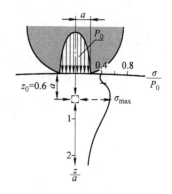

上述讨论中我们忽略了轴承钢材质内部的因素，我们假设轴承钢内部均匀一致。事实上并非完全如此。轴承钢内部的微小杂质将会引起应力集中，导致轴承钢内部的应力分布不完全如图 5-1 所示。因此轴承钢的纯净度对轴承的疲劳寿命影响很大。随着轴承技术的发展，轴承钢的纯净度越来越高，这也使得轴承钢内杂质引起轴承疲劳的案例大幅度减少。并且这种情况应属于质量问题，并不在我们选型校核计算的范畴之内。

图 5-1　轴承内剪应力分布示意

### 三、$L_{10}$寿命的概念

每个轴承都有其疲劳极限。但即便在相同的工况下，由于轴承内部金属材料的均匀性等原因，对于一大批轴承也不可能具有完全一样的疲劳寿命。因此我们引入可靠性系数的概念。

在一定负荷情况下，对大量轴承进行相同的寿命试验时，当其中 90% 的轴承能运转到因转动疲劳而引起材料损伤之前的总转数（或在给定恒速下的总运转小时数）时，我们称这个转数为轴承的基本额定寿命（即为 $L_{10}$ 寿命），单位为百万转。

$L_{10}$ 寿命的一个更加准确的称呼应该是可靠性为 90% 的轴承疲劳寿命。滚动轴承的疲劳失效服从一定的离散分布。而在这样的离散中可以拟合出一定的规律，这就是经常说到的韦氏分布。

通常由于轴承的寿命存在离散性，因此人们从概率曲线上选取一个或两个点来描述轴承的耐久性，这两点就是：

- $L_{10}$ 寿命，即一批轴承中 90% 可达到的疲劳寿命。
- $L_{50}$ 平均寿命，即一批轴承中 50% 可达到的疲劳寿命。

在一般的机械行业中，我们通常使用 $L_{10}$ 寿命作为一个衡量的标准。它的可靠性是90%。也就是对于大批量轴承，在达到这个数值的时候，有90%的轴承没有出现疲劳失效。这是一个概率结果。

国际标准 ISO 281—2010 中的 $L_{10}$ 寿命是在规定的润滑等环境下进行的试验及计算。由于现代轴承的质量提高，在某些应用中，轴承的实际工作寿命可能远远高于其基本的额定寿命。同时，在轴承的具体运行中受到润滑、污染程度、偏心负荷、安装不当等因素的影响。为此，ISO 281—2010 中加入了一些寿命修正公式以补充基本额定寿命的不足。

从前面的介绍可以知道，根据 ISO 281—2010，常用的轴承基本额定寿命计算是 $L_{10}$ 寿命，这个计算与实际轴承寿命往往不一样的原因包括：

1）轴承基本额定寿命的是大批量轴承经过给定工况的寿命试验后，至少有90%的轴承在这个寿命值下不出现疲劳失效的时候的寿命值。这个计算有一个可靠性前提，其中 $L_{10}$ 就是指可靠性为90%，10%是在这个工况运行下的最大失效比例，而90%是幸存概率。这是一个统计概念，对于大量轴承在给定工况下是使用的，但是对于个体而言，往往存在着误差。

2）轴承基本额定寿命计算只是针对轴承的"疲劳寿命"进行的计算和统计。这个计算并不包含轴承除了"疲劳"以外的其他失效情况，也不包含轴承除了滚动体和滚道之外的其他零部件的失效情况。

从上面分析不难看出，轴承基本额定寿命计算不能涵盖轴承寿命的所有因素，这也就解答了为什么轴承基本额定寿命与轴承实际寿命不符。工程实际中为了使这个寿命接近真实寿命，有一些修正计算。但这些修正也有一定限制，在轴承寿命修正部分进行详述。

## 四、滚动轴承疲劳寿命应用的限制及原则

### （一）滚动轴承疲劳寿命应用的限制

如前所述，滚动轴承的疲劳寿命（不考虑修正时），仅仅对轴承材质本身在一定负荷情况下的疲劳失效进行了估算。这种估算和实际轴承的应用工况有很大的差别。下面列举几个难于计入计算的方面：

1. 负荷波动

轴承疲劳试验是在一些给定的负荷状态下，在试验台上进行的。因此，实验结果和计算结果有非常好的一致性。但是实际应用中，机械设备的实际负荷随工况而变，同时这种变化在计算中根本不可能做到百分之百的模拟。这样，即使计入了工作制的影响，依然只能粗略地近似，而无法像试验台一样做到计算和实际一致。

2. 润滑的情况和温度的波动

在 $L_{10}$ 寿命中没有考虑润滑的影响，但在实际的工作状况中不可能不添加润滑。这样容易使计算值趋于保守。即使计入了润滑的修正系数，也只能将有限种润滑的特性（在不同温度下）计入考虑。而实际上机械设备运行温度的波动对润滑的影

响很大，因此也没有办法来模拟实际状况下温度、润滑的变化对寿命的影响。

3. 操作不当

在安装和拆卸轴承的过程中，如果稍有不当，就可能对轴承造成损伤，那么损伤点就会成为轴承失效的源头，这一点也无法计入考虑。

4. 公差配合的影响

实际上公差配合对轴承的运行寿命有很大的影响，而在 $L_{10}$ 寿命计算中，仅估计公差配合恰当时候的轴承寿命情况。

以上仅仅列举了几个方面，并不能涵盖所有的影响轴承寿命的因素（比如，还有轴的挠性、不对中、倾覆力矩、污染等）。因此，我们建议在使用轴承时，一方面要使用轴承的疲劳寿命作为考核轴承寿命的辅助工具；另一方面也要知道其限制范围。这样才能正确理解书面计算和实际运行情况之间的差距。

**（二）滚动轴承疲劳寿命计算的应用原则**

如前所述，滚动轴承的疲劳寿命计算仅可作为参考性的估算。也就是说，不要把疲劳寿命计算当作"算命"计算。寿命计算的校核作用在某种程度上要强于它的估计作用。

通常，在选用轴承时，首先受到限制的就是轴径，轴径影响到扭矩的传送，因此轴径的最小值是确定的。而最小的轴径也就是最小的轴承内径。这个时候，可以根据轴承的负荷方式选择出适当的类型。而轴承的寿命计算就是在轴承类型、大小已经大约选定之后进行校核。在寿命计算中，如果计算的疲劳寿命过长，说明轴承的选择有可能过大；相反，如果轴承的计算疲劳寿命过短，有可能是轴承选择过小。换言之，就是通过疲劳寿命计算来校核轴承选型的准确性。

对于不同设备，轴承疲劳寿命的推荐值见表5-1。

**表5-1　常用设备轴承疲劳寿命推荐值**（不同类型机械的约定寿命参考）

| 机 器 类 型 | 约定寿命/万 h |
| --- | --- |
| 家用机械、农用机械、仪器、医疗设备 | 0.03 ~ 0.3 |
| 短时或间歇使用的机械：电动工具、车间起重设备、建筑设备和机械 | 0.3 ~ 0.8 |
| 短时或间歇使用的机械，但要求较高的运行可靠性：升降机（电梯）、用于已包装货物的起重机、吊索鼓轮等 | 0.8 ~ 1.2 |
| 每天工作8h，但并非全部时间运行的机械：一般的齿轮传动机构、工业用电机、转式粉碎机等 | 1 ~ 2.5 |
| 每天工作8h，且全部时间运行的机械：机床、木工机械、连续生产机器、重型起重机、通风设备、运输带、印刷设备、分离机、离心机等 | 2 ~ 3 |
| 24h 运行的机械：轧钢厂用齿轮箱、中型电动机、压缩机、采矿用起重机、泵、纺织机械等 | 4 ~ 5 |
| 风电机械的设备，包括：主轴、摆动机构、齿轮箱、发电机轴承等 | 3 ~ 10 |
| 自来水厂用的机械、转炉、电缆绞股机、远洋轮的推进机械 | 6 ~ 10 |
| 大型电动机、发电厂设备、矿井水泵、矿场用通风设备、远洋轮的主轴轴承 | >10 |

这里值得强调的是，很多人把轴承疲劳寿命计算当作算命程序，而质疑实际寿命和计算寿命的差异，这种忽略了寿命计算的校核作用的想法缺乏客观性。

## 五、滚动轴承寿命校核的流程和本质含义

工程上有很多方法计算滚动轴承的寿命，例如：最基本的疲劳寿命计算；考虑各种修正系数的修正寿命计算；考虑系统刚度的更加微观的有限元分析计算等。

本部分主要介绍基本的轴承疲劳寿命计算（以下简称轴承寿命计算）。各个轴承厂家采用的基本轴承疲劳寿命的计算方法多数依照 ISO 281—2010 中的轴承疲劳寿命计算规定。但是在关于调整系数方面，各自有些差别。

### （一）轴承寿命计算的基本流程

轴承寿命计算定额基本过程包括：轴承型号的基本初定；轴承负荷的计算；轴承当量动负荷的计算；轴承基本额定动负荷的查取；$L_{10}$ 寿命的计算；修正系数的选取；修正寿命的计算。其基本流程如图 5-2 所示。

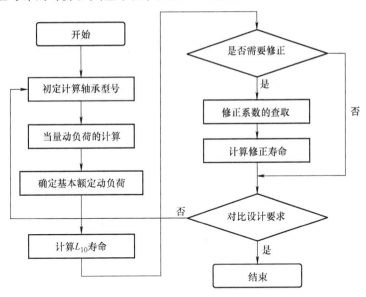

图 5-2　轴承寿命计算基本流程

### （二）轴承寿命计算的本质

不论从名称还是从计算流程来看，似乎工程师进行轴承寿命计算的目标都是估计寿命，而仔细思考会发现事实并非如此。前已述及，我们对轴承进行寿命校核计算的本质是一个校核计算，是通过对计算来校核所选轴承是否合适。

我们在整个计算过程完成后，即便寿命无法达到要求，我们依然无法在不改变轴承的情况下通过人为的方法改变寿命结果。并且，在这个时候，由于工况确定，我们也不能调整工况。此时唯一可以调整的是轴承。更确切地说，是挑选一个负荷

能力满足条件的轴承。

请读者注意，我们是通过寿命计算的结果进行调整，挑选满足负荷能力的轴承。也就是说，这个计算的本质是校核轴承的负荷能力。

因此，轴承寿命校核计算实际上是对所选轴承负荷能力进行衡量，校核其是否可以承担既定负荷满足预期寿命。

所以，轴承基本额定寿命的校核本质是对轴承负荷能力的校核计算，是帮助工程师找到至少可以满足这个负荷能力的轴承，换言之就是所选轴承负荷能力的下限。

# 第二节　电机轴承受力计算

对电机轴承进行受力计算是电机轴承寿命校核计算的第一步。通常而言，电机是双支撑轴系，电机轴由两端轴承支撑，承受来自外界和内部的负荷。电机轴承受力计算的目的是弄清楚电机两端轴承分别受力的情况，然后分别进行后续寿命校核计算。

随着现代计算工具的发展，工程师有了更多的工具进行电机内部的仿真和计算，其中也包括对轴承受力的计算。使用计算机工具进行的电机内部受力计算通常会考虑材质的挠性等诸多因素。

对于中小型电机，材质和结构挠性对轴承受力的影响几乎可以忽略，因此，一般传统的手工计算方法就可以满足实际工况计算要求。本节也主要介绍这种计算方法，不考虑零部件结构以及材质带来的挠性的影响。

对于一些大型电机，材质和结构挠性等带来的影响有时候会比较大，甚至会直接影响轴承受力和寿命，因此需要采用相应的计算机工具。

## 一、电机轴系统的受力分析

进行每一个轴承受力计算之前，我们需要首先明确整个电机轴系统的受力情况。在第三章电机轴承布置中，我们定性地描述了电机轴系统的受力情况，不妨简单回顾一下：

### （一）对于卧式安装的电机

对于卧式安装的电机，电机轴系外部的径向负荷包括联轴节重量、带轮重量、带轮的张力、链轮重量、链轮拉力、风力机叶轮重量（轴端直接安装叶轮）、其他外界连接部件的自身重力、齿轮径向啮合力（电机轴直接安装齿轮），以及其他外界的径向负荷等。

电机轴系的内部径向负荷包括电机转子自身重力和单边磁拉力（根据情况考虑是否计入）。

电机轴系统外部轴向负荷包括风力机叶轮传导来的轴向负荷（轴端直接安装

叶轮）、齿轮啮合轴向啮合力（电机轴端直接安装斜齿齿轮）、其他外界轴向负荷。

电机轴承系统的轴向预负荷。除此之外，如果电机内部电磁对称，定转子对中良好，应该不会产生额外的轴向负荷。当然上述情况若非设计故意则属于质量问题，不在校核计算范畴之内。

### （二）对于立式安装的电机

对于立式安装的电机，上述所有的重力均由径向负荷变为轴向负荷。并且不应该产生单边磁拉力（由重力造成的周挠曲因素的部分）。

### （三）对于倾斜安装的电机

对于倾斜安装的电机，所有的负荷由于倾角的原因均可分解为一个轴向分量和一个径向分量。

不论是卧式安装的电机还是立式安装的电机，电机的安装形式有时采用底脚安装，有时采用凸缘端盖安装。这些安装形式都是电机机座与其他设备的安装方式，而轴承作为连接电机定转子的零部件，不论机座与外界如何安装，对轴承的受力均影响不大（如果考虑金属的弹性形变，则会产生一定的影响）。

## 二、卧式电机轴承受力计算

卧式电机（固定端 + 浮动端结构）轴系受力如图5-3所示。

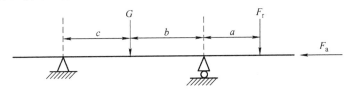

图5-3　卧式电机轴系受力简图

图中 $G$ 为电机转子重力；$F_r$ 为电机轴伸端所受径向负荷；$F_a$ 为电机轴伸端所受轴向负荷；$a$、$b$、$c$ 为间距。示意图中右侧轴承为浮动端，此轴承承受的径向力为 $F_{1r}$，轴向负荷为 $F_{1a}$；左侧轴承为固定端，此轴承承受的径向力为 $F_{2r}$，轴向负荷为 $F_{2a}$。

对于浮动端轴承而言，其径向负荷 $F_{1r}$ 为

$$F_{1r} = \frac{G \times c + F_r \times (a + b + c)}{c + b} \tag{5-2}$$

由于浮动端轴承不承受轴向负荷，因此：

$$F_{1a} = 0 \tag{5-3}$$

对于固定端轴承而言，其径向负荷 $F_{2r}$ 为

$$F_{2r} = \frac{G \times b - F_r \times a}{b + c} \tag{5-4}$$

固定端轴承承受轴向负荷，因此：

$$F_{2a} = F_a \tag{5-5}$$

至此，我们得到卧式电机固定端轴承的径向负荷 $F_{2r}$，轴向负荷 $F_{2a}$；浮动端轴承的径向负荷 $F_{1r}$，轴向负荷 $F_{1a}$。这些结果用以求解两端轴承的当量负荷等后续计算。

在工程实际中，有可能固定端和浮动端轴承的位置与上面的例子不同，但是不论如何布置，轴承两端的径向负荷均与上例一致，电机轴端的轴向力应该由固定端轴承承受。

对于交叉定位结构的卧式电机，径向负荷的计算仍然与上例一样。在这种结构的电机中，电机轴伸端的轴向负荷应由与其方向相对的轴承承受。如果考虑预负荷的大小，对于承受轴伸端轴向负荷的轴承而言，其承受的轴向负荷为轴伸端轴向负荷与预负荷之和；另一侧轴承所承受的轴向负荷为两者之差。

### 三、立式电机轴承受力计算

立式电机（固定端 + 浮动端）轴系受力如图 5-4 所示。

图中 $G$ 为电机转子重力；$F_r$ 为电机轴伸端所受径向负荷；$F_a$ 为电机轴伸端所受轴向负荷；$a$、$b$ 为间距。图中下端轴承为浮动端轴承，此轴承承受的径向力为 $F_{1r}$，轴向负荷为 $F_{1a}$；上轴承为固定端，此轴承承受的径向力为 $F_{2r}$，轴向负荷为 $F_{2a}$。

对于浮动端轴承而言，其径向负荷 $F_{1r}$ 为

$$F_{1r} = \frac{F_r \times (a + b)}{b} \tag{5-6}$$

由于浮动端轴承不承受轴向负荷，因此：

$$F_{1a} = 0 \tag{5-7}$$

对于固定端轴承而言，其径向负荷 $F_{2r}$ 为

$$F_{2r} = F_r - F_{1r} \tag{5-8}$$

固定端轴承承受轴向负荷，因此：

$$F_{2a} = G - F_a \tag{5-9}$$

请注意，示意图中定义 $F_a$ 方向向上，工程实际中应该根据实际情况选取。

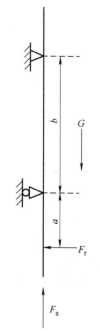

图 5-4　立式电机
轴系受力简图

至此，我们得到立式电机固定端轴承的径向负荷 $F_{2r}$，轴向负荷 $F_{2a}$；浮动端轴承的径向负荷 $F_{1r}$，轴向负荷 $F_{1a}$。这些结果用以求解两端轴承的当量负荷等后续计算。

在工程实际中，有可能固定端和浮动端轴承的位置与上面的例子不同，但是不论如何布置，两端轴承的径向负荷均与上例一致，电机轴端的轴向力应该由固定端轴承承受。

对于交叉定位结构的立式电机，径向负荷的计算仍然与上例一样。在这种结构的电机中，电机轴系主要的轴向负荷应由与其方向相对的轴承承受。如果考虑预负荷的大小，对于承受主要轴向负荷的轴承而言，其承受的轴向负荷为上述计算轴向负荷与预负荷之和；另一侧轴承所承受的轴向负荷为两者之差。

# 第三节　电机轴承当量负荷的计算

## 一、当量负荷的概念

对轴承进行寿命计算之前，必须对轴承的当量负荷进行计算。这是因为寿命计算的实质是将轴承承受的负荷与某一个参考值（即基本额定负荷）进行比较的计算。而其中的轴承承受的负荷必须与那个参考值具有相同的属性，也就是必须具有恒定的大小和方向。从受力的方向上看，对于向心轴承而言，这个负荷应该是径向负荷；对于推力轴承而言，这个负荷应该是轴向负荷。从负荷的变化角度而言，这个负荷必须是恒定的。

但是现实工况中，轴承承受的负荷性质不一定满足上述要求，因此必须将轴承承受的实际负荷折算成负荷要求的等效负荷才能进行计算。这个等效负荷就是当量负荷的概念。

将轴承实际承受的负荷折算成当量负荷主要包括两个方面的工作：第一，将实际负荷折算成与基本额定负荷方向一致的等效负荷；第二，将轴承实际承受的变动负荷折算成一个恒定负荷。

## 二、不同方向的轴承负荷折算成当量负荷

我们知道轴承工作的时候会承受轴向负荷和径向负荷，如图5-5所示。

轴承本身作为减少轴系旋转时候产生的周向阻力的零部件，在出现周向负荷的时候就会产生旋转，仅由轴承内部的摩擦阻力构成周向负荷的反力。而这个力十分小，在对轴承进行负荷计算的时候几乎可以忽略。轴承不承受外界的周向负荷。需要注意的是，这里说的周向负荷指的是对于轴承的周向。对于整个轴系而言，在齿轮箱里，由于齿轮啮合产生的周向力在其平面上对于轴系而言是一个径向负荷，因此对于轴承而言产生的是一个径向负荷，而非周向负荷。

轴承本身主要承受轴系传递来的轴向负荷和径向负荷，这个轴指的是轴承中心线的轴，如图5-5所示。在当量负荷计算的时候，需要把这个由轴向、径向负荷构成的复合负荷折算成一个与基本额定负荷方向相同的负荷。对于径向轴承而言，就是折算成一个径向负荷；对于推力轴承而言，就是折算成一个轴向负荷。

当量负荷的折算包括当量动负荷的折算和当量静负荷的折算。

当量动负荷的计算主要用于后续对轴承寿命的计算；而轴承当量静负荷的计算

主要用于对轴承静承载能力进行计算。

对于中小型电机而言，通常考虑轴承额定寿命计算即可，也就是说计算当量动负荷即可。但是对于大型电机以及在低速运行、振动、冲击负荷的工况下工作的电机就需要考核轴承的静承载能力，此时则需要对轴承当量静负荷以及安全系数进行相应的校核。

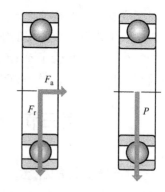

图5-5　轴承负荷方向与当量负荷

**（一）当量动负荷的折算**

将复合负荷折算成当量动负荷的可以使用式（5-10）这个通用公式：

$$P = XF_r + YF_a \tag{5-10}$$

式中　$P$——当量动负荷（N）；

　　　$F_r$——实际径向负荷（N）；

　　　$F_a$——实际轴向负荷（N）；

　　　$X$——径向负荷系数；

　　　$Y$——轴向负荷系数。

一般而言，当轴承的轴向负荷与径向负荷的比值大于某一个值 $e$ 的时候，轴承的当量动负荷才会受到这个轴向负荷的影响。反之，直接使用轴承的实际径向负荷作为轴承的当量负荷，即此时 $Y=0$，$X=1$。但是对于双列轴承而言，轴向负荷对轴承的影响相对较大。

需要注意的是，这种计算方法不能适用于向心滚针轴承、推力滚针轴承和推力圆柱滚子轴承，因为这些轴承不能承受复合负荷。

1. 深沟球轴承当量动负荷计算系数

式（5-10）中轴承负荷系数见表5-2。

表5-2　单列深沟球轴承当量负荷计算系数

| $f_0F_a/C_0$ | 普通游隙 | | | C3 游隙 | | | C4 游隙 | | |
|---|---|---|---|---|---|---|---|---|---|
| | $e$ | $X$ | $Y$ | $e$ | $X$ | $Y$ | $e$ | $X$ | $Y$ |
| 0.172 | 0.19 | 0.56 | 2.30 | 0.29 | 0.46 | 1.88 | 0.38 | 0.44 | 1.47 |
| 0.345 | 0.22 | 0.56 | 1.99 | 0.32 | 0.46 | 1.71 | 0.40 | 0.44 | 1.40 |
| 0.689 | 0.26 | 0.56 | 1.71 | 0.36 | 0.46 | 1.52 | 0.43 | 0.44 | 1.30 |
| 1.03 | 0.28 | 0.56 | 1.55 | 0.38 | 0.46 | 1.41 | 0.46 | 0.44 | 1.23 |
| 1.38 | 0.30 | 0.56 | 1.45 | 0.4 | 0.46 | 1.34 | 0.47 | 0.44 | 1.19 |
| 2.07 | 0.34 | 0.56 | 1.31 | 0.44 | 0.46 | 1.23 | 0.50 | 0.44 | 1.12 |
| 3.45 | 0.38 | 0.56 | 1.15 | 0.49 | 0.46 | 1.10 | 0.55 | 0.44 | 1.02 |
| 5.17 | 0.42 | 0.56 | 1.04 | 0.54 | 0.46 | 1.01 | 0.56 | 0.44 | 1.00 |
| 6.89 | 0.44 | 0.56 | 1.00 | 0.54 | 0.46 | 1.00 | 0.56 | 0.44 | 1.00 |

上述表格中，$F_a$ 为实际轴向负荷；$C_0$ 为额定静负荷；$f_0$ 为系数，需要在相应的轴承型录中对应的型号处查找。

查询的时候计算 $f_0 F_a / C_0$，之后计算 $F_a / F_r$，并与 $e$ 值进行比较。当 $F_a / F_r \leqslant e$ 的时候，$X = 1$，$Y = 0$。

当 $F_a / F_r > e$ 的时候，从表格中查取 $X$、$Y$ 值。

另外在实际计算的时候，如果实际值位于表中数值之间的时候，可以采用插值法进行相应的选取。

2. 角接触球轴承当量动负荷计算系数

角接触球轴承当量负荷计算系数与轴承的使用方式（单列或者是配对）以及轴承轴向负荷与径向负荷之比相关。使用式（5-10）进行计算，其相应的计算系数见表5-3。

表5-3　角接触球轴承当量动负荷计算系数

| 角接触球轴承 | $e$ | $F_a / F_r$ | $X$ | $Y$ |
|---|---|---|---|---|
| 单个使用或者串联配对 | 1.14 | $\leqslant e$ | 1 | 0 |
| | | $> e$ | 0.35 | 0.57 |
| 面对面或者背对背配对 | | $\leqslant e$ | 1 | 0.55 |
| | | $> e$ | 0.57 | 0.93 |

3. 单列圆柱滚子轴承当量动负荷计算系数

单列圆柱滚子轴承当量动负荷计算系数与轴承结构、轴承系列等因素有关。使用式（5-10）进行当量动负荷计算的时候，其相应的计算系数见表5-4。

表5-4　单列圆柱滚子轴承当量动负荷计算系数

| 单列圆柱滚子轴承 | 系列 | $e$ | $F_a / F_r$ | $X$ | $Y$ |
|---|---|---|---|---|---|
| 不带挡边 | — | — | — | 1 | 0 |
| 带挡边 | 10、2、3、4 系列 | 0.2 | $\leqslant e$ | 1 | 0 |
| | | | $> e$ | 0.92 | 0.6 |
| | 其他 | 0.3 | $\leqslant e$ | 1 | 0 |
| | | | $> e$ | 0.92 | 0.4 |

对于单列圆柱滚子轴承，$e$ 值不可大于 0.5。

以上仅仅列出电机常用滚动轴承类型的当量动负荷计算系数，工程师如需计算其他类型轴承的当量负荷计算系数，可以查询相应的厂商的轴承综合型录。

**（二）当量静负荷的计算**

轴承当量静负荷的计算与当量动负荷的计算方法类似，可以使用如下通用公式进行计算：

$$P_0 = X_0 F_r + Y_0 F_a \tag{5-11}$$

式中 $P_0$——当量静负荷（N）；

$F_r$——实际径向负荷（N）；

$F_a$——实际轴向负荷（N）；

$X_0$——径向负荷系数；

$Y_0$——轴向负荷系数。

轴承工作的时候，实际承受的轴向、径向负荷可能是变动的。在对静负荷进行校核的时候，应该取实际变动负荷中的最大值进行校验，从而校核安全系数。

在式（5-11）中，轴承的负荷系数与轴承类型、结构、使用等相关，可以参照表5-5进行选取。

表5-5 轴承当量静负荷计算系数

| 轴承类型 | 条件 | $X_0$ | $Y_0$ |
|---|---|---|---|
| 深沟球轴承[1] | | 0.6 | 0.5 |
| 角接触球轴承[1] | 单个或者串联 | 0.5 | 0.26 |
| | 背对背或者面对面[2] | 1 | 0.52 |
| 圆柱滚子轴承 | | 1 | 0 |
| 满装圆柱滚子轴承 | | 1 | 0 |
| 圆锥滚子轴承[1] | 单列 | 0.5 | 参照轴承型录具体型号标定值 |
| | 串联 | 0.5 | |
| | 面对面或者背对背 | 1 | |
| 调心滚子轴承 | | 1 | |

[1] 如果计算所得 $P_0 < F_r$，则取 $P_0 = F_r$。

[2] 计算的 $F_r$ 与 $F_a$ 应该为作用在配对轴承上的负荷。

# 第四节 电机轴承基本额定寿命校核计算与调整寿命

## 一、电机轴承基本额定寿命计算

轴承基本额定寿命就是使用当量负荷与轴承的额定动负荷进行比较得出的结论。这样的对比与轴承基本额定动负荷的定义有关。根据 ISO 281—2010 的定义，轴承的基本额定动负荷是指轴承达到 100 万转时轴承的负荷。用这个能达到轴承寿命 100 万转的负荷作为比较基准，通过对比得到实际当量负荷下轴承能够达到的寿命数值，这种方法就是轴承基本额定寿命计算的方法。

依据 ISO 281—2010，轴承的基本额定寿命计算公式如下：

$$L_{10} = \left(\frac{C}{P}\right)^p \tag{5-12}$$

式中　$L_{10}$——可靠性为90%的轴承基本额定寿命（百万转）；

　　　$C$——额定动负荷（N）；

　　　$P$——当量动负荷（N）；

　　　$p$——寿命计算指数，对于球轴承取3；对于滚子轴承取$\dfrac{10}{3}$。

　　轴承基本额定寿命的单位是百万转，其含义是轴承转动时滚动体滚过的次数。因为金属的疲劳是在金属内部剪应力处经过往复运行而出现的，当负荷一定的时候，滚动体滚过的次数就用来度量金属内产生的疲劳，也就是疲劳寿命。对于齿轮箱轴承而言就是轴承的基本额定寿命。

　　工程实际中，经常使用时间单位来计量轴承的疲劳寿命，因此将轴承的基本额定寿命折算成时间单位，可以如式（5-13）进行：

$$L_{10h} = \frac{10^6}{60n} L_{10} \tag{5-13}$$

式中　$L_{10h}$——可靠性为90%的轴承基本额定寿命（h）；

　　　$n$——转速（r/min）。

　　这个折算中，折算的结果与轴承的转速有很大关系。换言之，相同基本额定寿命的轴承，转速越高，其时间单位的寿命值就越小。因此当使用时间单位作为寿命计算参考的时候，需要注意转速的影响。

## 二、轴承基本额定寿命的调整

　　前已述及，轴承基本疲劳寿命的校核是一种校核对比工具，在计算过程中很多因素都没有被考虑，因此这个计算值和齿轮箱轴承实际寿命之间存在着差异。随着轴承技术的发展，一些更贴近轴承实际运行寿命的寿命计算方法已经相对成熟，并被纳入国际标准。2007年以来，修正额定寿命$L_{nm}$的计算在ISO 281—2010附录1中已经标准化。对应于ISO 281—2010附录4的计算机辅助计算，2008年以来在ISO/TS 16 281—2008《滚动轴承、通用装载轴承用改良参考额定寿命的计算方法》中也有了说明。这些寿命计算方法给予轴承基本疲劳寿命计算，同时加入了对轴承载荷、润滑条件（润滑剂的类型、转速、轴承尺寸、添加剂等）、材料疲劳极限、轴承类型、材料残余应力、环境条件，以及润滑剂中的污染状况等的考虑。因此机械工程师也可以根据这些计算方法估计轴承的实际运行寿命。

　　根据ISO 281—2010：

$$L_{nm} = a_1 \, a_{ISO} \, L_{10} \tag{5-14}$$

式中　$L_{nm}$——扩展的修正额定寿命，根据ISO 281—2010（百万转）；

　　　$a_1$——寿命修正系数，根据可靠性要求调整，见表5-6；

　　　$a_{ISO}$——考虑工况的寿命修正系数；

　　　$L_{10}$——可靠性为90%的轴承基本额定寿命（百万转）。

在 ISO 281—2010 中，对 $a_1$ 进行了修正，见表5-6。

表5-6　寿命修正系数

| 可靠性（%） | 额定寿命 $L_{nm}$ | 系数 $a_1$ |
|---|---|---|
| 90 | $L_{10m}$ | 1 |
| 95 | $L_{5m}$ | 0.64 |
| 96 | $L_{4m}$ | 0.55 |
| 97 | $L_{3m}$ | 0.47 |
| 98 | $L_{2m}$ | 0.37 |
| 99 | $L_{1m}$ | 0.25 |

式（5-14）中的 $a_{ISO}$ 可以从图5-6、图5-7中查取。

图5-6、图5-7中 $\kappa$ 为黏度比，在本书润滑部分展开阐述，计算方法见式（4-2）。

当 $\kappa > 4$ 的时候，取4；当 $\kappa < 0.1$ 的时候，这种计算方法不适用。

若 $\kappa < 1$，且污染系数大于等于 0.2 的时候，使用含有极压添加剂是有效的，此时可以取 $\kappa = 1$。其他情况需要根据 DIN 51819 – 1 规定进行试验，若印证有效则取 $\kappa = 1$。

图5-6、图5-7中 $C_u$ 是疲劳符合极限，可以在轴承型录中查取。

图中的 $e_c$ 为污染系数。一个比较简单的方法是可以通过表5-7查取。

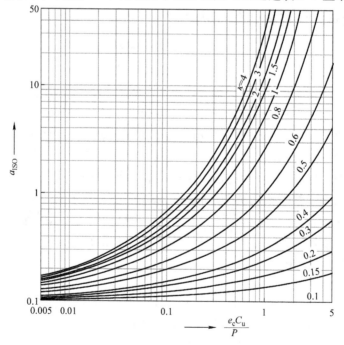

图5-6　径向球轴承寿命修正系数 $a_{ISO}$

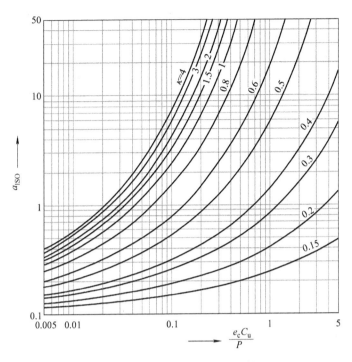

图 5-7　径向滚子轴承寿命修正系数 $a_{ISO}$

表 5-7　污染系数

| 不同污染程度说明 | 污染系数 $e_c$[①] | |
| --- | --- | --- |
| | $d_m < 100mm$ | $d_m \geqslant 100mm$ |
| 极度清洁：颗粒尺寸和油膜厚度相当于实验室条件 | 1 | 1 |
| 非常清洁：润滑油经过极细的过滤器，带密封圈轴承的一般情况（终身润滑） | 0.8~0.6 | 0.9~0.8 |
| 一般清洁：润滑油经过较细的过滤器，带防尘盖轴承的一般情况（终身润滑） | 0.6~0.5 | 0.8~0.6 |
| 轻度污染：微量污染物在润滑剂中 | 0.5~0.3 | 0.6~0.4 |
| 常见污染：不带任何密封件的轴承的一般情况，润滑油只经过一般过滤，可能有磨损颗粒从周边进入 | 0.3~0.1 | 0.4~0.2 |
| 严重污染：轴承环境高度污染，密封不良的轴承配置 | 0.1~0 | 0.1~0 |
| 极严重污染：污染系数已经超过计算范围的程度，其数值远大于寿命计算公式的预测 | 0 | 0 |

① 表中参考值仅适用于一般固体污染物。液体或者水对轴承造成的污染不涵盖其中。

通过表 5-7 的查取通常得到的是一个近似的估值。对于要求更加精准的时候，可以使用更加量化的标准方法进行污染系数的计算。一般而言，对于大型电机具有循环润滑系统的时候，可以使用下面介绍的计算方法。

根据 ISO 4406：2017，通常使用显微镜计数法对润滑剂的污染程度进行标定。这种方法是通过观察，对尺寸大于等于 5μm 以及大于等于 15μm 的颗粒进行分级，从而标定污染程度。对于具有过滤装置的润滑系统而言，经过过滤后和过滤之前单位体积污染颗粒数量的比值就是过滤比 $\beta_x$：

$$\beta_x = \frac{n_1}{n_2} \tag{5-15}$$

式中    $\beta_x$ ——对指定尺寸 $x$ 的过滤比；

       $x$——污染颗粒尺寸（μm）；

       $n_1$——过滤器上游每单位体积（100ml）大于 $x$ μm 的污染颗粒数量；

       $n_2$——过滤器下游每单位体积（100ml）大于 $x$ μm 的污染颗粒数量。

对于循环油润滑，根据 ISO 4406：2017 固体污染程度 –/15/12，当过滤比 $\beta_{12} = 200$ 时，可以从图 5-8 查找污染系数 $e_c$。图中 $\kappa$ 为黏度比；$d_m$ 为轴承内外径的算术平均数。

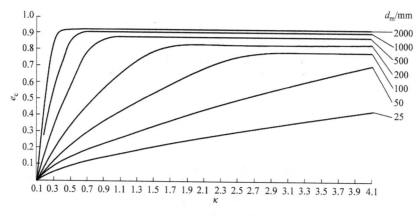

图 5-8   污染系数（1）

对于循环油润滑，根据 ISO 4406：2017 固体污染程度 –/17/14，当过滤比 $\beta_{25} = 75$ 时，可以从图 5-9 查找污染系数 $e_c$。图中 $\kappa$ 为黏度比；$d_m$ 为轴承内外径的算术平均数。

脂润滑的污染系数在极度清洁的情况下，可以参照图 5-10 查找。图中 $\kappa$ 为黏度比；$d_m$ 为轴承内外径的算术平均数。

脂润滑的污染系数在一般清洁情况下，可以参照图 5-11 查找，图中 $\kappa$ 为黏度比；$d_m$ 为轴承内外径的算术平均数。

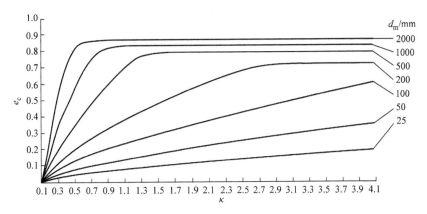

图 5-9 污染系数（2）

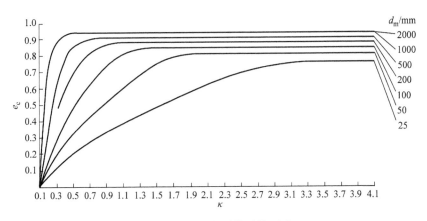

图 5-10 脂润滑污染系数（1）

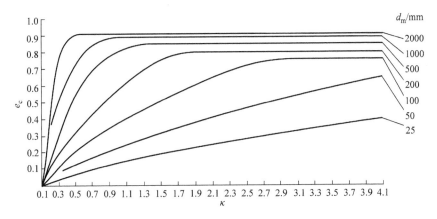

图 5-11 脂润滑污染系数（2）

## 第五节 电机的工作制与轴承寿命计算的调整

在基本轴承疲劳寿命计算中，我们使用的是当量负荷。使用折算的当量负荷进行轴承基本疲劳寿命计算的时候，默认的前提条件是负荷和轴承转速恒定不变。这与实际轴承运行情况存在差异，如果想将轴承寿命的计算值更加接近实际值，则需要对轴承承受的负荷以及转速变动等的情况加以考虑。

当电机的负荷和转速在一个时间周期 $T$ 内变化，转速和当量负荷可以按照下面式（5-16）和式（5-17）计算：

$$n = \frac{1}{T}\int_0^T n(t)\,\mathrm{d}t \tag{5-16}$$

$$P = \sqrt[p]{\frac{\int_0^T \frac{1}{a(t)}n(t)\,F^p(t)\,\mathrm{d}t}{\int_0^T n(t)\,\mathrm{d}t}} \tag{5-17}$$

对于电机而言，最常见的情况是负荷不变，转速变动，此时转速按照式（5-18）计算：

$$n = \frac{1}{T}\int_0^T \frac{1}{a(t)}n(t)\,\mathrm{d}t \tag{5-18}$$

电机的转速经常是按照一定的工作制阶梯变化，因此可以按式（5-19）计算：

$$n = \frac{\frac{1}{a_i}q_i\,n_i + \cdots + \frac{1}{a_z}q_z\,n_z}{100} \tag{5-19}$$

式中  $n$——平均转速（r/min）；

$T$——时间段（min）；

$P$——轴承当量负荷（N）；

$p$——轴承系数，球轴承取 3；滚子轴承取 $\frac{10}{3}$；

$a_i$——当前工况下的寿命修正系数 $a_{\mathrm{ISO}}$；

$n_i$——当前转速（r/min）；

$q_i$——当前转速占比。

可以看出，电机轴承基本疲劳寿命计算和调整寿命计算是两种不同的方法，而不同的方法解决的是不同的问题。判断轴承大小选择是否合适可以通过基本疲劳寿命计算校核。如果追求贴近实际运行寿命，就需要纳入很多考虑，使用调整的寿命计算方法。

## 第六节　电机轴承静态安全系数计算

基本额定寿命的计算帮助工程师对轴承选型大小进行列校核，同时根据修正系数考虑了更多的因素使计算结果更加接近于实际工况。但是在一些场合下，轴承的基本额定寿命及其修正计算对轴承实际的运行校核还不够，这些工况主要包括：

1）当轴承运转时可能承受除了正常负荷以外的冲击负荷的情况；

2）当轴承低速运行于持续负荷情况的时候；

3）轴承静止，且承受持续负荷或者冲击（短期）负荷的情况。例如车辆牵引电机等。

这些情况下，如果仅通过轴承基本额定寿命计算的时候，会发现其计算结果很长。但是另一方面，这些情况下轴承运行的时候往往润滑油膜的形成十分困难，运行表现及其寿命会出现问题。此时则需要考虑引入静态安全系数的校核。

轴承选型校核的时候，润滑可以根据润滑黏度比的情况，决定采用基本额定寿命计算校核还是静态安全系数校核，或者是两者均需要考虑，可参照表5-8。

表5-8　基本额定寿命校核与静态安全系数校核的选择

| 黏度比 $\kappa$ | 使用基本额定寿命校核 | | | 静态安全系数校核 |
|---|---|---|---|---|
| | $L_{10h}$ | $L_{10ah}$ | $L_{10aah}$ | |
| $\kappa \leqslant 0.1$ | 不合适 | 不合适 | 不合适 | 推荐 |
| $0.1 < \kappa \leqslant 0.5$ | 不合适 | 可以 | 推荐 | 推荐 |
| $0.5 < \kappa \leqslant 1$ | 推荐 | 推荐 | 推荐 | 可以 |
| $1 < \kappa$ | 推荐 | 推荐 | 推荐 | 可以 |

与轴承的寿命计算相似，轴承的静态安全系数校核也是一个当量负荷与额定负荷的对比。因此在进行轴承静态安全系数校核之前先要计算轴承的当量静负荷。可参照本书前面的介绍进行相应的计算。

轴承的静态安全系数可按式（5-20）计算：

$$S_0 = \frac{C_0}{P_0} \tag{5-20}$$

式中　$S_0$——静态安全系数；

　　　$C_0$——轴承额定静负荷（N）；

　　　$P_0$——轴承的当量静负荷（N）。

与轴承基本额定寿命计算的方法相似，轴承静态安全系数计算完之后与相应的参考值进行比较，从而校核选型是否得当。如果计算结果不能满足相应的参考值，则需要调整轴承或者润滑。

轴承静态安全系数的参考值见表5-9。

表 5-9　轴承静态安全系数参考值

| 轴承类型 | 轴承运行条件 | | | | |
|---|---|---|---|---|---|
| | 静态负荷,旋转 | 冲击负荷,旋转 | 低速承载,$\kappa < 0.1$ | 低速承载,$0.1 < \kappa \leqslant 0.5$ | 静止 |
| 球轴承 | 2 | 2 | 10 | 5 | 0.5 |
| 滚子轴承 | 3.5 | 3 | 10 | 5 | 1 |
| 满装圆柱滚子轴承 | — | 3 | 20 | 10 | 1 |

# 第七节　电机轴承最小负荷校核

## 一、轴承最小负荷的含义

滚动轴承的运转是靠滚动体在滚道之间的滚动实现的,而轴承实现滚动则需要有一定的负荷。如果轴承所承受的负荷小于形成滚动所需要的最小负荷,则轴承内部会出现滑动摩擦等不良状态,进而出现发热等问题,会严重影响轴承运行和寿命。这个最小的负荷就是轴承运行所需要的最小负荷。

在寿命计算的介绍中,我们知道,寿命计算是校核计算选择的轴承的负荷能力是否满足工况需求,也就是所选择轴承要达到寿命要求的时候,其负荷能力不得小于某个值,也就是在这个工况下的轴承负荷能力下限(轴承负荷能力不能再小了)。否则就是"轴承选小"了,不能达到寿命要求,也就是所选择轴承的负荷能力低于寿命要求的下限了。

相类似,轴承的最小负荷要求实际上是要求所选择的负荷在这个工况条件下可以形成滚动,也就是说这个轴承形成滚动所需要的最小负荷应该小于工况能提供的最小负荷。一般地,轴承负荷能力越强,其形成滚动所需要的最小负荷就越大,因此,此时是要求所选择轴承负荷能力不应该大于工况能给出的负荷条件。这是一个所选择轴承负荷能力的上限要求(轴承不能再大了)。一旦出现最小负荷不足,轴承内会出现滑动摩擦,发热,或者磨损。此时就是"轴承选大"了,不能形成纯滚动。也就是轴承的负荷能力以及所需的最小负荷大于实际工况负荷所能提供的上限了。

从上面的介绍我们知道了轴承最小负荷计算和轴承寿命计算界定了轴承选型的上下限,因此在进行校核的时候都需要有所顾忌。

## 二、轴承最小负荷计算方法

滚动轴承形成滚动所需要的最小负荷可以由下面的公式进行计算:

对于球轴承:

$$P = 0.01C \tag{5-21}$$

对于滚子轴承：

$$P = 0.02C \tag{5-22}$$

对于满滚子轴承：

$$P = 0.04C \tag{5-23}$$

式中　$P$——当量负荷（计算方法见轴承寿命计算部分）（N）；

　　　$C$——轴承额定动负荷（N）。

有些厂家也给出了更详细的轴承最小负荷计算方法：

对于深沟球轴承：

$$F_m = k_r \left( \frac{vn}{1000} \right)^{\frac{2}{3}} \left( \frac{d_m}{100} \right)^2 \tag{5-24}$$

式中　$F_m$——轴承的最小负荷（kN）

　　　$k_r$——最小负荷系数（轴承型录可查）；

　　　$v$——润滑在工作温度下的黏度（$mm^2/s$）；

　　　$n$——转速（r/mm）；

　　　$d_m$——轴承平均直径 $=0.5(d+D)$（mm）。

对于圆柱滚子轴承：

$$F_m = k_r \left( 6 + \frac{4n}{n_r} \right) \left( \frac{d_m}{100} \right)^2 \tag{5-25}$$

式中　$F_m$——轴承的最小负荷（kN）；

　　　$k_r$——最小负荷系数（轴承型录可查）；

　　　$n$——转速（r/min）；

　　　$n_r$——参考转速（轴承型录可查）（r/min）；

　　　$d_m$——轴承平均直径 $=0.5(d+D)$（mm）。

从上面轴承运行所需最小负荷的计算公式可以看出，轴承的最小负荷与如下因素有关：

1）轴承的额定动负荷；

2）轴承的类型；

3）轴承的转速；

4）轴承的大小；

5）润滑的黏度。

综合上面诸多因素可以看出，轴承的负荷能力越强，所需的最小负荷也越大；轴承的内外径越大，所需的最小负荷越大；轴承滚动体与滚道的接触越大，所需最小负荷越大。

因此，当对轴承进行选型校核计算的时候，如果发现最小负荷不足的情况，可以考虑进行如下调整：

1）在满足寿命要求的前提下，选择滚动体与滚道接触低一些的轴承，比如：用球轴承替代滚子轴承；用单列轴承替代双列轴承；用带保持架的轴承替代满装滚子轴承等；

2）在满足寿命要求的前提下，选择尺寸小一点的轴承，比如：用窄系列代替宽系列的轴承；相同内径下选择外径较小的轴承；在允许条件下减少内径等；

3）选择小工作游隙的轴承，或者对轴承施加预负荷以满足最小负荷要求；

4）选择合适的润滑，保证轴承滚动体和滚道可以被润滑剂良好地分隔开；

5）使用特殊热处理的轴承，比如表面氧化发黑的轴承，这种轴承具有更好的抗磨损性能；

6）使用高精度轴承，保证相关零部件的良好形状和位置精度；

7）尽量避免振动；

8）尽量避免最小负荷不足的负荷占比。

# 第八节　电机轴承选型的其他校核

电机轴承选型校核计算的时候最重要也是电机工程师最熟悉的部分是对电机轴承的负荷校核，因此本章前面 7 节的内容均与此有关。但是除了对电机轴承的承载进行校核以外，对电机转速性能、温度性能、润滑情况等诸多因素的考量也是十分重要的。在工程实践中，电机轴承提早失效的案例中，由非负载原因引起的电机轴承提前失效占有很大一部分比例。因此本节进行相应介绍。

与电机轴承的负荷校核计算不同，电机的其他选型因素的校核更多时候是一个与可承受阈值的比较。事实上，这些阈值背后也有相应的理论支撑和试验基础，只是对于电机工程师而言，直接使用阈值结果来进行比较更加直接。

## 一、电机轴承的转速校核

对电机轴承转速的校核实际上是判断所选择的轴承是否可以满足实际工况转速的要求。在本书电机轴承转速部分已经介绍了电机轴承转速的概念，以及不同转速极限的定义。工程师在选择电机轴承的时候可以从各个厂家的轴承综合型录中查找转速限制，从而进行比较。

如前所述，电机轴承转速额定（阈值）分为机械极限转速和热参考转速。电机设计者期望的电机轴承转速不应高于电机轴承的机械极限转速，否则电机轴承可能出现强度不足而引发的结构崩溃。

如果电机设计者期望的电机轴承转速高于电机轴承的热参考转速，那么在条件允许的情况下，改善轴承散热，降低轴承温度，仍然有可能满足设计需求。但是，由于各种电机的结构、散热系统、润滑系统的差异，改善轴承散热带来的轴承温度下降以及相应的转速很难进行通用的计算。工程上可以使用一些计算机辅助工具进行高级计算，或者通过实验进行测定。

## 二、电机轴承的温度校核

与转速校核一样，电机轴承的温度校核是对轴承工作温度与轴承可耐受的温度之间进行比较校核的过程。在本书电机轴承温度部分列举了电机轴承各个零部件可耐受温度的极限。对于轴承而言，电机轴承可耐受的温度极限主要针对轴承本体、保持架（不同材质）、密封件以及润滑。

对于电机轴承本体耐受温度的阈值可以通过选择经过不同热处理工艺的轴承予以满足。

对于保持架耐受温度可以在不同温度条件下选择不同耐受温度材质的保持架。对于尼龙保持架而言，超越温度阈值的时间对材质性能（寿命）的影响可以从保持架温度老化曲线中查得。

## 三、电机轴承的润滑校核

电机轴承的润滑校核实际上是校核给定工况下电机轴承所选择的润滑能否满足润滑条件。对电机轴承润滑的校核实际上就是考察电机在给定工况下的 $\kappa$ 值是否满足 1~4 的区间要求。如果不满足则需要重新选择。

关于电机轴承润滑的校核计算在本书润滑部分有详细阐述，此处不再赘述。

# 第六章 滚动轴承的装配和拆卸工艺

电机组装中，轴承装配是一个极其重要的环节。不规范的装配将会给整机的质量造成很大的影响，其中影响最明显的是振动和异常噪声，另外是轴承发热直至过早损坏。所以应给予高度重视。

拆卸轴承则是电机维修过程中的一个重要环节。不规范的拆卸过程或使用不合适的拆卸工具，轻则损坏本来还可使用的轴承，重则会给整个机械造成损伤，甚至影响新轴承的装配。因此也应给予高度重视。

## 第一节 滚动轴承的装配工艺

### 一、装配前的准备工作

电机轴承在安装之前需要出库，存放在安装轴承工位附近，以方便使用。一般地，在轴承安装之前，不建议大量地拆开轴承包装并将其暴露在车间里，以避免不必要的污染。出于工作效率的考虑，有的操作人员希望先把所有轴承包装打开之后随手取用，此时对于没有取用的轴承最好使用一些防护措施，比如对于小型轴承，置于干净的塑料整理箱里，或者用干净的塑料布进行覆盖防护。总之，要尽量减少轴承在非操作时间内的暴露时间。

#### （一）装配前的检查

轴承在装配之前，首先要核对规格牌号（刻在轴承外圈端面或防尘盖上），应与要求的完全相符，再检查其生产日期，计算已存放的时间，该时间应在规定的期限之内（例如两年），超过规定期限的不应使用或经过必要的处理后方可使用。然后逐个进行外观检查，不应有破损、锈蚀等现象；对内、外圈组合为一体的轴承（例如深沟球轴承，俗称"死套轴承"），还应检查其运转的灵活性，如图6-1a所示。有必要时还应进行径向游隙大小的检查。在组装现场，可用手感法简单地检查轴承游隙是否合适。手握轴承前后晃动，不应有较大的撞击声，如图 6-1b 所示；或用两手如图 6-1c 所示托起轴承，上、下、左、右晃动，不应有明显的撞击声。

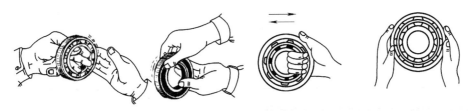

a) 拨动外圈检查转动灵活性　　b) 前后晃动检查游隙大小　c) 双手托起晃动检查游隙大小

图 6-1　装配滚动轴承前的检查

### （二）轴承的清洗

开式轴承在出厂时，为了防锈，会在轴承表面涂一层防锈油。通常轴承防锈油可以和大多数润滑剂兼容，此种情况下不建议对轴承进行清洗。但是在使用某些特殊润滑剂的时候，如果发现润滑剂和轴承防锈油不兼容，那么就需要进行清洗。

在对使用过的轴承全部更换新润滑脂时，需将残留的润滑脂清洗干净。

不论何种情况，轴承的清洗必须保证其清洁度。

1. 清洗用溶剂

清洗滚动轴承的材料有汽油和煤油为主的石油系溶剂（较常用）、碱性水系溶剂以及氯化碳为主的有机溶剂。市场上有销售的清洗剂成品，例如 TS－127 型。

（1）对汽油和煤油的要求　对清洗轴承所用的汽油和煤油的要求见表6-1。其中的质量指标需要通过目测或相关标准规定的试验方法进行鉴定。

表 6-1　对清洗轴承所用的汽油和煤油的要求

| 序号 | 项目 | 质量指标 | |
|---|---|---|---|
| | | 汽油 | 煤油 |
| 1 | 外观 | 无色透明 | 无色透明 |
| 2 | 气味 | 无刺激臭味 | 无刺激臭味 |
| 3 | 馏程 | 略[①] | — |
| 4 | 闪点（闭口） | — | ≥60℃ |
| 5 | 腐蚀（铜片50℃，3h） | 合格 | 合格 |
| 6 | 含硫量 | ≤0.05% | ≤0.05% |
| 7 | 水溶性酸或碱 | 无 | 无 |
| 8 | 机械杂质 | 无 | 无 |
| 9 | 水分 | 无 | 无 |
| 10 | 清洗性能 | 不低于 120 号汽油 | — |
| 11 | 酸度 | ≤1mgKOH/100mL | ≤0.1mgKOH/100mL |
| 12 | 胶质 | ≤2mgKOH/100mL | |

① 请读者参照 TS－127 型轴承清洗机的使用说明书。

（2）碱性清洗液的配方　碱性清洗液的配方见表6-2。

表6-2　碱性清洗液的配方

| 成分名称 | 配方（任选一种）（%） | | | |
|---|---|---|---|---|
| | 1 | 2 | 3 | 4 |
| 氢氧化钠（NaOH） | 3~4 | — | 2 | 1 |
| 无水碳酸钠（Na₂CO₃） | 5~10 | 10 | 5 | 2 |
| 磷酸钠（Na₃PO₄） | — | 5 | — | 3 |
| 硅酸钠（Na₂SiO₃） | — | 0.2~0.3 | 10 | 0.2~0.3 |
| 水 | 余量 | | | |

2. 清洗工艺

对于大量使用的轴承，一般利用专用的清洗机（见图6-2给出的示例）进行清洗，其工艺过程应根据所用清洗剂、清洗设备和要清洗的轴承规格进行编制和实施。

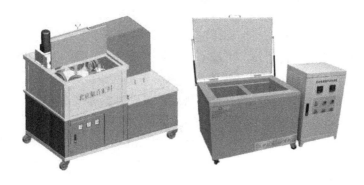

图6-2　专用轴承清洗机外形示例

少量的轴承，特别是对使用过的轴承，则一般选择人工清洗的办法，其步骤如图6-3所示。其中清洗轴承的清洗溶剂，有溶剂汽油（常用的有120号、160号和200号）、三氯乙烯专用清洗剂（工业用，加入0.1%~0.2%稳定剂，如二乙胺、三乙胺、吡啶、四氢呋喃等）等。整个过程中应注意做好防火和防毒工作，为了防止溶剂对皮肤的损伤，应带胶皮或塑料手套操作。

## 二、装配工艺

轴承装配分热装法和冷装法。

### （一）热装法工艺

通过对轴承加热，使其内圈内径膨胀变大后，套到转轴的轴承档处，应注意将刻有规格牌号的一端放在外边（下同），以便于查对。冷却后内圈缩小，从而与轴

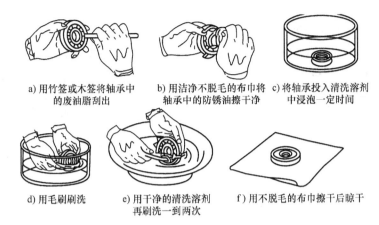

a) 用竹签或木签将轴承中　　b) 用洁净不脱毛的布巾将　　c) 将轴承投入清洗溶剂
的废油脂刮出　　　　　　轴承中的防锈油擦干净　　中浸泡一定时间

d) 用毛刷刷洗　　　　　e) 用干净的清洗溶剂　　　f) 用不脱毛的布巾擦干后晾干
　　　　　　　　　　　再刷洗一到两次

图 6-3　清洗滚动轴承的过程

形成紧密的配合。轴承加热温度应控制在 80~100℃（带油脂的封闭轴承加热温度不超过 80℃），加热时间视轴承的大小而定，常用的加热方法有如下 4 种。

1. 油煮法

将轴承放在变压器油中的网架上，如图6-4所示。加热变压器油，到预定时间后捞出，用干净不脱毛的布巾将其油迹和附着物擦干净后，尽快套到轴上。在此过程中应避免轴承直接接触加热容器，并且需要严格观察加热油温度。

2. 工频涡流加热法

工频涡流加热法需要使用交流工频电源涡流加热器（简称工频涡流加热器），可方便地对轴承等部件的金属内圈进行加热，使其膨胀后进行安装。图 6-5 给出了部分加热器的外形示例。

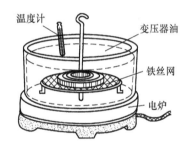

图 6-4　用油煮法加热滚动轴承

表 6-3 和表 6-4 分别是 ZJ 系列和 STDC 系列工频加热器的技术参数，供参考选用。

将轴承套在工频加热器的动铁心上后，接通加热器的工频交流电源。轴承会因电磁感应而在内、外圈中产生涡流（电流），从而产生热量使其膨胀。

使用时，应根据被加热部件的大小和相关要求，控制加热时间和温度。

使用工频加热器对轴承进行加热，加热可靠，无污染，加热速度快。但由于该类型加热器的加热原理是磁场感应加热，因此当加热完毕之后必须对轴承进行去磁，否则轴承会因其残留磁性而吸引周边杂质，这会极大地影响轴承的运行。为此，工作场地的清洁问题尤为重要。

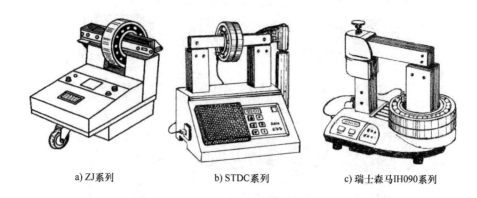

a) ZJ系列　　　　　b) STDC系列　　　　　c) 瑞士森马IH090系列

图6-5　用工频加热器加热轴承

表6-3　ZJ 系列轴承加热器技术参数

| 型号 | 额定功率/kVA | 可加热的轴承尺寸/mm | | |
|---|---|---|---|---|
| | | 内径 | 最大外径 | 最大宽度 |
| ZJ20X – 1 | 1.5 | 30 ~ 85 | 280 | 100 |
| ZJ20X – 2 | 3 | 90 ~ 160 | 350 | 150 |
| ZJ20X – 3 | 4 | 105 ~ 250 | 400 | 180 |
| ZJ20X – 4 | 5.5 | 110 ~ 360 | 450 | 200 |
| ZJ20X – 5 | 7.5 | 115 ~ 400 | 500 | 220 |

表6-4　STDC 系列轴承加热器技术参数

| 型号 | 额定功率/kVA | 电源电压/V | 可加热的轴承尺寸/mm | | | 外形尺寸长×宽×高/mm | 其他功能和参数 |
|---|---|---|---|---|---|---|---|
| | | | 内径 | 最大外径 | 最大宽度 | | |
| STDC – 1 | 1 | 220 | 15 ~ 100 | 150 | 60 | 32 × 22.5 × 27.5 | |
| STDC – 2 | 3.6 | 220 | 30 ~ 160 | 340/480 | 150 | 34 × 29 × 31 | （1）最高温度为300℃，有温度显示； |
| STDC – 3 | 3.6 | 220 | 30 ~ 160 | 340/480 | 150 | 34 × 29 × 38 | （2）有磁性探头； |
| STDC – 4 | 8 | 380 | 50 ~ 250 | 470/720 | 200 | 63 × 36.5 × 47 | （3）具有手动和自动时间与温度控制，时间范围为0 ~ 99min，有声音提示； |
| STDC – 5 | 12 | 380 | 70 ~ 400 | 700/1020 | 265 | 95 × 64 × 100 | |
| STDC – 6 | 24 | 380 | 70 ~ 600 | 700/1020 | 265 | 95 × 64 × 100 | |
| STDC – 7 | 12 | 380 | 75 ~ 400 | 920 | 350 | 120 × 64 × 100 | （4）具有保温功能； |
| STDC – 8 | 24 | 380 | 85 ~ 600 | 900 | 400 | 100 × 50 × 135 | （5）自动消磁 |
| STDC – 9 | 40 | 380 | 85 ~ 800 | 1400 | 420 | 150 × 60 × 147 | |

### 3. 烘箱加热法

将轴承放入专用的烘箱内加热，如图 6-6 所示。烘箱易于获得，操作简便。但其加热温度难以控制，往往会造成轴承温度过高的现象，尤其容易使轴承表面的防锈油碳化。碳化的防锈油会在轴承滚动体和滚道之间变成污染物，对轴承的运行带来潜在威胁。这些问题需要在操作中加以注意。

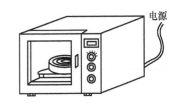

图 6-6　用烘箱加热轴承

加热到适当时间后，尽快将其套在轴上轴承档的预定位置。操作时要戴干净的手套，防止烫伤或脱手后砸脚，如图 6-7 所示。

### 4. "电磁炉"式加热器加热法

将轴承放在一种原理与家用电磁炉相同的专用轴承加热器（或称轴承加热盘）上进行加热，如图 6-8 所示。其注意事项与用工频加热器时相同。

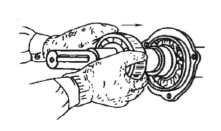

图 6-7　加热后套装

图 6-8　用"电磁炉"式加热器加热轴承

### （二）冷装法工艺

所用轴承保持常温状态，用在轴承内圈端面施加压力的方法将其套到轴的轴承档部位的工艺称为冷装配工艺。装配前，在轴的轴承档部位加少量润滑油，会对顺利装配有所帮助，如图 6-9 所示。

使用油压机进行装配时，应设置位置传感器或开关、过压力传感器等装置，以确保压装到位，并且到位后压力就会撤销，以防止再施加更大的压力将轴承或轴损伤。

图 6-9　在轴承档加少量润滑油

图 6-10a 所示为使用立式油压机进行操作，轴承上面放置的是一个专用的金属套筒，抵在轴承内圈上；图 6-10b 为立式油压机。对于较小功率的电机，也可使用

人工手动压力机代替立式油压机进行装配，图 6-10c 为手动压力机外形示例。图 6-10d 为使用专用卧式油压机进行操作，其中安装轴承的部件为电机的转子，一次操作同时将两端轴承安装到位。

用榔头击打专用套筒顶部将轴承推到预定位置，敲击时应注意力的方向，要始终保持与电机轴线重合，如图 6-11a 所示。图 6-11b 是用专用套筒安装调心轴承的情况。

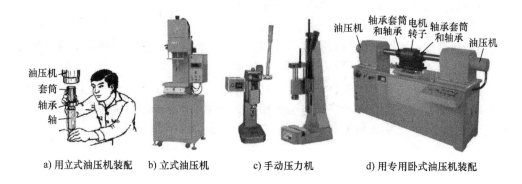

a) 用立式油压机装配        b) 立式油压机        c) 手动压力机        d) 用专用卧式油压机装配

图 6-10    用油压机装配

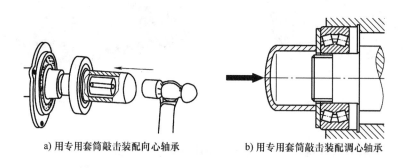

a) 用专用套筒敲击装配向心轴承            b) 用专用套筒敲击装配调心轴承

图 6-11    用专用套筒装配

在无上述条件时，可用铜棒抵在轴承内圈上。用榔头击打，要在圆周方向以180°的角度，一上一下、一左一右地循环着敲打，用力不要过猛，如图 6-12 所示。

**（三）圆锥内孔轴承的安装工艺**

圆锥内孔轴承可以直接装在有相同锥度的轴颈上。

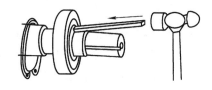

图 6-12    用铜棒敲击装配

若安装在圆柱轴承上，则需要通过一个内为圆柱孔外为圆锥面的紧定套，并通过锁紧螺母和防松动垫圈将轴承锁定，上述部件如图6-13所示。

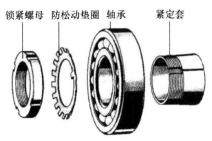

图 6-13　将圆锥内孔轴承安装于圆柱轴上所用的部件

其配合的松紧程度可用轴承径向游隙减小量来衡量，因此，安装前应测量轴承径向游隙，安装过程中应经常测量游隙以达到所需要的游隙减小量为止，安装时一般采用锁紧螺母，也可采用加热安装的方法。

单列圆锥滚子轴承安装最后应进行游隙的调整。游隙值应根据不同的使用工况和配合的过盈量大小而具体确定。必要时，应进行试验确定。双列圆锥滚子轴承和水泵轴连轴承在出厂时已调整好游隙，安装时不必再调整。

将圆锥内孔轴承安装于圆柱轴上的步骤如下：

1）一个紧靠轴肩安装的紧定套需要一个间隔套，其设计要使紧定套能在其内凹空间活动，以使轴承与间隔套有良好的接触。若使用无轴肩的平直轴，紧定套要安置在事先确定的位置（包括设计位置和拆卸前记录的位置），或测量以配合轴承在轴承室中的位置。

2）用清洁不脱毛的布将待用的轴承和紧定套内外擦拭干净。之后在配合面上薄薄涂一层矿物油。如图6-14a和图6-14b所示。

3）将轴擦拭干净后，在其配合面上点少许矿物油，套上紧定套。用工具（例如一字口螺钉旋具）将紧定套的开口微微撬开，则可使紧定套在轴上沿轴向移动，如图6-14c所示。

4）将轴承套在紧定套上后，放好防松动垫圈，再用锁紧螺母将轴承锁定，如图6-14d和图6-14e所示。

5）用手转动轴承外圈，应转动灵活，如图6-14f所示。

**（四）推力轴承的安装工艺**

安装推力轴承时，应检验轴圈和轴中心线的垂直度。方法是将千分表固定于箱壳端面，使表的测头顶在轴承轴圈滚道上边，转动轴承，观察千分表指针，若指针偏摆，说明轴圈和轴中心线不垂直。

推力轴承安装正确时，其座圈能自动适应滚动体的滚动，确保滚动体位于上下圈滚道。如果装反了，不仅会导致轴承工作不正常，且各配合面会遭到严重磨损。由于轴圈与座圈的区别不很明显，装配中应格外小心，切勿搞错。此外，推力轴承的座圈与轴承座孔之间还应留有 0.2~0.5mm 的间隙，用以补偿零件加工、安装不精确造成的误差，当运转中轴承套圈中心偏移时，此间隙可确保其自动调整，避免碰触摩擦，使其正常运转。否则，将引起轴承剧烈损伤。

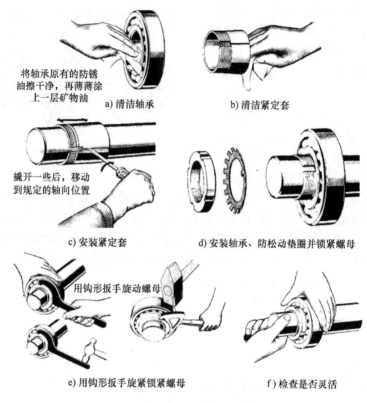

将轴承原有的防锈
油擦干净，再薄薄涂
上一层矿物油
a) 清洁轴承　　　　　　b) 清洁紧定套

撬开一些后，移动
到规定的轴向位置
c) 安装紧定套　　　　　d) 安装轴承、防松动垫圈并锁紧螺母

用钩形扳手旋动螺母
e) 用钩形扳手旋紧锁紧螺母　　　　f) 检查是否灵活

图 6-14　将圆锥内孔轴承安装于圆柱轴上的步骤

### （五）分体式轴承（圆柱滚子轴承等）的装配

电机里常用的分体式轴承就是圆柱滚子轴承。其中最常用的是 N 及 NU 系列。分体式轴承其内圈、外圈及滚动体组件是可以分离的，通常装配时也是分别安装。

以 NU 系列圆柱滚子轴承为例。此轴承是由一套轴承内圈组件和一套轴承外圈组件组成（滚动体、保持架和外圈的组合）。在装配时，先将轴承内圈安装到轴上（可以使用热安装或者冷安装）。通常会把外圈组件先置于轴承室内，然后将连带轴承外圈组件的端盖与电机进行组装。

在端盖的组装过程中，轴承外圈组件上的滚动体通常会压在轴承内圈之上。通常此时会有如图 6-15 所示的接触状态。

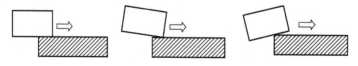

图 6-15　滚子轴承安装时与滚道的接触状态

此时，滚动体和滚道之间承载着端盖的重量。安装时，操作人员为了提高工作

速度，向前推动端盖，会使滚动体在内圈上产生滑动，并在滚道或者滚动体上留下划痕，这些划痕会导致电机运转时轴承产生噪声（参照后文轴承噪声部分的相关案例），或者在滚道表面造成疲劳失效。图 6-16 所示就是圆柱滚子轴承滚道安装时划伤的照片。

图 6-16　圆柱滚子轴承滚道安装时的滚道划伤图

　　为避免圆柱滚子轴承安装时对滚道表面造成划伤的情况，可以制作一个圆柱滚子轴承安装导入套。这个导入套是一个内径与轴承内径相同（松配合）、外径呈一定锥度的导入装置，导入套锥度高处和轴承内圈滚道齐平，如图 6-17 所示。

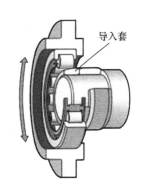

导入套

### 三、装配后的初步检查

　　电机轴承装配完成之后，不应该直接投入运行或者直接进行出厂试验。因为如果这样操作，轴承就直接被投入到正常的负载和转速下。一旦安装过程中轴承有什么不妥，在正常负载

图 6-17　使用导入套安装
圆柱滚子轴承

和转速下很容易对轴承造成不可逆损伤。因此安装完毕之后，应该先做一些初步检查。

　　对于中小型电机，轴承安装完毕之后，操作人员应该用手盘动电机轴，使轴承慢慢转动。这种转动在初期可以帮助轴承内部油脂的匀脂，同时可以观察轴承运转是否顺畅，是否有异常的振动和声音。如果有异常发生，应及时寻找原因，并进行修正。此时轴承仅仅初步旋转，多半并未造成损坏，及时纠正问题，尚可使用。

　　对于中大型电机，可以通电使其起动后，运转很短的时间就断电，让转子自由滑动，以此来观察轴承运转情况。无异常时，便可投入出厂试验运行。

　　由于中大型电机其主轴伸端经常使用圆柱滚子轴承，轴和轴承室的偏心会对轴承运行造成很不利的影响。可以使用如下方法进行测量。

　　在轴承内圈上安装一个千分表，然后将轴承旋转 180°，测量此过程中的最大径向尺寸偏离值 $d_x$（轴向圆跳动），如图 6-18 所示。然后用下式计算偏心值（不对中角度）：

$$\beta = \frac{3438 d_\mathrm{x}}{D_0}$$

式中　$\beta$——不对中角度（′）；

　　　$d_\mathrm{x}$——最大轴向尺寸偏离值（$\mu$m）；

　　　$D_0$——轴承外径（mm）。

一般地，圆柱滚子轴承能容忍的最大偏心角度为 $2' \sim 4'$。因此测量结果大于此值时，需要进行纠正，以避免影响圆柱滚子轴承寿命。

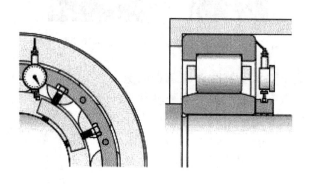

图6-18　用千分表测量径向圆跳动

## 第二节　滚动轴承的密封

为了使轴承保持良好的润滑条件和正常的工作环境，充分发挥轴承的工作性能，延长使用寿命，滚动轴承必须具有适宜的密封，以防止润滑剂的泄漏，以及灰尘、水汽或其他污物的侵入。

轴承的密封可分为自带密封和外加密封两类，可只有其中一类，但一般同时具有两类。

### 一、自带密封

所谓轴承自带密封就是把轴承本身制造成具有密封性能的装置，如轴承带防尘盖、密封圈等。这种密封占用空间很小，安装拆卸方便，造价也比较低。自带密封装置分一面或两面接触或非接触骨架式橡胶密封圈、一面或两面防尘盖、一面为骨架式橡胶密封圈另一面为防尘盖等多种类型，利用在轴承规格型号后置代号的形式给出，这些内容已在前面的章节中进行了详细的介绍。

### 二、外加密封

所谓轴承外加密封，就是在安装端盖等内部制成具有各种性能的密封装置。

**（一）对轴承外加密封选择应考虑的主要因素**

1）轴承润滑剂和种类（润滑脂和润滑油）；

2）轴承的工作环境，占用空间的大小；

3）轴的支承结构特点，允许角度偏差；

4）密封表面的圆周速度；

5）轴承的工作温度；

6）制造成本。

**（二）外加密封的分类**

外加密封又分为非接触式与接触式两种。

1. 非接触式密封

非接触式密封就是密封件与其相对运动的零件不接触，且有适当间隙的密封。这种形式的密封，在工作中几乎不产生摩擦热，没有磨损，特别适用于高速和高温场合。常用的非接触式密封有间隙式、迷宫式和垫圈式等各种不同的结构形式，分别应用于不同场合。非接触式密封的间隙以尽可能小为佳。

图 6-19 是最常用的沟槽式、迷宫式和较大容量小型设备使用的"挡油盘"（又称为"甩油盘"）式装配剖面图。

沟槽式在小型机械中应用最广泛，如图 6-19a 所示。运行时，沟槽将充满润滑脂，从而起到防止灰尘及水分进入到轴承中，同时轴承中多余的润滑脂可通过它排出的作用。一般情况下，沟槽的宽度为 3～5mm，深度为 4～5mm。

迷宫式的结构相对复杂，分为径向和轴向两种，图 6-19b 给出的是轴向式。这种结构的密封效果强于沟槽式。图 6-19b 中间隙 $a$ 和 $b$ 的大小根据轴径 $D$ 的大小来确定，$D < 50$mm 时，$a = 0.25～0.4$mm，$b = 1～2$mm；$D \geqslant 50～200$mm 时，$a = 0.5～1.5$mm，$b = 2～5$mm。

图 6-19c 给出的是"挡油盘"式装配剖面图。"挡油盘"安装在轴承室内的转轴上，随转轴转动。它的作用一方面是只能让轴承中的多余或"失效"的润滑脂从其边缘缝隙中流（甩）出；另一方面是防止外来灰尘及甩出废油脂回到轴承中。

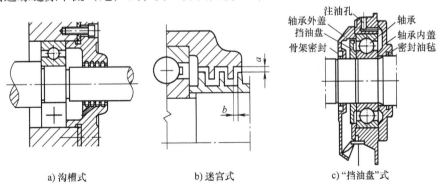

a) 沟槽式　　　　　　b) 迷宫式　　　　　　c) "挡油盘"式

图 6-19　非接触式密封典型结构剖面图

**2. 接触式密封**

接触式密封就是与其相对运动的零件相接触且没有间隙的密封。这种密封由于密封件与配合件直接接触，在工作中摩擦较大，发热量亦大，易造成润滑不良，接触面易磨损，从而导致密封效果与性能下降。因此，它只适用于中、低速的工作条件。接触式密封常用的有毛毡密封式、骨架皮碗密封式等结构形式，其典型结构剖面图如图 6-20 所示。图 6-21 给出了一些轴密封圈示例。

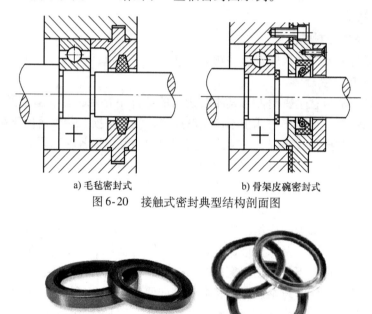

a) 毛毡密封式　　　　　　　　b) 骨架皮碗密封式

图 6-20　接触式密封典型结构剖面图

图 6-21　轴密封圈示例

# 第三节　滚动轴承的拆卸工艺

在一些情况下，需要对轴承进行拆卸。一般而言轴承的拆卸以减少对轴、轴承以及轴承室的伤害为重要原则。拆卸过程中对轴承造成伤害的风险很大，因此多数厂家都建议重新使用已经拆卸过的轴承。但是对于失效分析而言，减少对轴承的拆卸，可以大大减少失效分析中的干扰因素，有利于查找造成问题的原因。

## 一、拆卸工具

### （一）拉拔器

拆卸滚动轴承用的拉拔器有手动和液压两大类，另外还可分为两爪、三爪、可换（调）拉爪、一体液压和分体液压等多种，如图 6-22 所示。

安装拉拔器时，在轴伸中心孔内应事先涂一些润滑脂，可减少对该孔的磨损。若拆下的轴承还需要使用，则钩子应钩在轴承内环上，这样操作可减少对轴承的损坏程度，配合图 6-22e 所示的专用轴承卡盘可保证这一点。使用中，拉拔器要稳住，其轴线与轴承的轴线要重合，旋紧螺杆时用力要均匀。当使用很大的力还不能拉动时，则不要再强行用力，以免造成拉拔器螺杆异扣、断爪等损坏。

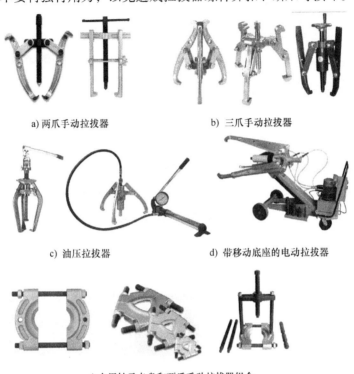

a) 两爪手动拉拔器　　　　　b) 三爪手动拉拔器

c) 油压拉拔器　　　　　d) 带移动底座的电动拉拔器

e) 专用轴承卡盘和两爪手动拉拔器组合

图 6-22　拉拔器

## （二）喷灯

1. 喷灯的种类

喷灯用于加热轴承内圈，使轴承内圈受热膨胀后，便于轴承从轴上拆下。一般在使用拉拔器拆卸比较困难时使用。按使用的燃料来分，有煤油喷灯、汽油喷灯和液化气喷灯三种，如图 6-23 所示。用此方法拆卸的轴承通常不建议再次使用，同时，喷灯容易造成轴的损坏。

2. 喷灯的使用方法

对燃油喷灯，使用时，加入的燃油应不超过筒容积的 3/4 为宜（不可使用煤油和汽油混合的燃油），即保留一部分空间存储压缩空气，以维持必要的空气压力。点火前应事先在其预热燃烧盘（杯）中倒入少许汽油，用火柴点燃，预热火焰喷头。待火焰喷头烧热、预热燃烧盘（杯）中的汽油烧完之前，打气 3～5 次，将放油阀旋松，使阀杆开启，喷出雾状燃油，喷灯即点燃喷火。之后继续打气，至火焰由黄变蓝

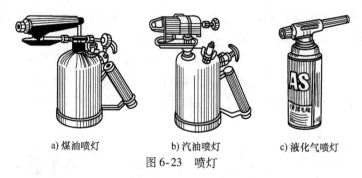

a) 煤油喷灯　　　　b) 汽油喷灯　　　　c) 液化气喷灯

图 6-23　喷灯

即可使用。应注意气压不可过高，打完气后，应将打气手柄卡牢在泵盖上。

应注意控制火焰的大小，使用环境中应无易燃易爆物品（含固体、气体和粉尘），防止燃料外漏引起火灾，按要求控制加热部位和温度。

使用过程中，还应注意检查筒中的燃油存量，应不少于筒容积的1/4。燃油存量过少将有可能使喷灯过热而出现意外事故。

如需熄灭喷灯，则应先关闭放油调节阀，待火焰完全熄灭后，再慢慢地松开加油口螺栓，放出筒体中的压缩空气。旋松调节开关，完全冷却后再旋松孔盖。

## 二、拆卸工艺

拆卸轴承（大部分是已经损坏不可再用的，少部分是还可以使用的）是电机维护保养中较常做的一项工作。根据所具有的设备条件，具体操作工艺如下。

### （一）用拉拔器拆卸

用拉拔器拆卸轴承的操作如图 6-24 所示。对还可继续使用的轴承，应注意将

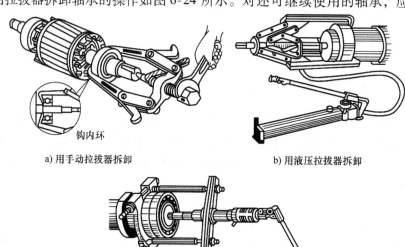

钩内环

a) 用手动拉拔器拆卸　　　　　　b) 用液压拉拔器拆卸

c) 用液压拉拔器加轴承专用卡盘拆卸

图 6-24　用拉拔器拆卸滚动轴承

拉拔器的钩爪钩在轴承内圈端面上，如图6-24a所示。当工作间隙较小，钩爪不能深入时，则可选择如图6-24c所示的合适尺寸的专用卡盘进行拆卸。

**（二）用铜棒敲击拆卸**

用铜棒抵在轴承内圈处，用锤子击打铜棒。抵在轴承内圈上的点应在其圆周上布置4个以上，如图6-25所示。

**（三）夹板架起敲击拆卸**

将转子放入一个深度合适的桶中或支架下，将要拆下的轴承用两块结实的木板夹住并托起。为避免转子突然掉下时墩伤下端轴头，应在下面放一块木板或厚纸板、胶皮等。用木板垫在上端轴端，用锤子击打至轴承拆下。在轴承已松动后，应用手扶住转子，防止偏倒造成碰伤，如图6-26所示。

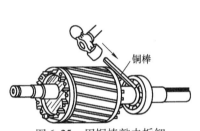

图6-25　用铜棒敲击拆卸

图6-26　用夹板架起敲击拆卸

**（四）加热膨胀后拆卸**

当轴承已损坏，用上述方法又难以拆下时，可先打掉轴承滚子支架，去掉外圈，再用气焊或喷灯加热轴承内圈外圆，加热到一定程度后，借助轴承内盖则可轻松地将其拆下，如图6-27所示。

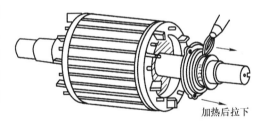

加热后拉下

图6-27　加热膨胀后拆卸

**（五）外圈的拆卸**

拆卸过盈配合的外圈，事先在外壳的圆周上设置几处外圈挤压螺杆用螺钉，一边均等地拧紧螺杆，一边拆卸。这些螺杆孔平常盖上盲塞，圆锥滚子轴承等的分离型轴承，在外壳挡肩上设置几处切口，使用垫块，用压力机拆卸，或轻轻敲打着拆卸。

**（六）锥孔轴承的拆卸**

拆卸小型的带紧定套的轴承，用紧固在轴上的挡块支撑内圈，将螺母转回几次后，使用垫块用榔头敲打拆卸。

大型轴承，利用油压拆卸法更加容易，在锥孔轴上的油孔中加压送油，使内圈膨胀，拆卸轴承。操作中，有轴承突然脱出的可能，最好将螺母作为挡块使用。

# 第七章 电机运行中的轴承噪声与振动分析

## 第一节 电机噪声相关知识

### 一、噪声概述

在电机运转过程中，常见的机械故障主要表现之一是电机轴承产生的噪声和振动。而电机轴承产生的噪声不仅仅是一个听感不良的体现，更多情况下是反映了电机内部潜在的某些故障，因此这个问题也成为所有电机生产技术人员和电机使用人员十分关心的问题。

电机轴承的噪声是一个十分复杂的问题。首先，电机轴承噪声受很多外界因素的影响，其测量的标准方法需要很多特定的试验条件，因此在实际生产实践中难以准确实现。同时，即便完成了电机噪声的测试，其总体噪声又掺杂着电磁噪声、风扇噪声等诸多因素，非常难于从中分离出专门的轴承噪声。这样一来，电机轴承噪声测量本身的难度就比较大了。实际上，很多时候，现场是能靠人的听觉来粗略地评价和判定。而对轴承噪声的测量除了基本的声音大小以外，更具体的判断需要很多的专业知识。所有的这些都为电机轴承噪声的判断增加了难度。

进而，除了对电机轴承噪声的测量和判断都比较困难以外，对电机轴承的噪声进行专业的分析并且得到一些根本原因分析和改进措施，对于电机设计人员而言就是更加困难的事情了。

目前，国际上和国内的轴承和电机的应用技术发展已经相对成熟，在很大程度上可以对电机轴承的噪声问题做出清楚的解释。本章就此问题进行一定程度的介绍，其背后涉及声学、振动学、轴承理论等诸多方面的知识。为使电机设计人员从应用领域掌握电机轴承噪声问题及其基本解决方法，本章就这些知识仅做应用性介绍，如需深入了解相应的理论知识，可以寻找相应的专业书籍进行深入学习。

### 二、噪声与振动的定义及其关系

噪声和振动经常在实际工作中并行提出来，但是两者之间既有联系，又有区别。振动，是一个状态改变的过程，即物体的往复运动。当物体的振动产生声波，而声波通过介质（固体、空气或者流体等）并能被人或动物的听觉器官感知时，就是我们所说的声音。从这个定义可以看出，振动是一个起因，而声音是被感知器官感受到的一个结果。

并不是所有的振动都能被人的耳朵听到。量度声音有几个重要的指标，诸如响度、声强、波长和频率等。超出人耳听力频率范围的声音，不论响度多大，人都不能够听到（或者说感觉得到）。日常可见的例子就是超声波，不论该音量多大，人都无法听到。人耳能听到的声音范围叫作可听频域，在这个范围内，响度弱到一定程度时，人也是听不到的。这个人能听到的最低响度，就是我们说的"听阈"。而当响度达到使人耳疼痛的程度时，此时的声音强度成为"痛阈"。通常我们听到的声音，就处在这个可听频率下的"听阈"和"痛阈"之间。

仅仅有可听频域的声音，但没有媒介传播它使其进入人的听觉器官，人们依然听不到。日常传播声音的媒介是固体和空气。

通过空气传播的声音，就是我们所说的空气声（Airborne Noise）。通过固体传播的声音，就是所谓的结构声（Structure‑borne Noise）。

# 第二节　电机轴承噪声

在电机中，噪声和振动的关系与前面的概念无异。所有我们听到的电机噪声（包括轴承噪声）都是由振动源（或称为激励）通过媒介（例如空气）传播出来，被我们人耳听到的。其实，一台运转的电机中，也有些振动由于超出了可听频域，并不能被我们听到。

## 一、电机噪声的基本来源

电机的噪声通常分为机械噪声和电磁噪声。

可听电磁噪声是由于某些电磁振动所产生的声音经由媒介传播出来，被我们听到。比如线圈在电磁场中的微观振动，铁心叠片在电磁场中的微观振动等。

机械噪声包括内外风扇旋转、轴承旋转等机械运动的激励源引发的可听噪声。

## 二、电机轴承噪声及其传播

电机中的轴承噪声，是指由于轴承运动而使轴承或相关部件发生振动而激励出的噪声。在这个噪声中，轴承作为激励源，是噪声的起源。轴承噪声通过空气振动而被人耳听到。

但是，轴承这个激励源是和轴以及轴承室紧密联系的。轴承引起的振动，首先是振动空气，发出直接的空气声。还有另一个十分重要的方式是，轴承将振动传播给轴以及轴承室（机座），轴和机座就变成了这个振动的放大器，从而激励周边空气产生另一部分很主要的空气声。

由此，通常电机运转时，我们听到的声音（此处指轴承噪声）其实是轴承自身发出来的，以及轴承自身振动经过机座和轴放大之后发出来的空气声。

### 三、电机轴承的噪声简述

电机轴承的噪声，就是指以轴承为激励源产生的噪声。前面说明了电机轴承噪声的传播。下面就轴承本身作为激励源的运行状态做一些探讨，将大致讲述轴承正常运行状态下，轴承内部的运动情况，以便于理解后续讨论。

关于轴承作为激励源产生的噪声有如下几种情况：

1）世界上不存在完全安静的滚动轴承。即使是一个质量非常优秀的轴承，运行在非常合适的工况下，由于其自身的运动，也会产生一些振动，从而出现噪声。这种振动和噪声是无法避免的。

2）任何机械加工都会存在误差，即便是质量最优秀的轴承，在其加工制造过程中也不可能达到完美。所谓合格的轴承产品，是这种机械加工误差处于合格的容差带以内。既然存在加工误差，则这些加工误差在轴承运行时就会产生一些振动和噪声。因此这一类噪声也是无法彻底避免的。

上面这两类轴承噪声，由于其设计和运行原理的原因，以及工艺特性不可避免的误差，因此这些噪声是轴承本身固有的，无法消除的。只要轴承的加工制造处于合格的范围之内，这些噪声就属于正常噪声，并不会很大程度上影响轴承本身的寿命等性能。作为电机设计人员，只能区分不同加工厂家以及品牌正常噪声的水平，其他的便无能为力了。

当然，对听感的挑剔，随着行业的不同（比如家电行业），有不同的偏好。但是另一方面，加工精度的提高，会带来轴承制造成本的大幅度提高。同时，由于轴承和轴以及轴承室存在配合关系，单纯提高轴承本身的制造精度并不能决定最后轴承内部运行尺寸的改变会等比例提高精度（尤其是形位公差）。这方面内容会在后续展开介绍。因此，也不应该完全依靠提高轴承精度来改善电机轴承的噪声。

除去上述原因，电机轴承噪声通常还会因为轴承某处存在缺陷等因素而产生。由于这些因素产生的电机轴承噪声会反映轴承或者电机内部的某种潜在的问题。这些潜在的问题在电机安装、使用和运行过程中，威胁着轴承运行寿命，因此要着力消除。通常这类因素也可以通过电机设计人员的设计选型、工艺控制等手段得以消除。这类噪声叫作电机轴承的非正常噪声。后文将具体介绍。

### 四、电机轴承正常运行状态分析和振动噪声

了解轴承在电机中的运行状态，有利于分析电机轴承内部产生的噪声，并有助于找到解决方法。

用普通中小型卧式内转式电动机深沟球轴承作为例子进行分析，其他工况可以

以此类推。

在这类电机中，通常轴承内圈和轴之间的配合比轴承外圈与轴承室的配合更紧些。电机起始状态是静止的，在这种情况下，处于轴承下半部分负荷区的滚动体承受这个静止向下的径向负荷，而处于上端非负荷区的滚动体不承受负荷。同时，轴承的剩余游隙全部积累到轴承上部，如图7-1所示。

当电动机通电后，电机内部的电磁转矩带动电机转子开始旋转。电机轴和转子旋转时，由于轴和轴承是紧配合，因此轴承内圈被轴带动开始旋转。在轴承的负荷区，滚动体和滚道之间存在正压力，同时又有内圈相对旋转的趋势，因此就会捻动滚动体，形成滚动，也就是滚动体的自转和公转。

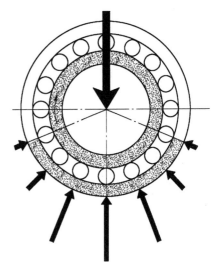

图 7-1　电机静止时轴承承受的负荷区

**（一）轴承运行时内部固有的自身振动噪声**

1. 轴承滚动体和保持架之间的碰撞

电机起动时，在负荷区内部的滚动体开始沿着滚道滚动（公转）时，保持架还没有开始运动。当滚动体推动保持架时，保持架才有了运动（自转）。滚动体公转推动保持架自转的推动力，就是滚动体主动和保持架之间的碰撞，因此会产生一定的振动和噪声。

另一方面，起动之前在非负荷区，滚动体未受到任何公转推力。而当保持架受到负荷区滚动体推力产生自转时，非负荷区的滚动体就会受到保持架的推动而产生公转。这种保持架主动和滚动体发生的碰撞，同样会产生一定的振动和噪声。

上述过程描述了电机起动过程中轴承内部的运行状态，而当电机停止时，轴承内部的运动就是起动状态的反过程，读者可以自行推断理解。

除了电机的起动和停止过程，在电机的稳定运行状态下，电机可能是定速运行或变速运行。电机变速运行是轴承内部状态和电机起动停止时相似，此处不赘述。

当电机稳定恒速运行时，滚动体在负荷区外，由于油脂和空气的阻尼作用，有减速趋势，而保持架并未减速，因此依然存在保持架不规律地推动滚动体的状态。而当滚动体已进入负荷区时，滚动体又有一个加速的趋势，也可能和保持架存在一个碰撞；另一方面，保持架由于自身的重力，总有一个下落的趋势，会和滚动中的滚动体出现碰撞。这些都会产生噪声。

工程实践中的甄别和应对方法如下：

滚动体和保持架正常运动时的碰撞在电机轴承运行的过程中不可避免。因此在实际运行的轴承中会掺杂这样的噪声。从前面的机理可知，在电机稳定运行时，这类噪声应该是稳定和均匀的声音。在电机起动时，这个声音由单点的声音提高频率慢慢变成稳定速度下的均匀稳定声音。这种声音是正常存在的，并不能反映电机轴承的潜在故障，因此是可接受的。这样的噪声存在于各类电机常用的滚动轴承之中。

电机中经常使用的深沟球轴承或角接触球轴承，如果承受了轴向负荷，则所有的滚动体都会承受负荷，因此会大大减弱滚动体和保持架自身的互相推动和碰撞，因此会很大程度地减小这个因素带来的噪声。

基于这个道理，我们在工程实际中，经常对工业电机中使用的深沟球轴承施加一个轴向预负荷，这样，轴承内部的所有滚动体都会被压在滚道之上，当电机运转时，就不存在非负荷区滚动体被保持架推动的因素，由此而带来的振动和噪声就消除了。这也是电机设计中常用的减小深沟球轴承噪声的方法。通常这样的预负荷是通过使用波形弹簧或者柱弹簧的方式来施加。

2. 轴承内部滚动本身的噪声振动

在电机正常运转时，我们观察到轴承最下端的地方，要么是有一个滚动体，要么是有两个滚动体。并且这两个状态总是相互交替着。而此时，轴承内圈滚道最低点和轴承外圈滚道最低点的距离就出现一个交变，这个距离的最大值是一个滚子的直径（不考虑弹性形变）$h_1$，这个距离的

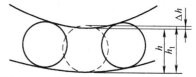

图 7-2　运转时轴承最下端滚动体的交替

最小值是当轴承内圈最低点处于两个滚动体间距中点时的距离 $h$，如图 7-2 所示。

这种内圈滚道最低点的交变带来了轴中心线对于电机本身中心线之间的振动。这种振动由轴承产生，经由电机轴及轴承发出。这也是电机轴承振动噪声的一个来源。

工程实践中的甄别和应对方法如下：

由于负荷区最低点滚动体的交替而带来的轴振动通常是不可避免的。但是这类振动，相对而言，轴径越大就越不显著。这类振动依然与轴承转速和滚动体个数有关，其频率也随着这两个因素的变化而变化。但无论如何，在给定轴承稳定转速的前提下，这个振动仍然应该是均匀和稳定的。通常而言，这类振动在立式电机中不会发生，其中的原因可以基于前面振动机理的描述轻易得出，此处不赘述。

3. 轴承滚动体进出负荷区时的振动和噪声

电机轴旋转时，滚动体从非负荷区到负荷区的进入和出离，都会在滚道上产生相对滑动，同时和保持架也会发生碰撞。再考虑滚动体和滚道本身的挠性，这些因素也同样会产生相应频率的振动和噪声。

（二）电机轴承的啸叫声问题

除了产生滑动和挠性以外，实际工况中还有另一类十分广泛存在的噪声发生在滚动体进出负荷区时。这种噪声的发生对于圆柱滚子轴承更为常见，有时也会出现在深沟球轴承中。其表现是电机运行在一定速度下时，轴承发出非常尖锐的啸叫

声。现场如果加入一些油脂，这个啸叫声就会消失。
而当轴承内部匀脂完毕，多余油脂被挤出时，这个
噪声又会出现。一旦这种噪声出现，通过检查轴承、
轴及轴承室等其他零部件，都没有查到异常。轴承
送去检验，各项指标也符合标准。在这个情况下，
这个噪声的来源应该是在滚动体进入负荷区时发生
的。发生的机理如下。

图 7-3　滚动体进入负荷区
时的径向振动

### 1. 产生啸叫声的原因分析

前已述及，当滚动体进入负荷区时，内圈滚道
和外圈滚道之间就形成了一个进口大、出口小的楔
形通道。当轴承在一定速度下旋转时，由于表面粗糙度等外界因素，轴承滚动体存
在一个在内外圈之间的振动，如图 7-3 所示。当这种振动在一个相对宽泛的空间
时，现象并不明显。但是当这个空间在滚动体进出负荷区的地方出现急剧减少，而
滚动体的公转速度不变时，就会使滚动体沿着径向振动的频率变高。这种情况和我
们日常拿乒乓球拍在球台上按下乒乓球时的状态相似。当我们按下球拍时，乒乓球
在球拍和球桌之间的振动频率增加，我们可以听到声音非常明显地变得尖锐起来。
对于高速运转的轴承，会发生同样的情况。当轴承转速达到一定值时，滚动体会发
生高频振动，宏观上就会出现尖锐的高频噪声。

### 2. 工程实践中对轴承啸叫声的甄别和应对

电机轴承的啸叫声是大多数客户经常遇到的问题，通常在不了解其机理时非常
难以理解和接受。针对这类噪声的甄别方法可以使用仪器针对特定频率进行甄别，
但是着眼于日常工程实践，在现场可以判断这类噪声的基本方法有三种：第一，这
类噪声频率很高，很尖锐，因此呈现啸叫的效果；第二，这类噪声通常在某一个转
速段出现，当电机运行离开这个转速段时，这个噪声就会减弱或消除。通常这类啸
叫声不会出现在低速的情况下；第三，在电机轴承室内添加过量油脂，噪声会有缓
解，但是当油脂被挤出，噪声重复出现。具备了以上的特点，通常我们可以判定是
滚动体进入负荷区的楔形空间而出现的高频振动带来的啸叫声。

这类啸叫声，有一些解决手段。我们知道，滚动体进入负荷区的楔形空间时才
会出现这类振动，那么如果我们可以减少这个楔形空间的楔形度，就会改善这类
噪声。

对于深沟球轴承，一旦对轴承施加了轴向预负荷，滚动体就不存在进入负荷区
的过程，因此这个噪声就会被消除。

但是对于圆柱滚子轴承，通常无法通过施加轴向预负荷的方法来影响轴承内部
的径向游隙。因此，在工程实际中就是选用相对小一点的轴承游隙。当然，单纯减
少轴承游隙也会有相应的风险，因此需要根据实际情况适度减少。这其中就需要技
术人员根据实际工况进行选择。

某电机生产厂出现大面积圆柱滚子轴承啸叫声，我们建议用 C3L 游隙的轴承代替原来的 C3 游隙的轴承，结果啸叫声问题得到了改善。此经验可以给电机设计人员一个提示。

除了改变楔形空间的楔形度外，在轴承内部增加阻尼，也可以减少此类振动。通常的方法是选用稠度高一些的油脂。和前面减小游隙一样，提高油脂的稠度也需要平衡其他因素，以求得到最好的选择。但是增加阻尼的方法只是当这种振动出现时减少振动，并不能削弱其根源，因此相较之前的方法，此方法的有效性会略差。

### （三）轴承内部搅动润滑的振动和噪声

运行的轴承内部都会施加一定量的润滑。在工业用电机中，油脂是被广泛使用的润滑介质。轴承运转时，滚动体在滚道内对油脂的相对运动相当于对油脂进行搅拌。而油脂通常而言不应该在轴承腔内部被填满，这种搅拌也会带来一定的噪声，通常而言，出现此类噪声的情况并不会太多。如果由于某些原因造成润滑不良，滚动体和滚道接触的地方出现了滑动，则也会产生相应的噪声。当然这种情况下会伴随着更多的发热，并且发热的现象将比噪声更加显著。

轴承滚动体搅动润滑剂的这部分在轴承摩擦计算中计入了搅动油损失。这部分的损失是不可避免的。但是这种搅动带来的声音在整个轴承噪声中所占比例不大。油脂稠度越低，这类搅动带来的能量损失越少。反之亦然。但是不应该单纯地为了这部分损失而降低轴承润滑油的稠度，以避免润滑不良带来的轴承失效。

工程实际中，也经常出现润滑不良带来的噪声。通常这种噪声会伴随着温度的迅速升高，如果不及时处理，会迅速地烧毁轴承。这类噪声通常听起来尖锐、无规律，伴随轴承局部温升过快。一旦有这类现象，应及时检查轴承润滑。

### （四）其他固有的振动和噪声

轴承在电机里运转，还有很多其他可能带来振动和噪声的地方。当使用密封轴承时，密封件和唇口之间会产生一定的摩擦，带来一定量的噪声。在极低转速时轴承内部滚动体跌落和保持架碰撞也会产生一定的噪声等。笔者多年前研发永磁无齿曳引机时，在进行低速调速试验时（当时最低转速曾经调整到 0.5r/min）使用的22222 球面滚子轴承在运转时会听到明显的"哒哒哒"的滚动体跌落声。而对此声音，只有通过增加润滑阻尼的方法得以缓解（后面还有详述）。

### （五）轴承合理加工偏差带来的轴承噪声和振动

和所有机械零部件的加工一样，轴承的加工虽然对精度要求很高，但也总是要在一定的公差带范围内得以实现。因此也必定带来一些加工偏差引起的影响。在加工偏差中，尺寸误差和形状位置误差（形位误差）是两个主要的范畴。相对而言，形位偏差对轴承的运行振动和噪声影响相对较大。

我们用一些日常常见的例子来说明。一辆汽车行驶在路面上时，我们会感受到车子在行驶的过程中出现振动。能使车子振动的情况有如下几种：①上坡下坡；②路面不平，路面坑坑洼洼或散布着小石子；③车轮不圆。

　　如果假设轴承的内径和地球直径一样大，滚道可以被看作路面，在滚道上面滚动的滚动体被就可以看作汽车的车轮。从上面例子可以类比看出，轴承转动时引起的振动和噪声也就是由"路面"或者"车轮"的问题引起的。

　　放在轴承上就是轴承内外圈和轴承滚动体形位公差引起的振动和噪声。

　　1. 轴承滚道加工偏差带来的振动和噪声

　　在上面的类比的例子中，轴承滚道的圆度和波纹度相当于路面的上下坡和平整程度。轴承滚道表面的加工缺陷，相当于路面上的小石子。当滚动体滚过滚道时，这些"上下坡"和"小石子"就使"车子"出现振动和噪声。通常在轴承生产制造中会通过控制滚道的波纹度和加工缺陷来控制轴承圈的质量。对于轴承圈而言，就是圆度、波纹度、表面粗糙度、磕碰伤等因素。关于这方面的数字和计算，轴承行业内有非常完整的公式和介绍，本书不做具体展开。

　　中小型轴承生产制造完成之后，都会对其进行振动的检测。国内外都有相应的测试仪。这些仪器检测的都是轴承的振动，而不是轴承的噪声。测试仪对轴承施加一定的轴向径向负荷（根据相应的测试标准），然后通过检测探头探测轴承在低频、中频和高频的振动，并以数字或者指针的方式显示出来（具体测试用的仪器仪表和测试方法等都有相应的国标，此处不赘述）。有的仪器还会经过信号转换，将这些振动信号用扬声器传递出来，听感上会觉得是在做噪声测试，经常被人们误解，这里一并澄清。

　　轴承生产厂家之所以检测轴承组装之后的振动，就是用以检查轴承各个零部件的加工误差累计之后的情况是否达标。实际上这是对滚道加工参数的检验。

　　现在有不少电机生产厂也购买了轴承振动测试仪。其实电机设计人员是想用此方法来大致判断轴承安装之后的噪声情况。事实上，经常会发现轴承振动测试仪测试的结果和轴承装机之后噪声测试结果总体上不具有很好的对应性。这是因为振动测试仪仅仅检测了轴承内部的加工水平，首先，这个加工水平在轴承出厂前很多都进行了检测；其次，轴承装机后的噪声并不仅仅是由轴承滚道加工水平决定的。不难发现，本章描述的诸多产生轴承噪声的原因中，滚道精度仅仅是其中之一。

　　2. 轴承滚动体加工偏差带来的振动和噪声

　　滚动体的加工偏差，就如同我们开了一辆汽车，而汽车的轮胎并非圆形，这样，不论路面如何平整光滑，汽车行驶的过程中都会出现振动。对于轴承滚动体就是指它的圆度，以及滚动体表面是否有损伤等。同样地，这些偏差及损伤都可以通过轴承振动测试仪得到测试的结果。

　　同轴承滚道偏差引起的振动一样，轴承业内滚动体圆度等对轴承振动的分析也十分完备，本书不赘述。

　　（六）**轴承正常振动和噪声的判别**

　　本节中谈到的轴承噪声指的是轴承在正常使用情况下会出现的噪声。其中所说的"正常使用"包含了安装、拆卸、润滑、污染等操作因素。这是轴承运行起来发出的固有振动噪声，以及轴承由于加工、生产、制造等因素而引起的振动和噪声。对于一些由于运动的物理特性的原因，电机设计人员可以通过一些手段加以减轻或消除。相应的另一些固有物理特性的振动和噪声却不可消除。但是对于一些轴承生产、加工原因带来的振动和噪声，电机设计人员作为使用者是无法施加影响的。

所以从上面的内容可以得到结论：对于合格的轴承，也必定存在一些振动和噪声，而这些振动和噪声在稳定的转速和负荷之下的共同特点是"均匀、稳定"。不同品牌轴承的质量差异就在于这种均匀稳定之后的轴承噪声的幅值会有所不同。比如改善保持架形状和材质等会影响这种正常噪声。但是无论如何，这种均匀稳定的噪声并不是潜在问题的反映，因此都不能算作不正常的噪声。

## 五、轴承的非正常振动和噪声产生的原因分析

前面讨论了电机轴承中正常的振动和噪声。除此之外，还有很多在使用过程中轴承发出的振动和噪声。这一类轴承振动噪声完全是由于使用状态不正确引起的，是可以通过修正错误的操作而消除的。

下面就这类振动和噪声做深入讨论。

首先，这类振动和噪声我们称之为非正常噪声。前面已谈及，正常的轴承噪声的特点是"均匀、稳定"，那么，我们在此所说的振动和噪声表观上的特点就是"不均匀，不稳定"。这里的"不均匀，不稳定"也包括一些周期性出现的噪声。常见的有周期性的高频噪声、偶尔出现的"咔啦"声和尖锐刺耳的轴承噪声等。我们试着根据一些情况进行分类介绍。然而，我们无法根据噪声进行精准分类，再根据分类进行分析。原因是：

其一，噪声无法精确地描述，听感更无法形容。期间的形容，描述的表达和理解之间容易出现偏差，对读者会造成误导。

其二，某种噪声往往可能是由几种不同原因导致的，并且有些不同原因导致的噪声，听感上相似。因此，难以按照这个逻辑分类。

基于以上考虑，我们用轴承使用不当的分类来探讨轴承噪声会更加便于描述。

请读者注意，日常工况中遇到的问题，解决问题的逻辑往往是相反的。一般情况都是听到了噪声，然后去抽丝剥茧找问题所在。所以，在了解本书的逻辑之后，大家根据掌握的知识，判断听到噪声的可能性，然后逐一排查，这才是最常用的电机轴承噪声故障的排除方法。

### （一）轴和轴承室的形位偏差带来的振动和噪声

前面已谈到，轴承滚动体在滚道上的运行就犹如汽车行驶在路上。如果路不平坦，则轴承就会发出振动和噪声。在一般的工业电机中，轴承圈和轴或者轴承室都会有一定的配合关系，有的是过渡配合，有的是过盈配合。以普通的内转式电机为例，通常这类电机轴承内圈和轴之间是相对紧的配合（过盈配合），而外圈相对于

轴承室是相对较松的配合。假如轴承内、外圈都是合格的尺寸和形位公差，而轴的尺寸和形位公差有问题，那么轴承在安装之后，轴就会涨紧轴承内圈，从而使滚道部分的尺寸和形位公差超差。这就相当于平整的公路修建在不平整的路基之上，开在上面的汽车一样会感受到振动。因此，轴的尺寸和形位公差对轴承内圈形位公差的影响不容小觑。

另一方面，轴承室和轴承之间的配合相对较松。以轴承室的圆度为例，轴承室若呈椭圆形，则椭圆的长轴可能接触不到轴承的外圈，椭圆的短轴可能夹紧轴承的外圈，这样对轴承外圈的支撑是不均匀的，当滚动体滚过时，由于挠性的影响，一样会产生振动和噪声。

我们在北方某电机生产厂就曾遇到过一个圆柱滚子轴承在一台大电机中发出周期性的尖锐噪声。通过检测轴承室的形位公差，结果测量出了近似"多边形"的轴承室。由此找到轴承噪声的原因。

从上面案例看到，这类由圆度较差带来的电机轴承噪声很可能是一种周期性的噪声。均匀的周期性噪声有时频率高。

当然，除了圆度以外还有锥度、圆柱度等因素。在工程实际中，有些简便的方法可以用来测量轴和轴承室的形位公差。严格意义上说，这些测量方法只有定性的功能。但是通过这些简单方法，大致可以得到最初的判断。

电机端盖轴承室直径和圆柱度的检测方法如下：

用内径千分尺或内径百分表在轴承室内距两端 3~5mm 处的截面上分别互成45°的各测量一次轴承室的直径，如图 7-4 所示。

取每端两个测量点读数的平均值作为该端轴承室直径尺寸的测量结果；取各截面内所测得的数值中最大值与最小值之差的 1/2 作为轴承室圆柱度的测量结果，取同一截面最大、最小直径差观察圆度。

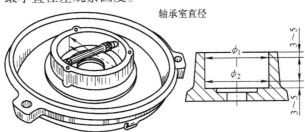

图 7-4　电机端盖形位公差的检测

### （二）不对中带来的电机轴承噪声

1. 电机和外界负载对中问题带来的轴承内部振动和噪声

电机在运行时总会连接外界负载。不论是通过联轴器、带轮还是其他连接方式，电机都需要和负载保持良好的对中（"对中"是一种习惯称谓，对用联轴器连接即为电机轴与负载设备输入轴的同轴度）。因为在电机设计时，除非设计之初给出了对中不好的条件，否则设计人员选型时都是按照对中良好进行设计的。并且多数电机是两支撑结构，这个结构本身一旦在偏心负载之下运行，势必就会对支撑点（也就是轴承）带来额外的负载，导致轴承噪声或者提前失效。这类电机和负载对中不好带来的电机轴承噪声，通常一旦将电机和负载卸开，噪声随即消失，因此判断较为容易。一旦出现这类问题，只需要调整电机和负载的对中即可解决问题。

**2. 形状位置偏差以及挠性带来的轴承振动和噪声**

电机轴承承受不对中的情况除了电机和负载之间不对中以外，还有电机在生产制造中形状位置公差带来的轴承不对中。通常包含以下几种：

1）轴承室的形位公差不合格，和电机轴的同轴度超过允许的限度。

2）由于机座两端与端盖相配合的止口加工问题，或者端盖止口与轴承室不同心问题，造成两端轴承室同轴度不合格。

3）由于转子轴的挠度问题，造成两端轴承同轴度不合格。

4）由于机座挠度问题，造成两端轴承室同轴度不合格（此种情况较少见）。

由不对中带来的噪声和振动在工程实际中比较常见。通常电机轴承的不对中可以通过振动频谱分析有所显示。其特点（频域）是：在2倍基频的地方，出现幅值为基频幅值 1.3~2 倍的振动分量。

**3. 滚道及滚动体表面损伤带来的振动和噪声**

电机轴承滚道或滚动体表面受到损伤对轴承运行的影响，就好比车子在路上行驶时路面的小坑对车子的影响。当轴承初期运行起来时，会表现出轴承噪声和异常振动，如果不及时处理，轴承滚道或滚动体表面损伤处的边缘在承载时就会出现应力集中，应力集中反复出现就会造成轴承的提前失效，这是应该极力避免的。通常滚道表面的损伤带来的噪声和振动会与轴承的转速相关，这个不难理解。假如滚道有损伤凹坑，每次滚动体滚过就出现相应的振动。轴承每转过一圈，就会出现和轴承滚动体个数相符的振动次数。

通常造成轴承滚动体和滚道表面损伤的一些原因大致涵盖以下几个：

（1）安装拆卸过程中对滚道或者滚动体的损伤　深沟球轴承在安装时，如果安装力通过轴承的滚动体进行传递，则就有可能在滚道上产生一些压痕。这些压痕初期很小、很浅，不易察觉，但在运行时会产生噪声。当电机运行一段时间后，压痕附近的应力集中就会造成压痕附近的疲劳失效。这种疲劳的特点是疲劳失效点的间距与滚动体间距一致。通常是由于安装力所致，而安装力多为轴向力，因此这类压痕会偏向滚动体一侧，如图 7-5a 所示。一旦此类轴承产生振动和噪声进而导致轴承失效的情况，应该纠正并检查轴承的安装方法。

滚柱滚子轴承在安装使用时也会出现安装不当引起的轴承滚道表面损伤。图 7-5b 即为某一客户的实际案例。电机装机后轴承噪声超标，将轴承拆开，看到轴承滚道表面有沿着轴向的划痕，且此类划痕与滚子间距存在一些对应关系。由此可以推断，在安装这套圆柱滚子轴承时，滚动体在滚道表面出现了轴向滑动，且这种滑动是在一定径向负荷的情况下出现的，因此才会产生滚道表面的拉伤，从而导致电机轴承的噪声。一个纠正圆柱滚子安装的方法就是在安装轴承时采取"旋入"式推进，而不是直接推进，同时尽量减少推进时加在轴承上的负荷。另外，如果在轴承内圈外加一个滚动体的导入套，会有利于避免这种损伤。

a) 球轴承的内滚道损伤　　　　　b) 圆柱滚子轴承的内滚道损伤

图 7-5　因安装或拆卸不当造成的滚道损伤

（2）运输、贮存过程中对轴承滚道或者滚动体造成的损伤　一些电机经常会遇到一类问题，那就是电机出厂试验时噪声指标是合格的，等运输到客户现场运行时电机出现明显的噪声。发生这类情况时我们就需要考虑电机运输、贮存过程中的问题。

第一，电机是一个两支撑轴系，两端轴承（可能是两套轴承，也可能是三套轴承）承受转子重力。电机在运输过程中，路途的颠簸自然也会使电机的转子产生颠簸，这种颠簸对于轴承而言就相当于一个振动负荷，如果颠簸得厉害，就有可能造成对滚道表面的伤害。

第二，在电机运输过程中，转子和轴会产生轴向的不确定的蠕动，在蠕动的状态下，滚动体和滚道之间无法形成有效的润滑阻隔，这样就会出现滚子和滚道之间的微研磨，而这种微研磨又具有和滚子间距相等的特点，从而产生"伪布氏压痕"的特征失效痕迹。除了出现在电机运输过程中以外，对于船用电机等平时工作基础不稳定的电机，如果长时间处于不运行状态，也会出现相同的伪布氏压痕，宏观上就是运行起来噪声很大。

第三，同样在电机运输过程中，如果出现电机轴向的加速度（比如电机轴向和车辆行驶方向相同，当车辆起动制动时），轴承的滚动体会在滚道上受到一个轴向的力。这种力对于定位端轴承就是一个轴向的冲击负荷，对于浮动端轴承，或者圆柱滚子轴承，就可能出现轴向的微小滑动。这样带着转子重力的滑动，可能会对轴承滚道带来伤害。

要避免上述的在运输及贮存过程中发生的对电机轴承的损伤，可以使用如下方法：

对于运输，需要改进电机的包装方式。首先，对电机轴端使用一个绑带或者其他装置，将电机轴伸端和电机托板之间绷紧，如图 7-6a 所示。这样就相当于对电机的轴承施加一个径向负荷，将电机转子和底板之间通过力进行连接，提高整个包装的刚性，从而避免运输过程颠簸时候滚动体在滚道上的撞击。另外，对电机的轴伸端添加一个挡板装置并锁紧，如图7-6b所示。这样，当电机出现轴向加速度时，所有的力都可以由这个挡板承受从而避免了对电机轴承的伤害。

对于仓库里的电机，我们建议应该不定时地盘动电机轴，使之转动几圈。这样可以经常改变滚动体和滚道的接触面，避免其一直在一个位置上受力。

上述方法都是在工程实际中有过广泛应用并被证实具有良好效果的改进方法。

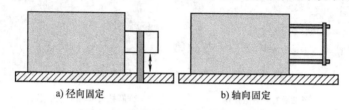

a) 径向固定　　　　　　　　　b) 轴向固定

图7-6　电机包装运输时对转轴的固定

（3）外界污染物对滚动体滚道表面造成的损伤　当外界污染物进入轴承内部时，轴承运行也会产生振动和噪声。还是用汽车行驶的例子来说，就相当于平坦路面上有了小石头，当汽车驶过时，必然会出现振动。

轴承由于受到污染而带来的噪声通常不具备规律性，多数表现为运行时突发或者偶发的意外声音。在轴承生产制造完毕时，很多轴承厂进行轴振动测试，通常除了对低频、中频和高频进行检测以外，还会检测峰峰值。峰峰值检测的目的就是了解轴承的清洁度，当峰峰值出现问题的时候，往往意味着轴承加工之后内部进入杂质，需要重新清洗。但是在电机生产厂拿到合格轴承时，当安装完毕出现非正常偶然声音，就需要检测在轴承安装使用环节中是否有污染物进入了轴承。

（4）轴承生产制造过程中的滚道或滚动体表面损伤　在轴承的生产制造过程中也有可能对滚动体或者滚道表面造成一定的损伤。这就会对轴承的噪声带来影响。但是这类问题在轴承出厂之前的轴承振动检测中都可以被发现。有的电机生产厂装备轴承振动检测仪，通常能够发现这一问题。但是这个检测结果只是进厂轴承质量检验，和最后轴承在电机上安装好之后的噪声表现没有严格的对应关系，这是因为影响电机轴承噪声的因素除了生产制造之外还有很多其他的因素。

（5）润滑不良带来的发热和噪声　电机轴承内部通常会施加润滑，在普通电机设计中油脂更为常用。通常油脂自身在轴承运转时候被搅动的声音其实很小，本部分所讨论的主要针对由于润滑不当带来的轴承噪声。

与前面几种电机轴承噪声不同的是，润滑不良带来的噪声通常会与发热紧密相关。这里所讲的润滑不良指的是，油脂稠度如果偏低，轴承内部滚动体和滚道之间无法形成有效的油膜，这样会出现边界润滑或纯粹材料之间的摩擦。这个过程有时会出现噪声，而这种接触和摩擦会导致发热，温度上升，油脂稠度进一步降低，对油膜形成更加不利……这样恶性循环，使轴承在出现噪声时温度急剧上升，最终可能导致轴承失效。

这个问题通过正确的润滑选择，应该不会出现。

但是另一方面，也有油脂稠度在某一时刻过高的情况。电机设计之初，在选择润滑时，通常取用的温度是指电机运行起来的温度。电机的工作温度一定比冷态温度高。我们都知道，油脂随着温度升高其稠度降低，反之亦然。如果在电机稳定工作温度下稠度适当，那么在冷态下就会偏高。在电机起动时，轴承和电机部分的温度处于冷态温度。尤其在北方寒冷的冬季，此时，油脂稠度偏高，油脂很难良好地分布到轴承内部，实现良好润滑，很容易出现起动时电机的噪声。往往工程实际中遇到的就是，电机起动时有噪声，运行一段时间后，噪声就消失了。再起动，以前起动时发出的噪声也没有了。这种情况就是典型的起动温度过低所致。

这种情况下，一个避免此类问题带来的轴承损伤的方法是，起动时最好低速运行，或者起动时能够对轴承室进行一点升温处理，这样都有利于油脂在轴承内部的运行。

（6）轴承承受负荷未达到最小负荷要求而带来的噪声与发热　我们知道，轴承是利用滚动摩擦代替滑动摩擦的机械零部件，但是要形成滚动，需要几个基本因素，例如相对的摩擦系数和一定的正压力等。当滚动接触的接触力很小时，就非常容易形成滑动。对于轴承而言，这就是我们要求的轴承最小负荷。不同类型的轴承最小负荷要求不同，通常球轴承小于柱轴承，单列轴承小于双列轴承。从润滑的角度来看，润滑剂的稠度越大，要求的轴承最小负荷越大。

通过前面的描述我们知道，轴承的最小负荷达不到，则在负荷区的滚动体就不能形成纯滚动，也就是会出现滑动。通常这种不规则的滚动和滑动的掺杂会带来噪声和发热。

下面举几个非常容易出现最小负荷不足的情况。

1）电机出厂试验时遇到的情况。在电机轴承选型时，我们用于对轴承进行核算的负荷是电机稳定工况时的负荷。这时电机承受的轴向力和径向力等同于轴承寿命校核（详见第五章），但电机在生产制造完成之后，要进行出厂试验或型式试验。通常而言，这样的试验会在电机试验台上进行，电机在试验中施加的负荷是转矩负荷，而非轴向和径向负荷。因此，电机的轴向和径向负荷情况，在试验中和在实际工况中有很大不同。电机轴承所承受的负荷也有不同。

比较典型的例子就是电机如果连接带轮负荷（以卧式电机为例）。带轮负荷的带张力和带轮重量都是轴承承受的径向力。而在电机生产厂进行试验时，很多事情况下就是空载试验或者转矩负载试验。此时轴承所承受的径向负荷比实际工况时要小。如果在轴承选型时考虑的轴承最小负荷是在实际工况之下的，那么在工厂进行的试验负荷（径向力）就有可能达不到轴承的最小负荷，从而出现滚动体打滑的噪声问题。解决这一问题的方法就是在电机试验时，尽量采用和实际工况相近的负荷方式。如果试验条件无法达到，那么这种最小负荷不足带来的打滑将很难消除，应尽量减少试验时间，避免伤害轴承。而此时的电机轴承噪声也不应被计入故障。当然，如果在实际工况下还有同样的噪声，则另当别论。

另一个常见的例子是立式电机的试验。有的电机生产厂由于条件所限，会将立式电机在卧姿下进行一些试验。而立式电机在轴承选型时，转子重力等都计入轴承的轴向负荷，当电机处于卧姿，这些轴向负荷都变成径向负荷。很有可能是某些轴向承载符合的轴承无法达到最小负荷。同时还有一个危险是这个负荷会超过原本不大的径向承载能力。除了出现噪声以外，也有电机轴承烧毁的风险。

2）圆柱滚子轴承最小负荷不够的情况。圆柱滚子轴承具有比较大的径向承载能力，相较于深沟球轴承而言，当球轴承的径向承载能力无法满足需求时，圆柱滚子轴承就是一个很好的选项。但是，在一些设计实例中也存在一些不恰当的选用。如果径向负荷不是很大而选用了径向负荷能力较大的圆柱滚子轴承，则很有可能就会出现最小负荷不足而带来的轴承噪声问题。

比较常见的使用圆柱滚子轴承的实例是带轮负载等大径向负荷场合。但如果电机负荷仅仅是联轴器等轻径向负荷，则没有必要选择圆柱滚子轴承。

下面列举一例。

某电机生产厂为某钢厂选择轧机运输辊驱动电机。运输辊轴系结构示意图如图7-7所示。

在这个应用中，运输辊本身承受比较大的径向负荷。这个负荷由两端

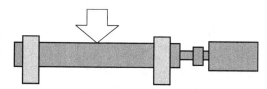

图7-7　运输辊轴系受力示意图

的支撑轴承来承担。电机和运输辊之间采用联轴器连接传递转矩。

电机生产厂在设计时，将运输辊径向负荷纳入电机径向负荷。电机前端采用圆柱滚子轴承，后端采用深沟球轴承的结构形式。这显然和实际工况不是完全匹配的。最终造成前端轴承噪声问题。经过分析，前端轴承在联轴器负荷下承受的径向负荷没有达到轴承的最小负荷，因此这个噪声问题是选型不当所致。

事实上，在很多电机的设计中，经过仔细校核，不少圆柱滚子轴承的使用都可以简化成深沟球轴承。这样做有一个好处，就是可以简化结构、降低成本。当然，有时即便校核计算可行，也不用深沟球轴承替代，这是因为在一定尺寸之上，深沟球轴承的生产成本会更高。但是很多时候"柱转球"的校核可以达到降低成本的目标，并减少最小负荷不足的风险。这样的转换要根据实际工况进行核算，此处不宜做一致性推荐，请读者不要误解。

3）深沟球轴承作为定位轴承的情况。在电机中，深沟球轴承也经常被用作定位轴承（"两球"结构、"两柱一球"结构和"一柱一球"结构均如此）。这样的应用在"两柱一球"结构中更加确切。"两柱一球"结构中径向负荷由两个圆柱滚子轴承承担，深沟球轴承仅作轴向定位。假若电机加工误差很小，外界也没有轴向负荷，那么，这样的情况下深沟球轴承所承受的负荷就几乎为零。因此非常容易出

现最小负荷不足的情况。针对这种情况，我们推荐的是对深沟球轴承施加一个轴向的弹簧预负荷，这既降低了深沟球轴承的噪声，也对深沟球轴承施加了一些负荷，而由于深沟球轴承所需最小负荷不大，因此这样也很容易达到深沟球轴承的最小负荷，解决由此而来的噪声问题。

我们曾经在某电机生产厂遇到对一套轴承噪声的投诉，听过噪声之后，我们建议把前电机底脚抬起15cm之后再进行试验，噪声随即消失。此电机为双馈风力发电机，这种发电机本来在风电塔上的安装就是有5°的倾角，因此做这样的模拟并不出常理之外。通过这样简单的试验得出定位端轴承没有添加弹簧的结论，打开电机果然如此，投诉随即解决。

4）调心滚子轴承承受轴向负荷的情况。调心滚子轴承也是工业电机中经常使用的一类轴承。在中大型电机的应用中，调心滚子轴承以其良好的调心性能和高承载能力成为一些工况的首选。

调心滚子轴承可以承受较大的径向负荷和双向的轴向负荷。因此在电机里既可以作为定位端轴承也可以作为浮动端轴承。

当调心滚子轴承作为定位端轴承承受轴向负荷时，其内部与负荷相对一侧的滚子承受负荷，而另一侧滚子不承受负荷。当轴向负荷达到一定值时会出现如图7-8所示的负荷分布。

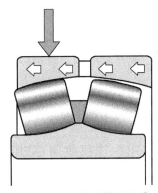

图7-8　调心滚子轴承承受大轴向力时内部的状态示意图

从图7-8中可以看到，不承受负荷的一列滚子在轴向负荷达到一定值时甚至会脱开滚道。因此在一定轴向负荷值时，不承载的一列滚子所承受的负荷有可能无法达到最小负荷。因此这列滚子就不能形成纯滚动。初期的现象是噪声，进而出现发热，之后恶化成表面疲劳，轴承失效。与此同时，承载的另一列滚子并未出现失效。

这类轴承应用出现的轴承噪声问题，要在轴承选型时进行考虑，同时控制轴向负荷的大小或轴向负荷与径向负荷的比例，有时调整一下轴的配合也会有所帮助。

## 六、电机轴承的非正常噪声的处理方法

本部分内容谈及的电机轴承噪声均属于"非正常轴承噪声"，并且此类噪声都是在电机设计、选型、安装、维护和使用等方面通过一些改进可以消除的。

电机轴承是电机中既承载又旋转的精密机械零部件，因此当电机有任何机械加工等方面的问题时，往往都会在电机运转时通过轴承有所体现。但并不是所有的轴承噪声都是由轴承引起的。电机的轴承噪声往往是某些其他问题在电机运转时的表象，电机工程师应该通过对轴承噪声的追根溯源排除掉电机内部其他的潜在问题。

在本章中，前面已经讨论了一些电机轴承噪声的可能原因，但是工程实际中可

能导致电机轴承问题的因素庞杂而不系统，很难列举出所有电机轴承噪声的诱因。在工程实际中，任何一个不小心的操作，都有可能对电机轴承带来影响，甚至包括整个电机轴承的安装流程。下面试举一例。

某电机生产厂接受了一个外贸订单，国外质量工程师对电机进行逐台检测，尤其是听轴承噪声。在这样的严格检测之下，这个电机生产厂交付的电机有30%不能通过。遂求助于我们。我们仔细考察了这个电机生产厂从轴承选型到组装、包装、出厂的所有环节。有一个细节非常有意思，在电机总装工位，定、转子旁边放着电机轴承盖。当轴承安装到轴上之后，将转子穿入定子内膛，然后安装两端的端盖和轴承盖。此时电机轴承已经被涂装油脂。最后一个工序是安装轴承外盖。一批轴承外盖刚刚从机加工工位运送到总装工位。工人师傅为了保证轴承盖的清洁，用高压空气吹净轴承盖上残存的铁屑等污染物。问题是，工人师傅在已经安装好轴承的电机旁边进行此操作。那么，铁屑是从轴承盖部分被吹走，但同时有很大的可能性吹到了轴承上面。后面我们对有噪声的电机进行拆解，果然在轴承油脂里发现了铁屑。因此，建议此电机生产厂将清洁轴承盖这个动作挪到车间门口进行，即远离轴承。我们还帮助该厂家做了一系列建议和改善。当他们认真落实之后，同样的国外质量检验人员检测情况下，在一个星期之后，其产品质量不合格率降到了5%以下，且这些质量不合格的电机与轴承噪声无关。

从上面的例子可以看到，电机生产厂生产电机的很多细节都直接影响着电机轴承的噪声。电机设计人员在掌握了本书提示的一些电机噪声影响因素之外，也需要仔细控制生产制造的各个环节，这样，一定会大幅度降低电机轴承噪声的发生率。

## 七、电机轴承振动和噪声以及听感噪声

在工程实际中，电机设计人员经常使用一些方法来检测电机轴承的振动和噪声。通常噪声试验的条件要求比较高，电机生产厂一般难以达到。所以一般是使用振动检查的方式反映电机轴承噪声。但是有一种常见的情况就是，很多电机轴承振动检测合格，但是听感很差，也就是听起来感觉很吵、噪声很大；有些电机噪声听起来很小，听感良好，但是电机轴承振动检测往往有一部分不合格。这其中的对应关系困扰了很多工程技术人员。本部分就这一问题进行一些简单的讲述。

### （一）声音响度的概念

众所周知，我们经常用分贝值来标定测量的声音大小，就是我们俗话说的音量。生活中我们发现有的声音即便音量不大，但是听起来很明显、特别刺耳，有时候感觉很不舒服，比如小石子刮玻璃的声音等。但有时有些声音音量很大，人依然可以忍受，甚至于感觉是一种"享受"，如歌厅中震得人心里"发麻"的重低音。研究证明，人们对声音的感觉不仅与所听到的声音的大小（音量）有关，而且与声音的频率相关。

研究人员用一个专门的量度单位来标识人们对声音的听感，这个量度就是

"响度"，响度级的单位是"方"。响度值越大，人的听感就越明显或者越强烈。相同响度值的声音，人们听起来感受相同。

### （二）响度、音量和频率的关系

研究人员通过大量的试验得出了不同频率、不同音量下的响度曲线。如图 7-9 所示。

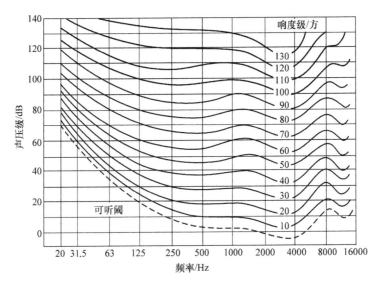

图 7-9 等响度曲线

从图 7-9 中可以看到，我们把响度相同的点连成一条线。在一个响度曲线上的声音，对人而言听感相同。在可听阈以下，人耳听不到这个声音。

图 7-9 中一个十分明显的情况是，听感相同的声音，其声压级分贝值（音量）不一定相同。比如 70 方响度的曲线上，20Hz 频率下 105dB 的声音听感和 1000Hz 频率下 70dB 的声音相同。也就是这种情况下，低频的声音音量即便更大，但是听感和高频率下较小的音量听起来感受相同。

这个曲线清楚地解释了我们日常生活中对噪声的感受。也就是相同声压级的噪声，不同频率下的听感差异。

值得关注的是，这个曲线并非线性曲线。但是从图 7-9 所示的曲线可以看到，等音量的低频响度有低于高频响度的趋势。同时人耳在 1000 ~ 4000Hz 的频率下更加敏感。

### （三）电机及电机轴承的听感噪声

通过上面的等响度曲线，我们了解了人耳对不同频率音量下的噪声感受。这样一来，电机设计人员在声压级合格的电机中，着重控制人耳敏感的频率小的噪声，会使设计出来的电机产品听感更加优秀。这对于一些关注电机听感噪声的领域十分重要（比如家用电器等领域）。

对于使用振动检测仪检测轴承振动的电机生产厂，通过等响度曲线，工程师们就可以知道轴承在测试仪器上对于低频、中频和高频的控制和实际听感之间的关系，即：对于轴承振动测试仪中，人们听感更敏感的是中频和高频噪声。因此严格控制中频和高频是检查的重点。

另一方面，轴承在测试仪上检测振动时轴承的转速通常是根据国际标准或者国家标准进行的。此时的低频、中频和高频与电机实际运转时的低频、中频和高频不是一回事。比如，国家规定对某类轴承的测试转速是 1800r/min，如果是 2 极电机，那么轴承装机后的实际运行转速就接近 3000r/min。因此，此时测试机上的一部分低频就变成实际工况中的中频；测试机上的一部分中频就变成实际工况中的高频。这是为什么很多测试机测试轴承振动之后和装机之后噪声听感不同的一个重要原因。

工程实际中，很多电机生产厂引入了轴承振动测试仪，但是又对轴承振动测试仪测试结果和装机结果的无法对应问题感到苦恼。当电机设计人员了解了等响度曲线以及测试频率与实际运行频率关系之后，就可以通过调整测试标准得到一个具有良好对应性的测试方法。读者可以根据上述方法，基于自己工作中的实际电机转速和轴承情况，定制出良好反映装机噪声情况的轴承测试标准。

但是另一个方面，也需要请电机设计人员注意，那就是一旦调整了测试标准，就不再是国际标准和国家标准，也就不能用这个标准来判断轴承质量。目前通行的国际标准可以用来作为轴承生产质量的标准，在满足国际标准的同时，按照自己折算的测量方法选择轴承听感噪声最优的产品。这是电机噪声设计中目前还没有被广泛使用的一种方法。我们在此提出，希望广大电机设计人员予以尝试，应该可以提升电机噪声设计的水平。

# 第八章　电机轴承维护与状态监测

当电机投入使用之后，为确保电机能更良好地运行，就需要对其进行一定的维护。对于电机而言，轴承的维护是其中一个很重要的组成部分。

## 第一节　设备维护的基本策略

设备维护的基本策略是对设备进行维护时的总体工作原则。设备维护技术本身历史悠久，随着工程师对设备的使用维护技术的理解不断加深，设备维护的基本原则和策略也逐步完善。设备维护的基本策略包括被动维护和主动维护。

### 一、设备维护基本方式

#### （一）被动维护

顾名思义，"被动维护"是设备出现问题的时候不得已而进行的维护动作。维护的原因是设备不能正常发挥其应有的功能。当设备出现被动维护需求的时候，说明设备内部已经出现了某些故障和失效，此时的工作就是被动的修理。被动维护往往被用作对一些次要的零部件，或者是对维修十分简单、维护时间很短的一些易损零部件的维护。对于主要设备，或者维护困难的设备，只有在主动维护失败的时候，才会出现被动维护的需求。主要零部件的被动维护往往对应着意外和事故，是应该避免的。

#### （二）主动维护

主动维护是设备使用者主动的对设备进行维护与维修工作，此时设备不一定处在故障状态。设备使用者希望通过主动维护可以在设备失效前或者设备失效初期就采取一定的主动措施，避免非计划停机及其连带损失。

主动维护工作中决定维护的因素不同，因此也分为预防性维护和预测性维护。在 IAFT16949：2016《质量管理体系》中对预防性维护和预测性维护都给出了专门的定义。

1. 预防性维护

预防性维护是只为了消除设备失效和非计划生产中断的原因而策划的定期活

动，是基于时间的周期性检验和检修。预防性维护是制造过程设计的一项输出。

预防性维护强调的是定性维护，是以时间为基础，有计划地对设备进行的定时、周期性的检查与保养，更换备件等工作。目前工业企业里常规的三级维护保养计划就属于预防性维护范畴。

预防性维护中关键的一个指标是维护时间间隔的确定，如果设备维护间隔时间过长，则会造成维护工作时间点之间的设备故障；如果设备维护时间间隔过短，则会造成资源浪费。

另一方面，随着时间的推移以及设备的不断维护，设备的状态也会发生一定的变化，因此预防性维护的维护计划也需要在一段时间后进行修正。

2. 预测性维护

预测性维护是通过对设备状况实施周期性或者持续监控来评价某一设备状况的一种方法或一套技术。通过对设备当前状态的判断来确定进行维护的具体时机。

预测性维护强调的是定量，是对设备状态的定量。首先是对设备进行状态描述，然后对设备状态进行监测，并根据设备的定量状态监测结果做出评估，决定维护计划。

设备的状态监测系统（Condition Monitoring System，CMS）已经越来越多地被使用在工业设备中。对设备的状态监测可以是在线数据（比如振动、温度、电压、电流、流量等），也可以是定期采集的离线数据（比如有油液理化分析等）。

对预测性维护的一个较大误解是关于"预测"的。从预测性维护的定义不难看出，预测性维护的实质是基于状态的维护，因此也被称作状态维护。而并非基于一般意义的"预测"。预测性维护中基于设备状态的评估结论可以是一种分析结论，广义上也是一种预测结论，但此时的结论并非未来还有多久设备会变成什么样的结论。当然，对于设备的机械故障，往往存在一个劣化的过程，而设备在这个劣化过程中是可以通过一些趋势分析得到对未来的某种预期。但是这个预期是在状态评价基础之上的进一步结论，并非预测性维护本身。

## 二、设备维护的程度

不论是对重要零部件的主动维护，还是对次要零部件的被动维护，都有一个维护程度的概念。不恰当的维护程度包括"过维护"和"欠维护"。

过维护指的是对设备的过度维护。设备的维护过度会浪费维护资源，其中包括维护人员成本和维护物料成本。过度维护的设备及其零部件往往还有较长的残余使用价值，在这些零部件未达到应有寿命的时候进行维护更换，虽然会提高设备的可靠性，但同时也不能实现物尽其用的最有效率原则。

欠维护是指设备维护的不足。欠维护的直接表现就是被动维护次数的增加，设备意外停机次数增加等。设备意外停机往往带来备品备件供应、停机时间不确定，以及原因排查困难等诸多问题。

工程实际中，设备工程师往往是在"过维护"和"欠维护"中间寻求最佳的解决方案。同时维护的程度与设备的可靠性息息相关。对于高可靠性要求的重大关键设备，有时候在维护原则的选择方面倾向于适度的"过度"维护。一个比较常见的例子就是对核电站的关键设备的维护。通常对于核电站的设备，一旦其出现问题，带来的损失是十分巨大的，这些设备故障风险是无法承担的，因此宁愿牺牲维护效率以实现更高的可靠性和安全性。

不难发现，"恰当"的设备维护原则需要建立在正确的维护时机、维护范围、维护深度的选择的基础之上。而掌握这些因素的基础就是对设备运行状态的掌握。在自动化程度不高的年代，工程师用现场日常点检的方式实现对设备的监控。随着自动化设备和传感器技术的发展，一些在线监测设备得以广泛应用，工程技术人员可以了解设备的实时状态，从而根据设备状态决定设备维护的时机、范围和深度。人工智能技术的发展使得这种决策机制有了更加有力的工具。其主要功能对于设备运维而言可以用在对设备故障的评估、故障基本诊断、设备劣化趋势预测等方面。所有的分析结果都指向运维时机、范围和深度的决策方面。

### 三、电机轴承预防性维护流程

在前面的讨论中，我们知道了电机轴承投入使用中的 3 个基本环节：电机轴承状态监测、电机轴承失效分析、电机轴承的维护操作。在工程实际中具体可以分作以下几个步骤（参见图 8-1）。

1. 收集有效信息

通过观察设备情况，确定状态监测信息收集点，并收集信息。

2. 振动信号频谱分析

对收集来的信息进行对比分析，包括时域分析和频域分析（后续内容将展开介绍分析方法）。

3. 多信息对比监测

使用额外的信息分析对振动信号频谱分析的结果进行校核确认。其中包括电流分析、相位分析、加速度包络分析、润滑油分析和热分析等手段（通常对停机影响严重，需要慎重停机的设备，需要进行此步骤）。对于一般设备或振动信号频谱分析结论比较确定的情况，可以酌情考虑是否进行其他信息对比校核。

4. 轴承失效分析（又称为根本失效原因分析）

通过对轴承的失效分析，找出导致轴承失效的根本原因，以避免失效再次发生。

5. 维护报告以及维护计划的制定与执行

通过上述分析，编制出维护报告，制定并实施改进计划。

在这 5 个步骤中，前 3 个是设备在运行时通过信息采集和分析对设备振动进行分析。在这个过程中，主要的目的是找出设备运行振动异常的来源，确定故障点，

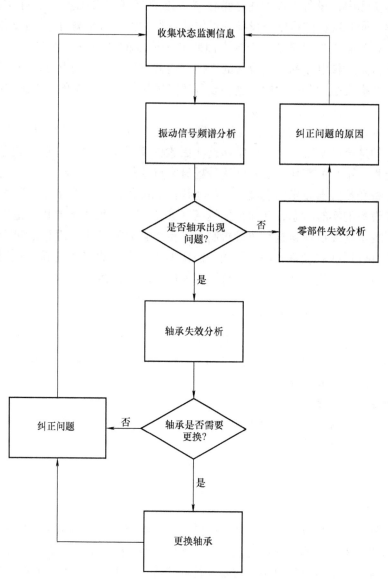

图 8-1  电机轴承预防性维护流程

诸如：电机轴系对中不良、转子动平衡不好、机座底脚安装松动、带轮问题，轴承问题、齿轮问题、风叶问题，电气问题等。

当故障点被找到时，就可以根据对应的故障点进行深入挖掘，以找到其失效的根本原因，并实施改进。对于轴承而言，就是对轴承进行失效分析，找出导致轴承缺陷的原因，也就是第4步的工作。

在电机运行中，不论温度过高，振动超差，还是噪声不合格，电机机械问题在工程技术人员的宏观观察中往往出现在轴承上。经常的做法是更换轴承。然而，如果问题的源头不是轴承本身，那么对轴承的更换是无效的。缺乏有效的设备运行状态数据收集、分析和维护，势必造成成本浪费，降低维护效率。因此，基于有效监控和分析的电机轴承预防性维护应该按照如图 8-1 所示流程进行。

# 第二节　电机轴承状态监测和频谱分析

## 一、电机轴承状态监测概述

电机轴承的状态监测包含检测信号的选取、监测点的布置、检测信号的读取和分析等部分。最常见的轴承描述状态的信息包括温度、转速、转矩（电机中反应为电流）、振动等。对于温度信息，最准确的方法是利用实现埋置在相关部位（例如轴承室内）的热传感元件输出的温度信号，其次是利用红外测温仪（俗称测温枪）直接测量得到的温度值，还有就是利用红外成像仪等手段得到的温度信息。转速的波动通过转速计测量；电机电流分析需要使用相应的电流谐波分析工具进行获取；振动信号分析可以通过振动监测点收集信息，再通过振动信号分析仪进行展开。这些电机轴承信息中，一般的温度、转速测量通常作为设备普通巡检方法被采用。若想对设备进行深入的信息采集和分析，振动信号以其使用方便、信息失真小等优点被广泛使用。

监测点的布置，就是将振动传感器布置到检测轴承振动的相应位置。通常，应该选择靠近轴承的地方布置振动传感器。如果条件允许，应该对轴承的径向和轴向分别布置振动传感器。这样，在后续振动频谱分析的过程中除了可以对单一位置（径向）进行频域分析以外，也可以通过轴向和径向振动信号的相位关系进一步进行相差分析。

对轴承进行振动监测，所得到的结果是振动针对某个对应值（时间、频率）的状态值。这个值有可能是位移、速度或加速度。对这个结果进行分析就是我们所说的频谱分析。

## 二、电机轴承振动信号分析（频谱分析）

轴承在运行时所产生的振动反映着轴承内部运行的状态。通常，我们对振动测量可以用位移、速度和加速度进行。不同的测量需要使用专门的传感器或计量网络。相应地，不同振动测量对不同频段的敏感程度也不同：位移的测量对于低频振动敏感；加速度的测量对于高频振动敏感；速度测量则在两者之间。

对于电机中的轴承而言，其特征振动信号往往是对轴承缺陷的响应。由于这个响应频率很高，因此加速度测量经常被用在这个场合。

这里监测的目标是轴承的缺陷频率。但如果从噪声的角度来讲，声压往往和振动表面的速度成比例，因此有时也会使用速度传感器对轴承的振动进行测量。

（一）电机轴承振动时域监测与分析（轴承失效过程的时域表现）

设备在运行时，其振动值将随着时间的迁移而变化。由此，如果用时间作为衡量振动的横坐标，用振动幅值作为衡量振动变化的纵坐标，就得到了如图 8-2 所示的轴承振动时域表现图。

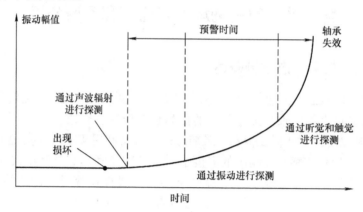

图 8-2　电机轴承振动的时域表现

从图 8-2 中可以看到，一套轴承的运转从完好到完全失效大致可以经历如下 4 个阶段。

1. 轴承失效出现

工程实际中，轴承最开始出现某种失效时，失效非常轻微，由此引起的振动非常小。一般测试手段很难探知。只有到达一定程度时，才能通过声波辐射等方式被发现。此时轴承处于最早期失效，并未影响设备正常运行。

2. 轴承初期失效

轴承继续运行，已出现的失效点开始继续发展。随着时间的延长，其振动幅值变大。一般情况下，这些振动可以通过振动检测仪发现，但操作人员凭自身感觉还是很难发现。此时，轴承运行看起来依然没有什么问题，但是潜在的风险已经发生，轴承运行进入预警阶段。

3. 轴承中期失效

早期出现失效点的轴承继续运行，失效点继续拓展，甚至开始次生失效。此时轴承的振动幅值继续扩大，还很可能伴随着某些温度异常，一般情况下，可以被操作人员通过宏观观察发现异常。这时轴承依然可以运行，只不过有些指标会变差，轴承已经处于故障运行阶段。此时应该对轴承进行更换。

4. 轴承晚期失效

如果轴承在中期失效依然未被更换，那么失效点会继续扩大，同时次生失效发生，并且越来越严重。轴承振动幅值越来越大，温度异常，操作人员可以轻易地发现这些异常。在这个阶段，甚至会出现轴承无法正常运行的情况（卡死等）。此时轴承初期失效和次生失效交杂在一起，对后续轴承失效分析带来困难，应该避免到此时才发现轴承出现问题。

从图8-2中还可以看出，对于使用轴承振动状态检测的电机，从第二阶段开始，就可以探知轴承内部出现了问题。此时轴承运行尚可，维护人员有足够的时间安排停机维护，从而有效地降低非计划停机这样的突发事件发生的概率。

由此可见，振动监测对时域分析的重要价值就在于对轴承振动异常的早发现、早维护、早修正。但是，时域振动分析需要在设备正常使用时就定期获取并记录振动数据，以了解电机振动的正常值，从而按照时序绘出电机轴承振动的时域图谱。记录日常电机轴承振动信息的同时与历史记录进行比对，一旦出现异常，便可以提早进行维护准备工作。

各电机用户在进行电机轴承振动时域数据记录和分析时，要根据积累的数据来决定合理的报警值。报警值越低，报警越早、设备可靠性越高。但是相应地，过早的报警，也会造成一定资源利用效率的问题。通常而言，可以根据 ISO 2372 给出的机器振动（速度有效值）分级（见表8-1）进行衡量。

表 8-1　ISO 2372 机器振动分级表

| 振动烈度/(mm/s) | Ⅰ类 | Ⅱ类 | Ⅲ类 | Ⅳ类 |
|---|---|---|---|---|
| 0.28 | 好 | 好 | 好 | 好 |
| 0.45 | | | | |
| 0.71 | | | | |
| 1.12 | 满意 | | | |
| 1.8 | | 满意 | | |
| 2.8 | 不满意 | | 满意 | |
| 4.5 | | 不满意 | | 满意 |
| 7.1 | | | 不满意 | |
| 11.2 | 不允许 | | | 不满意 |
| 18 | | 不允许 | | |
| 28 | | | 不允许 | 不允许 |
| 45 | | | | |

注：1. Ⅰ类为小型电机（额定功率小于15kW 的电机）；Ⅱ类为中型电机（额定功率在15~75kW 的电机）；Ⅲ类为大型电机（硬基础安装）；Ⅳ类为大型电机（弹性基础安装）。

　　2. 表中测量速度有效值（RMS）应在轴承座的3个正交方向上。

**（二）电机轴承振动频域监测与分析**（轴承失效过程的频域表现）

1. 电机轴承振动频域分析基本概念

电机轴承的时域检测与分析给出了振动幅值随时间变化的值，并提示报警。但是，这个总体振动幅值并未反映具体可能的失效部位。使用人员还无从知晓振动超标来自于设备或者轴承的哪个地方。因此需要引入振动频域分析帮我们具体了解可能的失效位置。

时域振动监测和频域振动分析都是振动值相对一个指标的分布情况。时域振动监测的横坐标是时间，那么频域振动分析的横坐标就是频率。

我们都知道，通过傅里叶变换，可以将任何周期性信号分解为无穷多个正弦信号的叠加。因此，将普通的周期性振动信号也进行傅里叶变换，就可以得到不同频率下的一系列正弦振动信号。用这个方法可将轴承运转时的振动分解成不同频率的幅值。这些幅值在频域上的分布，就是所谓的轴承振动的频域分析。

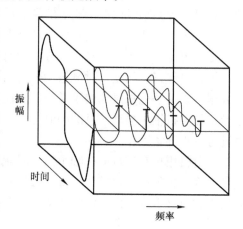

图 8-3　轴承振动时域分析和
频域分析的关系

轴承振动时域分析和频域分析的关系可以用图 8-3 来说明。

2. 轴承缺陷频率

对于轴承的每一个零部件而言，如果此零部件上有瑕疵，则当滚动体通过这个瑕疵时就会激发这个地方相应频率的振动，这些频率被称为缺陷频率。

工程技术人员将轴承整体的振动经过傅里叶分解，分离出轴承缺陷频率部分，观察其幅值，由此来确定是否在轴承相应零部件上已经出现了缺陷。

轴承有内圈缺陷频率（Ball Pass Frequency Inner Race，BPFI）、外圈缺陷频率（Ball Pass Frequency Outer Race，BPFO）、保持架缺陷频率（或滚动体公转频率）（Cage Frequency or Fundamental Train Frequency，FTF）、滚动体缺陷频率（或滚动体自转频率）（Ball Spin Frequency，BSF）。当频域振动图谱中这些频率的振动出现异常偏大时，技术人员就可以判断在相应的轴承部件上出现了问题。

轴承各个部件缺陷频率可以用以下公式进行计算：

1）滚动体通过内圈一个缺陷时的冲击振动频率（内圈缺陷频率）为

$$\mathrm{BPFI} = \frac{Zn}{120}\left(1 + \frac{d}{D}\cos\alpha\right) \tag{8-1}$$

2）滚动体通过外圈一个缺陷时的冲击振动频率（外圈缺陷频率）为

$$\mathrm{BPFO} = \frac{Zn}{120}\left(1 - \frac{d}{D}\cos\alpha\right) \tag{8-2}$$

3）滚动体自转频率为

$$\mathrm{BSF} = \frac{D_n}{120d}\left[1 - \left(\frac{d}{D}\cos\alpha\right)^2\right] \tag{8-3}$$

4）滚动体公转频率（保持架缺陷频率）为

$$FTF = \frac{n}{120}\left(1 - \frac{d}{D}\cos\alpha\right) \tag{8-4}$$

式中　$n$——轴承转速（r/min）；

　　　$d$——滚动体直径（mm）；

　　　$D$——滚动体节径，即滚动体中心所在圆的直径（mm）；

　　　$\alpha$——轴承接触角（°）。

需要说明的是，轴承零部件的特征频率计算值和实测值往往会出现一个小幅度的偏差，这与测量有关，与轴承生产加工制造等因素也有关系。工程实际中，不必严格追究一致。

3. 轴承失效过程的频域表现

前面阐述了轴承失效过程中的时域表现。相应地，在轴承失效的不同阶段其频域特征如图8-4所示。

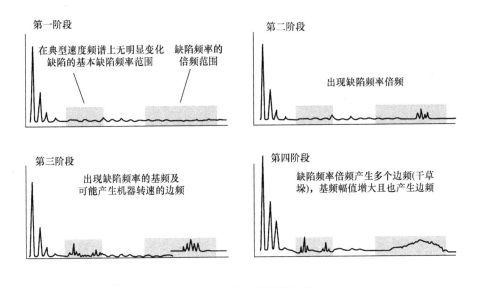

图8-4　轴承失效的频域表现

第一阶段——轴承出现失效。此阶段轴承出现的失效非常小。其振动表现在超声频率范围，用速度振动检测仪，不论在缺陷基频还是在缺陷频率的倍频上，都难以发现此时的异常。此时如果将振动信号进行相应的处理，或者使用加速度振动测试仪，可以发现轴承在初期失效阶段的振动信号。

第二阶段——轴承初期失效阶段。随着轴承失效点的扩展，振动频率下降至500Hz～2kHz范围内。此时使用速度频谱可以发现轴承初期失效阶段基于轴承部件基频的谐波峰值。在本阶段末期，伴随着这些基频谐波峰值的出现，一些边频也随

173

之产生。

第三阶段——轴承中期失效阶段。轴承失效继续恶化。在缺陷基频范围内出现缺陷基频和缺陷基频的倍频信号显著。通常，出现越多的倍频信号就意味着情况越糟。与此同时，在基频和倍频部分出现大量的边频信号。此时需要更换轴承。

第四阶段——轴承晚期失效阶段。此时轴承内部失效进一步恶化，轴承振动出现了更多的谐波，轴承振动信号的噪声基础提高。如果用速度频谱，可以看到出现"干草垛"效应。通常在这个阶段，轴承振动已经十分大，轴承的基频及其倍频信号出现幅值提升。由于轴承内部失效已经大幅度扩展，此时轴承的整体振动甚至会出现下降的趋势。但是这并不意味着轴承状态变好。原来离散的轴承缺陷频率和固有频率开始"消失"，轴承出现宽带高频的噪声和振动。

**（三）电机轴承时域分析与频域分析的使用方法**

从成本和效率的角度，前面介绍的电机轴承时域分析与频域分析并不是每次都需要同时进行的。图8-5所示为电机轴承状态监测基本流程。在电机轴承安装好振动信号监测点之后，对电机轴承进行定期检测。这种监测就是时域监测记录。当监测结果并未出现超过报警限值时，电机继续运行，并留存记录备查。当单机轴承振动信号超过报警限值时，需要对采集的振动信号进行频域分析，从而找到问题所在。根据前面的介绍，我们知道一般报警值出现时不会是轴承失效的晚期，因此工程技术人

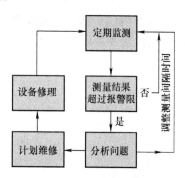

图 8-5　电机轴承的监测与维护

员可以根据频域分析结果，制定维修计划。与此同时，为避免设备出现问题，应该缩短振动监测时间间隔，提高监测密度。一旦问题急剧恶化，可以迅速采取措施。当设备维修计划制定好之后，在恰当的时机，对设备停机，实施维修。维修完毕，电机进入下一轮正常运行，同时对电机轴承振动继续进行定期监测。当监测结果再一次超过报警值时，工程技术人员除了按照前面步骤进行分析和解决以外，也需要对比之前的维修记录，确定前面的维修是否有效，或者是否有助于延长维护周期。如此往复，设备维护进入良性循环。

## 三、电机轴承频谱分析举措

在了解电机轴承频谱分析的基本知识之后，本部分就电机运行中经常遇到的一些典型频谱分析案例进行介绍。

**（一）偏心（对中不良）的频谱分析**

图8-6是一个电机轴偏心（对中不良）发生时的振动频谱图。这是一台运行在额定频率为60Hz、转速为1800r/min的电机径向振动频谱。从图中可见，在转速2倍频（额定频率为120Hz、转速为3600r/min）部分出现了峰值。这表明这台

电机对中不良。图 8-6 中第一个峰值是由于皮带磨损松动引起，第二个峰值是电机对中不良时的转速频率。

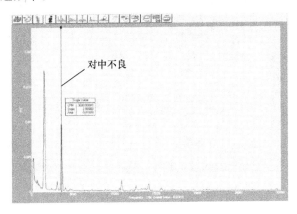

图 8-6　轴承（轴系）对中不良的频谱

一般地，当电机对中不良时，相对于 1 倍频而言，频谱中会出现一个较高的 2 倍频振动信号的幅值。我们通过 1 倍频和 2 倍频峰值的比例来判断电机对中不良的程度。通常这个 2 倍频的信号幅值为 30% ~ 200% 的 1 倍频幅值。对于联轴器应用的场合，如果 2 倍频幅值在 50% 的 1 倍频幅值以内，说明此对中不良仍可接受，电机可以继续运行。如果 2 倍频幅值为 50% ~ 150% 的 1 倍频幅值，说明此时对中不良已经比较严重，会对联轴器以及电机轴承造成伤害。如果 2 倍频幅值大于 150% 的 1 倍基频幅值，此时不对中已经非常严重，应该立即调整对中。

综合单点信号分析和轴向、径向信号相差分析，可得出如下结论：

在用联轴器或带轮连接的系统中，如果是径向 2 倍频幅值异常高，提示可能存在对中不良；如果是轴向 1 倍频幅值异常高，提示可能存在对中不良。

**（二）电机系统动平衡不良的频谱分析**

电机在生产制造过程中有可能存在转子动平衡未调整好的状态，同时在电机和负载之间的联轴器本身的平衡也有可能存在偏差。这样，当电机带动负载开始旋转时就会出现振动。这种振动出现时需要确定是不平衡问题还是其他问题，所以这个地方频谱分析可以给出更加明确的指示。

1. 因系统动平衡不良出现的振动具有的特点

1）在径向的所有方向上振动频率一致。

2）不平衡所引发的振动是一个正弦波，并且其频率是和转速一致的（每 1 圈 1 个周期）。

3）当不平衡不严重时，其引起的振动频谱通常不包含 1 次基频的谐波。

4）不平衡引起的振动幅值随着转速的提高而升高。

5）电机转子或者联轴器存在动平衡不良带来的电机振动频谱大致如图 8-7 所示。

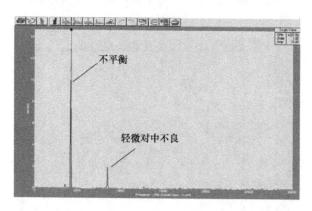

图 8-7 动平衡不良的频谱

**2. 系统动平衡不良的轴向和径向振动信号频谱反应**

1）如果径向 1 倍频幅值高，同时谐波小于 1 倍频幅值的 15%，那么提示存在动平衡不良。

2）如果主要振动幅值仅仅是偏高，而轴向、径向振动测量出现 90°的相位差时，提示存在动平衡不良。

3）如果基频振动在轴向和径向上同时存在，设备两端轴向相位测量同相，提示存在动平衡不良。

**（三）电机底脚安装松动（软脚）引起的振动频谱分析**

安装方式为 IM B3 或 IM B35 等带底脚的电机，通常将其底脚与设备基础进行良好的连接固定。若底脚螺栓连接不良等情况发生，就会导致电机底脚松动，俗称"软脚"。

通常电机软脚都是在电机安装过程中出现的，有时也会由于底脚部分连接件或者底脚本身出现问题而引起。

电机出现软脚时，其振动频谱中会在转速频率 1/2 的频率及其倍频的地方出现振动幅值的峰值。图 8-8 为一台电机软脚的频谱。

从图 8-8 中可见到，在电机基频的 1/2 及其倍频的地方出现振动幅值的峰值。这些峰值在基频及其 2 倍频范围内较高，但是随着频率的升高，其幅值降低。

一般地，综合轴向、径向振动频谱：

1）如果在出现一系列 1/2 倍基频的振动信号峰值，且其峰值超过基频幅值的 20% 时，说明有软脚问题。

2）如果电机是刚性连接，且中间无带轮或联轴器连接的情况，那么径向 2 倍频峰值的出现，表明可能出现了软脚现象。

**（四）轴承失效的频谱分析**

前面介绍过电机轴承内圈、外圈、滚动体以及保持架出现缺陷时的特征频率计

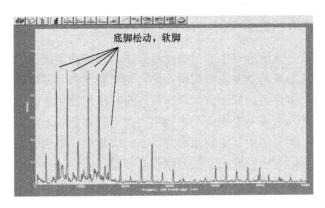

图 8-8　电机底脚连接不良（软脚）的频谱

算方法。轴承的缺陷频率较之前面几种振动频率高，同时其振动幅值小，因此，在通常的振动监测中不易察觉。ISO 规定的振动幅值评价表里是速度有效值，无法发现早期轴承的失效。所以，对于轴承早期失效，需要引入加速度包络作为轴承缺陷的频谱分析。在频谱中，失效的零部件（内圈、外圈、保持架或者滚动体）会在其特征频率上出现明显的峰值。图 8-9 和图 8-10 分别给出了轴承内圈和轴承外圈失效的频谱。

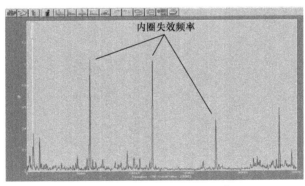

图 8-9　轴承内圈失效的频谱

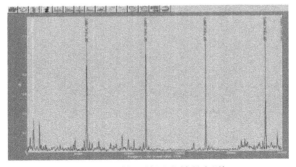

图 8-10　轴承外圈失效的频谱

### 四、电机轴承状态监测小结

关于轴承的状态监测是一个专门的学科领域，介绍此类知识的书籍很多，从事专业轴承及设备状态监测的专业公司也很多。轴承状态监测基本原理和基础知识大同小异，但是到具体设备的应用方面就需要咨询相应的技术人员。

对于电机设计人员或者电机使用者而言，对电机轴承状态监测及频谱分析的知识有一个初步的了解有利于避免盲目维修。工程实际中，电机安装完毕，旋转时很多振动和噪声都会通过轴承发出，轴承在很多情况下仅仅是一个故障表象。盲目地更换轴承和不充分的设备运行状态分析，都会导致维护失败。现实生活中，很多操作人员经常受到各种轴承振动和噪声问题的困扰，究其原因，就是没有找对导致轴承出现问题的根本原因，包括周边引起轴承问题的因素。状态监测以及频谱分析可以为电机设计人员提供一个直接、明确的分析工具。因此，了解一些状态监测知识，对电机设计人员大有裨益。

# 第九章　轴承失效分析技术

设备在投入试验以及使用过程中，一旦出现轴承相关的故障，就需要对故障原因进行分析。在轴承故障分析的过程中，通常先确定故障位置，然后查找故障原因。这就是故障"定位"与"定责"。

工程中对设备故障分析的手段很多，其中包括对振动分析、温度监控与分析、噪声分析等。其中振动监测的方法应用非常广泛，并且也相对完善。但是这些分析的方法，对于轴承而言，最多可以找到是某一个轴承零部件损伤的程度。对于轴承故障分析而言，依然是"定位"的层面。因为这些分析方法无法找到轴承失效的根本原因，因此"轴承失效分析"成为轴承故障诊断中的"失效根本原因分析方法"（Root Cause Failure Analysis，RCFA）。

## 第一节　轴承失效分析概述

### 一、轴承失效分析的概念

轴承失效分析是对失效的轴承进行鉴别与鉴定，进而通过分析推理找到导致轴承失效的根本原因的技术。首先失效分析的对象是失效的轴承，或者怀疑已经失效的轴承。实际上，故障不一定等于失效，因此对于轴承的失效分析仅仅是轴承存在失效的分析方法，是整个故障诊断与分析方法的一个重要组成部分，两者之间并非对等关系。

轴承周围零部件或者设备发生某些故障时，其运行状态会出现异常表现，但是如果这种异常表现并未导致轴承失效，此时设备处在故障初期，对轴承影响甚少，对这个故障的诊断就不一定进入轴承失效分析的范畴。例如，设备初始安装时候的对中不良，试运行的时候就会发现振动异常，此时及时停机调整，故障就可以排除。这其中的轴承不一定出现失效（视运行状态而定），因此也就不需要进行失效分析。

另一方面，轴承失效分析往往需要对轴承进行细节的痕迹鉴定与判断，很多情况下需要对轴承进行拆解。多数情况下，对于设备的生产、使用者而言，轴承一旦经过拆解就难以复原，并重复利用。此时轴承失效分析就是一个破坏性分析方法。并且，在拆解轴承的同时也会造成轴承周围的一些因素产生改变，一些故障的线索可能因此而消失。因此在决定对轴承进行拆解之前，需要先对周围信息进行仔细收集和分析，谨慎地决定对轴承的拆解动作。

轴承失效分析的目的是找到导致轴承失效的根本原因，并予以排除，避免失效的重复出现。因此即便是破坏性分析手段，其对后续轴承的可靠运行也具有重大意义。轴承失效分析在表面上看，就是对轴承进行拆卸，然后做一些小的纠正，之后重新安装轴承。

在一些制造厂家，当设备出现了与轴承相关的故障表现时，最先做的是更换轴承。事实上更换轴承是一种概略的排除法。有时候更换轴承会使故障消失，有时候则不尽然。但是无论如何，单纯的更换轴承并不是真正找到与轴承相关故障原因的方法。在工程实际中很多时候也会出现更换轴承之后故障消失，但是检查轴承后发现轴承一切正常的情况。造成这种情况的原因有可能是在轴承的拆卸和重新安装过程中，某些导致故障的因素被改变，从而故障消失。如果导致故障的因素依然存在，那么未来的使用中，这种故障依然无法排除。

但是其本质上和单纯轴承更换有非常大的区别，不论从目的、方法，以及关注重点上都有不同。表9-1对此进行了总结。

表9-1　失效分析与更换轴承

| | 轴承失效分析 | 更换轴承 |
|---|---|---|
| 目的 | 找到导致轴承失效的根本原因，避免失效再次发生 | 对轴承进行更换 |
| 前序工作 | 搜集周围设备以及轴承的相关信息 | 准备更换的轴承和工具 |
| 主体工作 | 对轴承进行拆解，对失效痕迹进行分析判断，通过前序工作收集的信息一同对轴承失效根本原因进行合理推断，必要的时候做相关的验证工作 | 选择正确的方法对轴承进行拆卸 |
| 后续工作 | 提出轴承失效分析报告，给出改进建议 | 检查安装后的轴承是否运转正常 |
| 关注重点 | 失效原因，鉴别、分析、判断 | 完好拆卸，对周围零部件影响最小。安装后轴承运行正常 |

轴承失效分析通常也会与其他轴承故障诊断技术和手段配合使用，并且相互印证。就对失效分析的深度而言，轴承失效分析又被称作根本原因分析（RCFA），顾名思义，轴承失效分析往往是最能反映根本原因的分析手段。

## 二、轴承失效分析的基础和依据（标准）

轴承失效分析是一个通过观察、分析、将线索与理论体系相互联系印证的过程。所以最初的轴承失效分析是一个非常经验化的工作。并且轴承失效分析中对轴承表面形貌的判断往往在图像上呈现，很难量化说明。

轴承失效分析技术发展之初，对这些失效的轴承表面形貌的归类都不清晰，所以经常出现的情况就是：同一套轴承，在不同人的眼睛里观察的结果可能不同，得到的结论也可能不同。有时，甚至出现因为对相同的失效点的不同叫法而带来的误会。这种因人而异的判断很多时候会使分析陷入混乱。

但是另一方面，千差万别的轴承失效也确实有其相类似的地方。这些类似不仅仅形貌类似，导致的原因也可以分类。这种科学的分类，在很大程度上统一了判断的一些标准，同时对失效分析的判别提供了依据。人们根据这样的分类，明确了相应的分类规则，描述了各个分类之间的共性和可能被诱发的原因，并发布了相应的图谱。目前最广泛使用的是 ISO 15243：2004。我国在 2009 年也参照这个国际标准颁布了 GB/T 24611—2009《滚动轴承　损伤和失效　术语、特征及原因》。这些标准就是进行轴承失效分析最主要的依据。

需要指出的是，目前对轴承失效分析的各种资料中，很多时候并没有遵守既定规则的分析及命名原则。这样对轴承失效分析技术的应用带来了一定的难度。甚至有些大家耳熟能详的叫法，其实并不规范（标准中并未使用的命名）。造成这些情况是由于对外语翻译的偏差，或者个人喜好的叫法不同。

不规范的叫法会导致技术人员在进行技术沟通时带来很大误解，这些误解最终会造成大家判断的不一致，甚至最终分析结论与实际原因相去甚远。这也使轴承失效分析在某些情况下被认为是"经验学问""不准确""玄学"。而事实并非如此，轴承失效分析作为一门技术，其严格的定义和严格的描述是科学、周密而符合逻辑的，人为的修改、乱用或者对概念掌握的不准确才是导致分析失真的根本原因。

此处希望工程师尽量使用标准中的分类和命名方法，以便于轴承失效分析技术发挥真正的科学作用，而避免成为因人而异的"玄学"。

### 三、轴承失效分析的限制

轴承失效分析作为一门科学，有其规范和适用条件。对于经验丰富的工程技术人员，通过对轴承失效分析概念的准确把握和对现场的敏锐察觉，可以很精准、迅速地找到轴承失效的原因，但是如果失效分析的边界条件被突破，即使对于有经验的专家，其判断速度和准确度也会大打折扣。

#### （一）轴承失效分析的时机

首先，轴承失效的最终状态往往是多重因素多发、并发的。这种多发可能是由一个失效引起次生失效，而失效之间相互交杂。同时，各种交杂、并发的失效之间发展速度也有可能不一样，有时候次生失效发展的比原发失效速度快，宏观上占据主导。

实际工作中，对轴承进行失效分析的一个重要工作就是界定失效之间的关系，其中包括时间先后关系和因果关系等。对失效关系的分析目的是找到原发失效，从而找到导致原发失效的根本原因。对于失效晚期的轴承，轴承的各种原发、次生失效已经严重相互叠加，轴承各个分析表面已经斑驳不堪，甚至轴承烧作一团。此时几乎无法对轴承的失效展开有效的分析和鉴别。由此可见，失效分析的时机对于失效分析工作的准确性非常重要。失效分析在轴承失效的越早期进行，其次生失效发生的次数就越少，越有利于找到原发失效。

图9-1是一个已经完全烧毁的轴承，轴承各种痕迹相互揉杂在一起，对于这样的失效轴承已经失去了分析的意义。

图9-1　轴承失效晚期示例

**（二）轴承失效分析标准分类的局限**

前已述及，经过多年的努力，轴承失效分析的国际标准和国家标准已经建立起来，并且相对完备。这些标准中定义的轴承失效的类型已经涵盖了大多数轴承失效的类型。但是面对千差万别的工程实际，依然有一些轴承的失效模式无法被涵盖进来。工程技术人员在轴承诊断中使用失效分析的手段时，主要是依据国际标准进行失效判别，但是一旦发现某种失效确实不属于标准分类中的任何一种的时候，也不一定非要强行归纳到标准分类之中。

另一方面，工程师也不应该过于草率地定义非标准的失效类型。国际标准是经过长时间工程技术实践的总结，能够超出这些分类的轴承失效并不多。在做"非标准轴承失效类型"判定的时候必须要谨慎。

不论是否符合标准轴承失效类型，对轴承失效表面的鉴别与鉴定都是通过观察实现的。虽然工程技术人员可以通过放大镜、显微镜等各种辅助工具，但是最终判断的依据还是从图片信息到主观判断的一个过程。这样的主观判断方法使得其结果受到分析人员经验、知识等方面背景的影响，因此总体上是一种概率的判断，存在一定的偏差可能性。

轴承失效这样的非量化主观判断过程非常难于实现数据化。即便使用相应的图像识别技术，其实现的难度，以及实现的准确性等在技术上都有待于进一步的改进和提升。目前在大数据人工智能领域，对轴承失效分析领域的应用还处在起步阶段。

# 第二节　轴承接触轨迹分析

## 一、轴承接触轨迹（旋转轨迹、负荷痕迹）的定义

一套全新的轴承，在生产过程中要经过车削和磨削等机械加工，生产完成之后，宏观上来看滚道和滚动体表面具有合格的表面精度。但是如果用显微镜进行微观观察，就可以清楚地看到所有的加工表面都有加工痕迹，就是我们所说的刀痕或

磨痕，这些加工刀痕或磨痕就是微观上金属表面的高低不平。

轴承在承受负荷运转时，滚动体和滚道之间接触并承载。轴承滚动体在滚道表面反复承压滚动，就会将滚道和滚动体表面刀痕或磨痕压得略微平坦些。其实这个过程在任何新加工后投入运行的机械设备中都会存在，我们称之为"磨合"。轴承接触表面的磨合是接触表面退化的一个环节。接触表面从承载就开始退化，直至失效。其中初期的磨合过程是有益的，经过初期磨合，轴承的运行表现会更佳，滚动体和滚道的接触达到最优的状态，此时轴承的摩擦转矩和旋转状态也进入最佳。经过磨合的滚动体和滚道表面较之全新加工的表面而言，其粗糙度会产生变化。这种变化从视觉上就可以看得出来，被滚过的滚道位置比旁边未承载的位置看起来有些许灰暗，其反光程度的差异只能看出来，而用手接触并无触感差异。

我们把轴承滚动体和滚道表面经过磨合而粗糙度发生变化的痕迹叫作接触轨迹或旋转轨迹（此定义源自 GB/T 24611—2009）。由上述接触轨迹产生的原因可以知道，接触轨迹的位置就是滚道和滚动体承受负荷的位置。也就是哪里承受负荷，哪里就会有接触轨迹。所以，接触轨迹是轴承承受负荷后在内部所留下的"线索"。

## 二、轴承接触轨迹分析的意义

在前面对轴承分类介绍的部分中，阐述了轴承的承载能力。轴承的承载能力就是这个轴承对应该承受负荷的承受水平以及方向。而轴承一旦承受了某个负荷，那么在对应的滚道和滚动体位置就会留下接触轨迹。在观察对比轴承的接触轨迹时，如果在轴承承载能力的范畴以外（承载方向和偏心等）发现了接触轨迹，就说明工况超出了设计预期。轴承承受了本来不应该承受的负荷。这样就提示了值得关注的地方。

我们将对接触轨迹的检查和分析叫作接触轨迹分析。事实上，很多轴承失效分析都会在接触轨迹分析阶段就已经找到对应的原因。只不过一些人过份地执着于轴承失效模式的界定，直接跳过了此步骤。这样做，一方面忽略了重大承载线索；另一方面经常使失效分析结论脱离实际改进的需求。现实中，我们总是看到一些轴承失效分析报告直接给出"表面疲劳"等分类性结论，可是这个结论对于电机使用维护人员意味着什么呢？应该做如何的改进呢？没有这些进一步的推论，这样的失效分析报告并无很大的指导意义。出现这种情况的原因很多时候就是就是忽略了接触轨迹分析，忽略了将轴承失效模式界定与轴承运行状态推断之间建立联系的过程。

由此可见，轴承接触轨迹分析对于轴承失效分析而言十分重要，不可忽略。

## 三、轴承正常的接触轨迹

轴承在外界以及自身处于正常工况时，轴承滚动体和滚道经过一段运行（磨合）也会留下接触轨迹。我们按照正常工况下轴承承受不同负荷状态的接触轨迹

分类介绍如下:

**(一) 轴承承受纯径向负荷的接触轨迹**

轴承承受纯径向负荷内圈旋转时(卧式内转式轴系统,无轴向负荷时),深沟球轴承及圆柱滚子轴承承载状态以及滚道接触轨迹如图9-2所示。

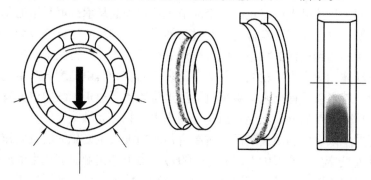

a) 轴承径向受力情况    b) 点接触轨迹(球轴承)    c) 线接触轨迹(柱轴承)

图9-2　内圈旋转轴承承受径向负荷的接触轨迹

轴承运转时,轴承内圈转动,内圈的所有位置都会经过负荷区,因此轴承内圈宽度范围的中央位置出现宽度一致并且布满一整圈的接触轨迹。

轴承外圈只有负荷区承受负荷,所以外圈在负荷区范围内宽度方向的中央位置留下接触轨迹。正常的深沟球轴承负荷区应该在120°～150°的范围内,因此,在负荷区边缘随着负荷的减少,接触轨迹变窄,直至离开负荷区,接触轨迹消失。

当轴承工作游隙正常时,轴承负荷区为120°～150°;而当轴承工作游隙过小时,轴承接触轨迹如图9-3所示,此时负荷区范围会扩大,甚至拓展到整个外圈。由于依然是纯径向负荷,因此此时接触轨迹依然位于外圈沿宽度方向的中央位置,且与轴承径向负荷相对应的地方接触轨迹最宽,并向两边延展变窄。

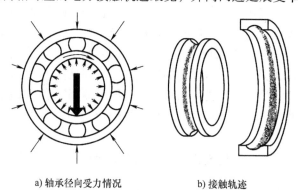

a) 轴承径向受力情况    b) 接触轨迹

图9-3　内圈旋转轴承径向负荷工作游隙偏小的接触轨迹

这种情况下,由于负荷是纯径向,并且内圈旋转,因此内圈接触轨迹布满内圈一周的等宽度轨迹，并出现在内圈沿宽度方向的中央位置。

　　工程实际中，若出现此种接触轨迹，就提示我们需要对轴承工作游隙进行调整。我们知道，造成轴承工作游隙过小的原因是轴的径向配合过紧，因此此时我们应该检查轴的径向尺寸，同时检查图纸径向尺寸公差设置。并根据本书轴承公差配合的建议进行调整。

　　外圈旋转轴承承受纯径向负荷外圈旋转时，轴承承载状态以及滚道接触轨迹如图9-4所示。

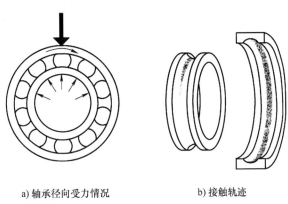

a) 轴承径向受力情况　　　　　　　b) 接触轨迹

图9-4　外圈旋转轴承承受径向负荷的接触轨迹

　　此时，轴承内圈固定、外圈旋转，负荷区位于轴承上半部分。轴承外圈旋转通过负荷区，因此呈现外圈等宽度整圈接触轨迹。轴承无轴向负荷，因此外圈接触轨迹位于轴承宽度方向的中央位置。

　　轴承内圈在负荷区宽度方向中央位置的地方出现中间宽、两边窄的接触轨迹。

　　关于工作游隙的判断，和内圈旋转的情况类似，请读者自行推断，此处不赘述。

### （二）轴承承受轴向负荷的情况

　　轴承承受轴向负荷时，负荷由一个圈通过滚动体传递到另一个圈，也就是从轴承一侧传递到另一侧。因此接触轨迹将出现在滚动体的两边。图9-5为轴承承受轴向负荷时的接触轨迹。

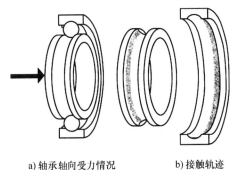

a) 轴承轴向受力情况　　　b) 接触轨迹

图9-5　轴承承受轴向负荷时的接触轨迹

　　轴向负荷通过轴承圈将滚动体压在中间，因此轴承内部没有剩余游隙。对于纯轴向负荷的情况，轴承内圈和外圈呈现对称方向等宽度的布满整圈的接触轨迹。

纯轴向负荷将轴承内外圈压紧，因此不论内圈旋转还是外圈旋转，轴承两个轴套圈呈现的负荷痕迹呈现对称的分布。

在一般负荷下，滚道和滚动体的接触应该发生在滚道两个边缘以内，此时接触轨迹位于滚道之内的某个位置。但是当接触轨迹已经接触或者跨越轴承滚道边缘时，就说明此时轴承承受的轴向力过大，超出了轴承的承受范围。轴承会出现提早失效。

由此可以想到角接触球轴承就是偏移滚道的深沟球轴承，它将滚道沿着轴向负荷方向偏转，使轴承可以承受更大的轴向负荷。但是相应的，如果角接触球轴承承受了反向的轴向负荷，那么接触轨迹很容易就会跨越滚道边缘，这是不允许的。

### （三）轴承承受联合负荷的情况

如果轴承既承受轴向负荷又承受径向负荷（或者一个负荷如果可分解为轴向和径向两个分量），那么我们将这种负荷称为联合负荷。轴承在承受联合负荷时具有轴向负荷接触轨迹和径向负荷接触轨迹的联合特征。如图9-6所示。

首先，联合负荷的轴向分量，将滚动体通过轴承套圈压紧，因此轴承接触轨迹布满整个套圈一周，并沿着负荷传递方向分布在滚动体两侧。

另一方面，联合负荷的径向分量

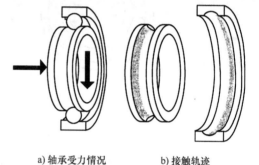

a) 轴承受力情况　　b) 接触轨迹

图9-6　轴承承受联合负荷的接触轨迹

是轴承在径向方向产生重负荷区，因此轴承接触轨迹在负荷方向宽，在反方向窄。这就说明径向负荷方向的轴承承载大，反方向承载小。

前面章节已经阐述，在常用的卧式内转式轴系中，经常使用深沟球轴承结构布置，有时候会对轴承施加轴向预负荷。这时候深沟球轴承所承受的负荷就是一个联合负荷，其中包括了轴系统本身的径向负荷以及轴向预负荷。此时经过一段时间运行，深沟球轴承内部的接触轨迹应该和上图相类似。

上述情况下，轴承滚道上的接触轨迹居于滚道正中，并且可以观察到非负荷区，那就说明此时施加预负荷失败。在运行时，深沟球轴承实际上并未受到预负荷的作用。此时需要检查预负荷的施加是否出现问题。

## 四、轴承非正常的接触轨迹

轴承非正常运行工况包含很多种。由于不恰当负荷随工况变化而变化，对于轴承承受不恰当负荷状况无法一一列举。但我们只要将实际的接触轨迹和前面讲述的轴承正常运行状态下的接触轨迹进行对比，便可以找到差异，从而查找到一些线索。

　　下面对因外界条件不良所引起的非正常接触轨迹进行一些说明，其中包括轴承对中不良、轴承室圆度不合格等造成的轴承负荷异常等情况。

**（一）轴承承受偏心负荷**（对中不良）**的情况**

　　轴承承受偏心负荷，也就是轴系对中不良的情况分为两种：一种是轴承室偏心（轴承室和转轴同心度较差）；另一种是轴偏心（轴承和转轴同心度较差）。

　　1. 轴承室偏心

　　轴承室偏心是指轴对中良好，而轴承室的中心出现偏心的状态。轴承内圈旋转外圈固定时，轴承状态及接触轨迹情况如图9-7所示。

　　由于内圈旋转，滚动体滚过内圈整周，内圈在可能承受负荷的宽度内普遍承载。内圈出现等宽度且布满整圈的接触轨迹。

　　轴承外圈一直处于偏心状态运行，因此接触轨迹呈现宽度不一致，且位于两个完全相反的方向斜向相对。

　　图9-7b中左边为深沟球轴承在轴承室偏心负荷下的接触轨迹，右边为圆柱滚子轴承此时的接触轨迹。与球轴承接触轨迹类似，此时圆柱滚子轴承沿套圈轴向中心线分布两个相对的接触轨迹。

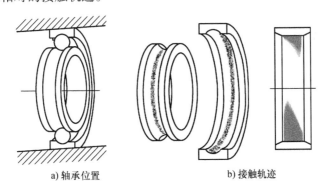

a) 轴承位置　　　　　　　　　　　　b) 接触轨迹

图9-7　轴承室偏心时轴承的接触轨迹

　　2. 轴偏心

　　轴偏心是指轴承中心线对中良好，但轴出现偏心的状态。对于内圈固定外圈旋转的情况，轴承状态及接触轨迹如图9-8所示。

　　此时轴承内圈旋转，由于轴处于偏心状态，所以轴承内圈偏斜运行，产生宽度不一致的接触轨迹，同时接触轨迹位于相反方向斜向相对。

　　轴承运行时，由于内圈偏斜，所有的滚动体都会被压在两个轴承圈之间，因此轴承运行，没有剩余的工作游隙。此时，轴承外圈出现宽度一致、遍布整圈的接触轨迹，且接触轨迹宽度相同。

　　对于非调心轴承而言，偏心负荷都会造成比较严重的后果。尤其是对于圆柱滚子轴承等对偏心负荷敏感的轴承而言，偏心负荷会造成滚动体与滚道接触的应力集

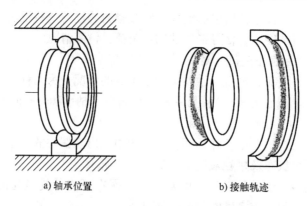

a) 轴承位置　　　　　　　b) 接触轨迹

图9-8　轴偏心时轴承的接触轨迹

中，因此会大大降低轴承寿命。

**（二）轴承室圆度不良产生的接触轨迹**

如果轴承室圆度不良，在轴承滚道上产生的接触轨迹（内圈旋转的情况）如图9-9所示。

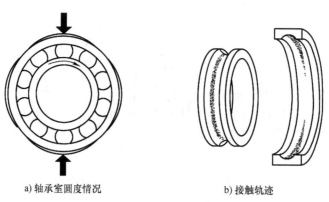

a) 轴承室圆度情况　　　　　　　b) 接触轨迹

图9-9　轴承室圆度不良时轴承的接触轨迹

由图9-9a看到，轴承室呈现竖向窄、横向宽的椭圆形态。此时内圈旋转，内圈滚道轴向中央位置出现宽度一致、遍布整圈的接触轨迹。

轴承外圈由于受压于轴承室，竖直方向偏窄，通过滚动体与内圈承载；横向偏宽，分布有剩余游隙。因此轴承在上下端出现接触轨迹，在横向没有负荷轨迹，且负荷轨迹位于轴承圈轴向中央位置。

处于这种状态下的轴承会出现噪声不良的状态，最终影响轴承寿命，应予以纠正。

**（三）其他不良负荷状态的接触轨迹**

了解了轴承滚道接触轨迹产生的原因，就可以推断其他负荷状态下的接触轨迹样貌。举几个例子如下：

1）轴承室如果圆柱度不良（假设圆度等其他因素正常）而呈现锥度，此时内外圈成楔形空间分布，显然楔形空间窄的地方承载会大，因此接触轨迹明显；而相对方向负荷轻，接触轨迹不明显；或者在极端状态下会没有接触轨迹。

2）普通电机内圈旋转的轴承在振动负荷下运行。此时如果振动比较剧烈，则轴承原本静止运行时应该处于非负荷区的地方也会出现接触轨迹。此时轴承内圈和外圈同时出现遍布整圈的接触轨迹。

3）振动负荷轴同步旋转时，此时负荷相对于轴承内圈的方向不变，虽然是内圈旋转的轴承，但是轴承外圈也会出现整圈的接触轨迹，而轴承内圈只在某些方向出现接触轨迹。

各种情况不胜枚举，读者可以使用上述分析方法，基于实际工况加以分析，从而得到接触轨迹的合理解释。

# 第三节　轴承失效类型及其机理

## 一、概述

轴承失效类型分析是失效分析的核心内容。轴承周围的信息，以及轴承内部的接触轨迹等信息，都属于轴承失效点的周边信息。这些周边信息十分有用，但是最核心的部分依然是对失效点本身的解读。在解读失效点信息的时候，通常会使用相应的国际标准进行分类，而除了分类以外，对失效机理的理解结合失效点周围信息的收集，工程技术人员才能将整个逻辑线条捋顺，从而可以得到维修的故障诊断失效分析结论。

本节对轴承失效的标准类型以及机理进行相应的介绍。

按照 ISO 15243：2017《滚动轴承　损伤与破坏　术语、特点和原因》和 GB/T 24611—2020《滚动轴承　损伤和失效　术语、特征及原因》，轴承失效类型总共有 6 大类，参见图 9-10。

ISO 15243：2017 规定的轴承失效形式是将轴承失效形式进行标准化，因此被归类的失效模式具有以下 3 个特点：

1）失效原因具有可识别的特点。虽然有很多种失效原因，但是每一种都可以被唯一地识别。

2）失效机制具有可识别的失效模型。失效机制可以被进行逻辑分组，这些分组可用于快速确定失效的根本原因。

3）观察到的轴承损伤可以确定失效原因。通过对失效元件及附属元件的仔细观察，可以排除周边干扰因素，从而找到真正的失效原因。

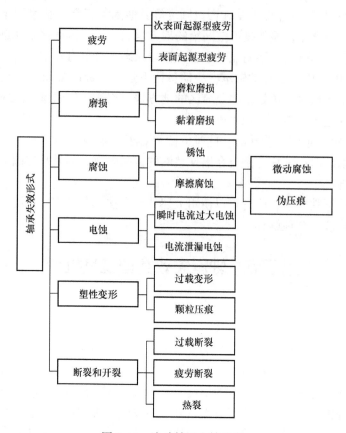

图 9-10　滚动轴承失效分类

## 二、疲劳

疲劳是指滚动体和滚道接触处产生的重复应力引起的组织变化。宏观上就是轴承滚道及滚动体表面的小片剥落。

轴承在承载运转时，滚道表面以及表面下出现的剪应力分布存在两个峰值，这两个峰值一个在表面处，一个在表面下。两个剪应力随着轴承的滚动往复出现，从而导致了轴承金属出现疲劳。因此这两个位置成为轴承疲劳的两个关键点。在这两个地方出现的疲劳被定义为次表面源起型疲劳和表面源起型疲劳。

**（一）次表面源起型疲劳**（表面下疲劳）

1. 次表面源起型疲劳机理（原因）、表现及对策

在轴承滚道承载时，如果表面润滑良好，表面剪应力峰值将被降低。因此次表面（表面下）的剪应力峰值即为剪应力最大值。当剪应力出现次数达到一定值时，金属内部组织结构就会发生变化，进而出现微裂纹。轴承继续运转，微裂纹将向表面扩展，最后形成金属剥落。图 9-11 为某润滑良好的轴承滚道表面下结构经历不

同运转时间后的变化。

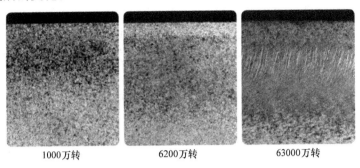

| 1000万转 | 6200万转 | 63000万转 |

图 9-11　次表面源起型疲劳的形成

　　次表面源起型疲劳最初生成时无法被察觉，这是因为它发生在轴承表面以下，此时轴承运行依然正常。当微裂纹扩展到表面时，轴承滚道表面就会出现缺陷。此时通过状态监测可发觉轴承相关部件的特征频率异常。随着疲劳的继续发展，疲劳剥落将进一步扩大，此时轴承运转会出现异常噪声，通过宏观观察可以察觉。如果此时不采取措施，剥落下来的金属颗粒会变成滚道的污染颗粒，此时会造成其他次生轴承失效。各种轴承失效形式叠加，会使轴承最终出现严重问题，甚至危及设备安全。次表面源起型疲劳的发展如图 9-12 所示。

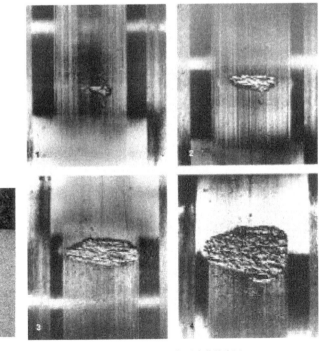

a) 滚道受载后次表面微裂纹　　　　　　　b) 次表面源起型疲劳的发展

图 9-12　次表面源起型疲劳

次表面源起型疲劳是一个逐步发展的过程，其发展的速度与轴承的转速和负荷的大小有关。在轴承失效初期和前期，次表面源起型疲劳可以被察觉。电机维护人员应该在发现轴承问题时及时处理，避免发生不可控的后果。

因轴承次表面源起型疲劳与轴承承受的负荷有关，所以通常经过轴承尺寸选择的负荷校验，使轴承工作在可以承受的负荷工况下。但是由于其他一些生产、工艺和使用的原因，一旦某些不应该承受的负荷施加到轴承之上，就将对轴承造成伤害。因此，检查并排除这些"非计划内"负荷，是应对轴承次表面源起型疲劳的重要手段。

2. 次表面源起型疲劳举例

如果轴承内部负载正常，则在轴承转数达到一定值时（剪应力出现到一定次数），轴承负荷区的滚道或者滚动体会将出现正常的次表面源起型疲劳。这就是所谓的轴承寿命的概念。但是当轴承承受不正常负荷时，往往在轴承运行不长时间就会出现次表面源起型疲劳。

圆柱滚子轴承偏载引起的次表面源起型疲劳，图 9-13 所示是一套圆柱滚子轴承次表面源起型疲劳的图片。首先，我们通过接触轨迹分析可以看到滚道表面一侧有接触轨迹，说明轴承承受了偏载。图 9-13 中仅显示了部分滚道，因此要结合整个滚道进行观察，来判断偏载是偏心还是轴承室锥度等引起的。在轴承承受偏载时，滚子一端和滚道之间的接触力很大，另一侧接触力较小。导致滚子一侧下面的滚道次表面应力大于正常情况，因此轴承运行一段时间（短于正常的疲劳寿命）就会出现次表面源起型疲劳。

图 9-13　圆柱滚子轴承次表面源起型疲劳

### （二）表面源起型疲劳

一般情况下，表面疲劳是在润滑状况不良的情况下，由于滚动体和滚道产生一定的滑动，而造成的金属表面微凸体损伤所引起的。

1. 表面源起型疲劳的机理（原因）、表现及对策

当轴承润滑不良时，滚动体和滚道直接接触。如果发生相对滑动，就会造成金属表面微凸体裂纹，进而微凸体裂纹扩展而出现微片状剥落，最后会出现暗灰色微片剥落区域。

表面疲劳的宏观可见发展第一阶段是滚道表面粗糙度和波纹度的变化。此时微片剥落发生，如果不能及时散热，摩擦部分的热量就可能使轴承钢表面变色并且变软。这样很多轴承滚道表面呈现出非常光亮的表观形态（有资料用镜面状光亮来形

容)。此时如果依然没有足够的润滑,并且散热不良,滚道表面的失效会继续发展,微片剥落继续发生,同时滚道表面会呈现类似于结霜的形态。这个时候,被拉伤的滚道表面甚至会出现沿着滚动方向的微毛刺。在这个区域,沿一个方向的表面非常光滑,而相反方向则十分粗糙。金属被从滚道表面拉开,剥落。如图 9-14 所示。

a) 滚道表面微裂纹    b) 滚道表面微剥落    c) 表面疲劳的发展

图 9-14 表面源起型疲劳

轴承润滑不良诱发表面源起型疲劳,而当表面源起型疲劳开始之后,接触表面粗糙度变得更差,接触表面产生更多热量,从而进一步降低润滑黏度。润滑黏度降低,再进一步削弱润滑效果。如此形成恶性循环。因此,轴承润滑不良导致的表面源起型疲劳发展十分迅速,轴承从开始出现失效到失效后期的时间很短,轴承迅速发热。往往要求一旦发现(通过振动监测和温度检测)异常,就立即停机检查,避免造成严重后果。

由于轴承表面源起型疲劳的原因多数与润滑相关,因此选择正确的润滑是防止轴承表面源起型疲劳重要的手段。

2. 表面源起型疲劳举例

表面源起型疲劳的主要原因是润滑不良。这种润滑不良可能出现在轴承滚动体和滚道之间,也可能出现在其他滚动零部件之间。下面举例说明。

关于轴承滚道与滚动体之间表面源起型疲劳,图 9-15 所示为一个

图 9-15 滚动体和滚道之间表面源起型疲劳

圆柱滚子轴承外圈滚道失效的例子。下面分析此例。

首先从接触轨迹角度判断,轴承的承载在轴承内部沿轴向均布,且位于轴向中央部分。这说明圆柱滚子轴承承受纯径向负荷,无偏心等其他不良负荷,轴承滚道

损伤部位位于轴承承载区。

对轴承滚道表面进行仔细观察，发现表面粗糙度异常，且表面材料有方向性观感。轴承滚道呈表面疲劳指征。观察轴承失效痕迹周围，可以判断此轴承处于失效初期。

表面源起型疲劳和润滑与最小负荷相关。

润滑不足或者润滑脂黏度过低时，金属直接接触，如果轴承内部是纯滚动，在表面疲劳初期会出现表面抛光。但是这个实例中，表面失效呈现方向性粗糙的表面源起型痕迹，不符合这一指征。

润滑过量、润滑脂黏度过高或最小负荷不足的时候，轴承滚动体和滚道之间有可能出现无法形成纯滚动的情况，因而会在滚道表面直接拉伤。观感就是粗糙的拉伤。图 9-15 所示与此相符。

通过以上分析，可以判断这个轴承表面疲劳与最小负荷、润滑脂填充量，以及黏度（温度）有关。

由此，建议检查轴承最小负荷、润滑脂牌号、运行、启动温度，以及润滑脂填充量。

上述案例中，继续观察滚道失效痕迹旁边，有滚道变色，这是由于表面疲劳润滑不良带来的高温所引起的。

仔细观察，还可以看到圆柱滚子轴承挡边部分有摩擦痕迹。这证明，这套轴承可能是外圈引导的圆柱滚子轴承，且轴承保持架和挡边端面出现了摩擦。从前面介绍的内容可知，当润滑脂稠度过高时，对于外圈引导的圆柱滚子轴承，其保持架和端面之间很难实现良好的润滑，这从另一个角度印证了前面对表面观察的判断。

圆柱滚子轴承安装不当，在前面轴承安装拆卸和轴承噪声部分中，都提及圆柱滚子轴承安装时造成滚动体或者滚道表面的拉伤会引起轴承噪声等现象。下面我们从轴承失效分析角度再看看这个问题。

图 9-16 为一套圆柱滚子轴承安装造成的滚动体表面拉伤照片。

从接触轨迹角度来看，图 9-16 所示的滚动体和滚道表面呈现轴向痕迹。这种接触和相对运动在轴承正常旋转时是不可能出现的，唯一的可能性就是轴承安装时，如果直接将滚动体组件连同端盖直接推入轴承，滚动体组件在滚道表面是滑动摩擦，此时滚动体和滚道表面没有润滑，滚道和滚动体表面会被拉伤，从而留下接触轨迹。

图 9-16　安装不当引起的圆柱滚子轴承表面源起型疲劳

从轴承失效分类角度看，如果这种滑动摩擦不严重，仅仅是造成滚动表面微凸点被拉伤，则此时肉眼难以察觉。但经过长时间运行，表面剪应力反复作用，就产生了表面源起型疲劳。这些疲劳部位从被拉伤的微凸点开始向周围扩展，宏观上就呈现出和滚子间距相等的失效痕迹。

如果这种安装滑动比较严重，将可能直接造成滚道或者滚子表面的擦伤。这种擦伤未经轴承运行便已经可以被察觉到，待轴承运行时，轴承失效会开始恶化。从轴承失效分析角度来讲，这属于轴承的磨损一类（详见后续内容）。

通过上述分析，我们从轴承失效分析角度解释了为什么在安装拆卸推荐中，建议安装之前在滚道表面涂一层润滑脂，同时安装时尽量左右旋转着旋入端盖组件，而不是直接推入。

### 三、磨损

轴承的磨损是指在轴承运转中，滚动体和滚道之间表面相互接触（实质上是微凸体接触）而产生的材料转移和损失。

严格意义上讲，轴承的磨损也是发生在表面的，是与表面疲劳类似，属于表面损伤的一种。但是它与表面源起型疲劳有区别。表面源起型疲劳是在轴承表面产生微凸体裂纹，从而随着负荷的往复开始发展的轴承失效；而磨损是指在表面直接造成材料的挪移和损失，可以理解为磨损更严重，不需要往复的表面剪应力就已经成为一种损伤，同时磨损伴随着材料的减少或者转移。

#### （一）磨粒磨损

轴承的磨粒磨损指的是由内部污染颗粒等充当的磨粒而造成的轴承磨损。

轴承内部的污染颗粒可能来自轴承安装过程中对轴承或润滑脂的污染，也可能来自密封件失效后轴承内部进入的污染。

另外，当轴承出现疲劳剥落时的剥落颗粒也可能成为次生磨粒磨损的磨粒来源。

在前面轴承润滑部分中曾经提及，二硫化钼作为极压添加剂使用时，如果轴承转速很高，则二硫化钼添加剂在这个时候也会充当磨粒的作用而伤害轴承。

1. 磨粒磨损的机理（原因）、表现及对策

磨粒磨损的发生是和磨粒不可分割的。若接触表面之间存在其他微小颗粒，在接触表面承载并相对运动时，这些小颗粒就会被带动在接触表面间承载移动，充当摩擦颗粒的作用对接触表面造成损伤。轴承的磨粒磨损都会伴随着轴承材料的遗失，初期宏观表现为轴承滚道及滚动体表面的灰暗。进而，原本进入的污染颗粒和刚刚被磨下来的金属材料一起成为磨粒，使磨粒磨损进一步恶化。图 9-17 为某调心滚子轴承滚道表面轻微磨粒磨损，图中可以观察到磨损部分与其他部分的滚道表面的差异。

对于轴承而言，磨粒磨损可能发生在滚动体和滚道之间，也可能发生在滚动体和保持架之间，甚至保持架与轴承圈之间。轴承发生磨粒磨损的发展是过程性的失效，失效出现时，轴承内部剩余游隙会变大，有时轴承的保持架兜孔与滚动体的间隙也会变大。随着磨粒磨损的发展，轴承会出现过快发热和异常噪声等现象。

轴承磨粒磨损严重程度以及发展速度与轴承内部污染程度、轴承转速、负荷的情况相关。

通过上述可知，轴承的磨粒磨损多数与污染颗粒有关，因此注意轴承使用过程中的清洁度以及对轴承使用正确的密封，是防止轴承磨粒磨损的重要措施。

图9-17　调心滚子轴承滚道表面轻微磨粒磨损

2. 磨粒磨损举例

图9-18 所示为一个深沟球轴承磨粒磨损失效的保持架。从图中可以看出保持架出有很多材料的损失。这时拆开轴承，会发现轴承润滑脂里有大量的金属碎屑间杂其他污染颗粒，轴承保持架兜孔变大，保持架材料被磨损。

通常这样的轴承保持架磨粒磨损会伴随着对轴承滚道的磨粒磨损同时发生。磨粒磨损发生时应该及时检查轴承密封、润滑等部分，查找污染进入的原因。

图9-19 所示的滚道磨粒磨损为一个球面滚子轴承内圈。图中不难发现原本光亮的轴承滚道变得灰暗，仔细观察会布满微小的坑。这就是轴承运行时候由于污染进入轴承内部引发磨粒磨损而造成的。轴承的这种状态继续发展下去就会使滚道表面出现大量的材料损失。

图9-19 中可以见到，轴承滚道表面颜色灰暗，内圈严重的变形，变形的原因是轴承圈有一些部分被磨薄。轴承润滑脂内部含有大量轴承钢的金属材料以及其他污染颗粒。此时建议检查轴承密封和润滑的清洁性。

图9-18　保持架磨粒磨损

图9-19　滚道磨粒磨损

**（二）黏着磨损**

轴承黏着磨损也被称作涂抹磨损、划伤磨损、黏合磨损。通常是指轴承运转时，由于滚动元件之间的直接摩擦而使材料同一个表面向另一个表面转移的失效模式。

1. 黏着磨损机理（原因）、表现及对策

轴承滚动体和滚道直接接触时，如果有比较大的力并有足够的相对运动，就会发生两个表面在一定压下的滑动摩擦。通常这种摩擦伴随着较多的发热，甚至使轴承材质出现"回火"或者"重新淬火"的效果，并且在这个过程中还有可能出现负荷区的应力集中，导致表面开裂或者剥落。而此时温度又很高，剥落下来的材料会被黏着到另一个接触表面之上。这样的结果就是我们所说的黏着磨损。

由上述可知，黏着磨损产生的基本条件（特点）是：表面相对滑动；摩擦产生较大热量；金属材质被"回火"或者"重新淬火"从而出现剥落；材料的转移。

轴承发生黏着磨损可能的原因包括：①轴承的突然加速度运行；②轴承最小负荷不足；③轴承圈和轴承室相关部件之间的蠕动等。要避免这些情况的发生，首先需要保证油膜处于流体动力润滑状态，避免接触表面出现退化；其次选择合适的添加剂，防止滚动表面的滑动；最后保证润滑的洁净度，避免滚动表面磨损。

黏着磨损的宏观表现是轴承的温度升高和出现尖锐噪声。其中温度升高会十分显著。伴随着温度升高，润滑恶化，出现恶性循环，最终导致轴承毁坏。这样的轴承高温除了恶化润滑，还会对轴承本身带来恶劣影响。一般地，轴承可以在热处理稳定温度以下运行（请参考本书轴承基础知识部分）。当轴承温度高于此温度时，轴承材料的硬度等会受到影响而降低。轴承材料硬度每降低 2~4 个洛氏硬度，轴承寿命就会降低一半。

为避免轴承发生黏着磨损，应该改善轴承的润滑，根据实际工况选择合适的润滑黏度的同时，要综合考虑轴承的频繁起动问题、过快加速度起动问题，以及轴承内部不可避免的滑动问题（诸如滚动体与挡边的滑动摩擦）等。

2. 黏着磨损举例

滚道负荷区位置的黏着磨损，在轴承运转时，滚动体进出负荷区时会出现相对滑动。如果轴承运行于过快的加速度时，滚动体和滚道表面就会出现"涂抹"现象，也就是我们说的黏着磨损。图 9-20 所示就是一个圆柱滚子轴承内圈上的痕迹。图中轴承内圈上有比较明显的沿滚动方向的摩擦痕迹，并且表面有材料损失的状况发生。

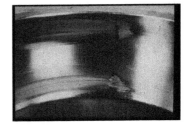

图 9-20　滚道负荷区黏着磨损

当轴承所承受的负荷无法达到最小负荷时（请参考轴承大小选择部分），滚动体在滚道内无法形成纯滚动，也就是出现了打滑。这样的承载打滑也会使接触表面出现黏着磨损。

另外，滚动体和滚道之间在和相对转速过小时，也有可能发生黏着磨损。

我们知道滚子轴承承受轴向负荷的圆柱滚子轴承中除了 NU 和 N 系列以外，其他内外圈均带挡边的圆柱滚子轴承可以承担一定的轴向负荷。同时圆锥滚子轴承也可以承载一些轴向负荷。但是这些滚子轴承承载轴向负荷都是通过滚子端面和挡边之间的滑动摩擦实现的。

由于这些轴承轴向负荷能力是通过滑动摩擦实现的，因此对承载就有一定限制。承载不能过大（可以根据相关资料进行计算）；速度不能过快（可计算）。超过这些限制就会出现轴承失效。

图9-21 是一套圆柱滚子轴承（双侧带挡边）承受轴向负荷时，其滚子端面的照片。

从接触轨迹角度来看，正常的圆柱滚子轴承不应该承受轴向负荷，即便带挡边的圆柱滚子轴承通常也仅仅适用于轴向定位。但是在图9-21 给出的这些套轴承中发现了滚子端面的接触轨迹，说明有该轴承曾经承受了轴向负荷。

从失效归类的角度，可以看出图9-21 给出的滚子端面有多余的材质黏着。如果观察轴承圈挡边，会发现材料的遗失。由此可以判定为轴承滚子端面和挡边之间发生了黏着磨损。此时应该检查轴承是否承受了轴向负荷，并予以适当调整。

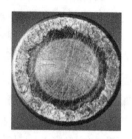

图9-21 滚动体端面黏着磨损

## 四、腐蚀

轴承钢材质在一定条件下发生化学反应而被氧化，从而引起的轴承失效即轴承的腐蚀。从腐蚀的过程和机理上划分，有锈蚀和摩擦腐蚀两种类型。

### （一）锈蚀

轴承是由轴承钢加工而来的，当轴承钢与水、酸等介质接触时，会被其氧化生成氧化物。而被氧化的材质与未被氧化的材质一起，其强度发生变化，并有可能产生腐蚀凹坑。如果轴承继续运行，就会在腐蚀凹坑的位置出现应力集中，进而产生小片剥落。

在潮湿的工作环境中，会使轴承的润滑剂中含有水分。这些水分会成为轴承发生锈蚀的重要诱因。除此之外，润滑剂中的水分对润滑影响很大。通常润滑剂中含量 0.1% 的水分就会让润滑的有效黏度降低50%。图9-22 为轴承的滚道受水分影响而出现腐蚀的一个示例。

a) 示例1　　　　　b) 示例2

图9-22 滚道锈蚀

另一方面，有些润滑剂含有可以使轴承某个部件氧化的成分，这些成分会造成轴承锈蚀。因此在选用新润滑剂时除了选择合适的黏度，还需要考虑润滑剂成分对轴承材质的影响（曾有风力发电机轴承铜保持架与所选用润滑剂发生化学反应变黑的案例）。

通常，轴承生产完成之后都会进行防锈处理。因此出厂的新轴承表面都有一层防锈油，一般而言，轴承的防锈油的防锈功能都会有一定的期限（具体期限可咨询轴承生产厂家会查阅相关资料）。因此，请在防锈油失效之前将轴承投入使用或者进行再次防锈处理。另外，一般轴承生产厂家使用的防锈油可以和大部分润滑剂兼容，因此在使用之前，请不要将轴承的防锈油清洗掉，这样，一方面可以保护轴承；另一方面避免在清洗过程中对轴承的污染。

轴承锈蚀是由污染带来的，那么，注意轴承的防护就成了应对轴承锈蚀的主要措施，例如：加强轴承的密封、储存及组装环境的清洁等。

**（二）摩擦腐蚀**（摩擦氧化）

在接触表面出现相对微小运动时，接触金属表面微凸体被磨去，这些微小的金属颗粒很容易发生氧化而变黑形成粉末状锈蚀（氧化铁）。在接触应力的作用下，这些氧化的锈蚀附着在金属表面形成摩擦腐蚀（摩擦氧化）。由此可见，摩擦腐蚀是由摩擦和腐蚀两个过程组成，总体上是一个化学氧化的过程，属于腐蚀一类的轴承失效模式。

在不同接触摩擦状态下，摩擦腐蚀产生的表观和内在机理有所不同，因此我们又将摩擦腐蚀分为微动腐蚀和伪压痕（振动腐蚀、伪布氏压痕）。

1. 微动腐蚀（摩擦锈蚀）

（1）微动腐蚀的机理（原因）、表现及对策

轴承通过配合安装在轴上和轴承室内，在轴旋转时，轴和轴承内圈之间、轴承室和轴承外圈之间有相对运动的趋势。当配合选择较松的时候，金属接触表面会发生微小的相对运动。这种微小的运动会将接触表面的微凸体研磨下来形成微小金属颗粒，这些微小金属颗粒氧化后形成金属氧化物（氧化铁颗粒），它们在微动中被压附在轴承金属表面上，呈现出生锈的样貌。这就是我们所说的微动腐蚀。图9-23是一套有微动腐蚀的轴承内圈照片。

图9-23 微动腐蚀的轴承内圈

由上可见，微动腐蚀的特点是其发生在相对微动的接触表面之间（通常是相对配合面），呈现氧化的表观，有时有生锈粉末，伴随部分金属材料损失。

微动腐蚀初期宏观上的表象是配合面呈现类似生锈的样貌。随着材质的遗失，配合面的配合进一步被破坏，微动腐蚀更加严重甚至出现配合面大幅度的相对移动，就是我们俗称的跑圈现象。

我们在观察轴承配合面"生锈"痕迹时，不能当作生锈进行处理。此处"锈迹"也不是一般生锈原因造成的。也确有人提问：配合面没有氧气，何来生锈？微动腐蚀的机理可以帮助我们解答这个问题。

微动腐蚀有时不仅仅发生在轴承内圈上，有时也会发生在轴承室与轴承接触的地方，造成轴承室内部的凹凸、锥度，以及过度磨损等情况。此时，轴承室不能为轴承提供良好的支撑。轴承外圈在不良支撑下承载运行，会造成断裂。通常这种断裂都是在滚道上沿轴向方向的。如图9-24所示。

防止微动腐蚀的对策主要就是选择正确的轴与轴承内圈、轴承室与轴承外圈的

配合尺寸。有时采取其他防止轴承外圈"跑圈"的措施，比如 O 型环和带卡槽的轴承等。

（2）微动腐蚀举例

1）轴承外圈微动腐蚀。图 9-25 所示为一个球面滚子轴承外圈微动腐蚀。从接触轨迹的角度可以看到，轴承外圈和轴承室接触的外表面呈现类似生锈的现象。"锈迹"点分布在滚道对应的外面。从失效分析的角度来讲，轴承外圈外表面"锈迹"不可擦除，其他无异

图 9-24　微动腐蚀引起的
轴承内圈断裂

常，这是微动腐蚀所致。建议检查轴承外圈和轴承室的配合尺寸，避免外圈蠕动继续发展破坏轴承运转状态。

在本书轴承公差配合部分我们谈及了正常的轴承配合，考虑轴承圈的挠性，轴承外圈总会有相对于轴承室的蠕动趋势。这种蠕动趋势无法避免，因此会导致微动腐蚀。因此，在进行电机维护时，如果发现轴承外圈有轻微微动腐蚀的迹象，在通过检查轴承室尺寸，配合正常的情况下，可以不用做特殊处理。此时考虑的重点是这个微动腐蚀是否严重，以及是否有继续扩大发展的趋势。如果有，则需要进行纠正处理。

2）轴承内圈微动腐蚀。图 9-26 所示为轴承内圈微动腐蚀。对于内转式电机，一般轴承内圈和轴之间配合相对较紧，即不希望轴承内圈和轴发生相对运动，若出现相对运动，则会严重影响轴承滚动体的运转状态。

图 9-25　轴承外圈的微动腐蚀

图 9-26　轴承内圈的微动腐蚀

当轴承内圈和轴配合不良时，轴承内圈和轴之间会发生蠕动，从而产生如图 9-26 所示的微动腐蚀。轴和轴承内圈之间的配合不良包括尺寸配合过松，或者形位公差不当。图 9-26 所示的轴承内圈均匀分布微动腐蚀的痕迹。从接触轨迹的角度观察，应该是内圈配合过松所致。

相比于外圈微动腐蚀，内圈微动腐蚀发生时产生的影响更容易恶性循环。内圈一旦有微动腐蚀，将造成配合进一步变松，则轴在旋转时配合力更难以带动轴承内圈，从而滑动加剧，情况更趋恶劣。另外，与外圈相比，轴利用与轴承内圈之间的滑动摩擦带动轴承内圈旋转，而轴承外圈本来不需要旋转，因此轴承内圈和轴之间的摩擦趋势更大，更容易出现微动腐蚀现象。因此，一旦发现轴承内圈微动腐蚀，应尽快进行纠正。

2. 伪压痕（振动腐蚀，伪布氏压痕）

（1）伪压痕产生的机理（原因）、表现及对策

当滚动表面出现往复性相对运动时，在轴承滚动体和滚道表面接触的材料会出现微小运动。如果滚动体在滚道表面是纯滚动，那么这种微小运动可能是由于挠性原因而出现的回弹运动；如果滚动体和滚道之间产生了微小的相对滑动，那么这种微小运动可能是滚动体和滚道表面的相对滑动。

不论是回弹还是相对滑动，金属表面的微凸体都会由于疲劳而脱落。这些微小的金属颗粒有可能被环境氧化。由于轴承内部润滑脂的存在，润滑剂覆盖了接触表面，这些微动痕迹和金属颗粒的氧化发生较少。但是这样的微动持续进行，会在滚道及滚动体表面形成凹坑，且凹坑的痕迹和滚动体相关。对于滚子轴承，多数为直线形状；对于球轴承，多数为点状。

出现这些后续变化的前提是"往复性"相对运动，这经常发生在振动的工况中。在轴承静止不转的场合下，形成的凹坑间距与轴承滚动体间距相当；当轴承处于运转的振动场合时，滚道表面留下的凹坑间距比滚动体间距小。

上述现象如图 9-27 所示。

（2）伪压痕举例

1）运输过程中产生的伪压痕。设备从生产厂发送到用户必经运输。在运输过程中电机轴承处于静止状态，但是运输过程中的路途颠簸和车辆的起、停、转弯都会使轴承滚动体在内圈上出现相对的蠕动。由微动腐蚀的机理可知，此时轴承滚道上很容易就会产生伪压痕类型的轴承失效。所以很多设备都会遇到这样的问题：电机生产制造测试环节噪声合格，但是运抵客户现场试车时就出现异常噪声问题。这就是由于运输过程中轴承内部出现伪压痕的情况。

图 9-27　圆柱滚子轴承
伪布氏压痕

2）船舶上使用的设备在停用较长时间产生的伪压痕。有时候会出现正常运行时轴承噪声正常，一旦停机一段时间再启用时，电机轴承出现了异常噪声。这种情况下，设备运转时振动负荷不会在齿轮箱轴承滚道固定部分往复运动，因此不会出问题。但是设备停止工作时，就构成了伪压痕的产生条件。要避免这种情况的出现，可以在轴承选择润滑脂时适当选用具有极压添加剂的润滑脂，防止轴承不运转时滚动体和滚道的直接接触，以削弱伪压痕的形成。

## 五、电蚀

电蚀是指当电流通过轴承时对轴承造成的损伤失效模式。由于机理不同，我们把轴承电蚀分为瞬时电流过大电蚀和电流泄漏电蚀。

### （一）瞬时电流过大造成的电蚀

轴承内圈、外圈和滚动体都是轴承钢制成的，它们都是良好的导体。轴承运行之前需要施加润滑，则在从轴承的一个圈到滚动体再到另一个圈的路径中，润滑剂相当于放入它们三者相互之间的绝缘介质。在轴承外圈和滚动体之间的润滑一起构成了一个电容，相同的，在轴承内圈和滚动体之间也构成电容。我们可称之为接触点电容。当由于外界原因，接触点电容两端有电动势（或者说电压）时，润滑脂起阻隔作用，或者说是绝缘介质作用。当该电动势（电压）达到一定值时，就会击穿电容。

击穿的过程是以火花放电的形式出现的。在击穿时，局部火花温度很高。这个温度一方面可以使润滑脂碳化；另一方面会使轴承表面在高温下出现熔融，从而呈现微小凹坑。这些凹坑直径可达100μm，如图9-28所示。

另一方面，轴承运行时滚动体是转动的，滚动体和滚道的接触点是移动的。随着滚动体的滚动，接触点的两个接触面会被分离开，出现类似"拉电弧"的效应。这种情况加剧了放电的效应。

当轴承滚道上出现了这样的电蚀凹坑，滚动体滚过时，就会在凹坑边缘产生应力集中。而凹坑形成时，由于高温使凹坑处轴承钢的结构发生变化，在凹坑附近形成变脆的一层，在

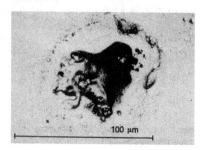

图9-28 过电压产生的电蚀凹坑

应力集中的情况下更加容易剥落。由此开始，轴承的次生失效发生。

受到电蚀的轴承，首先是润滑脂退化，在润滑脂中可以找到碳化的痕迹，在轴承滚道上也可以见到明显的电蚀凹坑。轴承运行的宏观表现，初期是噪声，随着失效的发展，轴承噪声变大、温度升高。

### （二）由于电流泄漏造成的电蚀

实验表明，即便很小的电流通过轴承，而且并未形成上述电压过高时会形成的大电蚀凹坑的情况下，轴承滚道表面依然会出现微小的电蚀凹坑，随着轴承的旋转，凹坑将逐步发展为波纹状凹槽。当凹坑刚刚出现时，均布于滚道表面，使滚道呈现灰暗状。通常，电机在一定转速下旋转，微小的电压积累，会通过润滑膜的电流呈现一定频率的脉动性。所以，经过一段时间后，滚道上面的微小电蚀凹坑会呈现一定的聚集。聚集的结果就是形成了间距相等的电蚀凹坑槽，有时我们将这种纹路叫作"搓板纹"（ISO标准中用词为Fluting，意为衣料上的细纹；国标中翻译为"电蚀波纹状凹槽"；本书称之为"搓板纹"，这是行业内的习惯称谓）。而对于球形滚动体（滚珠）而言，由于存在自旋和公转，所以微小凹坑的发生不具备可以聚集的因素，因此均匀分布于滚动体表面，没有特征的分布，但柱状滚动体会有"搓板纹"。上述现象如图9-29所示。

图 9-29　轴承通过电流产生的电蚀"搓板纹"

搓板纹和伪压痕经常容易混淆。可根据如下差别加以区别：

1）出现搓板纹的轴承滚动体表面发污、光洁度下降、纹条间隔均匀，这是由于布满凹坑的原因。用显微镜观察滚动体和滚道，会发现上面布满了微小电蚀凹坑。

2）出现伪压痕的轴承，滚道上呈现压痕，同时滚动体上也有可能出现压伤的痕迹。通常滚动体硬度比套圈大，即便滚动体上不出现压伤痕迹，其整体光洁度也不应该变暗。通过显微镜观察，伪压痕处呈现机械磨损特征，没有电蚀凹坑。

在工程实际中，过电流对轴承造成伤害的水平可以通过电流密度进行评估。这个电流密度是指电流安培数除以滚动体与轴承套圈之间的接触面积。这一数值与轴承类型和运行条件有关。一般而言，当电流密度小于 $0.1 A/mm^2$ 的时候，不会对轴承造成伤害；当电流密度大于 $1 A/mm^2$ 的时候，轴承电蚀造成的损坏将有很大概率出现。

## 六、塑性变形

当轴承受到的外界负荷在轴承零部件上产生超过材料的屈服极限的力时，轴承零部件就会发生不可恢复的变形，这种失效模式被定义为塑性变形。

ISO 标准中把塑性变形分为如下两种不同方式：

1）宏观：滚动体和滚道之间接触载荷造成在接触轨迹范围内的塑性变形。

2）微观：外界物体在滚道和滚动体之间被滚辗，在接触轨迹内留下的小范围塑性压痕。

其实这种分类的实质都是一样的，都是指轴承零部件发生可逆的塑性变形。

### （一）过负荷变形（真实压痕）

轴承在静止时所承受的载荷超过轴承材料的疲劳负荷极限时，在轴承零部件上就会产生塑性变形；轴承在运转时候，如果承受了强烈的冲击负荷，也有可能超过轴承零部件的疲劳负荷极限而发生塑性变形。这两种情形都归类于过负荷塑性变形。

从过负荷塑性变形的定义可以看到，过负荷需要有如下特点：

1）轴承承受很大的静态负荷或者振动冲击负荷。

2）轴承零部件在负荷下出现不可逆变形。

3）等滚动体间距的表面退化（塑性变形痕迹间距与滚动体间距相等）。

4）轴承操作处理不当。

在轴承选择时，如果已知轴承处于低速运转状态，当速度很低时需要对轴承额定静负荷进行校核，以避免轴承出现过负荷引起的塑性变形。同时，如果轴承可能经历巨大的冲击振动负荷，则也要在轴承选型上进行斟酌。在这些情况下，除了考虑过负荷会引起塑性形变之外，还需要注意改善润滑。

轴承操作不当引起的过负荷塑性变形，需要对操作中的错误进行纠正。

### （二）颗粒压痕

理想状态的轴承运转下，轴承滚动体和滚道之间只有油膜承压。当有其他颗粒进入承载区域时，这些颗粒将在滚道上被碾压，滚道和滚动体上会出现压痕。不同的颗粒在滚道上的压痕也不尽相同。

如果轴承内部出现软质颗粒（木屑、纤维、机加工铁屑），则软质颗粒会被压扁，同时在滚道上留下类似于扁平的压痕，这些压痕边缘并不尖锐，呈现平滑的趋势，如图9-30所示。软质颗粒会造成润滑失效，相应地，在滚道和滚动体表面留下的压痕也会造成应力集中。这些都会引发次生轴承失效。其宏观表现包括轴承的发热和异常噪声。污染颗粒引起的轴承振动会出现不规则的峰峰值。

如果轴承内部出现硬脆性颗粒（硬淬钢颗粒等），那么硬脆颗粒会在负荷区被碾压，首先在滚道上产生压痕，同时硬脆性颗粒可能会被压碎，碎屑在旋转方向扩散，同时被继续碾压，进而发生次生碎屑压痕，如图9-31所示。

图9-30 软质碎屑压痕

图9-31 硬脆性颗粒压痕局部

如果轴承内部出现有矿物质颗粒［如润滑油中的沙粒（二氧化硅）等］的时候，经过运转在滚道上造成的压痕如图9-32所示。

在显微镜下可以观察到硬脆性颗粒产生的碎屑压痕边缘呈现相对尖锐的状态，并且沿着轴承旋转方向扩散。往往一个压痕后面跟着若干偏小的压痕。同时压痕下面呈现类似于图9-33中所示的扩展性。

硬脆性颗粒导致的碎屑压痕也会引起轴承表面源起型疲劳。电机轴承出现异常噪声和发热，同时在振动监测时会出现偶发性不规则的峰峰值。

图 9-32　矿物质颗粒压痕局部

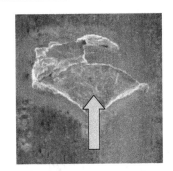

图 9-33　硬质碎屑压痕

轴承出厂时进行的振动测试中，有的生产厂家进行了振动的峰峰值测试，其目的就是检查轴承生产制造过程中的污染情况，即轴承内部是否存在未清洗干净的污染颗粒。

GB/T 6391—2010《滚动轴承　额定动载荷和额定寿命》描述了颗粒压痕对轴承寿命的影响，设计人员可以参考。

不论是软性颗粒还是硬脆性颗粒，都是轴承运行时不允许出现的。究其来源，多数与污染有关。因此要严格控制轴承安装使用时的清洁度。比如，不用木板添加润滑脂、不用棉质手套搬运轴承、保持润滑脂清洁、安装场所保持清洁等，这些措施都可以在很大程度上改善由于污染带来的轴承碎屑压痕导致的轴承失效。

### （三）不当装配压痕

不当装配的压痕属于过负荷变形，这类失效在 GB/T 24611—2020《滚动轴承损伤和失效　术语、特征及原因》中被并入过载变形。

1. 不当装配的机理（原因）、表现及对策

在对轴承进行安装等操作时，轴承滚动体等元件在受到冲击负荷的情况下也会在滚道表面挤压出塑性变形的痕迹。

电机生产过程中用锤子敲击轴承的错误做法，除了敲击本身会损坏轴承以外，敲击力通过滚动体在滚道之间传递，也会在滚道上产生塑性变形。

改善轴承安装工艺，使用正确的工具以及安装手法，可以避免此类问题的发生。此内容在轴承安装部分已有详述，在此不重复。

2. 不当装配举例

图 9-34 所示为轴承在安装时出现的不当装配。从图中可见，轴承内圈侧面有一处为安装时直接敲击产生的损坏，而轴承滚道一侧，留下了滚动体在冲击安装力作用下挤压滚道而产生的压痕。

### 七、断裂和开裂

当轴承所承受的负荷在轴承元件上产生的应力超过其材料的拉伸强度极限时，轴承材料会出现裂纹，裂纹扩展后，轴承零件的一部分会和其他部分出现分离而造

成轴承失效，这种轴承失效被称为轴承断裂和
开裂失效。

根据轴承断裂和开裂的原因，大致分为过
负荷断裂、疲劳断裂和热断裂。

**（一）过负荷断裂**

轴承由于应力集中或者局部应力过大，超
过材料本身的拉伸强度时，轴承圈就会出现过
负荷断裂。导致过负荷断裂的应力集中可能来
自负荷的冲击、配合过紧、外界敲击等因素。

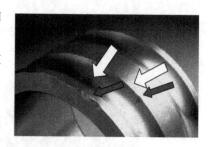

图9-34　不当装配的轴承损伤

在对轴承进行拆卸时，所用拉拔器部分的应力集中也是造成过负荷断裂的原因
之一。

图9-35所示为轴与轴承配合过紧而导致的轴承内圈过负荷断裂。

**（二）疲劳断裂**

疲劳断裂是材料在弯曲、拉伸、扭转的情况下，内部应力不断超过疲劳强度极
限，往复初选多次之后，材料内部出现的裂纹。内部裂纹首先出现在应力较高的地
方，随着轴承的运转，裂纹不断扩展，直至整个界面出现断裂。

轴承的疲劳断裂经常呈现大面积的滚道疲劳破坏，同时在断裂区域内呈现台阶
状，或者说呈现线状。图9-36为一个深沟球轴承疲劳断裂。

图9-35　过负荷断裂的轴承内圈

图9-36　深沟球轴承疲劳断裂

疲劳断裂出现在轴承圈和保持架之上。当轴承室支撑不足时，也会使轴承圈出
现不断地弯曲，最终断裂。

**（三）热断裂**

零部件之间发生相对滑动而产生高摩擦热量时，在滑动表面经常会出现垂直方
向的断裂，这种断裂被称为热断裂。发生热断裂时，摩擦表面由于高温而出现颜色
变化。

一般而言，热断裂往往与不正确的配合以及安装操作造成的轴承圈"跑圈"
相关。

# 第十章 基于大数据和人工智能技术的电机轴承智能运维

## 第一节 大数据和人工智能技术与电机轴承运行维护

随着计算机技术、网络技术和人工智能技术的发展，越来越多的设备故障诊断可以通过大数据和人工智能得以实现。大数据和人工智能技术也是工业智能制造领域的一个创新和前沿技术。对于工程师而言，大数据、人工智能技术，以及算法技术最终将体现在工业数据的数据分析技术之中。

在电机轴承的应用领域，电机工程师在进行电机设计的过程中关注的是设计参数等数据，对于轴承而言，是一些轴承的性能参数数据。当电机投入运行之后，电机使用者关注的是电机的运行表现参数，其中也包括轴承的运行表现参数。这些参数本质上是把电机、轴承的运行状态用参数的方式表达出来，然后再对这些参数进行监测，此时所做的工作就是电机运行的状态监测。

就电机轴承系统而言，描述这个系统运行状态的参数主要包括：温度、振动、噪声等。目前最广泛使用的是电机轴承系统的振动参数。关于电机轴承的状态监测基本技术可以参考本书第八章相关内容。大数据与人工智能技术在很大程度上拓宽了电机轴承状态监测与故障诊断的应用和功能，而这些技术的应用最核心的部分是对电机状态数据的分析技术。

作为电机的使用者，对电机的使用期望是让电机运行得更好。这其中主要有如下两方面的含义：

1) 电机运行整体发挥到最优效率。这个最优效率并不一定是狭义的电机效率，而可能是指更广义的电机整体使用效率。

2) 电机维修成本最低。电机维修成本受到维修次数、维修时间（停机时间）、维修时机（计划停机与非计划停机）、备品备件价格及库存数量、维修人员成本等因素的影响。

上述的两个运维期望包含了如何最好地"运用"电机，以及如何更好地"维护"电机的含义，这也是"运维"一词最重要的含义。

对于如何使电机被"运用"得最好，除了需要电机本身的知识以外，还需要各行各业其他领域的知识，这些并非本书讨论的重点。电机轴承应用技术范畴内重点讨论的是如何让电机被"维护"得最好（维护效率最高）。

事实上，在大数据技术得到广泛应用之前，上述的电机轴承系统运维方法已经在工程领域中得到使用。但是在以往的应用中，电机轴承系统运行过程中的状态参数往往是在需要时才去采集，而采集到的参数以单点的方式进行存储，因此数据规模小、数据质量差、数据之间缺乏关联。这使得当时的数据分析仅限于小样本的故障诊断，以及一定程度的实时监督。那时候的数据分析还应该被称作小数据样本分析，大数据的优势在那个时候并没有得到充分的发挥。

随着大数据技术的发展，单台电机的数据可以成为整个生产设备系统中的子数据，数据关联得以建立，数据采集密度得以增加，数据质量得以提高。此时，很多大数据分析技术以及人工智能技术终于可以走出试验室进入工厂设备管理运维的实际应用之中。这些新技术的应用使电机运维工作本身可以处理的面更广，深度更深，同时一些需要人工参与的领域逐步被模型、算法等取代，而在另一些人工分析有困难的领域，模型和算法可以给工程技术人员的分析、判断提供一定的参考，起到智能辅助的作用。整个电机运维过程的部分"判断、分析"工作交给机器执行，也就实现了电机运行维护的智能化。

## 第二节　基于大数据和人工智能的电机轴承运维系统实施的基本思路和方法

如前面所述，电机智能运维的实现是通过计算机的算法和模型为运维系统提供智能支持的，对于绝大多数工程师而言，对于处理和分析数据并不陌生，比如日常的计算分析、试验数据的整理、电机振动数据的频谱分析等。随着传感器技术和数据采集技术的发展，可以收集到的电机实时运行数据更多，同时这些多维度、大量的数据可以系统化的留存，因此，电机工程师面对的数据就不是单点数据和单次数据，而是众多有关联的、连续的数据。一方面，随着数据规模的增加，原先的手工处理方法已经无法满足实际需求，此时，大数据和人工智能技术就成为一个必要的手段；另一方面，随着计算机算力的提升，一些大规模的算法得以在日常工程实际中应用，数据分析的深度加深，覆盖面更广，智能化程度更高。但是，无论如何，对于维护主体——电机的数据处理和分析技术是整个智能运维的核心。

对于一条生产线、一台电机、一套电机轴承，从安装到数据分析结果达成之间需要经过怎样的技术路径呢？随着工业大数据技术的发展，一些基本的思路和方法在相关著作中被提出，一些实践也被尝试。但总体上，大致可以包含物理实体的数据化描述、数据的采集与管理、数据的分析，以及分析结果的应用等环节。

这些环节的实践需要多门类、多学科技术的综合应用，本书仅就与电机轴承数据分析相关的领域做简单的介绍。

## 一、电机轴承系统运行状态的参数化

设备物理实体的数据化描述就是将实际运行的物理实体设备的运行状态以数据的方式进行描述，用数据以及数据关系代表这个设备的实际运行状态，将这些数据和数据关系映射到数字空间，从而可以在数据层面进行解读和分析。这个数字化映射步骤是所有后续智能运维的基础，不良的基础将无法支撑有效全面的智能运维系统。而对于物理实体的数字化映射工作包含两层含义，一个是映射内容的规划；另一个是映射的实现。前者指向工业工程师的专业领域，而后者则是 IT 技术人员的能力范畴。

电机轴承系统是典型的单轴双支撑系统，对这个轴承系统的数字化映射规划应该是电机工程师的工作。也就是对一个电机轴承系统应该选择怎样的数据进行描述。这其中包含两层含义：选择哪些数据，以及对这些数据应该有怎样的要求。

### （一）电机轴承系统的分析参数选择

选择合适的参数描述电机轴承系统的运行状态是后续监测和分析的基础。在 ISO 17359—2018《机器状态监测与诊断——导则》中对电机系统的状态监测参数给出了一些建议，针对与电机相关的一些常用设备，其状态监测参数见表 10-1。ISO 17359—2018 中以举例的方式给出这个表格，这个表格并不是强制性标准，表格中有些数据在实际工况中难以采集或者无法使用，则可以根据实际情况进行取舍；另一方面，如果现场具有更丰富完备的数据中也可以被加入。

表 10-1　常用设备状态监测参数

| 参数 | 电动机 | 发电机 | 泵 | 风机 | 压缩机 |
|---|---|---|---|---|---|
| 温度 | O | O | O | O | O |
| 压力 | | | O | O | O |
| 压力（扬程） | | | O | | |
| 压比 | | | | | O |
| 真空压力 | | | O | | |
| 空气流量 | | | | O | O |
| 液体流量 | | | O | | O |
| 电流 | O | O | | | |
| 电压 | O | O | | | |
| 阻抗 | O | O | | | |
| 电气相位 | O | O | | | |
| 输入功率 | O | O | O | O | O |
| 输出功率 | O | O | | O | O |

（续）

| 参数 | 电动机 | 发电机 | 泵 | 风机 | 压缩机 |
|---|---|---|---|---|---|
| 噪声 | O | O | O | O | O |
| 振动 | O | O | O | O | O |
| 声发射 | O | O | O | O | O |
| 超声波 | O | O | O | O | O |
| 油压 | O | O | O | O | O |
| 油耗 | O | O | O | O | O |
| 油液检测（摩擦学） | O | O | O | O | O |
| 热成像 | O | O | O | O | O |
| 转矩 | O | O | O | O | O |
| 转速 | O | O | O | O | O |
| 角位置 | | | | | |
| 效率 | | | O | | O |

ISO 17359—2018 是指导设备状态监测与诊断的国际标准，而数字化映射本身也是一个设备状态映射的过程，因此在对设备进行数字化映射参数选择的时候，可以参考这个标准里的推荐内容。

从表中可以看出，对于电动机与发电机系统而言，状态监测参数包括电气参数、机械参数以及附属（润滑系统）参数等参数。其中，与电机轴承系统或者轴承最相关的是机械参数，包括温度、振动、噪声、转矩、转速等。对于电机而言，电压、电流、转矩、转速是电机整体工作时候的性能表现参数，而温度、振动、噪声等是电机本体工作时表现出来的自身状态。有时候，前者也被称为性能参数，后者也被称为结构参数。而这两个参数在数据分析的时候也可以作为彼此的环境变量使用，这一点在后面的内容中进行介绍。

表 10-1 中列出了声发射、超声波、热成像、油液检测等参数，这些参数在现场的使用中有时候受到参数测量手段、测量准确度等情况的限制。因此工程技术人员往往进行相应的简化。比如对上述的电机轴承系统的参数化描述中最常见的温度、振动和噪声的选择和运用。

在工程实际中，电机轴承系统的温度变化受到电机轴承本身热容的影响，有一定的滞后性。因此，相比于振动和噪声而言，温度的变化相对较慢。这就导致温度参数中包含的特征信息相对较少，对于测量点的分布有一定的要求。因此，采用单点温度数值对电机轴系统进行参数化分析可以得到的信息量不大（相对于振动而言）；另一方面，电机轴承系统的温度分布可以反映电机轴承系统的某些运行特征，但是对于一般电机而言，很少对一个轴承系统施加很多的温度测点来了解温度分布。这样通过多温度测点测量温度了解温度分布的方法，通常只在一些大型电机中有时会被采用，比如水轮发电机等。对于一般中小型电机，有时会用红外相机进行热分布分析，但是红外相机的图像数据对于工程师后续分析而言，其数值化难度较高。因此在做电机轴承系统数据分析时，温度信号往往是一个参考信息。

与电机轴承系统的温度参数相比，电机轴承系统的噪声信号是一个高频信号。这个信号里包含了电机轴承系统中诸多运行情况的信息。事实上，电机轴承系统的噪声信号是其本身的振动经由空气介质传播出来的信号，信号源头是振动。但是噪声信号的测量受到环境因素的影响很大，因此在工程现场对噪声的采集往往被环境噪声影响，信号的信噪比较小。轴承系统的噪声信号往往被其他噪声信号淹没，这就为后续的数据分析工作带来很大难度。因此，在工程实际中，除非具有很好的噪声采集条件，否则噪声信号用作后续数据分析的难度相对较大。

我们知道，电机轴承系统的噪声信号是由系统的振动经由声音媒介（通常是空气）传播出来的。作为声音的激励源，振动信号具有很丰富的系统状态特征。通过现代的传感器以及数据采集系统，工程师已经可以非常方便地得到信噪比良好的振动信号。这种信息含量丰富且易于测量的状态参数，是对电机轴承系统进行状态监控和后续数据分析的最佳选择。这也是现在很多电机轴承系统和其他机械设备进行状态监测时主要采用振动信号的原因。

通过上面分析，我们可以知道对电机轴承系统进行参数化描述时，可以选择信息量丰富且易于测量的振动信号、信息量相对较少但是易于准确测量的温度信号、在条件允许的情况下可以采集噪声信号。需要说明的是，噪声信号即便在良好的试验条件下得到了正确的提取，其分析方法和过程往往与振动分析是一致的，因此这种耗费资源的信息采集有时就被回避了。在一些考虑声学因素的场合（考虑听感的应用中），噪声信号会被采纳。

**（二）电机轴承系统参数化实施、采集方案的制定**

从上面的介绍可知，对于一个电机轴承系统而言，工程师用振动和温度参数来描述系统工作状态，此时就需要对参数采集的方案进行考量。

首先对温度信号而言，通常电机在出厂以及安装时会布置一定的测点。对于电机轴承系统而言，主要是监测电机轴两端轴承的温度，这是最广泛使用的方法，其测量点的选择可以尽量接近轴承外圈的部位。

另一方面，温度参数本身受到系统热容量的影响，通常温度信号并非高频信号，也不会发生瞬变，因此对于温度参数的采样不需要过度频繁。那种毫秒级的温度数据，显然对电机轴承系统而言是没有意义的。这样做的结果只会增加系统数据量，造成无谓的存储浪费。通常电机轴承系统的温度信号使用分钟级采集即可，有时候甚至可以使用小时级数据采集。

对于振动信号而言，首先是测量位置的问题。

一个质点在空间的振动轨迹是一个三维的轨迹。当想了解这个质点的振动时，最完整的信息是采集其三维振动轨迹。但是通常这样的三维采集在工程实际中并不常用。工程师们用了一些非常巧妙的方法，将这个三维轨迹做成在三维坐标上的投影，再进行测量。

对于电机轴承系统而言，这个三维坐标系统就是轴向、径向水平和径向垂直。因此这也就构成了进行电机轴承系统振动分析时信号采集的3个基本方向。这3个方向的数据共同可以还原出电机轴承系统在三维空间的振动情况。

在一些中大型电机轴承系统振动分析时，可以将径向水平、径向垂直信号进行合成，生成了轴心轨迹。这样工程师可以通过轴心在径向平面上的移动轨迹对电机轴承系统的运行情况进行分析。轴心轨迹分析也是振动分析中一种常用的手段。

图 10-1a 为某水轮发电机组轴心轨迹随时间而变化的三维坐标图；图 10-1b 为轨迹在 $X$ 方向和时间轴组成平面的投影是 $X$ 方向摆度，以及在 $Y$ 方向和时间轴组成的平面的投影是 $Y$ 方向摆度；图 10-1c 为在 $X$—$Y$ 平面的投影是轴心轨迹。

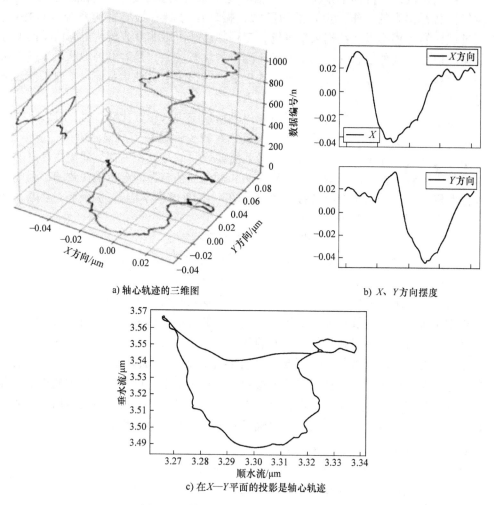

a) 轴心轨迹的三维图

b) $X$、$Y$ 方向摆度

c) 在 $X$—$Y$ 平面的投影是轴心轨迹

图 10-1　轴心轨迹的三坐标合成与分解

3个坐标轴上的测量有时在一些工程调条件下无法实现，因此不得不进行取舍。电机工程师需要了解的是，每一次舍弃都会造成一定的信息丢失。但是如果从振动对轴承系统带来的伤害程度看，仅仅保留最大振动烈度方向的数据即可。

另外，与温度信号不同，振动参数的采样频率则要高得多。

从采样定理可知，信号的采样频率只有大于所分析频率的2倍时，采样信号才能保留原来信号的特征。为避免采样混淆的发生，通常采用分析信号频率的2.56~4倍。

对于电机轴承系统的故障频率来看，不对中、不平衡、底脚松动等诸多轴承系统特征频率均在电机转速倍频范畴内。因此如果希望采样后的振动信号保留这些特征，那么采样频率必须是这些频率的2.56~4倍。

对于电机轴承系统中的轴承而言，轴承的滚动体、滚道、保持架等的特征频率可以根据第八章相应的部分进行计算。在振动信号分析的过程中，如果需要保留对这些故障信息的呈现，那么采样频率也需要高于这些特征频率的2.56~4倍。

总体而言，电机轴承系统振动信号的采样频率需要是转频的数倍以上（如果轴承系统中有齿轮机构的话，则需要是转频与齿数乘积的2.56~4倍），具体计算可以根据上述原则进行。

在工程实际中振动参数的信号经常是毫秒级的，究其原因，是希望信号内涵盖各种故障信息。但是这样的参数化方案会带来另一个麻烦，毫秒级的数据如果连续采集，那么进行长时间连续采集的数据量就会变得十分巨大，会为后续的系统带来沉重的压力；另一方面这样的采样方案也会带来一定的噪声信号干扰。

事实上，对于电机轴承系统振动信号的测量不需要 $7 \times 24h$ 的毫秒级数据。虽然设备振动信号需要高频以覆盖各种故障，但是电机轴承系统的各类故障本身的发生和发展是需要一定的时间的。这个时间相对于振动信号本身而言是一个很长的时间过程。

因为这个原因，一个比较合理的电机轴承系统振动信号采集方案，应该是每间隔一个时间段，采集一个连续几秒的高密度高频数据。这样的数据采集方案不禁让我们联想起在自动化监测装备出现之前工程师的实际操作。那时工程师按照操作规程，每天（甚至更长时间）对设备振动进行一次测量。事实证明，这样的采集方法有其合理性。因此我们也可以类比地指定自动化数据采集策略：每天（或者每小时）采集1个连续几秒的高频数据。

随着大数据分析技术的发展，工程师甚至可以根据每次采集来的数据评估结果对振动信号采集时间间隔进行动态调整。比如，当振动信息呈现劣化时，可以加密两次采集的时间间隔；当振动信息呈现平稳时，可以拉长两次采集的时间间隔。当然这样的动态信息采集方案需要与后续的数据分析相结合才能得以实现。如果仔细思考上述逻辑，不难发现，采用动态数据采集时间间隔实际上是在优化数据存储，避免无用数据的采集和有用数据的漏采集。

从采样方案上看，引入状态监测系统之后的采样方案与人工点检相比，实现了高频数字点检，同时根据设备状态进行优化，数字点检频率本身也是一种数据采集工作的过程优化，是基于设备状态的点检频率。

下面是两个电机轴承系统数据采集方案的案例：

1）某气体公司增压机主电机的轴承希望做大数据分析，经了解，现场对每台增压机主电机的轴承两端布置了振动传感器，传感器每秒上传1个振动数据，该数据是一个单值数据。数据上传24h保持连续工作。经过几年的输出存储，电机轴承的振动数据量已经十分巨大。但是在这样的数据面前，秒级的振动数据几乎无法包含电机轴承系统的各种故障特征，因此无法做进一步振动分析。只能对振动总值进行24h的秒级监控。显然，对于一个稳定运行的设备而言，振动总值的监控并不需要按照秒级进行。这样的电机轴承系统参数化方案显然是不尽合理的。

2）某风场对风力发电机轴承系统进行状态监测。监测振动信号按照毫秒级上传，每次采样不足1s，不定期测量并上传。后一台风力发电机上传1组数据，经检查数据采样密度满足分析要求，判定之后设备正常运行。然后经过1个月，数据再次上传，发现有轻微异常。此时本应加大数据采集密度，但是第三次数据上传时已经是3个月后，电机轴承系统处于严重故障状态中。通过这个案例我们发现，对于这台风力发电机轴承系统的参数化及采集策略依然有问题。单次数据采集密度足够，但是每次采集的时间间隔过长，造成错过发现设备早期失效的机会。

## 二、电机轴承系统运行数据的采集与管理

电机轴承系统运行数据的采集是由传感器进行的，工程师可以根据不同的工作需求选择合适的传感器。在电机轴承系统参数化方案的过程中，我们制定了传感器需要达到的最低数据要求，比如传感器类型（温度传感器、振动传感器等），传感器最小采样频率等。然后跟传感器工程师一起根据其他的要求对传感器进行最后选型。

在传感器的数据到达分析人员计算机屏幕上之前，还需要利用专业数据采集设备对数据进行采集。

即便如此，这些数据如果没有一个良好的存储平台，那么后期对振动数据的查询和使用也将成为一个十分困难的问题。

这时电机工程师就需要求助于IT工程师，寻求一个合理合适的数据平台，以便于对采集数据实现更方便的接、存、管、用。对于单台的电机轴承系统而言，只有两端的轴承一根轴，貌似关系相对简单。但是如果对于一个生产厂家，几百台不同型号分属于不同位置的电机而言，对所有的数据进行合理的管控是一个不小的挑战。

在工业设备领域，以旋转轴为单位的设备状态参数之间存在着复杂的相关性。

1）对于某一个单一测点的数据而言，每次采集都有一个时间标签。这些数据

是一个时间序列数据。这些数据随着时间的变化而变化。

2）对于隶属于不同生产线、不同设备的不同电机而言，每一台电机所处的位置以及它与其他电机的相互关系是一个关系数据。这些数据随着位置关系的变化而变化。

3）对于某一台设备自身的设计参数而言，这些参数是这些设备的属性数据。比如一套轴承内有几个滚动体。这些数据随着设备结构的改变而改变，反之数据不动。这是一个属性数据。

上面 3 种主要的数据类型之间存在重叠，多对一、一对多、一对一等诸多查询关系。因此构建设备状态监测数据的数据库时必须对上述基本数据类型以及之间的相互关系非常清楚。

显然，上述数据库（数据平台）的工作无法由电机工程师来完成，但是如果仅仅依靠 IT 工程师来完成这项工作也是不现实的。因此在构建这样的设备管理工业大数据平台的工作中必须是不同专业知识背景的工程师通力合作才能完成的。此时的工作相当于对工业设备进行资产建模，或者说这项工作本身是对工业设备的数字孪生。

需要说明的是，目前很多数采供应商以及大数据平台具备了一定的数据采集后的呈现能力。但是这种呈现背后是需要有一定的信号处理算法支撑的，这些算法的不同使得相同的振动数据会呈现不同的数据结果。

### 三、电机轴承系统状态参数的判断

在完成了电机轴承系统状态参数的采集和呈现之后，电机轴承系统的状态参数可以实时显示在电机工程师的面前，此时仅仅完成了设备的状态监测，系统仍然只是具有"收集""传达"功能，是不具备智能的。状态监测的目的是对设备状态进行判读，工程技术人员通过编制算法和模型使系统具有判读能力的过程就是为系统注入智能。本章第三、四节将深入介绍利用大数据和人工智能技术的算法模型构建思路。

由于电机轴承系统主要的状态参数是振动，我们对振动参数展开详细的说明。

首先，一个轴承的振动值被采集上来之后，工程师需要判定这个振动值是否"正常"。这个过程就是我们说的状态参数的判断过程。

既然是判断是否"正常"，工程师就会需要一个"正常"的标准。在大数据和人工智能技术广泛使用之前，人们使用的方法是用测量值与标准值进行对比。表 8-1 给出了标准的振动速度有效值范围，一旦实际测量值超过标准范围，工程师即可判定这个电机轴承系统的振动是否异常。通常我们称这种判断方式为阈值对比。这是最简单的一种数据判断逻辑。数据工程师可以通过一段非常简短的代码实现这种阈值对比的功能。而其中也不需要所谓的大数据和人工智能。事实上，这种基于阈值对比的设备报警系统在很多自动化系统中已经得到广泛应用。

不难发现，阈值对比的基础是要有一个阈值。工程师们甚至不用关心阈值是如何产生的。现实生产实践中往往会出现下面几种特殊情况：

1）某些情况的设备的振动范围没有标准指导，比如做一些全新的产品设计的时候没有标准指导，标准阈值也就不存在，因此阈值对比也无法实现。工程师们应该如何判断轴承系统的振动是否合格呢？

2）在某些工况下，超越阈值的设备长期运行且并未损坏。此时，设备是否一定是处于故障状态呢？如果依照标准进行报警，则设备会频繁地报警，而设备完好无损。如果上调阈值，虽然报警次数会减少，但是应该上调多少？这样做的潜在风险如何评估呢？

3）在某些工况下，设备尚未超过阈值就已经损坏了。此时，如果按照标准进行报警，则设备会出现大量的漏报警。如果下调报警阈值，又没有参考依据。此时如果通过下调报警阈值的方式进行管理，那么应该下调多少呢？

大数据和人工智能技术在这些方面可以给出令人满意的答案。而这样的判断答案背后是一系列数据分析、计算模型和算法。例如，根据设备实际工况给出动态自适应阈值。这时候的阈值并非基于标准推荐，而是基于设备自身的情况给出。这个阈值随着设备运行状态的改变可以自行调整。在工程实践中，兼顾标准的普适应和电机应用工况的个异性的方法才是更加切实可靠的状态监测判读机制。第四节将讲述自适应阈值以及其他一些算法模型的构建思路，供读者参考。

在一些故障诊断专家系统中，往往需要先做出由设备参数特征与故障类型组成的故障真值表。在这个真值表中，设备状态参数以1、0的方式出现在真值表中，与故障类型进行对应。在此基础上采用贝叶斯方法、机器学习方法等才能进行最终的故障诊断。为所有参数特征打上1或者0的标签本身就是一个判断的过程。因此，判断环节既可以理解为一般单参数阈值判断，被用于设备维护场景，也可以理解为专家系统真值表诞生的前序工作。

## 四、电机轴承系统状态参数的分析

在电机轴承系统参数完成判断"正常"与否之后，电机工程师往往可以沿着参数的线索做出更加深入的分析。如果判断的过程是根据明确阈值对单一参数进行1、0的判定，则相对简单。但是，对于众多参数的综合分析过程就会显得复杂得多。这一过程往往是一个甄别的过程，甄别的对象有时候是很多状态判定1、0的组合，有时候是一些难以用1、0逻辑进行判定的结论组合。

这种逻辑类似于传统的故障诊断专家系统的方式，在一般的工程实际中，这种专家系统遇到一些困难，比如，对于多数据1、0组合的故障真值表，往往很难穷尽所有的故障，因此这种真值表就很难备覆盖所有的故障；另一方面，不同的故障有一个发生和发展的过程，在故障不同的发展过程中，真值表的特征向量可能存在差异。在广大工程实际中，往往会寻求一些中间路线对电机系统状态参数进行分析。

传统的电机轴承振动分析方法可以让工程师们看到各种故障的时域特征和频域特征，从而进行故障诊断。大数据技术和人工智能技术则可以将这些特征的分析过程固化到程序模型之内。进而通过一些自学习手段和算法甚至可以发现一些以前工程师难于发现的问题。

随着计算机算力的增强，计算机通过算法可以学习更多的专家逻辑，让机器在一定程度上代替人脑。这些逻辑、自学习是依赖于很多算法模型支撑的。这些算法模型可能基于统计分析、设备机理、故障诊断机理，甚至工况参数之间显性的或者隐性的数学关系。当前，大数据分析技术和人工智能技术的核心就是基于设备及其零部件参数之间复杂的关系，面对错综复杂的设备表现，形成一些稳定可靠的数学算法，从而实现状态识别、趋势预测、故障分类与诊断、因素显著性分析等诸多具有实际应用价值的结果。

当然，虽然目前在算法分析模型方面，工程师们取得了很大的进展，有时甚至替代了部分人工分析工作，但是这种替代还远未达到人们的最终期望。因此，目前很多算法和模型在参数的分析上更多的是给工程师的人脑分析提供某些辅助。这就是前文提及的，传统小数据分析与未来可靠的计算机人工智能专家故障诊断系统之间的中间路线，也是目前可以被广泛实践的方法。随着科学技术的发展，未来的新技术、新方法会进一步成熟，在工程实际应用领域中，可靠的计算机人工智能专家系统一定会出现。

目前，工程师们使用大数据的分析方法对电机轴承系统状态参数进行处理的时候，经常使用的思路包括统计分析和机理分析。

（一）统计分析

统计分析是大数据分析目前发展最好的方面之一。在我们熟知的消费互联网、金融等领域，统计分析的方法已经发展得十分成熟。事实上，统计分析方法在工业领域的应用也不是一个新鲜事物。

例如，我们在测量一个工件尺寸的时候，工程师常用的方法就是多次测量，取平均值。在机械工程师常用的公差中，我们知道公差带实际上是在均值附近的一个正态分布。不难发现这些概念实际上都是统计概念。

对于一个电机轴承系统而言，一个振动数据完成测量之后，一定存在各种误差。对这些误差的处理就需要使用统计工具。

对于一个电机轴承系统的某些故障状态的振动，通过振动信号的特征进行归类，也会用到统计知识。除了上面列举的两个例子，还有很多应用场景下，工程师们实际上都在使用统计方法。

基于大数据的分析方法中，对于上述一些场景的应用与以往工程师使用的手段几乎完全一致。所不同的是，由于数据量的众多，可能用到的统计工具会更加丰富，可以得到的计算结果会更加多样和完善。比如，以往某个工程师的工作经验，这些经验在没有大数据概念的时代是留存在工程师大脑中的"经验信息",工程师可以根据以往经验进行下意识地"统计归类",但是此时其他人对这些经验知识则无从获取。即便拥有经验的工程师在进行"下意识分析"的时候,由于无法描述分析方法和参数,而面对经验是否可靠的质疑。这些问题在大数据时代都会迎刃而解。例如上述的场景,状态参数不断被记录,偶尔的故障虽然没有被识别,但是却可以被记录,日积月累之后,这些偶尔的故障数据达到一定规模也就形成了经验,因此可以进行相应地统计分析,得到统计结论。这个结论可以在后续的运行过程中不断被使用和修正。这也使得以往留存在人脑中的"经验"被沉淀到算法之中,并且算法还会不断积累迭代和优化。

### (二) 机理分析

机理分析是基于设备本身机理进行的分析。我们知道一台设备各个表现参数之间的运行表现有时候有非常清楚的机理公式在背后指引。比如电机的转速—转矩曲线,电机的效率曲线,都在背后非常直接明确地反映着电机的运行参数之间应有的关系。我们称之为强机理模型。这些强机理模型本质上即便不需要大数据技术,也可以很清晰地指导工程师对实际问题进行分析。工程实际中也确实如此,对于强机理问题,往往现在的数字化手段就是将机理内置到算法中,使之自动运行,提升运行效率。但是此时的大数据方法带来的是运算效率和精度的提升,并没有带来新的机理突破。

相对于一些强机理关系而言,还有一部分弱机理因素。所谓弱机理因素就是没有非常清晰的机理公式,或者机理公式虽然清晰,但是由于影响因子众多,计算结果往往和实际误差较大的情况。此时人工智能的方法就可以帮助工程师突破弱机理局限,形成更加明确的模型。其中对于电机轴承系统一个典型的应用就是"健康度模型"。健康度如何定义?如何划定边界?哪些因素是影响因素?这些问题在传统机理模型中都很难得到可实际操作的答案(虽然理论模型众多)。但是通过人工智能技术,可以把电机轴承系统的健康状况模拟成一个黑箱子,通过众多输入参数对应的输出参数关系找到这个黑箱子的模型,从而形成电机轴承系统的健康度模型,为后续电机轴承系统的振动状况评估提供依据。

### (三) 统计分析与机理分析的应用关系

在实际的大数据分析过程中,经常出现一类场景——数据分析师到工程现场不分青红皂白,先拿到所有的数据,然后用众多模型对不明确关系的数据进行分析。而分析的方法也仅仅局限在聚类分析、显著性分析、统计分析、相关性分析等。无数的案例表明,这样的盲目分析往往带来巨大的工作量,有时会产生"本应如此"或者"啼笑皆非"的结论。

产生上述问题的原因其实也容易理解,数据分析师往往具有较强的数据分析和统计分析背景,而不具备工业背景。在数据分析工程师眼中,数据就是数据,数据之间有统计关系,而不具备其他机理联系(或者是机理联系未知)。此时他们的数据挖掘是盲目的挖掘，因此也会产生效率低下、结果不具有指导意义的现象。

相同的数据在电机工程师和机械工程师眼中与数据工程师不同，每个参数背后都有其物理属性、设备属性、机理属性。这些工程师往往在进行数据分析之前已经对众多参数进行了归类，比如哪些参数属于同一台设备、哪些参数本身具有强烈相关性、哪些参数互不相关等。要知道这些机理分类，实际上是在对数据分析进行降维处理，是基于机理的降维分析。在数据分析中，良好的降维往往可以大大地降低分析工作量和难度，得到事半功倍的效果。

从上面分析可以知道，对于统计分析和机理分析的应用场景实际上是有一定特定场合的。比如对于数据规模大的数据，首先可以根据机理进行适度降维，然后分离出相关、强相关、弱相关、不相关的大致概念，在必要时使用统计方法进行分类印证（尤其是一些弱相关因素），然后再综合运用机理知识和统计知识做指向目标的算法挖掘。

## 五、电机轴承系统智能运维的实施路径

不论是大数据技术、人工智能技术，还是传统的机理分析方法，人们对设备运维的思路都是沿着如图 10-2 所示的固定路径进行的。

图 10-2　设备智能运维路径

随着传感器技术、自动化技术的发展，工业设备的参数化也得到了蓬勃的发展。基于工业设备的参数化，才使得"数字孪生"的概念得以出现。与此同时数据的采集也已经十分完善。

目前的很多数据采集设备和传感器设备厂家已经具备了相当完备的数据呈现能力。可以将采集到的设备参数准确地呈现在工程师的面前。只是这些呈现往往只是单纯的呈现，并没有做很好的解读。这就对工程技术人员的解读能力提出了要求。比如，如何看频谱图、如何看瀑布图、如何看趋势等。

目前绝大多数自动化设备都具备了阈值判断的能力。工程师可以根据标准以及个人经验设定阈值，一旦设备状态达到阈值，报警即可被触发。这些功能只是最简单的判断工作。

对于稍微复杂的判断以及深入的设备状态分析，以前几乎全部是由人工完成的。大数据以及人工智能技术使得数据系统对设备状态参数的"判断"与"分析"能力大大增强。当一个设备或者平台具备了对数据的判读、分析能力时，也就是这个设备或者平台真正的具备了"智能"。

由此不难发现，电机轴承系统的智能运维在于对电机轴承系统参数的判断和分析层面，这也是让硬件具备智能的灵魂。

## 第三节　基于大数据和人工智能技术的电机轴承系统状态监测与数据分析方法

在第二节中，我们阐述了大数据和人工智能技术在电机轴承系统状态监测与诊断中的基本思路。在实施数据化、智能化的总体过程中，数据的采集、存储等工作并非机械工程师和电机工程师的专业领域，因此本书不做介绍。但是，整个分析过程中的核心分析方法和算法则是广大机械工程师和电机工程师的重要工作。在实际工作中，工程师合理地使用正确的方法对数据进行分析，同时与数据分析师一起使用相应的计算机语言（目前比较常用的是 Python、MATLAB 等）将这些对数据的处理进行算法化和模型化，然后搭载在 IT 运行系统之中，实现机器的自动执行。

基于设备参数的分析方法和算法相当于整个数字化架构的大脑，所有的数据都需要经过这些算法进行分析和判断，这也是整个数字化系统的智能所在。对于一个没有核心算法的平台或者是 IT 架构而言，面对具体的设备问题它几乎是"无脑"的。

前面已经讨论过电机轴承系统运行状态参数的一些特征，并提出振动数据是整个电机轴系统信息含量最丰富的，也是最易测量的数据。因此我们本节将以电机轴承系统振动数据为基础，介绍电机轴承系统状态监测和诊断的一些算法思路。电机工程师可以根据这些思路进行算法编程，以实现数字化系统的智能化。

### 一、电机轴承系统振动信号处理技术

当电机轴承系统安装振动传感器之后，其采集来的信号需要在分析之前进行一定的处理。这些信号处理有时候在数据采集部分已经完成，有时候未经处理。但无论如何，对于电机工程师而言，了解基本的振动数据信号处理技术有助于数据的解读和分析。

#### （一）振动信号的采样

采样可以大致理解为一次测量。我们知道轴系统的振动在三维空间内是个连续的过程，而振动的信号也应该是一个连续的过程。传感器在测量振动的时候，实际上是对这个连续的振动在一定的时间间隔下进行测量得到的一系列数值。这样的测量过程本身就相当于将一个连续量变成了一个离散量，也就是信号的数字化。而每次的测量，我们就叫作一次采样。每次采样的结果是一个测量结果，每两次采样的时间间隔就是采样时间间隔。

这里不难发现，传感器每次的测量有可能存在误差（与人测量某物理量一样，存在测量误差），这种连续的采样有可能引入一系列的测量误差（有时候还有一些传感器干扰和信号传输等带来的噪声信号，此处我们将它们统一为误差）。这些误差使得原始数据一般都不是平缓的，而是充满毛刺的，这些毛刺相当于一些不具有

实际意义的干扰信息，在后续信号处理的过程中，有时候可以对这些采样来的毛刺进行处理。

### 1. 采样率的选择

在对一个振动进行采样时，采样时间间隔决定了采样数据对原始数据的信息保留程度。在一个固定时间窗口内采样间隔越小，采样密度（采样率）越大，采样来的数据越能反应原始数据的状态；反之亦然。根据 Shannon 采样定理，对于带限信号（信号中的频率成分 $f < f_{\max}$），如需获得不丢失信息的信号，其最低采样率为

$$f_s \geq 2f_{\max} \tag{10-1}$$

式中　$f_s$——最低采样率（Hz）；

　　　$f_{\max}$——原始信号最高频率成分的频率（Hz）。

当不满足采样定理时，会出现采样混淆，影响采样信号对原始信号的特征反应。在工程上，通常使用的是最低采样率 $f_s = (2.56 \sim 4) f_{\max}$。新信号处理的过程中，可以使用低通滤波器滤掉过高的频率<sup>⊖</sup>，仅保留需要分析的频率来解决采样混淆的问题。

对于电机轴承系统的振动信号分析而言，我们所说的最高频率成分应该包含分析的目标频率。

例如，对于一台转频为 50Hz 的电机，如果需要诊断轴系统的故障，采样频率至少为 128 ~ 200Hz。此时，目标是轴系统，因此用轴系统转频作为最大频率。轴承特征频率可能高于轴系统转频，因此，如果使用上述采样率对轴系统进行故障诊断，则可能缺失了轴承的信息。因此，此时应该调整采样率，根据轴承特征频率的最高值设定相应的采样率。

### 2. 采样间隔的选择

对于振动信号的采集，如果按照采样率要求进行采集，可以得到波形数据。这里我们称两次数据采集之间的间隔为采集间隔（并非采样间隔），每次采样的长度称为采样长度。

如果数据采集间隔为 0，那么采集到的就是连续的波形数据，这样的采集会产生很大的采集数据量，对数据存储、传输造成压力，并且连续长时间的波形数据也并非分析必需的。

如果数据采集间隔过长，那么设备状态可能在两次数据采样之间发生变化，这样的数据采集会造成个别状态信息的丢失。

### 3. 采样长度

对电机轴系统振动进行信号采样时，如果采样时间过短，则可能出现信息不全

---

⊖　各种滤波器可以通过硬件实现，也可以在软件算法中由工程师自己制定。软件方面，Python 和 MATLAB 都提供了非常丰富的信号处理工具。

的情况；如果采样时间过长，则可能存在浪费。在一般的信号分析仪器中，一般是固定采样点数，根据采样率确定采样长度。

现举一例：对于某风力发电机组轴承的振动而言，振动的信号是毫秒级的，采样率是 4096，也即是说每一秒钟会产生 4096 个振动数据。但是每次测量延续了 2s，因此采样窗口长度是 2s。但是对于机组的整体测量而言，每 30min 测量一次。那么 30min 就相当于测量时间间隔，就是采样间隔，只是此时的采样结果是一个包含 2s 振动的毫秒级数据的数据集。

### （二）振动信号的滤波

1. 振动信号滤波在轴承振动分析领域里的应用目的

振动信号的滤波在振动分析过程中是一个重要的手段。在电机轴承的振动分析中，常见的应用及目的包括：

1）采集来的振动信号可能存在各种测量误差、信号干扰等因素带来的杂波，这些杂波对于分析振动问题造成干扰，可视为噪声，在分析的时候需要进行滤除；

2）有时候面对一个完整的振动信号，我们研究和分析的目的可能集中在其中的某一个特定的频率段，对于其他信号不太关注，那我们就可以使用滤波的方式进行目标的选取和排除；

电机轴承的振动分析目标是轴承系统的相关问题，但是振动信号采集来的信号覆盖程度超过了轴承系统的机械振动频率（包含一些电磁振动等的高频），因此在分析的时候我们需要予以滤除。当然，电磁振动等问题的研究者可能需要进行相反的操作。

我们在进行分析的过程中，还可以使用滤波器进行更进一步的分析聚焦。比如关注轴承，关注齿轮箱等相关零部件的时候，我们可以根据其特征频率进行相关的提取。有时候分析的对象可能是提取出来的某个频段的振动值，也可能是某频段振动值占据整个振动能量的比值。这些工作都需要借助滤波的工作完成。

在进行一些分析的时候，分析者的关注颗粒度也可以通过滤波的方式进行满足。例如关注不同时间间隔的振动变化趋势。关注者的角度如果是设备劣化程度，那么在正常情况下设备的劣化是有一个过程的，其振动信号的毫秒级或者秒级变化就没有实际参考意义。此时我们可以将这些信号的波动看作高频信号进行滤除得到更大颗粒度的观察。当然这个目的也可以通过重采样的方式进行，如果使用重采样的方式，就需要确定在更宽泛的时间窗口内，使用哪个测量值作为输出值（平均值、最大值、最小值、中位数、众数等）。

2. 数据分析中滤波器的实现

滤波器顾名思义就是根据需要过滤相应频率信号的工具。根据滤波器幅频特性和频段范围要求，滤波器可以分为低通（阻）滤波器、高通（阻）滤波器、带通（阻）滤波器、全通滤波器等。低通（阻）滤波器是保留（滤除）低于截止频率的信号，滤除（保留）其他信号的滤波器；高通（阻）滤波器与低通（阻）滤波器相反；带通（阻）滤波器是保留（滤除）给定频带内的信号，滤除（保留）其他信号的滤波器。

　　滤波器根据最佳逼近特性的不同，有巴特沃斯（Butterworth）滤波器、切比雪夫（Chebykshev）滤波器、贝塞尔（Bessel）滤波器等类型。这些滤波器在常用的分析语言（Python、MATLAB）中都有现成的工具包。

　　在进行振动数据分析中可以用不同逼近性的滤波器构建低通（阻）、高通（阻）和带通（阻）滤波器。

　　信号处理中理想的滤波器期望通频带以内的信号被传出，而非通频带的信号被直接滤除，这个性能在物理上是无法实现的，基于此而形成的算法也会存在一定偏差，如图 10-3 所示。图中虚线为理想滤波器。

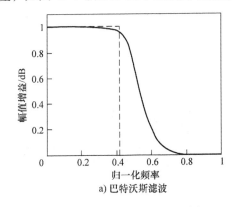
a) 巴特沃斯滤波

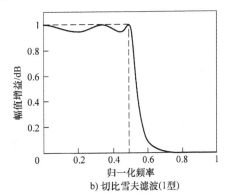
b) 切比雪夫滤波(1型)

图 10-3　常用滤波器

巴特沃斯滤波器设计简单，易于操作，其通频带的响应曲线最平滑，没有起伏，在阻频带逐渐下降为 0。

Python 有可以直接使用的巴特沃斯滤波器，其实现如下：

```
from scipy import signal

#低通滤波器
b,a = signal. butter( N,Wn,' lowpass ')
filtedData = signal. filtfilt( b,a,data)

#高通滤波器
b,a = signal. butter( N,Wn,' highpass ')
filtedData = signal. filtfilt( b,a,data)

#带通滤波器
b,a = signal. butter( N,[ Wn1,Wn2 ],' bandpass ')
```

filtedData = signal. filtfilt( b,a,data)

\#带阻滤波器

b,a = signal. butter( N,[ Wn1,Wn2 ],' bandstop ')

filtedData = signal. filtfilt( b,a,data)

上述代码中，$N$ 为巴特沃斯滤波器阶数；Wn 为归一化截止频率，

$$Wn = 2f/f_s \qquad (10-2)$$

式中　$f$——截止频率（Hz）；

$f_s$——采样频率（Hz）

以某一风力发电机齿轮箱轴承振动加速度信号为例，其采样频率为 51201Hz，如果我们使用 500Hz 作为截止频率，使用巴特沃斯滤波器进行低通滤波，滤波前后的信号如图 10-4 所示。

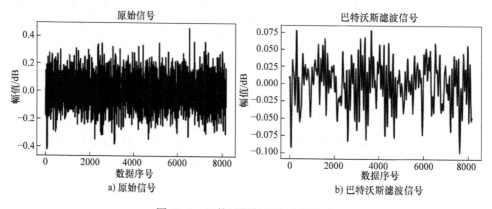

图 10-4　巴特沃斯低通滤波器滤波

### 3. 基于傅里叶变换的滤波器

一般情况下，使用物理手段无法构建理想滤波器。所谓理想滤波器是对通频信号原样保留，对阻频信号全部去除。不论是巴特沃斯滤波器还是切比雪夫滤波器，它们对通频信号和阻频信号都不能做"一刀切"似的理想处理。

在做轴承振动分析的时候我们经常对振动信号进行傅里叶展开，将一个振动波形展开成不同频率的正、余弦波形的叠加。同时，傅里叶变化是可逆的，展开的频域信号可以被还原成时域信号。利用这两个特性，我们可以搭建一个近似理想的滤波器。

具体做法如下，首先，将振动信号进行傅里叶展开，得到一系列不同频率的正弦信号。这些正弦信号的叠加就是原有信号。同时我们根据分析需求，设定截止频率，然后在这一系列展开的正弦信号中保留通频信号，将通频带以外的信号直接赋值为 0，再将处理过的信号使用傅里叶变换的逆变换还原成时域信号。

这样处理的过程中可见，我们直接对通频信号和阻频信号做了"一刀切"似

的处理，形成了一个理想滤波器。我们称之为傅里叶变换滤波器

在 Python 中实现这种傅里叶变换滤波器并封装成函数，示例如下：

```
#傅里叶带通滤波器
def fft_filter(data,freq_lo,freq_up,fs):
    # data:待滤波数据
    # freq_lo,freq_up 滤波截止频率
    # fs,采样率
    from scipy. fft import rfft,rfftfreq,irfft
    y = rfft(data)
    x = rfftfreq(len(data),1/fs)
    points_per_freq = len(x)/(fs/2)
    freq_lo_idx = int(points_per_freq * freq_lo)
    freq_up_idx = int(points_per_freq * freq_up)

    y[0:freq_lo_idx] = 0
    y[freq_up_idx:] = 0

    y1 = abs(y)/len(data)
    new_sig = irfft(y)
    return(new_sig,x,y1)
```

函数中，data 是待处理信号；freq_lo 是截止频率下限；freq_up 是截止频率上限；$f_s$ 是采样率。

如果我们令 freq_lo = 0，然后设定截止频率上限，这个函数就成为低通滤波器；如果设定截止频率下限，同时将上限频率设为采样率，这个函数就成为高通滤波器；如果同时设定截止频率上限和下限，这个函数就成为带通滤波器。

经过上述处理之后，振动信号的频域除了通频带以内的信号全部被置零，通频带原样保留如图 10-5 所示。图中的滤波截止频率仅做示意，工程师需要根据需要进行设置。

使用基于傅里叶变换的滤波器处理之后的信号经过逆变换还原成的时域信号与巴特沃斯滤波处理后限号的对比如图 10-6 所示，从对比中可以看到，巴特沃斯滤波与傅里叶滤波相比存在一定差异。

严格意义上的理想滤波器是无法实现的，经过滤波处理，所有的滤波处理都会造成一定的信号变形。巴特沃斯滤波器可以通过参数调整的方式尽量减小信号变形，在实际工程中存在一定误差。

基于傅里叶变换的滤波器中，我们直接将通频带以外的信号置零，对通频带以

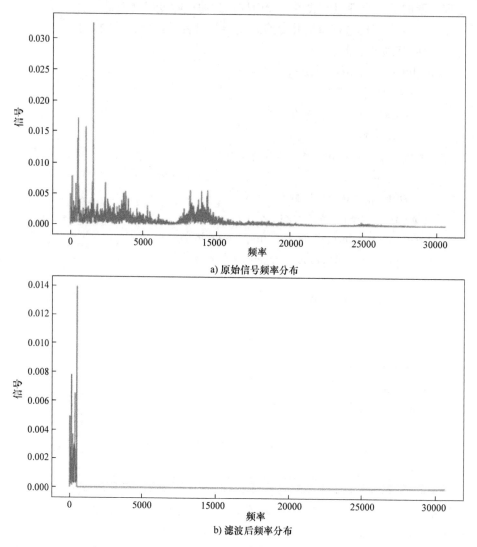

a) 原始信号频率分布

b) 滤波后频率分布

图 10-5  傅里叶滤波前后的振动频谱

内的信号完整不畸变保留。从这个逻辑上看，貌似基于傅里叶变换的滤波器是一种理想滤波器了。实际上并非如此。从傅里叶变换的原理中我们知道，如果使用无限多的正弦、余弦信号来叠加，可以实现完美的转换。如果使用无限多正弦、余弦信号进行变幻的话，信号采样频率也必须是无限大。这显然是不可能的。因此在傅里叶变换中，变换之后信号实际上受到采样率的限制，存在一定的误差。好在随着技术的进步，我们做振动分析时候使用信号的采样率已经足够高，由此带来的信号损失几乎可以忽略不计。更重要的是，一些甚高频信号对机械故障诊断而言并没有特别大的意义。从这个角度来看，基于傅里叶变换的滤波器几乎是接近理想滤波器的一种滤波器。数字化数据分析工具的广泛使用使得这种滤波器在数据分析中得以应用。

以上使用基于傅里叶变换的低通滤波进行示意，其中的截止频率可以通过工程师的设定，从而变成带通滤波、带阻滤波、高通滤波等，并且可以是分析聚焦于关注频段，使之产生更多的应用价值。比如，可以分离出轴承特征频段、某齿轮的特征频段、轴承系统的特征频段等。这种用法将在本书后续特征选取部分得到实践。

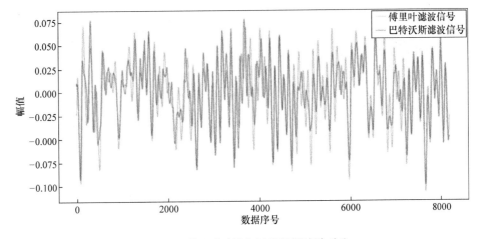

图 10-6　傅里叶滤波与巴特沃斯滤波对比

## 二、电机轴承系统的振动特征提取与处理

电机轴承系统数据采集完成之后，就可以对振动数据进行进一步的分析。

在信号的处理过程中，我们对原始信号进行了采样处理才能得到分析的原始数据。从此刻开始，我们用分析的眼光来处理这些数据。在这个过程中有可能会出现重采样（再采样），也就是对观测的众多数据再进行观测，从而拿出一些数据代表某些特征。由于经常也用"采样"一词，有时容易造成误会。

在进行数据处理的过程中，在分析之前进行的采样需要被固定，存储为原始数据，后续分析的重采样可能是根据分析目的不同而设定不同的采样方式，这部分数据不一定会单独留存，往往根据最终目的决定取舍。

### （一）振动的时域数据处理与分析

其他章节中我们介绍了时域分析的概念，很多趋势、图形在人们看来就是一个现成的信息，但是对于算法而言，这些信息必须转化成数据，才能做出相应的判断。因此数据处理技术在这部分工作中显得尤为重要。振动的时域数据处理与分析就是将振动信号在时间维度上的特征信息提取出来并加以分析的过程。

1. 时域特征提取

振动信号的时域特征是对于某振动信号在一个时间段内测量数据所表现的特征。在振动分析中常用的时域特征包括：

1）平均值 $\bar{x}$

$$\bar{x} = \frac{1}{N}\sum_{n=1}^{N} x(n) \qquad (10\text{-}3)$$

2）标准差 $\sigma_x$

$$\sigma_x = \sqrt{\frac{1}{N-1}\sum_{n=1}^{N}\left[x(n)-\bar{x}\right]^2} \qquad (10\text{-}4)$$

3）方根幅值 $x_r$

$$x_r = \left(\frac{1}{N}\sum_{n=1}^{N}\sqrt{|x(n)|}\right)^2 \qquad (10\text{-}5)$$

4）方均根值 $x_{rms}$

$$x_{rms} = \sqrt{\frac{1}{N}\sum_{n=1}^{N}x^2(n)} \qquad (10\text{-}6)$$

5）峰值 $x_p$

$$x_p = \max|x(n)| \qquad (10\text{-}7)$$

6）波形指标 $W$

$$W = \frac{x_{rms}}{\bar{x}} \qquad (10\text{-}8)$$

7）峰值指标 $C$

$$C = \frac{x_p}{x_{rms}} \qquad (10\text{-}9)$$

8）脉冲指标 $I$

$$I = \frac{x_p}{\bar{x}} \qquad (10\text{-}10)$$

9）裕度指标 $L$

$$L = \frac{x_p}{x_r} \qquad (10\text{-}11)$$

10）歪度 $S$

$$S = \frac{\sum_{n=1}^{N}\left[x(n)-\bar{x}\right]^3}{(N-1)\sigma_x^3} \qquad (10\text{-}12)$$

11）峭度 $K$

$$K = \frac{\sum_{n=1}^{N}\left[x(n)-\bar{x}\right]^4}{(N-1)\sigma_x^4} \qquad (10\text{-}13)$$

在式（10-3）～式（10-13）中，$x(n)$ 为信号的时序数据，$n = 1, 2, 3, \cdots, N$，$N$ 为样本点数。

上述这些数值都是在一个时间段内所有振动数据所构成数据集合的特征。不难发现，均值、标准差、方根幅值、方均根值，峰值直接从振动数据集中获得，是这些数据集的一次特征；波形指标、峰值指标、裕度指标、歪度（也叫偏斜度）、峭度都是在一次指标基础之上加工出的二次指标。

如图 10-7 所示为轴承加速寿命试验的时域特征指标[一]，图中轴承每一分钟采样一个高频波形数据，对波形数据进行时域特征计算，得到这次测量的时域特征指标。试验中，每一分钟测量一次，直至轴承失效。

从图中各个指标在轴承生命周期内的表现可以看到，轴承振动数据的标准差、方根幅值、方均根值，峰值等均出现了明显的阶段性特征，分别指示了轴承的磨合、正常运行、早期失效和失效晚期。但是在这些有量纲值出现变化之前，轴承的峭度指标呈现了上升趋势。一般而言峭度指标在 3 左右表明振动基本正常，而在有量纲值出现变化之前，峭度指标已经逐步上升，当峭度指标达到 5 左右的时候，其他有量纲值才呈现某种特征变化。可以看出，轴承振动的峭度指标是一个轴承故障的先行指标。

时域特征指标是对一个稳定振动测量获得的，这些分析中的数据集满足正态分布。对于电机轴承系统的振动某一次测量而言，测量历时几秒甚至更短时间，在这个时间内，电机轴承系统的振动是相对稳定的（振动的变化相对于采样时间长度而言相对稳定），因此，此时测量的振动结果符合正态分布，也就可以使用上述振动数据时域特征来描述每次测量波形的时域特征。

如果测量采样的时间相对于振动变化而言并不稳定时，则需要重新确定采样时间窗口，以满足分析的需求。后续轴承健康度分析的部分介绍了重采样的原则和方法。

需要指出的是，信号的采样频率和采样周期对上述时域特征的计算紧密相关。这是因为所有的时域特征信号均是在某一周期内的指标，比如电机振动在 1s 内的峰值、1min 内的峰值、1h 之内的峰值有可能不同。因此在选择单次测量的数据集进行上述时域特征计算的时候，应该注明采样信息。工程师们经常见到的一些状态监测系统测量数值有时候存在一些差异，其中除了测量误差的原因，算法窗口选择也是其中一个可能的原因。

2. 同步平均法

由于传感器测量带来的数据误差信号的频率与转频无关，这些信号有时会影响后续数据分析，因此必须采取一定的手段加以滤除。

在滤除无用频率信号时，如果干扰信号（或者不需要观测的信号）的频率已

---

[一] 本章轴承寿命加速试验数据引用自西安交通大学 XJTU-SY 滚动轴承加速寿命试验数据集。相关试验信息可以参照《XJTU-SY 滚动轴承加速寿命试验数据集解读》（机械工程学报，2019-8）。

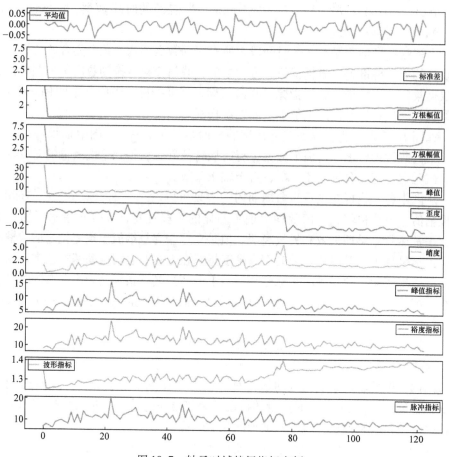

图 10-7　轴承时域特征指标实例

知，则可以通过滤波的手段滤除不需要的信号。但是对于由测量误差引起的干扰，我们无从知晓其频率，因此滤波的手段无法实现。

对于电机轴承系统而言，我们知道转轴围绕一个中心旋转，在旋转的每个周期都会经过相同的位置，而在这个位置的观测（采样）都会重复进行。此时，我们可以理解成为同一位置的反复测量。因此，可以引入去除测量误差的方法。其中最简单的方法就是对多次测量取平均值。

首先用电机转频折算出电机旋转一周的时间 $t(\mathrm{s})$。

$$t = \frac{60}{n} \tag{10-14}$$

式中　$n$——电机转速（r/min）。

根据数据长度计算电机每旋转 1 周的数据个数 $N$。

$$N = \frac{L}{tf_{\mathrm{s}}} \tag{10-15}$$

式中　$L$——数据总长度；

　　　$f_s$——采样率（Hz）。

根据电机旋转 1 周所测量的数据个数，对测量数据进行分段，得到若干段旋转 1 周的测量数据。然后对每一个对应的数据取平均值，就得到电机旋转 1 周时每一个测量点的数据平均值。

图 10-8 所示为某一水轮发电机上导轴承 $Y$ 方向振动的测量值。在本次测量中总共测量数据历时电机旋转 50 周。图 10-9 为此发电机上导轴承 $Y$ 方向振动测量值中的某一周的数值。图 10-10 为此发电机上导轴承 $Y$ 方向振动数值经过 50 周同步平均之后的数值。从图中可以看到，这个处理结果滤除了测量值中很多干扰因素，信噪比明显大幅度提高。

在工程实际中，除了在每一周取平均值以外，有时也可以采用某一置信度的范围来绘制振动曲线的幅值范围。这其中的背后逻辑与处理反复测量数据的逻辑一致。

同步平均法的另一个特点是一个周期内不同数据点的数据按照顺序显示，因此也可以根据数据采样率观察特定位置设备振动数据的变化，在某种程度上可以观察数据异常（可能是故障）的位置。

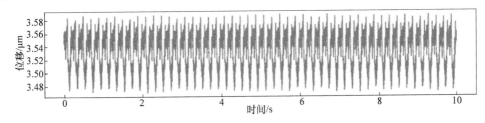

图 10-8　某水轮发电机上导轴承 $Y$ 方向振动（位移）

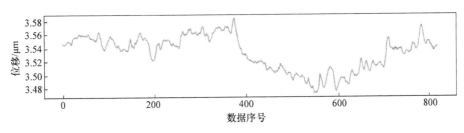

图 10-9　某水轮发电机上导轴承 $Y$ 方向振动一周（位移）

3. 轴心轨迹分析

电机轴承系统的振动是在三维空间内发生的，轴在任意时间内都位于三维空间的某个位置，在振动测量的时候，工程师们通常用三维坐标的方向进行测量，分别是轴向、径向水平，以及径向垂直。其中，径向水平方向与径向垂直方向的值构成轴在径向平面上的点坐标。如果测量的数值是位移指标，那么这个坐标就是轴振动

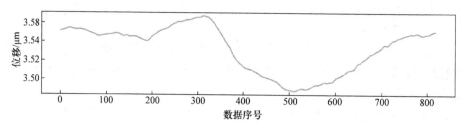

图 10-10 某水轮发电机上导轴承 $Y$ 方向振动一周同步平均值（位移）

的位置在径向平面上的投影。随着轴的旋转，这个投影点的移动轨迹构成了轴心轨迹。通过对轴心轨迹的分析，工程师可以得到电机轴系统的一些振动特征，并辅助工程师进行振动诊断与分析。

工程实际中，工程师使用两个相互垂直安装的电涡流传感器安装在轴的同一个径向平面上来测量、绘制轴心轨迹，如图 10-11 所示。

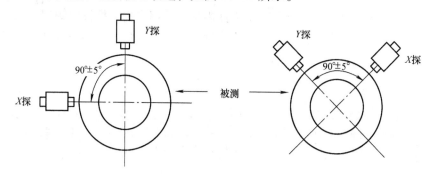

图 10-11 测量轴心轨迹时传感器的安装位置

收到轴心轨迹测量值之后需要对轴心轨迹进行绘制。如果对旋转轴系统的径向平面的位移信号进行绘制，我们可以得到图 10-12a 的图形，这个图形就是这个旋转轴的轴心轨迹图。图中信号位置十分杂乱，经过同步平均处理可以得到图 10-12b，这就是一个常用的轴心轨迹图。对轴心轨迹的分析通常会根据轴心轨迹的形状进行判断，这样经过同步平均法处理后得到的数据，排除了干扰，更有利于对轴心轨迹进行判读。

如果使用滤波的方式进行处理，依然可以得到相对平滑的轴心轨迹途径。但是滤波的频率需要根据工程师的经验来选择。如果仅仅对轴心轨迹的图形形状进行判读的时候，滤波处理的效果更加平滑。但是由于滤波截止频率的确定依赖于专家经验，因此这种处理方式的通用性受限。

对于上一组相同的数据，如果我们用 40Hz 作为截止频率，使用滤波后的数据绘制轴心轨迹，则如图 10-13 所示。与同步平均法不同，此时绘制了每一圈的轴心轨迹（为避免杂乱，图 10-13 仅仅绘制了 5 圈）。

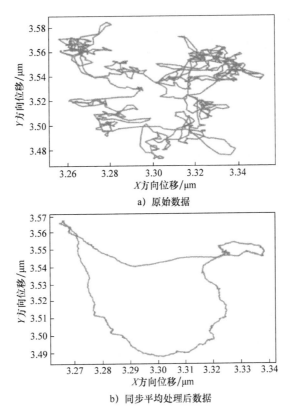

a) 原始数据

b) 同步平均处理后数据

图 10-12 某设备振动位移数原始数据轴心轨迹与同步平均处理

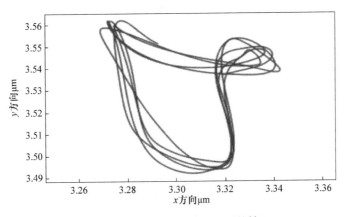

图 10-13 采用低通滤波处理后的轴心

　　对轴心轨迹的分析主要观察轴心轨迹是否稳定或者是否出现异常形状。电机在固定工况下，外界工况稳定，如果是理想电机，电机轴心轨迹应该是一个固定的点；在一般的工况下呈现为一个圆。轴心轨迹不稳定包含两种情况：圆形的大小和每一圈轴心轨迹的分布发生变化；轴心轨迹的形状发生变化。

这里可以引用统计分析的方法，利用算法对轴心轨迹是否稳定进行分析。

首先，工况稳定的情况下，每一次传感器在轴转到同一个位置时的测量应该是一致的，或者说是稳定的。这种在稳定状态得到的测量数据应该符合正态分布。当电机出现问题，轴心轨迹出现变化的时候，相同位置的轴心轨迹测量值就会出现分布状态的改变。如果是正态分布中心的移动，说明轴心轨迹出现形状的变化；如果是轴心轨迹多圈测量值的分布状态发生变化，说明轴心轨迹出现不稳定的情况。

在工程测量中，取设备正常工作时的轴心轨迹分布的中心轨迹为中值，作为轴系正常运行的阈值基准。一般认为中心稳定的正态分布中，$\pm 3\sigma$ 是一个可以包含稳定状态的正常区间，因此将轴系轴心轨迹阈值基准 $\pm 3\sigma$ 确定为轴心轨迹正常的阈值范围。

图 10-14 为某水轮发电机轴心轨迹基于统计分布的正常阈值分布结果。使用上述方法对轴心轨迹进行正常范围阈值分析的大致流程如图 10-15 所示。

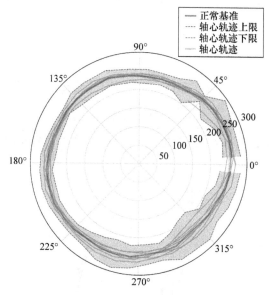

图 10-14  轴心轨迹计算实例（极坐标）

当电机轴系出现一些故障的时候，轴心轨迹也会出现某种异常形状，工程师需要根据相应的特征，编制相应程序进行识别。比如常见的 8 字形轴心轨迹，通常在出现 8 字形回转的时候，轴心轨迹的极坐标图中幅值的相角会出现变小的趋势。

轴心轨迹本身是一个位置信号随时间变化而变化的时域信号，时域信号的某些波动也可以被提取出频域特征，上述的 8 字形轴心轨迹，在频域上的体现是 2 倍基频信号的出现，这表明轴系存在对中不良等问题。

轴心轨迹也可以进行联合分析，比如一个旋转轴两端轴心轨迹在同一时间点上

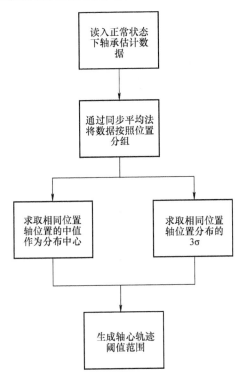

图 10-15　基于统计分布的轴心估计阈值计算流程

的连线就是轴姿态，如果将轴姿态沿时间维度进行描述就可以得到转轴的动态轴姿态。

**（二）振动频域数据处理与分析**

其他章节介绍了振动频域分析的基本概念和方法，在传统的振动频域分析工作中，电机工程师阅读图谱，进行相应的识别与判断，从而找到某些故障的特征。在数字化时代，智能化的系统就是尽量做到通过机器来自动处理和识别这些特征。因此，电机工程师就必须掌握一些振动频域特征数据的处理和提取方法，这样便可以根据自己的分析目的，提取合适的振动频域数据来进行相应的处理。

振动的频域特征是振动数据在不同频率段的分布，通常我们做快速傅里叶分析之后得到了振动数据在不同频率下的幅值谱图和相位谱图，从这些谱图中可以看出振动信号在不同频率下的幅值、相位分布的前提是振动信号经历了一定的周期。换言之，就是振动信号在一个时间段内所包含的不同频率的幅值、相位谱图。因此，实际上振动的频域分析的实质是振动信号对一个时间段内振动波形（时域波形）的特征，只不过这个特征是分析在不同频率下的幅值分布而已。

因此，振动的频域分析离不开时域波形，因为后者是前者分析的对象。同时，作为振动频域分析对象的时域波形的长度及其所包含的频率分量，决定了频域分析的频率边界。对于无法涵盖在时域波形里的频率特征，是无法通过时频域分解得到的。事实上这就是采样率、采样窗口概念的一个应用。

轴承振动数据的频域特征包括一般频域特征以及旋转机械相关的频域特征。

1. 振动数据的一般频域特征

仅就振动参数本身而言，一段振动信号本身就是一个时间段内的信息，研究这个时间段内信息在频率分布上的特征就是一般频域特征。振动信号的常用频域见表 10-2。

表 10-2 常用频域特征量

| 序号 | 频域特征 | 序号 | 频域特征 |
|---|---|---|---|
| 1 | $F_1 = \sqrt{\dfrac{1}{K}\sum\limits_{k=1}^{K} s(k)}$ | 8 | $F_8 = \sqrt{\dfrac{\sum\limits_{k=1}^{K} f_k^4 s(k)}{\sum\limits_{k=1}^{K} f_k^2 s(k)}}$ |
| 2 | $F_2 = \sqrt{\dfrac{1}{K-1}\sum\limits_{k=1}^{K}\left[S(s)-F_1\right]^2}$ | 9 | $F_9 = \dfrac{\sum\limits_{k=1}^{K} f_k^2 s(k)}{\sqrt{\sum\limits_{k=1}^{K} s(k)\sum\limits_{k=1}^{K} f_k^4 s(k)}}$ |
| 3 | $F_3 = \dfrac{\sum\limits_{k=1}^{K}\left[s(s)-F_1\right]^3}{(K-1)F_2^3}$ | 10 | $F_{10} = \dfrac{F_6}{F_7}$ |
| 4 | $F_4 = \dfrac{\sum\limits_{k=1}^{K}\left[s(s)-F_1\right]^4}{(K-1)F_2^4}$ | 11 | $F_{11} = \dfrac{\sum\limits_{k=1}^{K}(f_k-F_5)^3 s(k)}{(K-1)F_6^3}$ |
| 5 | $F_5 = \dfrac{\sum\limits_{k=1}^{K} f_k s(k)}{\sum\limits_{k=1}^{K} s(k)}$ | 12 | $F_{12} = \dfrac{\sum\limits_{k=1}^{K}(f_k-F_5)^4 s(k)}{(K-1)F_6^4}$ |
| 6 | $F_6 = \sqrt{\dfrac{1}{K-1}\sum\limits_{k=1}^{K}(f_k-F_5)^2 s(k)}$ | 13 | $F_{13} = \dfrac{\sum\limits_{k=1}^{K}(f_k-F_5)^{0.5} s(k)}{(K-1)F_6^{0.5}}$ |
| 7 | $F_7 = \sqrt{\dfrac{\sum\limits_{k=1}^{K} f_k^2 s(k)}{\sum\limits_{k=1}^{K} s(k)}}$ | | |

注：表中 $s(k)$ 是信号 $x(n)$ 的频谱，$k=1, 2, 3\cdots, K$，$K$ 是谱线数，$f_k$ 是第 $k$ 条谱线的频率值。

如图 10-16 所示是某轴承加速寿命试验的频域特征指标。

与轴承的时域特征指标相类似，轴承一般频域指标中也可以看到明显的轴承运行阶段特征。因此这些频域指标也会被用于对轴承运行期间振动数据的分析。

仔细观察诸多频域指标的变化，会发现有些频域指标的变化与时域指标变化趋势一样，有些则呈现不一样的趋势。比如图中的 F5、F7、F9、F11 等。这些指标貌似呈现一种趋势——轴承的初始阶段和失效阶段相似，而在轴承出现故障时呈现不同状态。我们不妨抽取一些典型时间的实际波形进行观察，如图 10-17 所示。图中，轴承在第 20min 的时候处于运行初期，第 40min 的时候是运行中期，第 80min 的时候是失效早期，第 120min 的时候是失效晚期。从不同阶段的波形数据可以明显看到轴承运行初期和轴承失效晚期的振动波形幅值有很大变化，失效晚期明显幅值增大，但是波形的总体形貌十分相近（也就是频率分布相似，这也就导致后续分析中两者的频域特征出现相似度高的情况）。在轴承运行中期，轴承的振动波形数据具有一定的毛刺，这些毛刺就是特定频率幅值增加引起的。轴承运行状态中振动波形数据的变化是一个相对均匀的变化，直到出现毛刺（某些特征频率幅值增加），到波形均匀分布并且幅值增加（各个频率的幅值均增加）的过程。这也符合轴承早期失效到寄生失效，直到最终失效的实际过程。因此这些特征在某些频域特征中，就表现为图 10-16 的状态。

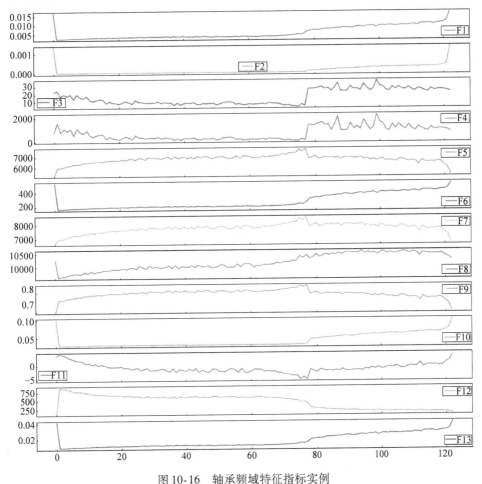

图 10-16　轴承频域特征指标实例

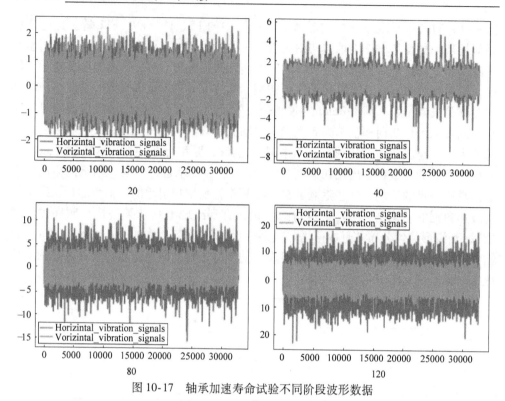

图 10-17　轴承加速寿命试验不同阶段波形数据

图 10-18 为某风力发电机组齿轮箱轴承在正常状态、早期失效和中期失效阶段的振动波形数据和频谱分析数据。从这些数据的形态分析，其频域特征与上述轴承加速寿命试验数据的特征一致，因此其一般频域指标的时域分布（时频域分析）也应该是一致的。

2. 振动频域特征的提取

就振动信号本身而言，常用的品与特征参量有 13 个。这些参数描述了振动信号波形本身的频率含量的特征信息。

对于电机工程师而言，一些典型的频域特征已经被比较完整地总结好了，因此往往可以直接利用这些已经总结好的频域特征进行相应的分析。电机轴承系统振动分析中经常遇到的频域特征包括：

（1）轴系统振动频域特征

1）不对中的频域特征；

2）不平衡的频域特征；

3）松动的频域特征。

（2）轴承振动频域特征

1）轴承外圈缺陷的频域特征；

2）轴承内圈缺陷的频域特征；

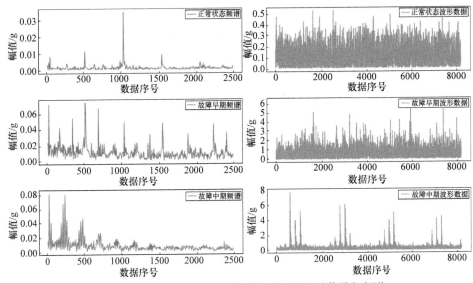

图 10-18　风力发电机组齿轮箱不同阶段振动信号与频谱

3）轴承滚动体缺陷的频域特征；

4）轴承保持架缺陷的频域特征。

这些特征所对应的频率值可以在相关内容中找到对应的计算方法和信息。

电机工程师可以在上述特征频率基础上加工二次特征，例如不同特征频率在总体信号中所占的能量比等。

将这些频域特征识别和提取通过程序写成算法，从而实现自动识别和提取，就是我们做大数据分析智能应用的主要工作。

整个频域分析数据工作的流程如下：当振动数据采集完成之后，首先需要对振动数据进行傅里叶分解，然后识别出频谱图中的峰值数据，将峰值数据的频率与故障特征频率进行对比，从而输出故障诊断结论。

为实现上述功能，工程师需要编制的程序模块及其功能包括：

（1）数据预处理模块

1）数据质量评估，缺失数据处理等；

2）选取合适的数据段，要求数据连续并且包含故障特征。

（2）数据的傅里叶分解模块

1）根据诊断目的，选择合适的观察窗口；

2）进行数据的傅里叶分解。

（3）数据的特征频率提取模块

1）识别傅里叶分解后数据中的峰值；

2）提取傅里叶分解后数据峰值所对应的频率。

（4）数据频率特征与故障频率特征的对比模块

1）幅值对比：对比各个峰值与基频峰值的比例。通过第八章的内容我们可以知道当特征频率与基频比例关系达到一定值的时候，可以做相应的判定。同时对于各个特征频率幅值的变化达到一定程度的时候也可以做出相应的判断；

2）特征频率对比：对比各个峰值对应的频率与特征频率之间的对应关系。需要注意的是，峰值频率与计算的故障频率之间经常无法严格意义对应。在以往的人眼识别过程中，我们可以忽略这些误差，但是对于机器算法而言，不能自动忽略这些误差，需要工程师编写适当的程序进行识别。

（5）诊断结论输出模块——将比对的特征频率图谱结论输出

3. 轴承振动数据的时频域分析

轴承振动数据除了单独的时域分析和频域分析以外，还可以将两种观察角度结合起来进行分析，就是振动的时频域分析。时频域分析是一个计算量较大的分析方法，随着技术的发展，以及计算机算力的提升，现在很多系统都可以实现对设备振动进行时频域分析的功能。

轴承振动数据的时频域分析是观察振动信号频谱随着时间变化而变化的过程。例如，对于一个运行中的轴承，每一分钟读取一个波形数据（高频采样数据），每分钟波形数据的时域特征随时间的变化构成了时域分析，如果将每分钟的高频波形数据进行频域展开，则可以看到这个轴承在这一分钟的频谱图（频域特征），将每一分钟的频谱特征按时序排列，则可以得到轴承运行过程中频谱特征随时间的变化，就是时频域分析。图 10-19 为某轴承加速寿命试验数据在每一分钟的频域展开图在时间序列的展开。在对轴承的监测中，观察者可以关注与轴承相关的特征频率

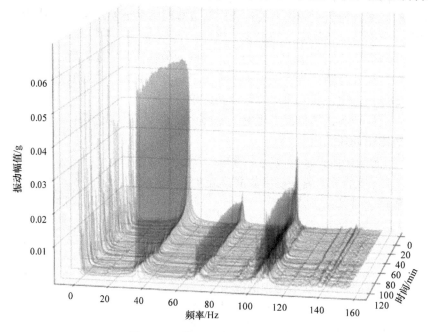

图 10-19　轴承振动的时频域分析

的振动幅值沿着时间轴的变化。在这个例子中，我们观察轴承外圈特征频率（本例中轴承为外圈失效，外圈特征频率是 107.91Hz），得到的时频域分析图形如图 10-20 所示，图中颜色深浅代表幅值。图中白色圆圈标注的是轴承外圈特征频率幅值明显增加的位置，也就是在这个时间点，轴承外圈出现了剥落。此时仅从时域特征中观察的话，由于外圈失效处于初期，因此占总幅值的比例不高，因此在时域特征中变化特征并不明显。

　　工程实际中，可以使用更加高效快速的算法进行上述时频域数据分析。比如使用短时傅里叶分析的方法对连续的振动波形数据进行时频域分析。

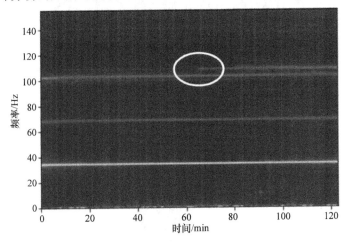

图 10-20　轴承加速试验的时频域分析

### （三）　振动数据的统计分布特征

　　在同一个稳定工况下，对于一台电机轴承振动数据测量的目标也应是一个稳定状态，因此测量结果应该服从正态分布，因此也就具有正态分布所应有的所有统计特征，可以在振动测量过程中进行正态分布特征的提取和计算。

　　需要强调的是，数据测量结果服从正态分布的前提条件是数据来源于对同一目标的多次反复测量。对于电机轴承振动而言，就是指在同一个工况下，同一台电机，相同状态下，同一位置的多次测量的振动数据（传感器不变更的前提下）。

　　图 10-21 某轴承加速寿命试验测试中轴承一次测量中的振动加速度数据[一]，图 10-22 为这些振动数据的分布。通过 KS 检验，得到这个数据的分布 $p$ 值为 0.37，$D$ 值为 0.005，当 $p$ 值大于 0.05 时证明这个数据符合正态分布，$D$ 值接近于 0，证明这个分布与标准正态分布的一致性较好。

---

［一］　本章轴承寿命加速试验数据引用自西安交通大学《XJTU – SY 滚动轴承加速寿命试验数据集》，
　　　图 10-21 为数据集中第 20 次测量的数据，其他数据均符合正态分布。相关试验信息可以参照
　　　《SJTU – SY 滚动轴承加速寿命试验数据集解读》雷亚国等，机械工程学报，2019 –8。

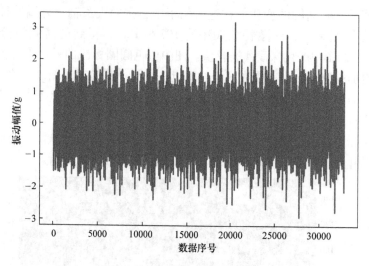

图 10-21　振动加速度测量数据

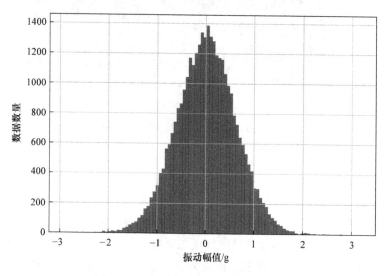

图 10-22　振动加速度测量数据的分布

在工程实际中，获得这样的条件并不困难。对于一般固定负载、稳定运行的电机，电机正常稳定工作状态下的任何一次检测中的测量数据都应该满足上述条件；电机变负载的情况下，可以根据电机负载的变动状态进行工况划分（载荷谱），电机轴承振动在载荷谱相同的条件下的轴承振动，也应该符合上述条件。对于电机起动、停机过程，可以选择相同的起动、停机过程进行评估。总而言之，选取电机工况进行"同比"测量，数据均应满足正态分布。

数据的正态分布特征主要是均值和标准差。其中均值是测量正态分布的中心，描述数据组的位置；标准差描述了数据组内数据的离散程度。

数据统计特征除了均值和标准差以外，还有数据的众数、分位数等。对于正态分布而言，数据的众数、二分位数和均值完全一致，数据的其他分位数可以根据均值和标准差进行相应计算。

在数据分析工程实际中，可以利用以上特性检查数据质量。例如，如果发现数据的众数和均值不一致，数据的四分位数、八分位数与通过均值和标准差计算出来的数值不同，则说明数据不符合正态分布。此时应检查电机工况划分是否有误；另一种，造成测量数据分布不符合正态分布的原因可能是传感器的数据测量出现问题，或者传感器出现漂移。由此可以建立数据质量检测算法，从而去除不合理的数据。

对于应服从正态分布而有确实服从正态分布的设备数据，可以通过检查测量数据正态分布特征的方法来判断设备状态是否出现了变化。正是利用这个原理，在本章后面部分建立了基于统计分布特征的轴承度模型。

# 第四节　电机轴承系统健康管理模型

对于电机工程师而言，大数据和人工智能的算法在电机系统健康管理方面的应用是最能体现其优势和价值的地方。

设备健康管理（PHM）的概念已经提出很多年了，是一个被业内理解并使用的成熟概念。但是，在以往的设备健康管理中，往往都停留在理念上，到了工程实际中，如何实现健康管理？如何找到浴盆曲线？如何进行相应的分析比较？设备报警阈值如何设定？相应的标准如何采信等诸多问题都困扰着现场工程师。传统的做法就是生硬参照设备标准进行设备维护，偶尔会加入一些人工经验，这使得设备维护和管理变得模糊、不够科学。

在引入了数字化和大数据分析技术之后，设备的信息更加密集全面，因此机械工程师终于可以通过大数据、人工智能手段对设备健康管理（PHM）的很多理论进行充分实践。

在以前的设备健康管理过程中，工程师往往是从仪器仪表中读出数据，根据一些限值进行人工判断，在进行故障诊断时要利用人工的经验和知识来做判断。在大数据时代，使用大数据人工智能算法时，工程师们面对的不再是已经呈现出来的某些数字，而是一系列直接测量的数据。这就要求工程师们必须具备数据处理能力，同时根据分析目的，将处理完的数据通过算法搭建成具备业务目的的算法模型。

对于电机轴承系统而言，工程师们就需要利用本章第三节讲述的内容对电机轴承系统的振动数据进行处理，在此基础之上搭建电机轴系统健康管理的算法模型。对设备健康管理与故障诊断的算法模型有很多种，同时这些技术的工程实际应用开展的时间也不长，因此仅就一些主流的、经过实践使用的模型方法进行介绍。

## 一、基于健康基准的 PHM 方法

前面的章节中，提到了设备维护策略的相关内容。设备维护的策略就是对设备自身状态的维护，当设备出现故障的时候可以及时发现，甚至期望可以提前预警。

传统的设备健康管理的实施中，经常会依赖某些标准限值。对于振动而言就是振动的限值。当电机轴承系统的振动高于这个限值的时候，工程师认为电机轴承系统振动异常，在这个基础之上进行更深入的分析。

这样的做法存在一些弊端。电机轴承系统的振动相关标准与实际投入运行的电机的个体状态存在差异，因此有时候电机轴承系统的振动还没有超过相应标准的时候电机轴承系统已经出现了故障。如果使用标准的限值报警方法，这样的情况就会被漏掉。总体标准无法照顾到不同工况、不同应用电机的个体差异。

另一方面，电机轴承系统的振动一旦超越了标准，就被判定为故障状态。此时的报警已经是对现状的反应，无法实现提前预警。事实上，电机轴承系统的早期故障出现的时候，其整体的振动值应该不会达到报警标准的阈值。这也使得传统的阈值报警无法起到提前预警的功能。

工程师为了做到提前预警，会降低报警限值。但是困难的是，这种限值降低的标准比较难于获得。报警限值降低得不够，那么预警的目的就达不到；如果降低得过分，就会出现频繁的误报警。这也是一直困扰电机工程师的地方。

总体上，传统的基于报警限值健康管理方法其实质上是基于"故障"的健康管理。这在逻辑上也存在可以商榷的地方。

数字化时代，设备的状态数据可以大量的被获取和留存，使得设备的状态数据本身产生了可以利用的价值。其中最重要的就是用于界定设备健康的基准。

事实上，真正的健康管理实践是建立在一个重要概念——"设备健康状态"的概念之上的。所有的健康管理、故障甄别、状态评估等后续概念都应该建立在这个状态的定义的基础之上。因此，在对设备进行状态监测和故障诊断的第一个工作就是确定设备的"健康状态"是什么。

对于电机轴承系统而言，在进行振动分析时，首先需要确认电机轴系统的振动正常状态。

当电机轴承系统投入持续运行时，将电机轴承系统实时运行状态与轴承系统振动的正常状态基准进行比较，通过比较的差异来确定电机轴承系统健康程度（或者说亚健康程度）。不难发现，我们比较的基准是健康状态（不再是传统概念的故障报警），是针对设备偏离健康状态的程度进行评估。

因此，基于电机轴承系统振动的智能运维方法是基于健康基准的 PHM 方法。

如果将传统的故障管理与使用大数据和人工智能技术的智能健康管理做一个对比，如图 10-23 所示。

基于电机轴承系统健康基准的 PHM 方法的核心包括两个部分：

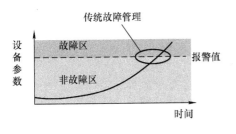

图 10-23　智能健康管理与传统故障管理的比较

1）电机轴承系统振动指标的健康基准模型的建立。

2）基于健康基准模型的电机轴承系统振动实时状态评估。

关于建立健康基准和对实时数据的健康评估，本书将介绍三种方法：基于工况参数间相关性的动态阈值法、基于日常工况的动态阈值法、基于健康状态的特征向量法。

## 二、基于工况参数间相关性的动态状态参数预测模型

我们知道，电机轴承系统的振动与电机的工作状态相关。这些相关因素包括工作场地的温度、润滑情况、电机的负荷等诸多因素。这些因素都在直接、间接地影响着电机轴承系统的振动数值。

我们把电机工作的相关工况进行参数化，然后定义工况参数集 $C$。

$$C = [c_1, c_2, \cdots, c_M] = \begin{bmatrix} x_{1,1} & \cdots & x_{M,1} \\ \vdots & \ddots & \vdots \\ x_{1,n} & \cdots & x_{M,n} \end{bmatrix} \qquad (10\text{-}16)$$

式中　$M$——工况参数的数量；

　　　$n$——为工况参数数据的数量；

其中　　　　　$c_i = [x_{i,1}, x_{i,2}, \cdots, x_{i,M}]^{\mathrm{T}} \quad i = 1, 2, \cdots$ 　　　　(10-17)

工况参数集 $C$ 中的参数选取可以由工程师根据实际测点的测量情况选取。请注意工况参数集合的选取尽量考虑机理的相关性，这样可以帮助数据工程师提高降维分析的准确性，降低分析难度。

对于一台电机而言，我们的轴承振动测量点有 5~6 个：轴伸端径向水平；轴伸端径向垂直；轴伸端轴向；非轴伸端径向水平；非轴伸端径向垂直；非轴伸端轴向（与轴伸端可以二选一）。这些参数可以构成电机轴承系统振动的运行状态参数集 $P$。

$$P = [p_1, p_2 \cdots, p_{M1}] = \begin{bmatrix} x_{1,1} & \cdots & x_{M1,1} \\ \vdots & \ddots & \vdots \\ x_{1,n1} & \cdots & x_{M1,n1} \end{bmatrix} \qquad (10\text{-}18)$$

式中

$$p_i = [x_{i,1}, x_{i,2} \cdots x_{i,M1}]^{\mathrm{T}} \quad i = 1,2,\cdots \qquad (10\text{-}19)$$

对于电机轴系的振动数据而言，电机轴承系统的状态参数 $P$ 就是两端轴承各个测点的振动数据。

电机运行的时候，其状态参数与工况参数存在一定的关系，表达式如下：

$$P = f(C) \qquad (10\text{-}20)$$

式中　$P$——电机轴承系统运行参数集；

　　　$C$——电机轴承系统工况参数集；

　　　$f$——电机轴承系统参数关系函数。

当电机正常运行时

$$P = f_{\mathrm{h}}(C) \qquad (10\text{-}21)$$

式中　$f_{\mathrm{h}}$——电机轴承系统健康状态参数关系函数。

我们可以使用数据集 $P$、$C$ 通过神经网络等方法找到电机轴承系统健康状态参数关系 $f_{\mathrm{h}}$。此时 $f_{\mathrm{h}}$ 即为电机轴承系统的健康模型。

当电机投入实际运行时，工程师可以得到实时的工况参数集 $C_{\mathrm{r}}$ 和实时状态参数 $P_{\mathrm{r}}$。

通过电机轴承系统健康模型 $f_{\mathrm{n}}$，有：

$$P_{\mathrm{h}} = f_{\mathrm{h}}(C_{\mathrm{r}}) \qquad (10\text{-}22)$$

式中　$P_{\mathrm{h}}$——电机健康状态下应有的运行参数（模型预测值）；

　　　$f_{\mathrm{h}}$——电机健康状态模型；

　　　$C_{\mathrm{r}}$——电机实时工况参数。

通过对比电机实时状态参数 $P_{\mathrm{r}}$ 与电机健康状态下应有的运行参数 $P_{\mathrm{h}}$，就可以评估电机实时运行状态是否正常。

从上面分析可以得出，我们使用这种方法对电机实际运行状态进行健康建模，然后对比实时参数和应用健康参数之间的差异，以此评估电机轴承系统是否处于正常状态。整个分析过程中电机轴承系统的振动信号分析需要与工况参数之间进行关联分析。这种分析属于参数之间的互相关分析。

### 三、基于 $3\sigma$ 的动态阈值法

在前面我们介绍了基于电机系统参数之间相关性的电机轴承正常状态数据预测模型，但是在一些场合我们针对电机轴承系统振动参数本身也可以做自身相关性分析。这种分析方法仅对参数本身实施分析。这种分析方法可以包含如下几种情况。

### (一) 电机工况稳定的情况

当电机工作状态稳定时，电机的振动本身应该为一个相对稳定的数值。由于测量等原因，这些测量值会围绕平均值呈现一个正态分布。

在电机正常工作的时候，我们测量电机轴承振动数据可以得到振动的均值，以及测量值的标准差 $\sigma$。所有的振动数值中 99.73% 的数据应该落入均值 $\pm 3\sigma$ 的区间内。

由此，我们知道，当电机振动的实测值超过均值 $\pm 3\sigma$ 时，电机轴承系统振动数据可能存在异常，一旦这样的情况持续，则表明电机轴承系统处于亚健康状态。

### (二) 电机工况不稳定的情况

上述工况稳定的 $3\sigma$ 判别方法在实验室里已经得到了很好的印证，但是对于工况变动的工程实际中，振动信号在一个相对较长的时间段内的幅值受到电机负荷等因素的影响，并不稳定，因此振动值也不一定服从正态分布，因此基于稳定工况的 $3\sigma$ 判别方法无法使用。

这种情况下，可以通过划分工况区间的方法进行处理。如图 10-24 所示为一台空分电机功率曲线。通过这个曲线可以将电机工作分为两个区间，在每个区间内，电机的工作负荷是稳定的，因此可以使用稳定工况下的 $3\sigma$ 判别方法。

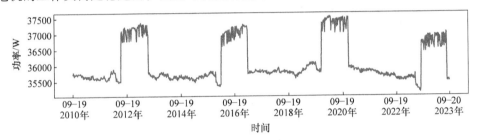

图 10-24　某空分电机功率数据

这种处理方法在就是工况分仓的数据处理技术。在每个分仓的振动数据中，通过 $3\sigma$ 判别方法判断振动是否超过限值。此处的限值不一定是振动监测标准中的限值，通常情况下这个限值会比标准中的数值低，一旦达到这个限值，系统提出警示，就可以在振动到达标准限值之前进行提前报警。

另外，在每个工况分仓的振动数据中，如果电机轴承系统的振动实际值呈现某种趋势（比如持续上升、急速上升）的时候，则可能预示着电机轴承系统裂化程度正在逐步恶化。

### (三) 基于状态预测值残差的 $3\sigma$ 动态阈值

在本节前面部分介绍了基于电机工况参数间相关性计算目标参数预测值的方法，得通过式（10-21）计算出目标阐述的预测值。然后在这个基础上，可以计算基于状态预测值的 $3\sigma$ 目标参数阈值。

在电机正常状态下，计算出目标参数的预测值与实际值之间的残差：

$$res_i = P_{ri} - P_{hi}$$
$$i = 1, 2, 3 \ldots n \tag{10-23}$$

式中　$res_i$——残差；

　　　$P_{ri}$——目标参数实际值；

　　　$P_{hi}$——目标参数与测试（目标参数健康状态下应有的数值）。

计算残差的标准差 $\sigma_x$，见式（10-4）。

目标参数阈值上下限：

$$P_{upi} = P_{hi} + 3\sigma_x \tag{10-24}$$
$$P_{loi} = P_{hi} - 3\sigma_x \tag{10-25}$$

当目标参数实际值超过动态上下限值的时候，可以认为出现了异常。

以下为某电机轴承温度参数基于状态预测值的 $3\sigma$ 阈值实例：

此例的目的是为辊压机电机轴承设定动态预警阈值。电机在浙江湖州工作，根据传统的固定阈值方法进行阈值设定的情况下无法发现电机轴承早期温度异常；另一方面，固定轴承温度阈值报警方式无法监控轴承温度变化趋势的正常与否，对早期的问题无法识别。因此需要设定更详尽具体的异常阈值报警机制。

一般而言，电机轴承的温度有两个主要来源，电机自身温度升高以及轴承自身的摩擦发热。其中正常的轴承自身发热应该占据非常次要的部分，对于中小型电机而言，轴承热量的主要来自电机。进一步地，电机自身的温度主要来自电流引起的发热，因此电机电流以及工作时间应该作为电机轴承温度健康模型的工况参数。

另一方面，这台电机不是连续工作，电机每日工作后停机，温度会下降，次日起动后温度随之上升。在一定的环境中，电机每日温度下降和上升受到环境温度的影响，因此环境温度应当作为电机轴承温度健康模型的工况参数。

至此，此模型确立了目标参数——电机轴承温度参数；工况参数——电机通电时间、电机电流、环境温度。使用随机森林回归算法（Random Forest Regression）按照前面章节讲述的过程，建立电机轴承温度健康基准模型，同时通过残差 $3\sigma$ 方法设定温度预警阈值，得到如图 10-25 所示数据。

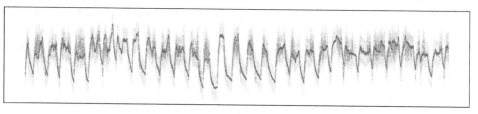

图 10-25　某辊压机电机轴承温度预测、实测与动态阈值

图 10-26 中为此辊压机电机 2022 年 9 月全月温度数据。图中深色曲线为电机温度实际值；浅色曲线为模型预测温度值；浅色区域为电机温度动态阈值范围。模型的评价分数达到 0.89，模型对数据具有良好的解释性。图中可见绝大多数数据

与预测模型吻合，同时，实际状态的电机轴承温度保持在模型生成的残差 $3\sigma$ 范围之内，这台电机在当时一个月内运行完全正常，这与模型动态阈值判断结果完全吻合。同时这个模型较好地生成了电机轴承温度上升的趋势和温度下降的趋势，在存在异常的情况下，轴承温度上升速度异常、趋势异常是电机轴承早期故障的重要指征，因此这个模型对轴承故障早期预警具有一定意义。

由于数据局限，这个模型建立的时候无法获得负载数据，而辊压机负载的状态对设备温度变化会产生影响（辊压的过程会发热），这也是这个模型后续可优化的空间。

### （四）基于 $3\sigma$ 的动态阈值法判别传感器数据质量

基于 $3\sigma$ 的动态阈值法除了可以进行电机轴承系统健康程度的判别以外，还可以用于甄别振动数据质量问题。

事实上振动数据质量问题可能是传感器问题、变送器问题，甚至数据传输问题。一般的数据缺失等数据异常情况是可以通过数据处理方法进行排除的，但是有些由于传感器漂移、数据传输故障等引起的异常值则可以使用 $3\sigma$ 的动态阈值法进行甄别。这样甄别的目的是为了避免这些异常数据触发电机轴承系统振动异常的误报警。

首先，振动数据每次的获取都是一次测量，而每次测量都符合数据测量的基本规律：正态分布。因此我们对每一次测量进行分析，就可以找到异常的数据点。

同样对于一个工况变动的振动信号而言，振动数据如果是单次测量的，每次测量的数据是在一个测量时间内获得的，因此它符合正态分布，可以直接进行 $3\sigma$ 方法的甄别。

现在很多电机轴承振动监测系统采用的是连续测量的振动数据，因此这些振动数据是一个随着电机负载等情况变化的振动值，在一个相对较大的时间窗口内是一个连续变量。此时我们可以使用微分的方法，将这些数据微分成很小的时间段，然后在这些时间段内进行 $3\sigma$ 方法的甄别。如图 10-26 所示。

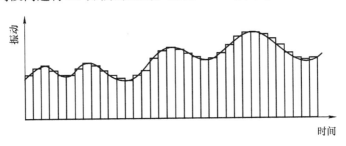

图 10-26　不稳定工况下振动数据微分处理

图 10-27 为图 10-24 的空分电机在负载较大工况下的振动数据。从图 10-27 中可以看到，在这个工况下电机的振动呈现一定的波动，并且测量值有一些毛刺。因

此我们将这段数据进行进一步的数据分仓。分仓的原则是单样本 KS 检验结果。首先设定一个数据长度，然后用这个长度对所有数据进行切片，再使用 KS 检验来判断切片内数据是否符合正态分布。如果这个切片长度下的所有切片数据都符合正态分布，则这个切片长度被接受，否则重新选择数据切片长度。

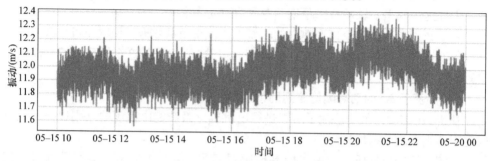

图 10-27　空分电机轴承振动数据

确定数据切片长度之后，可以在这个切片内计算 $3\sigma$，然后便可确定这个切片内数据应该分布的区间。这个区间就是振动数据检测后的合理范围，超过这个范围，则可以认为是数据质量问题。

使用上面的方法，针对上述数据选择的最优切片长度之后某段数据的分布情况如图 10-28 和图 10-29 所示。

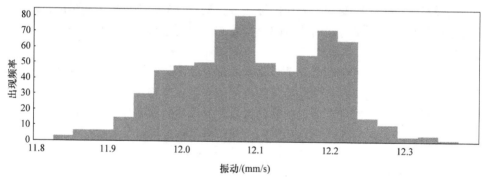

图 10-28　切片后振动数据分布

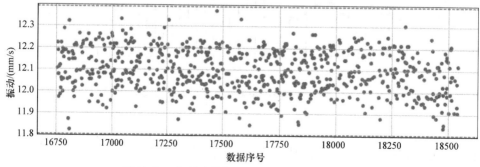

图 10-29　切片内数据的实际分布以及 $3\sigma$ 范围

将求出的 $3\sigma$ 通过切片均值的方法还原到整个振动数据中，可以得到振动数据的正常分布范围，同时可以看到个别点的数据异常。如图 10-30 所示。

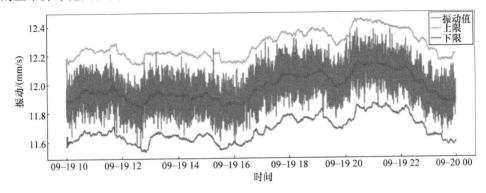

图 10-30　空分电机振动数据质量阈值范围

## 四、基于健康特征向量相似性的健康评估模型

基于健康特征向量相似性的方法对电机轴承系统进行状态评估首先需要对电机轴承系统振动信号进行特征提取。

对电机轴承系统的特征提取可以根据工程师的行业应用经验进行特征选择。表 10-3 为某风力发电机轴承系统故障特征选取。

表 10-3　某风力发电机轴承系统故障特征选取

| | 特征 | 状态 |
|---|---|---|
| 时域特征 | 峰峰值 | 故障 |
| | 均方根值 | |
| | 峰值指标 | |
| | 峭度指标 | |
| 频域特征 | 外圈故障幅值和 | 外圈故障 |
| | 内圈故障幅值和 | 内圈故障 |
| | 滚动体故障幅值和 | 滚动体故障 |
| | 总幅值和 | 轴承故障 |
| | 内圈故障能量和 | 内圈故障 |
| | 外圈故障能量和 | 外圈故障 |
| | 滚动体故障能量和 | 滚动体故障 |
| | 总能量和 | 轴承故障 |

完成电机轴承系统故障特征选取之后，通过对轴承振动监测数据的处理我们可以得到轴承的状态向量 $B$ 为

$$B = \begin{bmatrix} f^1, f^2, \cdots, f^k \end{bmatrix}$$

在正常状态下，可以获取轴承的健康状态特征向量 $B_0$ 为

$$B_0 = [f_0^1, f_0^2, \cdots, f_0^k]$$

在 $t$ 时刻时，电机轴承的实时振动特征向量 $B_t$ 为

$$B_t = [f_t^1, f_t^2, \cdots, f_t^k]$$

两个特征向量的相对相似性为

$$RS_t = \frac{\left| \sum_{i=1}^{k} (f_0^i - \widetilde{f}_0)(f_t^i - (\widetilde{f}_t) \right|}{\sqrt{\sum_{i=1}^{k} (f_0^i - \widetilde{f}_0)^2 \sum_{i=1}^{k} (f_0^i - \widetilde{t})^2}} \qquad (10-26)$$

式中　$k$——轴承特征向量的长度；

$f_0^i$——正常状态下轴承振动信号的第 $i$ 个特征；

$f_t^i$——第 $t$ 时刻轴承振动信号的第 $i$ 个特征；

$\widetilde{f}_0$——正常状态下轴承特征向量的均值；

$\widetilde{f}_t$——第 $t$ 时刻轴承特征向量的均值。

轴承当前特征向量与轴承正常状态下振动特征向量之间的相似性越低，意味着轴承当前情况下距离正常状态的偏离就越大，基于此，我们可以对计算轴承偏离正常状态的程度来确定轴承的健康程度。

图 10-31 为基于轴承特征向量相似性的方法对某 1.5MW 风力发电机轴承振动的状态评估。

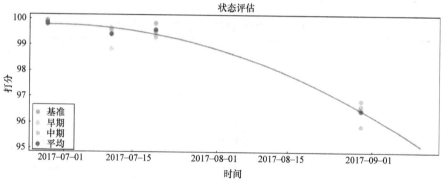

图 10-31　基于轴承振动特征向量相似性对某风力发电机轴承振动状态的评估

本例中，我们选取振动的若干时域特征以及一部分频域特征构建轴承的振动特征向量。风力发电机客户在电机轴承正常工作的时候（图 10-32 中所示为 6 月下旬）进行了第一次测量，在若干测量样本中我们得到了相对稳定的测量结果，从而得到电机轴承振动状态的健康样本。时隔半个月，客户分别进行两次测量，此时电机轴承的振动总体幅值并没有显示超警。但是从分析结果来看，轴承在此时若干次测量之间存在一定离散度，同时总体特征均值与健康状态总体均值存在一定偏差。8 月底，用户对电机轴承再一次进行测量，得到相应数据，通过分析我们发现较大的特征差异。

在上述分析中，风力发电机客户通过四次测量界定了发电机轴承的正常、早期和中期失效过程。

在这些数据的基础之上，通过曲线拟合得到轴承随时间劣化的曲线。事实上这条曲线就是浴盆曲线失效段的部分。基于这条曲线的应用，风力发电机用户可以推测出风力发电机轴承寿命预测、维护时间窗口等信息。

在数据丰富的前提下（例如上述案例，如果风力机用户每天或者每周进行一次测量），可以得到非常准确的风力发电机轴承振动特征数据，由此可以绘制相当准确的浴盆曲线。在浴盆曲线的基础之上，就可以准确地完成以后风力发电机轴承运行的寿命预计，预测性维护窗口计算，以及设备裂化程度评估。这些都是在大数据技术没有引入之前难于实现的。

## 五、基于振动特征的轴承健康状态智能识别模型

### （一）基于振动特征的设备（轴承）健康状态识别模型建模过程及方法

如果说前面的设备健康评估模型仅仅评估了设备健康状态的差异，但并没有给出状态划分与定义，还不够智能，那么更智能的方法就是通过算法完成这些过程。设备健康状态智能识别需要完成两个工作，①对设备健康状态进行划分；②给出设备状态的解释或者定义。

设备健康状态识别是设备智能健康管理的核心目标之一，传统的做法是通过人工进行划分，直接生成"状态字典"；状态智能识别模型的方法就是通过聚类算法对设备状态特征进行聚类，划分出不同的状态，然后由人给出业务语义（状态定义，或者名称），生成"状态字典"。也可以根据技术人员对设备状态的理解给出状态划分要求，通过算法进行状态分类。通过聚类和分类，对设备状态特征给出类别划分和类别定义，生成"状态字典"，这种"状态字典"的自动生成方法，姑且称之为"状态识别"。

下面以西安交通大学《SJTY－SY 滚动轴承加速寿命试验数据集》为数据基础，介绍基于振动特征的设备健康状况识别模型的建模过程以及方法。

这个数据集的采集方式符合进行设备健康状况识别所需要的要求，试验轴承以一分钟为间隔进行测量，每次测量采集高频波形数据。随着轴承的运行，数据按照这样的采集方式连续采集，直至轴承失效。

首先，在上述采集的数据基础之上，需要提取数据特征（振动特征）作为状况识别的基础，然后进行状态评估，之后搭建状态识别模型。在前面的章节中介绍了我们可以采用振动的时域特征、频域特征，或者联合使用。

当选择轴承的时域特征作为振动特征的时候，使用基于特征相似性的评估方法，得到如图 10-32 所示的状态评估结果。

当选择轴承一般频域特征作为振动特征的时候，使用基于特征相似性的评估方法，得到如图 10-33 所示的状态评估结果。在轴承进入失效期之后，轴承由少数位置的失效诱发出很多寄生失效，多重失效混杂导致轴承振动信号的频谱含量丰富，

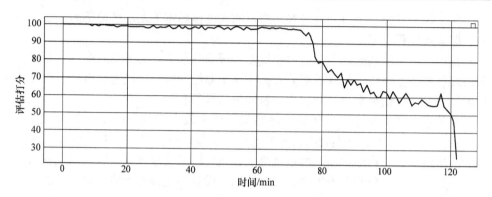

图 10-32　基于时域特征的相似性评估结果

因此其频域特征与健康状态的频域特征出现了升高的现象。

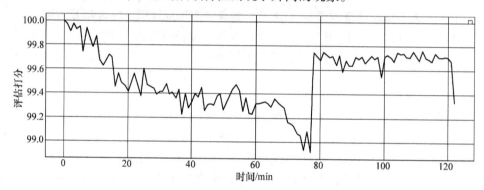

图 10-33　基于一般频域特征的相似性评估结果

　　将时域特征和一般频域特征联合起来作为特征的时候，使用基于特征相似性的评估方法得到如图 10-34 所示的状态评估结果。在当前的组合中，使用无侧重方式，也就是均等加权的方式，这样看到结果受到频域特征影响较大。

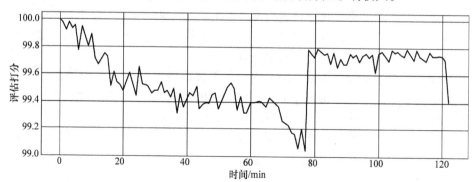

图 10-34　时域特征和一般频域特征联合的特征相似性评估结果

在上述三个评估结果中都明显可以看到在第 78min 处出现了明显的评估状态变化，这是通过人工观察发现的轴承出现失效的时间点，也是轴承健康状况识别算法模型需要自动完成的任务。

除了上述的失效点以外，通过人工观察，可以看到轴承从磨合期进入运行期的一个趋势，但是通过人工判断很难确定这个时间点的准确时间。因此我们借助人工智能的聚类算法进行划分。

我们按照振动信号的时域特征和频域特征计算这个轴承的所有特征值，如图 10-35 所示。

| | 平均值 | 标准差 | 方差幅值 | 方均根值 | 峰值 | 歪度 | 峭度 | 峰值指标 | 裕度指标 | 波形指标 | ... | F3 | F4 | F5 | F6 | F7 | F8 | F9 | F10 | F11 | F12 |
|---|---|---|---|---|---|---|---|---|---|---|---|---|---|---|---|---|---|---|---|---|---|
| 0 | -0.007343 | 0.563851 | 0.380476 | 0.563890 | 2.442110 | -0.001797 | 0.071352 | 4.486485 | 6.549262 | 1.255225 | ... | 21.782207 | 1253.668792 | 5896.280944 | 164.371205 | 5882.157519 | 9527.484531 | 0.714845 | 0.027667 | 4.991791 | 909.918487 |
| 1 | -0.007776 | 0.589035 | 0.397673 | 0.589078 | 3.409374 | -0.014991 | 0.137942 | 6.150471 | 9.110756 | 1.285127 | ... | 24.247487 | 1557.780080 | 5943.933091 | 166.417154 | 6907.341995 | 9590.685061 | 0.720214 | 0.027998 | 4.394793 | 876.290341 |
| 2 | -0.001498 | 0.580543 | 0.397892 | 0.589536 | 3.258723 | 0.022943 | 0.246250 | 5.634563 | 8.352637 | 1.256453 | ... | 16.588788 | 784.394925 | 5981.902086 | 168.473878 | 6950.367158 | 9631.963956 | 0.721596 | 0.028164 | 4.121445 | 855.856583 |
| 3 | 0.006744 | 0.597245 | 0.400527 | 0.597274 | 2.706081 | 0.013573 | 0.246190 | 4.809654 | 7.172111 | 1.261111 | ... | 19.250156 | 1091.945225 | 6050.467147 | 169.220669 | 7000.595181 | 9634.734451 | 0.726600 | 0.027968 | 3.660665 | 843.745676 |
| 4 | -0.012305 | 0.604529 | 0.405677 | 0.604645 | 3.831744 | 0.035585 | 0.393918 | 6.841896 | 10.197577 | 1.260507 | ... | 17.149216 | 903.824858 | 6150.340504 | 171.713487 | 7092.783471 | 9683.220186 | 0.732482 | 0.027919 | 2.905471 | 816.201670 |
| 118 | -0.065261 | 3.631924 | 2.069754 | 3.932455 | 20.427847 | -0.326261 | 2.178086 | 5.723393 | 10.044659 | 1.397848 | ... | 24.415604 | 991.182784 | 6525.017844 | 419.143856 | 7705.198291 | 10461.966627 | 0.736496 | 0.064236 | -0.240840 | 148.991784 |
| 119 | 0.014868 | 3.819661 | 2.208666 | 3.819631 | 20.123166 | -0.216933 | 1.818709 | 5.468961 | 9.454471 | 1.363868 | ... | 24.913986 | 1026.709385 | 6489.960828 | 429.313201 | 7896.033365 | 10489.131256 | 0.733715 | 0.066151 | -0.169365 | 142.878298 |
| 120 | -0.035000 | 3.987365 | 2.334231 | 3.987478 | 24.020505 | -0.232629 | 1.754336 | 6.215812 | 10.618235 | 1.374715 | ... | 24.484249 | 976.792177 | 6178.707335 | 430.763205 | 7425.066714 | 12097.265866 | 0.714137 | 0.069717 | 0.953356 | 141.962374 |
| 121 | 0.033577 | 4.339416 | 2.556662 | 4.339480 | 20.856667 | -0.278719 | 1.563654 | 5.046635 | 8.568492 | 1.367970 | ... | 23.514531 | 935.555842 | 5972.636351 | 447.759615 | 7255.058647 | 10352.615166 | 0.700795 | 0.074968 | 1.579341 | 137.743622 |
| 122 | 0.002012 | 7.268369 | 4.402638 | 7.268278 | 32.676291 | -0.274624 | 1.509066 | 4.897692 | 8.085558 | 1.348368 | ... | 22.411187 | 800.891420 | 5294.255779 | 524.081158 | 6640.386543 | 10261.294483 | 0.647758 | 0.099746 | 3.847836 | 106.604286 |

图 10-35　时域特征和频域特征计算得出的所有特征值

在图中，每一行是一个时间单位内的特征值组成的特征向量。在使用人工智能算法之前，首先对这些特征进行标准化处理，然后使用 K–means 算法对这些特征向量进行聚类。得到如图 10-36 所示的评价结果。

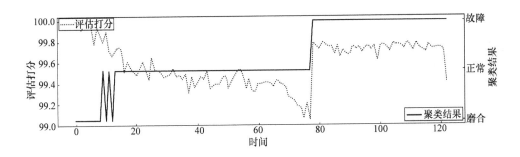

图 10-36　基于振动特征的状态识别

图中的状态识别虚线为特征向量相似度打分，实线为聚类识别结果。图中可以明显地看到人工智能算法模型的分类将状态划分为三类，并且为每一个时间点的振动数据特征向量打上了标签，从这些标签中可以看到具体的时间点。图 10-36 中两个区域边界处的标签情况见表 10-4 和表 10-5。

从算法模型对轴承由磨合期进入正常运行期的状态识别表中可以看到轴承从第9min 开始由磨合状态进入正常运行期，在第 13min 完成状态转换，完全进入正常运行期；在轴承由正常运行期进入故障区的状态识别表格中可以看到轴承在第78min进入故障区运行。

表 10-4  轴承磨合期进入运行期时的状态识别结果

| 时间 | | 状态 |
| --- | --- | --- |
| 5 | 5 | 磨合 |
| 6 | 6 | 磨合 |
| 7 | 7 | 磨合 |
| 8 | 8 | 磨合 |
| 9 | 9 | 正常 |

表 10-5  轴承正常运行期进入故障区的状态识别结果

| 时间 | | 状态 |
| --- | --- | --- |
| 75 | 75 | 正常 |
| 76 | 76 | 正常 |
| 77 | 77 | 正常 |
| 78 | 78 | 故障 |
| 79 | 79 | 故障 |

这样，我们完成了对每一个状态的特征向量的标注，为后续分类工作提供了"状态字典"。但是基于这个"状态字典"对实时数据参数状态特征向量进行识别，则需要使用下一步的分类算法。

进行设备状态特征识别的时候，是输入设备状态特征，期望算法模型给出识别结果。这里识别特征是自变量，设备状态识别结果（按照状态字典给设备打出的标签）是因变量。

首先将设备状态特征作为整体数据集，在数据集中划分训练数据集和测试数据集。选择合适的算法对模型进行训练，形成识别模型（分类模型）。然后将测试数据自变量输入识别模型，计算出预测结果（算法模型给出的状态标签）。将测试数据集对应的实际结果（测试数据集中已经有的状态标签）与预测结果进行比对，观察误差。如果误差较大，重新训练，直至结果符合预期。

下面是一个基于 Python 的简单的设备状态特征分类代码，这段代码中包括了使用决策树、支持向量机、K临近和 Adaboost 四种算法的分类模型。一般分类算法的误差由 mean square error 和 accuracy score 进行判断。但是在这里，我们判断准确程度是利用原有标签和预测标签的差异来进行的，因此就没有使用上述两个变量。

```
from sklearn.model_selection import train_test_split
from sklearn.metrics import mean_squared_error
from sklearn.metrics import accuracy_score
from sklearn import preprocessing

#引入不同的算法进行分类
from sklearn.tree import DecisionTreeClassifier
from sklearn.svm import SVC
from sklearn.neighbors import KNeighborsClassifier
from sklearn.ensemble import AdaBoostClassifier


#生成数据集
Data1=data  #
Data1['评分']=labels

y=Data1['评分'].values.reshape(-1,1)
x=Data1

#划分训练数据与测试数据
train_x,test_x,train_y,test_y=train_test_split(x,y,test_size=0.4)

#训练集标准化
ss=preprocessing.StandardScaler()
ss_train_x=ss.fit_transform(train_x)
ss_test_x=ss.fit_transform(test_x)


#选择模型
#clas_model=DecisionTreeClassifier()
clas_model=SVC()
#clas_model=KNeighborsClassifier()
#clas_model=AdaBoostClassifier()


#模型型训练与预测

#clas_model=DecisionTreeClassifier()
clas_model.fit(ss_train_x,train_y)
predict_y=clas_model.predict(ss_test_x)
result=pd.DataFrame(test_x['评分'])
result['pred']=predict_y
err=len(result[(result['评分']-result['pred'])!=0])
print(err)
result
#print('mse', mean_squared_error(test_y,predict_y))
#print('accuracy_score',accuracy_score(test_y,predict_y))
```

**（二）基于振动特征的设备（轴承）健康状态识别实际案例**

本节中所介绍的方法可以很好地适用于风力发电机组轴承的运行状态评估与识别。下面我们使用某风力发电机组发电机非驱动端轴承的实际运行振动数据进行分析。

这个发电机组中对发电机轴承安装了径向振动传感器，传感器输出加速度测量信号，采样率为 25600 点/s。发电机用户不定期地收集振动加速度信号，进行状态监测。我们分别得到了从 2020 年 3 月 28 日到 2022 年 5 月 18 日的 15 次测量数据作为研究目标数据集，对期间的轴承运行状态进行评估和识别。

图 10-37 是基于振动信号的轴承运行状态评估与识别算法模型分析过程，经过上述计算，得到对 15 次测量数据的评估结果如图 10-38 所示。

对这些运行数据的评估结果见表 10-6。

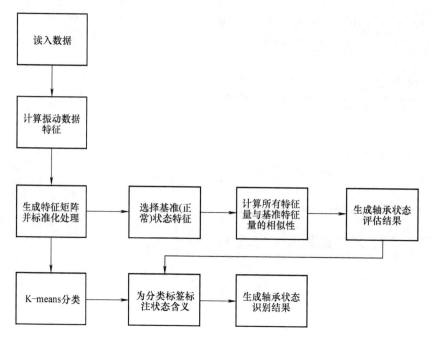

图 10-37 基于振动信号的轴承运行状态评估与识别过程

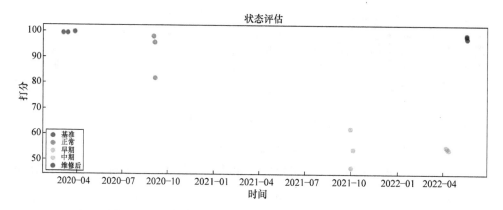

图 10-38 风力发电机组电机非驱动端轴承运行状态评估

表 10-6 风力发电机组电机非驱动端轴承运行状态评估结论

| | 测量时间 | 状态识别结论 |
|---|---|---|
| 0 | 2020 - 03 - 28 01:48:00 | 正常 |
| 1 | 2020 - 03 - 13 03:02:00 | 正常 |
| 2 | 2020 - 03 - 04 00:34:00 | 正常 |
| 3 | 2020 - 09 - 03 01:51:00 | 正常 |
| 4 | 2020 - 09 - 04 15:56:00 | 正常 |

（续）

| | 测量时间 | 状态识别结论 |
|---|---|---|
| 5 | 2020 - 09 - 06 16:03:00 | 正常 |
| 6 | 2021 - 09 - 29 11:09:00 | 早期 |
| 7 | 2021 - 10 - 04 23:56:00 | 早期 |
| 8 | 2021 - 10 - 01 03:12:00 | 早期 |
| 9 | 2022 - 04 - 07 22:57:00 | 中期 |
| 10 | 2022 - 04 - 09 17:05:00 | 中期 |
| 11 | 2022 - 04 - 12 13:15:00 | 中期 |
| 12 | 2022 - 05 - 18 23:28:00 | 正常 |
| 13 | 2022 - 05 - 18 05:26:00 | 正常 |
| 14 | 2022 - 05 - 16 03:26:00 | 正常 |

从图 10-38 可以看到，轴承的运行状态随时间流逝而劣化，与状态识别结论对应的是 2020 年的两组数据均识别为正常，2021 年 10 月的数据识别为早期故障，2022 年 4 月的数据识别为中期故障，2022 年 5 月的数据识别为正常。

在进行双盲识别之后与风场运维人员比对结果了解到，设备在 2021 年 10 月经人工判别为故障初期，一直到 2022 年 4 月被判定为中期故障需要进行维修，于是完成维修后在 2022 年 5 月重新测量数据。在双盲实验中，算法模型判别结果与实际情况完全吻合，证明了算法模型的准确性。

在上述评估基础之上，如果要实现对未来新数据特征的状态识别，就需要通过分类算法模型得到预测模型（状态识别模型），我们同样用前面提到的方法将所有的 15 次测量结果划分出训练数据集和测试数据集，然后训练分类模型之后对测试数据进行测试，得到表 10-7 的比对结论。比对结果完全符合要求，因此可以使用这个模型对未来的数据特征进行评估。

表 10-7　风力发电机组轴承状态分类模型结果比对

| 测量时间 | 状态识别结论 | |
|---|---|---|
| 2021 - 09 - 29 11:09:00 | 2 | 2 |
| 2020 - 03 - 04 00:34:00 | 0 | 0 |
| 2022 - 05 - 18 05:26:00 | 0 | 0 |
| 2020 - 9 - 06 16:03:00 | 0 | 0 |
| 2022 - 04 - 09 17:05:00 | 1 | 1 |
| 2022 - 05 - 18 03:26:00 | 0 | 0 |

## 六、基于统计特征过程能力的健康评估与识别模型

### （一）基于统计特征的电机轴承振动状态评估以及前提条件

基于统计特征的数据评估方法中最重要的环节就是选择统计特征。通用的统计

特征包括平均值、峰值、峰峰值、有效值、标准差、百分位数（中位数、四分位数等）、众数等。这些统计特征中有一部分与振动数据分析中的时域特征的一部分相一致，这是因为本质上振动的时域特征就是描述一段时间内数据的特征，其中分布特征是这些特征中的一部分，只不过对于振动信号分析而言，如果没有状态稳定和多次测量的前提条件，数据分布不一定服从正态分布，因此正态分布统计特征就不适用。时域特征中也有一部分不是严格意义上的统计特征，而数据的统计特征中也有一部分描述的是非正态分布特征，对于振动时域信号而言，如果不添加前置条件，无法确定数据分布的形态，也就难于确定对应的统计特征。

电机运行在一定的工况下，当电机的工况不发生改变的时候，电机的各种性能参数和结构表征参数之间应该保持一定的稳定关系。对于电机轴承振动而言，当电机运行状态稳定不变的时候，轴承如果本身状态也没有发生改变，那么轴承的振动应该保持在一个稳定的水平。这种情况下，轴承振动的测量数据应该满足正态分布。反之，如果轴承状态发生了改变，轴承出现失效或者性能退化的时候，其振动状态也应该发生一定的改变。与测量时间长度（通常为几秒）相比较，轴承的劣化速度是一个缓慢的过程，对于每一次测量而言，都可以看作是对轴承某一个状态的测量，因此在这个测量时间长度（测量窗口）内，振动测量数据也应该服从正态分布。但是，此时轴承本身状态已经发生了改变（失效或者故障），因此振动数据的分布与健康轴承的振动分布相比存在差异。基于这样的原理，我们对比两个轴承状态正态分布的差异，可以对轴承健康状态进行评估。换言之，就是如果要使用基于统计特征的电机轴承振动状态评估方法必须满足一定的测量条件：

1）每次测量时间长度远远短于轴承整体寿命时间，这样的要求十分容易达到，即便是针对性地进行轴承寿命试验，也很少连续高频采样测量轴承振动数据；

2）每次测量的长度内轴承状态处于稳定，可以是"正常"的稳定，也可以是"异常"的稳定，这个条件对于一般的轴承使用而言也非常宽松，一次测量一般在数秒内完成，甚至在高频采样状态下不到1s即可完成，在这样短的时间内，轴承状态难以突变；

3）每次测量时间内，测量数据必须达到多次的要求。因为要保证测量数据可以描述出当时数据状态的分布特征，就需要具有一定的数据量。比如对于后面即将介绍的$C_{pk}$分析，要求不少于25个数据组，每组不少于5个数据，也就是总体不少于125个数据。这样的数据要求对于一般的振动传感器数据采样而言，也是很低的要求，几乎没有什么困难。

满足了上述条件，电机轴承的振动数据在一次测量中可以认为是符合正态分布的，因此可以使用相应的正态分布特征进行后续的评估。正态分布中最重要的基础特征是均值和方差，如果对轴承振动状态的均值和方差进行分析，那么与前面讨论的时域分析并无区别。在工业生产过程中，人们在均值和方差基础上制定了更加鲜明有效的数据统计特征——过程能力指数。

### （二）基于过程能力的正态分布特征评估

在工业生产中，经常用过程能力来评估加工的质量，评估过程加工过程中一致性以及最稳态下的最小波动。如果我们将电机轴承的运行，广义上理解成对电机轴承的某种加工（不断运行的劣化），那么轴承状态的一致性和稳态下的最小波动就应该可以通过过程加工能力反映出来。基于这个思想，我们不妨尝试用过程能力指数 $C_{pk}$ 描述轴承振动数据正态分布状态的变化。

过程能力指数 $C_{pk}$ 也称工序固有能力指数，在生产加工领域里是指工序在一定时间内处于控制状态（稳定状态）下的实际加工能力。它是工序固有能力，或者说是工序保证质量的能力。我们将这个概念引申到轴承振动数据的分布上，就可以用来评价轴承振动状态保持一致的程度或者水平。当我们选取轴承正常工作状态下的振动数据作为比较基准，那么其他状态与这个状态的 $C_{pk}$ 值也就可以代表着其他状态与"正常状态"的差异。

在一个稳定的生产过程中，要求生产的工件有一个设计的上限标准 USL 和下限标准 LSL，同样在电机轴承正常运行的过程中，轴承处于稳定状态下其振动测量数值也有一个上限和下限，同样引入 USL 和 LSL 作为轴承正常状态下的振动上限和下限。因此有上下限区间 T，表示为

$$T = USL - LSL \tag{10-27}$$

$C_{pk}$ 值是一个综合衡量过程能力准确度 $C_a$ 和过程能力精确度 $C_p$ 的指标，其计算公式如下：

$$C_{pk} = C_p \times (1 - |C_a|) \tag{10-28}$$

式中　$C_{pk}$——过程能力指数；

　　　$C_p$——过程能力准确度；

　　　$C_a$——过程能力精确度。

过程能力准确度 $C_a$ 描述的是测试数据中心与设计要求的数据中心之间的偏差，$C_a$ 越小，数据中心越接近设计要求中心，其计算公式如下：

$$C_a = \frac{\overline{X} - \mu}{\frac{T}{2}} \tag{10-29}$$

式中　$\overline{X}$——测量数据中的均值；

　　　$\mu$——设计值均值，对于在轴承振动测量数据，取正常状态的均值；

　　　$T$——设计值上下限区间宽度，对于轴承振动测量数据中取最大值与最小值之差。

过程能力精确度 $C_p$ 描述的是测试数据的分散程度，分散程度越小，数据越集

中，其计算公式如下：

$$C_p = \frac{T}{6\sigma} \tag{10-30}$$

式中　$T$——设计值上下限区间宽度，对于轴承振动测量数据中取最大值与最小值
　　　　　之差；

　　　　$\sigma$——测量数据的标准差，对于轴承振动数据，取实际测量值的标准差。

　　过程能力评估本来是对加工制成能力稳定性的评估方法，借鉴到轴承振动状态
评估领域中实际上是评估轴承实际振动状态分布与轴承"正常"振动状态分布之
间的差异。两种方法的类比如图10-39所示。

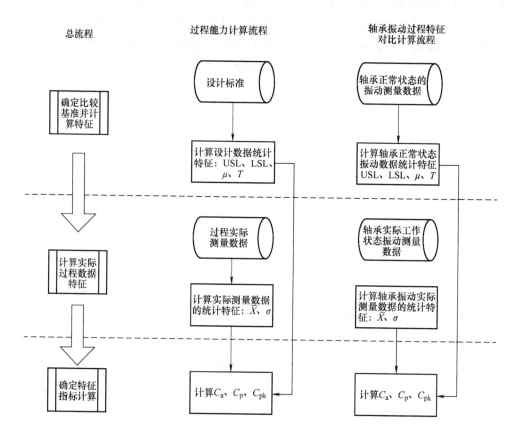

图 10-39　过程特征计算流程示意图

　　通过上述计算流程得到的 $C_{pk}$ 值，以及判断原则在生产过程领域有清楚的定
义，见表10-8。

**表 10-8　过程能力判断原则**

| $C_{pk}$ 值 | 过程能力判断原则 |
| --- | --- |
| $C_{pk} \geqslant 2.0$ | 过程能力特别优秀 |
| $1.67 \leqslant C_{pk} < 2.0$ | 过程能力优秀，继续保持 |
| $1.33 \leqslant C_{pk} < 1.67$ | 过程能力良好，状态稳定，可适当改善 |
| $1.0 \leqslant C_{pk} < 1.33$ | 过程能力一般，面临风险，应该改善 |
| $0.67 \leqslant C_{pk} < 1.0$ | 过程能力差，应立即采取措施 |
| $C_{pk} < 0.67$ | 不可接受，立即停止，重新设计过程能力 |

使用过程能力指数 $C_{pk}$ 值对轴承振动状态进行评估的时候，可以参考表 10-8 的划分，但是对于轴承所处状态的定义可以做适当调整。

**（三）基于过程能力指数 $C_{pk}$ 的电机轴承振动健状态评估与识别**

**1. 基于过程能力指数 $C_{pk}$ 的振动评估实例及计算结果**

基于过程能力指数 $C_{pk}$ 的电机轴承振动状态评估是电机轴承健康评估的一种实践方法，借用了工业生产过程管理的概念，对比不同状态下轴承振动数据的构成能力特征，从而进行轴承健康状态的估计。

为清楚说明这个方法，我们用《XJTU - SY 滚动轴承加速寿命试验数据集》进行说明。这个数据集的测试传感器采样率是 25.6kHz，采样间隔为 1min，采样时间为 1.28s。这样的数据采样方法满足了进行统计特征评估的基本条件，每次测量仅有 1.28s，远远短于轴承寿命，我们可以认为在每次测量的 1.28s 内轴承状态处于稳定，图 10-22 所示这个测试中某一次测量数据的分布状态，同时经过 KS 检验，测量数据满足正态分布的要求；另一方面，每次测量的数据数量多达 32768 个，数据样本量充足，可以进行 $C_{pk}$ 分析。

进行基于 $C_{pk}$ 的电机轴承振动健康状态评估方法中，首先需要选取轴承正常运行状态，作为 $C_{pk}$ 计算的基础。在样例数据集中，我们选取第 4min 的数据作为正常运行数据基础（工程实际中的正常运行基础可以在电机正常工作时进行采集）。计算测量数据中的 USL 和 LSL、均值 $\mu$ 和上下限间隔 T。

然后针对其他每一组测量数据分别计算均值 $\overline{X}$ 和标准差 $\sigma$，进而计算 $C_a$、$C_p$ 和 $C_{pk}$，获得如图 10-40 中所示 $C_{pk}$ 计算结果。

**2. 基于 $C_{pk}$ 过程能力判断原则的轴承状态评估与识别原则**

图 10-40 所示为轴承振动数据 $C_{pk}$ 计算结果，从中可以看到，在运行起点时间（第 0min）之后，轴承振动测量数据 $C_{pk}$ 值就开始低于 2，直至第 14min 为止；第 15min 至第 71min 内，轴承振动测量数据 $C_{pk}$ 值处于 1.33 ~ 1.67；第 72min 至第 76min，轴承振动测量数据 $C_{pk}$ 值处于 1 ~ 1.33；在第 77min，轴承振动测量数据 $C_{pk}$ 值处于 1 ~ 1.33；在第 78min 以后，轴承振动测试数据 $C_{pk}$ 值低于 0.67。

结合实际轴承运行状态，以及前述的时域、频域分析方法，不难看出使用振动

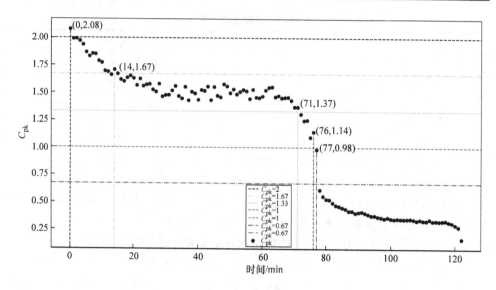

图 10-40　轴承振动数据 $C_{pk}$ 计算结果

测量数据的 $C_{pk}$ 值对轴承运行状态划分是符合实际情况的，因此我们可以借用过程能力评判原则，形成对轴承运行振动状态参数的判断原则。

对比表 10-8，我们可以得到轴承振动测量参数评估原则，见表 10-9。

表 10-9　轴承振动测量参数评估原则

| $C_{pk}$ 值 | 轴承状态评估原则 |
| --- | --- |
| $C_{pk} \geqslant 2.0$ | 轴承状态很好 |
| $1.67 \leqslant C_{pk} < 2.0$ | 轴承状态良好，处于磨合状态，继续保持 |
| $1.33 \leqslant C_{pk} < 1.67$ | 轴承状态正常，处于稳定运行阶段 |
| $1.0 \leqslant C_{pk} < 1.33$ | 轴承状态一般，面临风险，需加强关注，有可能出现早期失效 |
| $0.67 \leqslant C_{pk} < 1.0$ | 轴承状态不良，轴承有可能出现失效扩展 |
| $C_{pk} < 0.67$ | 轴承已经出现失效，处于带病运行阶段，需要及时检查、修理 |

使用过程能力指数 $C_{pk}$ 对轴承振动状态进行健康评估的优点在于：

1）轴承振动状态统计特征清晰完整，计算方法简单；

2）轴承振动评价原则清晰，可以直接将轴承振动状态进行清楚地划分；

3）轴承振动状态评价可以直接对应于轴承的语义状态，使用算法可以给出轴承状态的语义评估。

3. 基于 $C_{pk}$ 数据特征的轴承状态评估与识别方法

在上一个步骤中，通过计算轴承振动测试数据的 $C_{pk}$ 值，得到了轴承运行全周期内的振动数据分布特征。除了使用通用过程能力判断原则对轴承状态进行评估以外，还可以使用人工智能算法，对轴承振动测试数据 $C_{pk}$ 本身的数据特征进行分类,从而划分轴承的运动状态。这种划分方法与图10-36轴承振动状态智能识别方法相似,其中的差别就是,分类目标不同。图10-36中的分类目标是轴承的时域、频域特征向量组合而成的轴承振动状态特征;而基于$C_{pk}$本身数据特征的分类目标是$C_{pk}$值的时域分布。

对图10-40中的轴承振动测试数据$C_{pk}$值进行算法分类,可以得到图10-41的结果。

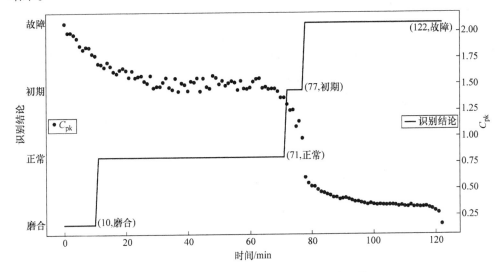

图10-41 基于$C_{pk}$数据特征的轴承状态评估

在图10-41中,算法将轴承状态划分为四类:第0~10min、第11~71min、第72~77min,以及第78~123min(实验结束)。依照轴承运行状态不可逆的基本特征,可以将轴承运行状态划分为磨合期、正常运行期、失效初期、失效期四个阶段。

算法成功地识别出第10min轴承从磨合期进入正常运行区,与表9-4识别结论基本一致;算法识别出第71min之后,轴承进入故障初期,与图10-40的结论完全一致;算法识别出第77min之后,轴承进入故障运行阶段,与表9-5以及图10-40的结论完全一致。

## 七、基于振动测试数据的轴承状态识别评估与方法对比

### (一)轴承振动状态评估方法对比

本书介绍了两种基于振动数据的轴承状态评估方法:①基于轴承振动时域频域特征的轴承状态评估方法;②基于轴承振动测量数据统计过程能力的评估方法。

两种方法的主要区别是采用了不同的轴承振动数据特征,第一种方法是对振动状态本身在时域和频域中的表现而提取的数据特征;第二种方法是对轴承振动测试

数据本身提取的数据特征。两种特征都是用来描述轴承振动状态的手段，它们既有区别也有联系。

工业领域中常用的峰值、峰峰值、有效值、歪度、峭度、特征频率等都属于第一种方法，这种时频域特征对于工业工程师更容易理解，也比较常用。同时这些特征本身在多数振动状态下都可以计算使用，对后续评估没有太多的限制。

第二种方法的适用范围不仅仅对于工业设备（轴承）的振动数据，事实上这个方法本来也来自于工业领域过程管理的常用方法。因此，原则上说，第二种方法具有更广泛的使用场景；另一方面，第二种方法的使用需要一个重要前提，就是测量状态下，被测量目标需要维持稳定状态，否则后续的分析将无法成立。在工业领域中，这个前提条件决定了第二种方法对于瞬变过程的使用受到限制。

**（二）轴承振动状态识别方法（原则）对比**

对轴承振动状态的识别和划分方法有很多种，比较常见的是阈值划分，对不同设备在不同运行状态下的振动数据，根据国际标准、国家标准、企业标准或者经验数值等给出的直接阈值标准进行划分是常用的方法；另一种轴承状态识别方法就是针对轴承特征数据，通过算法进行自动分类，然后依照"轴承状态总体上单调劣化"的原则，根据语义字典进行智能匹配的方法。

两种不同的识别机制针对两种轴承振动状态评估特征，本书中介绍了三种轴承振动状态识别方法：①基于轴承振动时的频域特征，使用算法进行状态划分；②基于轴承振动测量数据过程能力 $C_{pk}$ 的固定阈值进行轴承状态划分；③基于轴承振动测量数据过程能力 $C_{pk}$ 值，使用分类算法进行轴承振动状态划分。

我们使用书中分析案例的数据进行对比，见表 10-10。

表 10-10　本书中轴承振动状态识别方法对比

| 轴承状态 | 方法 1 | 方法 2 | 方法 3 |
|---|---|---|---|
| 磨合→稳定运行 | 识别出磨合期进入稳定运行期，但是边界模糊（识别出第 9~13min 的模糊边界） | 识别出第 14min 之后，轴承进入稳定运行 | 识别出第 10min 之后，轴承进入稳定运行 |
| 稳定运行→初期故障 | 未能识别 | 识别出第 72~76min，轴承处于初期故障阶段 | 识别出第 72~77min，轴承处于初期故障阶段 |
| 初期故障→故障状态 | 识别出第 77min 之后，轴承处于故障状态 | 识别出第 77min 之后，轴承处于故障状态 | 识别出第 78min 之后，轴承处于故障状态 |

在这个试验中，用轴承振动时域和频域特征作为目标，使用算法进行分类的时候，在轴承振动状态变化缓慢的阶段，其分类效果不如 $C_{pk}$ 特征的效果；基于 $C_{pk}$ 特征的分类中，使用固定阈值分类的方法较算法分类方法而言有滞后。对一些不同

的轴承测试数据集进行分析，与上述结论基本一致。当然，对算法本身的调整会产生一些差异性，这方面的优化留待工程师在日常工作实践中进行调整和选择。

算法在设备和轴承预测性维护中的运用在近些年得到了不断的尝试、探索，本书介绍的思路和方法也是这个过程中的一些实践和总结，给从事预测性维护与智能运维的工程师提供参考。

## 第五节　电机轴承健康管理模型中机器学习算法和模型的评估

电机轴承健康管理模型的建立是以电机轴承状态分析为基础，通过对一系列数据分析和机器学习算法进行组合和构建，实现对电机轴承健康状态进行评估和识别的过程。不论是使用一般的数据分析算法还是高级的机器学习算法，在既定目标下对算法性能进行定量或者定性的分析和判断，就是算法和模型的评估工作。在机器学习和数据分析中，评估算法十分重要，因为它可以帮助工程师了解所使用的算法或者搭建的模型在解决特定问题时的表现如何，最终判断是否采用该模型或算法，或者进行重新调整。

对算法和模型评估的方法已经发展得十分成熟，对于电机轴承等机械设备的健康管理而言，常用的数据对象往往是振动、温度等连续型变量，在对这些数据对象进行分析的时候经常使用回归分析、主成分分析（PCA）；对于电机健康状态的评估通常是对电机状态参数基础上加工得到的特征参数的评估，常用的算法主要是聚类、分类分析、主成分分析（PCA）等。本部分仅就常用的回归分析和聚类分析模型的评估进行简单的介绍。

### 一、回归分析模型的评估

在回归分析的评估中，算法和模型的准确性是最重要的指标，它衡量了算法在回归预测任务中的准确性。回归分析准确性的评估包括以下常见的指标和方法：

1）均方误差（MSE）和均方根误差（RMSE）：均方误差衡量预测值与真实值之间差距的二次方的平均值。均方根误差是均方误差的二次方根。这两个指标都越小越好，表示模型的预测与真实值的偏差较小。

2）平均绝对误差（MAE）：平均绝对误差衡量预测值与真实值之间的绝对差的平均值。与均方误差相比，平均绝对误差对异常值的敏感性较小。

3）决定系数（$R^2$）：决定系数是一个用于衡量模型解释数据方差比例的指标，范围为 0～1。越接近 1，表示模型解释的方差越大，模型拟合效果越好。

4）预测曲线：绘制预测值与真实值的散点图，观察数据点是否紧密地分布在一条对角线上。

5）残差分析：对模型的预测误差（残差）进行分析，观察残差是否随预测值呈现某种趋势，或者是否符合正态分布等。

6）交叉验证：使用交叉验证将数据分为训练集和测试集，多次训练模型并在不同的测试集上评估性能。这有助于评估模型的泛化能力。

7）超参数调整：调整模型的超参数，如正则化系数、学习率等，以找到最佳的模型配置。

8）模型比较：尝试不同的回归分析，如线性回归、岭回归、Lasso回归等，比较它们的性能以选择最适合的算法。

9）误差分布分析：分析预测误差的分布情况，例如绘制残差的直方图或概率密度图，检查是否符合正态分布。

评估回归分析算法的目标是找到一个能够在新数据上预测性能较好的模型。选择合适的评估指标和方法，除了根据上述定量指标进行分析之外，同时也需要根据数据的特点、问题的性质，以及模型的需求来决定，这也就是常说的业务评估。

图10-25某辊压机轴承温度预测、实测与动态阈值中使用了随机森林算法对电机轴承的温度进行了回归，在Python中对于回归模型的评估可以通过计算score进行评估。Python的sklearn库中，score方法用于计算模型在测试数据上的确定系数$R^2$，确定系数是评估模型拟和程度的一种常用指标，标识模型解释数据方差的比例，越接近于1，模型在数据上拟和效果越好。本案算法中的score为0.8943，具有很好的解释度，说明这个模型具有很好的准确性。

## 二、聚类分析模型的评估

在对电机轴承健康状态进行评估之前，需要对轴承样例数据的状态进行自动聚类，生成电机轴承健康状态标签，为后续分类分析提供基础。聚类分析模型是电机轴承健康评估中的重要环节，聚类分析模型的结果直接影响健康评估结论是否合理。

聚类分析的评估目的是衡量聚类分析模型对数据分组的效果，以帮助工程师选择最佳的聚类数量。聚类分析是无监督学习，评估方法相对复杂，其中常见的方法有：

1）肘部法（Elbow Method）：肘部法是一种直观的方法，通过计算不同聚类数量下的误差平方和（SSE）来找到一个"肘部"点。肘部点对应的聚类数目通常被认为是数据自然分割点，但这个方法在聚类不明显或数据不平衡时可能不适用。

2）轮廓系数（Silhouette Score）：轮廓系数用于评估每个样本点在其所属簇内的紧密度和与其他簇之间的分离度。更高的轮廓系数表示聚类效果更好。

3）Davies–Bouldin指数：Davies–Bouldin指数通过计算簇间的平均距离和簇内的平均距离之比来评估聚类效果。指数越小越好，表示簇内紧密度高，簇间分离度明显。

4）Calinski–Harabasz指数：Calinski–Harabasz指数计算簇间平均距离与簇内平均距离的比值，越大越好。它衡量了簇内的紧密度与簇间的分离度。

5）模型稳定性：通过多次随机初始化模型，计算不同实验的聚类结果之间的稳定性，用来评估模型的鲁棒性。

6）可视化：通过可视化聚类结果，检查簇的分布和紧密度，判断模型是否合理。

7）轮廓图（Silhouette Plot）：轮廓图是一种可视化方法，通过展示不同簇数下每个样本点的轮廓系数来帮助你选择最优的簇数。

8）ARI（Adjusted Rand Index）：ARI 用于比较聚类结果与真实标签之间的相似性，可以用于评估无监督聚类的性能。

9）AMI（Adjusted Mutual Information）：AMI 也用于评估聚类结果与真实标签之间的相似性，考虑了随机性和纯度。

需要注意的是，不同的评估方法可能会产生不同的结果，因此最好综合多种评估指标和方法来综合判断聚类模型的性能。选择合适的评估方法需要根据数据的特点和问题的性质来决定。

以图 10-41 所示的基于 $C_{pk}$ 数据特征的轴承状态评估为例进行说明，本例中，我们对 $C_{pk}$ 数据特征进行聚类，给定聚类数量从 2 至 30，计算 SSE 和轮廓系数 Silhouette Score。

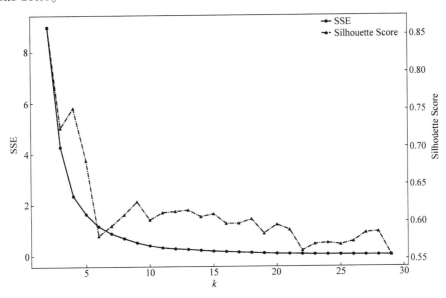

图 10-42 聚类评估 SSE 值和 Silhouette Score 值

图 10-42 中 $k$ 为聚类数量，纵轴分别为误差平方和（SSE）和轮廓系数（Silhouette Score）。不难发现，在 $k=4$ 的时候是综合 SSE 和轮廓系数之后最优的聚类数量。

实际上，对上述数据的聚类数量中 2、3、4 都是具有业务意义的。分别用 2、

3、4、5 作为聚类数量进行聚类可以得到结果如图 10-43 所示。

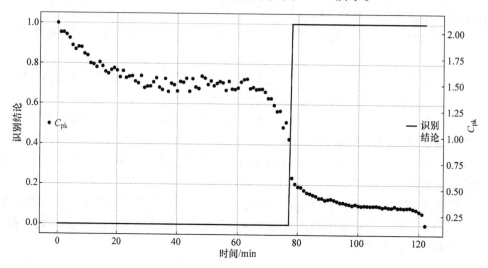

图 10-43　聚类数为 2 的聚类分析结果

　　图 10-43 聚类数为 2 的聚类分析结果中，算法按照给定聚类数 2，将轴承状态划分为 2 类，所划分的类别对应为轴承正常运行和轴承故障两类。

　　图 10-44 聚类数为 3 的聚类分析结果中，算法按照给定聚类数 3，将轴承状态划分为 3 类，所对应的轴承状态为磨合、正常运行和故障状态。

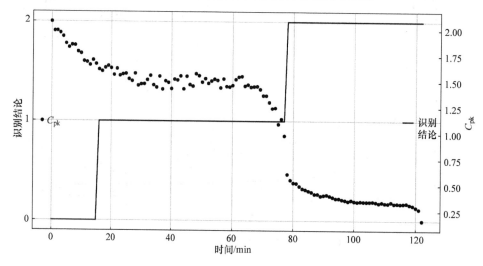

图 10-44　聚类数为 3 的聚类分析结果

　　图 10-41 基于 $C_{pk}$ 数据特征的轴承状态评估中，算法按照给定聚类数量 4，将轴承状态划分为 4 类，与前几种聚类相比，除了划分出磨合、正常和故障状态外，

还更精确地划分出了失效初期状态。

　　我们尝试将聚类数设定为 5，结果如图 10-45 所示。图中不难发现，算法的聚类在正常运行状态下出现了混乱，而事实上，这种差异在轴承运行状态中并不具有实际意义。

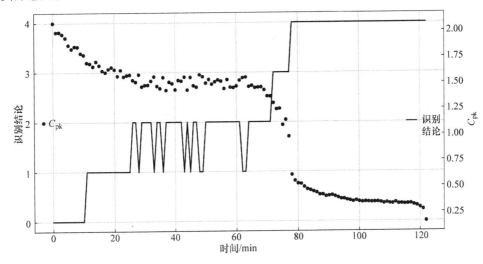

图 10-45　聚类数为 5 的聚类分析结果

　　通过以上实验，可以对图 10-42 所计算的结果进行印证，证明评估结论的准确性。

　　在对算法模型进行评估的过程中，我们往往是通过对算法模型评估指标的计算结合实际机理知识最终得到合理结果。通过指标对分析目的进行描述生成特征，再通过算法模型对指标进行计算、评价，从而达到分析目的的过程就是将轴承健康状态评估从"人为"转向"算法运行"的过程，这个过程中，算法做得越多，人做得就越少，系统就越智能。工程技术人员用机器代替人进行分析、判断的过程就是智能化的过程。这样看来，智能化的本质是将人脑的分析计算变成程序并可靠运行的过程。这个过程说起来简单，现实中的实现过程十分复杂。以本书中介绍的分析方法模型为例，书中仅仅是从轴承应用技术角度的算法模型实现，但是这些算法距离能在工程级别的系统里以工程软件的形式运转，中间还会有大量的其他工作需要进行。这中间的差距就是工程技术论文分析过程和工业智能化商业软件之间的巨大区别，也是当前工业大数据和人工智能技术落地过程中必须要跨越的过程。

# 第十一章　电机轴承应用技术问答 61 例

在我们的日常工作中，经常遇到电机设计人员和使用人员提出这样或那样的问题，其中很多问题都和诸多方面相互关联。因此对这些问题的回答就是对本书前面诸章节的综合应用。一些问题可以在某一章节中找到全部答案；但是还有一些问题是一些章节知识点各个不同层面综合的回答；还有一些问题需要对前面章节内容进一步思考。总之，对知识系统灵活地应用是解决实际工程问题的重要法宝。

读者可以按照本书知识体系系统地了解电机轴承的相关知识。为了便于电机设计及使用和维修人员在遇到问题时的迅速查找，我们将一些问题分成三类共 61 个问题，做一些解答。

本章中有些内容来自网上的轴承知识论坛，经我们筛选编辑而成。囊括了选用、使用、故障现象和原因分析等多方面的知识，其中大部分是通用的，个别具有其特殊性，由于相关示例全部源于使用现场，所以具有较高的参考和实用价值。但需要说明的是，由于个人理解和知识面等客观原因，有些答案不一定十分准确，请读者参考时根据具体情况给予分析和取舍。

## 第一部分　电机轴承基础知识和选用技术

### 一、电机轴承高速是指转速多少？轴承选择应用需要注意什么？

对于轴承而言，低速、中速和高速的概念可参见本书第四章电机轴承润滑剂选择和应用相关内容。与一般电机转速相比，对轴承而言，我们使用的指标是 $ndm$ 值，而非绝对的轴承转速。例如深沟球轴承的 $ndm$ 值在 $5 \times 10^5$ 以上时，被称为高转速。如果是小型深沟球轴承，由于 $dm$ 值很低，所以对应的轴转速会很高。例如轴承牌号为 6201，$dm$ 值为 22mm，那么，如果 $ndm$ 值为 $5 \times 10^5$，则轴的转速为 22727r/min。也就是说，轴转速在 22727r/min 以下，对于牌号为 6201（开式）的轴承，都不能算是高转速。

高速电机选择轴承时，首先要对比轴承的热参考转速和机械极限转速，最好是两个转速都不要超越。如果可以改善散热，可以考虑适度超越热参考转速，但是需要有良好的控制。

同时，在高速电机应用里，选择轴承润滑时也要考虑高速场合润滑膜的形成条件，进行合理选择。

总体上说，高速电机轴承选择需要注意：

1）尽量选择滚动体轻的轴承（球轴承轻于滚子轴承），甚至超高速可以选择陶瓷球轴承，因为陶瓷球材质的重量仅为普通轴承钢的1/3。

2）选择轻系列的轴承。

3）选择尼龙保持架的轴承。

4）选择基础油黏度低的润滑。

5）在转速很高时，可以选用润滑油进行润滑。如果选择油脂，则应尽量选择油脂黏度低的油脂。

6）有时需要使用角接触球轴承，以承受极高的转速。

7）对于极高转速，还需要考虑选择高精度轴承。

8）对于高转速电机而言，还要注意轴承寿命校核。通常 $L_{10}$ 寿命校核的单位是百万转。如果折合成时间单位，就需要通过转速折算。因此，一般对于高速电机计算轴承疲劳寿命的时间值都不高。这并不意味着轴承选择不当。这正说明轴承寿命计算不是用来"算命"，而是用于校核轴承大小选择是否合适的工具。

9）对于超高转速电机，在电机出厂试验和实际运转的起动过程中也需要注意，最好不要直接将电机起动至最高转速。通常应该逐步提升转速，以使轴承内部滚动和润滑达到相对良好的状态，避免由此带来的轴承失效。高速电机测试时，转速提升可以参考机床主轴的一些试验标准。

## 二、电机轴承能达到多高的转速？

在轴承高速运转时，有两个因素制约着轴承转速的进一步提高。

1）轴承的发热。在轴承运转时，其内部的摩擦会产生热量。在给定润滑状态下，轴承的转速达到一定值之后，其温度就会相应地提升到某一个值。为了相互比较，国际标准规定了润滑条件，同时规定了以环境温度为20℃、轴承稳定温升为70℃（有些标准中温升单位用 K）作为条件的热平衡转速。在这种给定的润滑和温度要求下，就可以看出轴承与轴承之间内部设计不同而引起的转速差异。按照轴承转速定义，即本书提到的热参考转速，只要使用者可以改善散热，维持这个条件下的热平衡，则轴承的转速就可以进一步提高。

2）轴承的机械强度。轴承高速旋转而产生的离心力挑战着轴承所有零部件（尤其是保持架）的机械强度。在某个转速下，这些零部件的机械强度达到极限，这个转速就是前面所说的机械极限转速。

综上，轴承所能承受的最高转速应该在轴承热参考转速和机械极限转速之中选取。对某一套轴承而言，若热参考转速低于机械极限转速，则可以改善润滑提高轴承转速，直至机械极限转速（如果润滑改善可以做得到的话）。如果机械级限转速低于热参考转速，则这套轴承的机械极限转速就是这套轴承可以达到的最高转速。

## 三、轴承能承受的最高温度是多少？

轴承能承受的最高温度，实际上应该指的是轴承能在多高的温度下安全运行。

要回答这个问题，需要考虑轴承所有零部件的运行温度限制来了解轴承可以运行的最高温度。

1）轴承钢本身有一定的热处理稳定温度。不同类型的轴承，其热处理稳定温度不同（见本书相关章节）。

2）对于保持架而言，不同保持架的最高温度的范围不同，尤其是尼龙保持架，其最高工作温度仅为120℃。

3）对于润滑而言，通常要确保最高温度下的基础油黏度足以使轴承滚动体和滚道之间形成油膜。所以需要通过校核最高温度下的 $k$ 值（卡帕系数）进行选择。或者反过来用 $k$ 值计算所选油脂能够承受的最高温度。

4）对于密封件而言，通常使用的丁腈橡胶最高工作温度为120℃。其他类型的密封材料需要具体查询。

通过对上面几个部分的考量，我们可以知道一个选定轴承能够承受的最高温度是多少。

例如斯凯孚品牌6202 - 2RSH/TN9轴承：轴承热处理稳定温度为120℃；尼龙66材质的保持架最高工作温度为120℃；RSH丁腈橡胶密封圈的最高工作温度为120℃；默认油脂为中温油脂，其温度上限为120℃。通过这些数据，可以知道这个轴承在120℃以下可以安全运行。但是需要注意的是，120℃时轴承油脂的寿命，按照70℃每升高15℃降低一半的规则，其所剩油脂寿命很短。

## 四、为什么轴承会发热？轴承温度多高算是过热？

轴承内部也存在摩擦，根据最新轴承摩擦学模型，轴承内部的摩擦分为滚动摩擦、滑动摩擦、润滑摩擦、密封摩擦四个方面。其中的滚动摩擦发生在滚动体与滚道之间；滑动摩擦发生在滚动体与保持架之间，滚动体与挡边之间，滚动体进出负荷区的位置；润滑摩擦主要指滚动体对润滑的搅拌；密封摩擦发生在密封唇口接触位置。

由于轴承内部具有摩擦，这些摩擦会以发热的形式散失能量。因此轴承自身旋转会产生发热。

但是对于电机轴承而言，轴承作为减少摩擦传递扭矩的零部件，其轴承本身发热总量不应该是电机发热主要部分。电机本体发热来自于整体损耗，在这个损耗里机械损耗的比例很小。电机轴承的发热又是机械损耗的一小部分。比起风磨损耗等其他损耗，其比例不大。所以轴承的损耗应该是电机损耗中微小的一部分。粗略估算一下，我们如果假设电机机械损耗为总损耗的10%，而轴承损耗占机械损耗的10%，那么轴承损耗占总损耗的比例为1%（此处仅为举例并非精准计算）。

由此可见轴承发热不可能是电机发热的主要来源。相反的，电机轴承的温度更多时候是外界传导而来。根据国家标准，通常电机轴承温度为95℃以下为正常。工程实际中很多场合控制在70～80℃范围内。

但是对于工作环境温度高的场合，外界传导来的热量很高。我们不可能要求轴承和电机工作温度甚至低于环境温度（没有主动冷却的情况下）。所以上述温度在这种情况下，需要重新斟酌。但此时对电机轴承、润滑的选择会带来新的挑战，必须做出调整。

上述是正常情况，轴承不应该是主要热源。所以一旦在实际应用中发现轴承主动发热剧烈，就一定是某些地方出了问题，需要立即排除，避免对电机和轴承造成进一步的伤害。

### 五、高温对游隙有什么影响？

由于热胀冷缩的作用，在温度升高时，轴、轴承室和轴承都会膨胀。如果各个零部件温升一样（温度升高的幅度一样），那么其热胀冷缩程度应该相差不大，所以不会导致轴承内部游隙的太大变化。影响轴承游隙变化的是轴承滚动体、内圈和外圈的相对尺寸。从温度角度看，当内圈、外圈和滚动体之间的温差产生变化时，会带来轴承内部游隙的变化。所以单纯的高温，或者低温，如果不存在温度差变化的话，就不会对轴承游隙产生太大影响。当然高温状态下其他因素会发生变化，需要被考虑。

### 六、对于频繁加、减速的电机，轴承选择需要注意什么？

频繁加、减速的电机轴承处于经常变速运行过程中。速度的变化会带来轴承几个方面的影响：

1）润滑方面：频繁加、减速对油膜的形成不利。如果加、减速很剧烈的话，更会造成滚动体和滚道之间出现滑动摩擦的可能。因此在进行润滑选择时，除了需要考虑不同速度下的 $k$（卡帕系数）值以外，还需要考虑一下极压添加剂，以保护接触表面在滑动状态下不受损伤。

2）保持架方面：轴承处于频繁变速时，滚动体和保持架之间的碰撞变得更加严重。因此在频繁变速的应用下需要考虑保持架的强度。铜保持架在振动和频繁加、减速时具有良好的强度，通常会被采用。

3）配合方面：电机转子带动相应的轴承圈频繁变速，需要避免此过程中出现的轴承圈"跑圈"现象。通常可以考虑加紧与转子相连接的轴承圈的配合（内转式电机是指轴承内圈和轴之间的配合；外转式电机是指轴承外圈和轴承室之间的配合）。

4）游隙选择方面：由于紧的配合已将轴承与转子之间的配合加紧，因此，为保证轴承工作游隙，建议轴承的初始游隙可以选择稍大一级。

对于频繁变速的轴承进行轴承寿命校核计算时，用百万转单位校核会比用工作小时数校核更加准确（由于变速，无法用稳定转速进行折算）。

### 七、轴承精度越高越好吗？

轴承安装在轴上和轴承室内，轴承的精度除了影响自身的旋转以外，也会受到周围因素的影响。最好的状态是轴承的精度和周围的轴以及轴承室的精度相匹配。不能单独靠轴承精度的提高来改善电机轴承的运转质量。尤其在配合部位的尺寸及形位公差方面，轴承受到外界的影响更大。若外界尺寸不良，轴承很难做到凭一己之力提高运转精度。

### 八、立式电机应该如何选择轴承？

与卧式电机不同，立式电机转子的重量会作为轴向力施加在定位轴承之上，因此需要选择具有轴向承载能力的轴承。在没有外界负荷的情况下，非定位（浮动）轴承几乎不承载。此时建议减小非定位轴承尺寸，并施以适当的预负荷，以避免轴承出现内部滚动不良而带来的发热和失效。当外界有负荷时，需要平衡定位端轴承与非定位端轴承的承载，尽量使两套轴承尺寸选择不至于悬殊。具体布置和选择请参考本书第三章第二节第三部分立式电机基本轴承结构布置的相关内容。

### 九、拖动带轮的电机轴伸端选用深沟球轴承是否合适？

通常拖动带轮的电机承受带轮重量和带轮张力带来的径向负荷。这个负荷一般是比较大的，因此有的深沟球轴承不能满足要求。这种工况下，通常选用圆柱滚子轴承作为驱动端轴承。当然，如果对带轮张力以及带重量等径向负荷进行过校核，深沟球轴承可以承载，则也不是不可能的。

### 十、电机的功率越大，选择的轴承就越大吗？

电机的功率对应的是输出转矩。功率大的电机要求轴传递的转矩就大，因此需要轴的强度可以承受这个转矩。这个轴的强度就要求一个最小轴径。一般地讲，若电机的功率大，那么轴的直径就会大，因此轴承内径的最小值就被限定，所选轴承也就会越大。

但是，这并不意味着轴承的选择是因为电机功率而直接决定的。轴承的承载就是电机轴承的轴向、径向负荷。轴承在转矩传递中仅仅充当损耗的角色而已。

例如，如果通过轴材质、轴结构设计等提高轴的转矩传输能力，而没有增加轴径，这样对轴承的选择就不会产生很大的影响（如果有影响的话，也仅仅是改变轴径之后轴向、径向负荷变化而产生的影响）。

因此，从现象上说，功率越大的电机，可能轴承的尺寸就越大，但是内部的逻辑关系并不是这样直接联系的。

## 十一、重负荷电机的轴承选择有哪些注意事项？

首先我们必须明确，重负荷电机指的是电机的转矩负荷大还是电机的轴向、径向负荷大。如果是电机的转矩负荷大，而电机的轴向、径向负荷不变时，轴承的承载并不会发生很大的变化，因此不需要做特殊改动。

但如果电机的轴向、径向负荷很大时，就需要考虑以下几个因素：

1）轴承的承载很大，这样就需要选择承载力大的轴承。通常而言，尺寸大的轴承承载力较大；重系列的轴承承载力较大；滚子轴承比球轴承承载力大；双列轴承比单列轴承承载力大。

2）轴承承受很大的轴向、径向负荷时，会影响到油膜的形成。因此要选择基础油黏度相对大的油脂，还有可能需要使用一些带极压添加剂的油脂。

3）对于一些大型电机，轴向、径向负荷很大时，在考虑轴承室支撑时还需要注意在极重负荷下轴承室的变形问题。例如在球面滚子推力轴承中，巨大的轴向负荷会引起轴承室支撑面的变形，需要进行特殊处理。

4）因为电机轴承工作负荷很大，所以轴承和润滑的选择都是按照额定工况要求进行的。在电机出厂试验时，如果没有加上外界负荷，那么轴承将运行在非额定工况，因此有可能出现轴承所受负荷小于最小负荷的情况、油脂黏度过大的情况等。因此，最好是在电机出厂试验时带一定量的载荷（考虑到试验条件不一定可以施加与额定工况一致的负荷，因此可以略小。具体需要对轴承最小负荷进行计算之后方能确定）。

## 十二、电机轴承选型过程中有哪些经济性考虑？

电机轴承选型中的经济性考虑就是关于如何更有效地发挥轴承的承载能力，从而节省轴承部分的成本的问题。概括起来可以有如下几个方面提供参考：

1）轴承校核计算方法：随着轴承设计、生产制造水平的提高，现在轴承的承载能力水平较过去已经有很大的提升。而另一方面，通常被大家用作轴承尺寸校核的计算方法（寿命计算），已经在几十年中没有根本性的改变。这样，用老的方法校核新的轴承，可能会带来一些轴承能力设计余量过大的问题。目前，ISO 标准和一些品牌轴承制造商对轴承寿命校核计算提出了一些修正系数，以修正寿命计算的偏差。采用这些修正寿命计算可以减少轴承尺寸选择的冗余量。

2）型号的替换：当代轴承设计、制造水平的提高，提升了轴承的承载能力，使得一些轴承类型的替换成为可能。对于电机而言，有些领域可以考虑使用深沟球轴承替代以前的圆柱滚子轴承（当然需要进行校核计算方可实施）。

3）控制轴承尺寸校核计算的冗余量：如果轴承寿命计算结果超出实际工况需

求，就意味着轴承选型偏大。从成本考虑，应该尽量减小轴承尺寸，使寿命计算校核结果更贴近实际工况要求，以提升轴承的应用效率（适度留有余量会提升轴承应用的可靠性，但是不必过分追求）。

4）轴承通用性：在轴承选型时，要考虑轴承型号的通用性。通用性包括轴承本身后缀的通用，也包括尺寸的应用广泛性。对于轴承尺寸而言，选择行业常用的轴承会更有利于轴承生产厂家变动成本的降低，从而减少轴承成本；对于轴承后缀而言，尽量选择通用后缀（保持架、润滑脂、密封件、游隙等），以提高轴承的可获得性和成本的降低。

### 十三、不同品牌的轴承 $C$ 值越大其轴承寿命越长吗？

根据 ISO 的标准，轴承 $C$ 值的计算有其固定因素和可调整因素。各个品牌的轴承由于内部设计的不同，选取的可变因素也不同，留有的余量也不同。如果仔细研究轴承的寿命计算方法，会发现不同品牌的轴承寿命计算调整系数的选取略有不同。通常的一个情况是轴承 $C$ 值大的，其寿命计算调整系数会偏小；轴承 $C$ 值小的，其寿命计算调整系数偏大。由此保证了最后计算结果相对的稳定客观。

当然，根据轴承寿命计算公式，在相同工况下，轴承 $C$ 值越大，其计算结果就会越大。但是如果考虑修正结果，则并不一定完全如此。况且轴承的寿命，除了计算的轴承疲劳寿命以外，还有诸多其他因素，因此不可以用 $C$ 值越大，轴承寿命越长来简单概括。

因此，可以说轴承 $C$ 值越大，其 L10 计算结果越大，然而轴承的寿命，则需要更多因素的考量。

### 十四、使用了绝缘轴承就可以避免轴承电蚀吗？

首先说：不尽然！

通常的绝缘轴承都是在轴承内圈或者外圈上施加一层绝缘镀层。轴承室、轴和轴承本体都是导体，而中间夹有绝缘层。这样在绝缘镀层部位就形成了一个电容结构。我们都知道电容具有"隔直通交"的特性。也就是说，绝缘镀层可以在直流漏电流下对轴承在一定电压下起到保护作用，但是对于交流电流而言，并无效果。

因此，片面地认为绝缘轴承可以避免轴承电蚀的说法是不确切的。它只可以避免轴承直流电蚀。

对于陶瓷球轴承而言，由于整个滚动体都是绝缘材料，轴承内、外圈之间的间距很大，交流电流和直流电流都无法通过。因此是从根本上解决轴承电蚀的选择，其缺点是价格昂贵。

目前比较可靠的工程实际方法是绝缘端盖、绝缘轴承、附加电刷的配合使用，可有效避免轴承电蚀。具体内容可参见本书第九章第三节第五部分中的相关内容。

### 十五、可以用深沟球轴承替代圆柱滚子轴承吗?

圆柱滚子轴承（电机中常用 N、NU 系列）通常被用在径向负荷比较大的场合，比如带轮传动的轴伸端等。如果经过校核发现深沟球轴承可以满足这个负荷要求，则可以使用深沟球轴承对其进行替代。

N、NU 系列圆柱滚子轴承替换成深沟球轴承之后，需要注意，原来轴承作为浮动端的轴向移动在轴承内部实现，而替换之后只能在轴承外圈和轴承室之间实现，因此需要调整轴承室尺寸，以确保轴承外圈可以在轴承室内进行轴向位移。

通常这种替代是将原来用带轮传动的电机改成联轴器驱动的电机时所发生的，和原来用圆柱滚子轴承的电机相对比，这样的改变可以降低轴承成本，同时可降低轴承摩擦损耗（可使轴承温度下降、电机效率上升）、减小由轴承产生的噪声。

### 十六、轴承是怎么润滑的? 选择润滑脂还是润滑油?

对轴承施加润滑，将润滑剂添加到轴承，轴承旋转时，润滑剂分布在滚动体和滚道之间，并形成润滑膜分隔滚动体和滚道。润滑膜的作用是减少滚动体和滚道之间的摩擦，同时避免滚动体和滚道之间由于直接接触带来的损伤。关于润滑膜形成的机理，请参考本书第四章电机轴承润滑剂选择和应用相关内容。

润滑油和润滑脂各有特点：润滑油具有流动性好，可以用于散热，适用于高速应用等优点，润滑油的使用需要设计专门的油路，并考虑密封以及其他油路循环系统、过滤系统等；油脂具有安装简便、维护简单的特点，其润滑性能适用于大多数电机结构，但是对于一些高速应用场合油脂有其限制。本书第四章第一节有细节对比。

总而言之，对于电机设计而言，油脂是多数中小型电机的首选。对于一些极高速电机，以及一些大型电机，有可能选择润滑油以适应其工况。

### 十七、为什么那么薄的润滑油膜可以将滚动体和滚道分隔开?

基础油在轴承滚动体和滚道之间承受非常大的压力时，其密度会急剧增加，甚至出现类似"固化"的效果。此时，"固化"的基础油不会被滚动体和滚道挤出接触区。当滚动体和滚道接触压力变小，继而分开时，基础油恢复原来的密度，呈液态。我们把基础油这样的特性叫作基础油的极压性。

由此可见不是任何液体都可以被用作基础油，基础油一个重要的特性是极压性。并且从这个角度可以看出，滚道和滚动体表面的形貌对油膜的形成十分重要。

### 十八、2 号脂和 3 号脂之间怎么选择? 它们的润滑效果一样吗?

在电机轴承应用中，2 号脂多数用于中小型电机的轴承。通常，轴承转速相对中等偏高时可以选择 2 号脂。3 号脂比 2 号脂更稠，在轴上的保持性更好，通常用于中大型电机轴承和立式电机轴承。

轴承油脂中起润滑作用的是油脂里的基础油，基础油的选择应根据轴承运行的温度、转速和负荷情况而定。而轴承增稠剂（皂基）对油脂保持在轴承上起到关键作用。所以2号脂和3号脂的润滑性能差异主要还是看油脂里的基础油。

### 十九、如果一台电机已经被存放多年，还可以使用吗？

本书只讨论电机轴承相关问题，因此我们从这个角度展开。

首先，存放多年的电机，其内部轴承预添装的油脂有可能已经超过保质期。因此不能确定其是否可以继续起到润滑作用，并且油脂在多年的存放过程中，由于重力的原因，会都流到轴承下部。因此，此时不可直接起动电机。

从润滑角度来讲，建议更换全部的润滑脂。

从轴承本身角度考虑，多年的存放，电机没有运行，要考虑是否会出现伪压痕。因此需要将轴承拆卸下来做仔细检查，确保轴承相关零部件完好方可使用。

考虑长时间的储存，对轴承检查时也要关注锈蚀的可能性。

当然，最可靠的方法是更换全套原用轴承。

### 二十、如何确定轴承外圈与轴承室的配合？

有些资料说，轴承外圈与轴承室较理想的配合是轴承外圈能够在轴承室内蠕动，这样就会使轴承外圈得到均匀的磨损从而延长轴承的使用寿命，这种说法是否合理？

这里所说的蠕动，一是应该指轴向的蠕动，这种蠕动是为了吸收轴向膨胀；二是绝不应该有圆周方向的蠕动，圆周方向蠕动肯定是不好的，因为它破坏了轴承的滚动状态。但是，使外圈受到均匀磨损的说法不太合适，因蠕动的目的不是为了磨损。若轴承室磨损了，轴承的相对位置和受载情况就会改变，不见得好。如果蠕动造成磨损是好的，就不用发明可以调整轴向伸长的轴承了。

### 二十一、振动电机所用轴承的选型、安装和维护有哪些要求？

振动电机选轴承时要注意，计算轴承负荷时和普通电动机不一样，要考虑到振动的加速度。这样得到的当量负荷就不一样，所以选出来的轴承大小就不一样。还要注意保持架的选择，很多情况下用铜保持架（但不可以教条，要看情况而定）。另外，有些品牌的轴承，比如SKF有专门的振动筛用轴承，那是专门为振动场合开发的，保持架非常结实。

振动电机的轴承在安装时，润滑的选择要注意，有时要用有EP添加剂的润滑脂，并且补充润滑的时间间隔要缩短，根据不同的轴承厂家的说明进行相应的计算。

设计人员选择公差配合时应该注意，振动电机的轴和轴承室的配合应该都是过盈配合，具体数据请参考相应的轴承厂家资料。但是配合过紧了，就要考虑剩余游隙够不够。

## 二十二、怎样选择轴承的保持架和密封件?

### 1. 保持架的选择

对于工程塑料的保持架，各个厂家的性能略有不同，但大体相似。这种保持架重量轻，适用于高转速的场合，并且失效模式不是突然迸裂，所以比较适合于一些不允许突然停机的场合。但是对于矿山机械，这种保持架由于安全的考虑不适合使用，因为它的损坏不是突然发生的，而是随着温度逐渐升高到一定程度后，完全损坏，这样对于易爆场合会很危险。同时这种保持架有温度限制，一般是 $-40 \sim 120℃$。

对于黄铜保持架，基本没有什么使用限制，但不适用于有氨的环境。一般小轴承不使用铜保持架。

对于钢保持架，也没有什么限制，但大轴承不使用钢保持架。

### 2. 密封件

一般铁质的轴承密封件，仅仅是防尘，没有密封作用。这种密封件没有使用温度的限制，转速性能和开式轴承相同。

橡胶密封件具有高密封性能，但此类密封轴承的最高转速比开式轴承要低。一般普通橡胶密封件最高工作温度不超过 $120℃$，高温氟橡胶密封件最高工作温度不超过 $180℃$。

## 二十三、电机轴承与轴及轴承室的尺寸配合原则是怎样的?

### 1. 滚动轴承配合的特点

滚动轴承的内径 $d$、外径 $D$ 是轴承与轴、轴承与外壳轴承孔（轴承室）配合的公称尺寸。

内径 $d$ 取基孔制，但其公差带位于零线下方，即上偏差为 0、下偏差为负值。与其他基孔制公差带位于零线以上相比，在同名配合下更容易获得较为紧密的配合。

外径 $D$ 取基轴制，但其公差带与其他基轴制相同，位于零线上方，即上偏差为 0、下偏差为负值。轴承与孔的配合一般较松，与其他基轴制同名配合相比，其公差带不完全一样。

图 11-1 为各种精度等级（分级内容见本书第一章第二节第三部分）的轴承公差带分布示意图。

相配零部件（轴和孔）的加工精度一般要和轴承的精度相对应。考虑到轴与外壳孔对轴承的精度有不同的影响，以及加工的难易程度，一般轴的加工精度取轴承同级或高一级精度；而外壳孔的加工精度取轴承同级甚至低一级的精度。一般情

况下，与 0 级和 6 级精度的轴承相配
合的轴和孔的公差等级分别取 IT6
和 IT7。

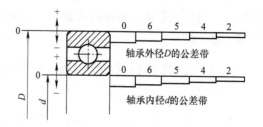

2. 轴承与轴、轴承与外壳轴承孔
配合的常用公差带

轴承与轴、轴承与外壳轴承孔配
合的常用公差带见表 11-1。以 0 级和
6 级精度的轴承为例，其配合公差带

图 11-1　轴承内径、外径公差带分布示意图

分布如图 11-2 和图 11-3 所示（图中 $\Delta d_{\mathrm{mp}}$ 和 $\Delta D_{\mathrm{mp}}$ 分别为轴承内圈和外圈单一平面
平均内径和外径的偏差）。

表 11-1　各级精度轴承常用的配合

| 精度等级 | 轴承与轴 | | 轴承与外壳轴承孔 | | |
|---|---|---|---|---|---|
| | 过渡配合 | 过盈配合 | 间隙配合 | 过渡配合 | 过盈配合 |
| 0 | h9、h8<br>g6、h6、j6、js6、<br>g5、h5、j5 | r7、k6、m6、n6、<br>p6、r6、k5、m5 | H8<br>G7、H7<br>H6 | J7、JS7、K7、M7、N7<br>J6、JS6、K6、M6、N6 | P7<br>P6 |
| 6 | g6、h6、j6、js6、<br>g5、h5、j5 | | | | |
| 5 | h5、j5、js5 | k6、m6<br>k5、m5 | G6、H6 | JS6、K6、M6<br>JS5、K5、M5 | — |
| 4 | h5、js5<br>h4、js4 | k5、m5<br>k4 | H5 | K6<br>JS5、K5、M5 | — |
| 2 | h3、js3 | — | H4 | JS4、K4 | — |

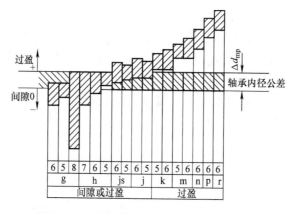

图 11-2　轴承与轴配合的常用公差带分布图

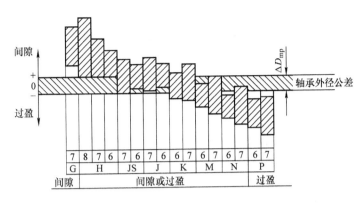

图 11-3　轴承与孔配合的常用公差带分布图

3. 滚动轴承配合的选用原则

滚动轴承配合的选用应依据其使用的具体条件（主要是负荷情况）和自身的尺寸等来确定。详见表11-2。

表 11-2　滚动轴承配合的选用原则

| 条件 | 配合的选用原则 |
| --- | --- |
| 轴承套圈相对于负荷的状况 | 负荷方向为旋转或摆动的套圈，选择过盈配合或过渡配合<br>负荷固定的套圈，选择间隙配合<br>当以不可分离型轴承作为游动支承时，应以相对于负荷方向为固定的套圈作为游动套圈，选择间隙配合或过渡配合 |
| 负荷的类型和大小 | 冲击负荷或重载负荷，选择较为紧密的配合。负荷量越大，配合过盈也将越大 |
| 轴承尺寸 | 随着轴承尺寸的增大，选择的过盈配合的过盈量也越大；间隙配合的间隙越大 |
| 轴承游隙 | 采用过盈配合会导致轴承游隙的减小，应检查安装后轴承的游隙是否满足使用要求，以便正确选择配合及轴承游隙 |
| 其他 | 轴和轴承座的材料、强度和导热性能、外部及在轴承中产生的热量及其导热途径、支承安装和调整性能等，均应在考虑之内 |

## 二十四、如何选择轴承游隙以及轴承与轴和孔的公差？

问题1：在机械设计手册中，只见如何选用轴承与轴和孔的公差，至于如何选用轴承游隙，则比较少或者含糊其词。原始游隙、安装游隙、工作游隙到底如何选用？

答：机械设计手册里没有选择游隙的建议，这是合理的。因为轴承的游隙是在生产时就确定的，这样我们在使用时，是要配合它的游隙来选择合适的公差配合，而不是相反。因为要根据公差和配合来选定轴承。也就是说，选择游隙的实质，是选择合适的公差配合。正常情况下，轴承工作时，其内部游隙应该是一个非常小的正值（圆锥滚子轴承和角接触球轴承除外）。至于多大，不同类型的轴承，有不同的范围。例如，通常温度工况下，普通中小型深沟球轴承的工作游隙推荐值为 $4 \sim 11 \mu m$。

**问题2**：在普通的机械设计相关书籍中，正常负荷、120mm 的轴径，皆选 m5 公差（+0.013，+0.028），平均为 +0.0205；基本游隙组（+0.015，+0.041），平均为 +0.028；轴承内孔公差（0，-0.02），平均为 -0.01。这样安装后平均过盈就变成了 +0.0305，而轴承游隙平均才为 +0.028，工作时成了负的游隙。这样合适吗？

**答**：这里所说的轴承游隙变化，只说了公差影响的变化，其实还有一个方面要注意，就是温度变化，热胀冷缩引起的游隙变化。这点在计算时一定也要考虑进来。

选择游隙的方法就是由原始游隙减去由于公差配合造成的游隙减小，再减去由于温度变化引起的游隙变化量，所得到的工作游隙符合基本运行工况就好。

**问题3**：某电动机，功率为 600kW，连续负载（工作制为 S1），轴径为 120mm，选用 6324 轴承。若选用轴承的公差 n6、C3 游隙，请问此选择是否小了？是否应选 C4 游隙或选 m5、C3 游隙？安装后的游隙是否是留给热膨胀空间的？应该有多大？

**答**：根据给出的轴承牌号和相关数据做如下计算（由于没有给出轴和轴承室的温度分布，所以只就公差影响进行计算，假设轴承室直径的公差为 H7）。

如果是 n6 的轴径，若选 6324/C3 的轴承，内部剩余游隙是 $-0.005 \sim 0.049mm$；如果把配合变成了 m6，剩余游隙变为 $0.003 \sim 0.057mm$。从这里可以看到，其实不是需要选择 C4 的问题，而是需要重新看看自己的公差配合问题。

另外，关于要给热膨胀留出空间的说法需要考虑。因为，所谓热膨胀的空间，在轴承内部，影响最大的应是游隙。配合和游隙选对了，即同时考虑了安装配合和轴承温升，自然有了热膨胀的空间，不需要自己另外留。

最后给出一个通用建议：对于工业用电机，一般运行状况，推荐使用 C3 游隙（小电机除外）。公差配合按照手册上选择（应相信手册，因为其中的数字都是经过严密计算得出的），除非温度负荷有特殊变化。即使平时在我们的工作中，只有温度或者运行工况有特殊要求的时候才做游隙计算。一般情况下，应直接按照轴承生产厂家提供的手册进行选择。

## 二十五、如何确定小功率电机和外转子风扇电机轴承与轴和孔的配合？

小功率电机轴承的配合选择应注意的几个方面：①对于铝壳电机，通常铝的热膨胀系数比铸铁的大，所以选轴承配合时，建议比铸铁机座放紧一挡；②对于铸铁机座的电机，用产品手册上的配合即可；③如果铸铝机壳使用手册上的配合，请在轴承外圈上或轴承室内加一个 O 形橡胶环，避免轴承外圈跑圈。

对于外转子风扇电机，如果轴承是外圈旋转的，则外圈使用过盈配合，内圈使用过渡配合。

## 二十六、既有轴向力又有径向力时，如何选择轴承？

对一个既有轴向力，又有径向力的转轴，在选择轴承时，采用角接触球轴承似乎是目前最流行的用法。因为角接触球轴承既可承受径向负荷，也可承受轴向负荷。但其承受径向负荷的能力不如深沟球轴承。

电机最常用的轴承是深沟球轴承和圆柱滚子轴承。它们都属于径向轴承，主要承受径向负荷。对于深沟球轴承，同时具有一定的轴向承载能力，通常最大承载能力为径向额定动负荷的1/4。

用一个径向球轴承和一个普通推力轴承的组合来代替角接触球轴承也是一个有效的办法。

当轴向负荷增大，以至于大过深沟球轴承的负荷能力，则选用角接触球轴承。如果再超过角接触球轴承的能力范围，则要选择其他类型轴承、如球面滚子轴承、推力球轴承、推力滚子轴承、球面滚子推力轴承等。

上面说的是原则问题，落实到操作，就需要进行相应的计算。这里所说的超出它的能力范围，不是说负荷大于样本列出来的值，或者小于多少数值就合格。应该把轴承支撑力折算成当量负荷，然后校核轴承寿命，当满足需要时就为合格。

## 二十七、要求保证 20000h 以上的轴承噪声寿命，应对轴承生产厂家提出哪些技术要求？

对于噪声寿命，有两个概念要清楚：①没有噪声的轴承是不存在的；②轴承的噪声与外界因素相关。你要了解一个批次轴承的噪声问题，需要对测试条件进行同一化。轴承生产厂家可以给你的是他们在试验条件下的轴承噪声值（多数用振动值）。而这个值与你实际安装后的情况又有不同。所以，控制轴承的噪声主要应该是控制异常噪声，而不是单纯的噪声。因为控制单纯的噪声，就与轴承加工工艺有关了。电机生产厂家难以得到准确的有重复性的结果。如果你对轴承生产厂家提要求，应该是让他们满足行业内或者 ISO 的振动标准。如果不能满足，就是不合格；如果满足了，但是你装到电机上还有异常噪声，那么就要找找电机加工工艺的问题了。

## 二十八、轴承在贮存期间应注意哪些事项？

轴承入库之后，一般不可能全部马上被使用，因此需要进行妥当贮存。一般情况下，轴承在轴承生产厂出厂之前都会做处理和妥当的包装。但是这些处理和包装都有其一定的时间和条件限制。

轴承贮存必须保持在一定的温度和湿度范围以内。SKF 公司给出的理想的轴承贮存条件如下：

1）温度：理想贮存环境温度为20℃，且在48h内最大温度波动不超过±3℃。可接受贮存温度为35℃以下、48h以内温度波动不超过±10℃。

2）相对湿度：理想贮存环境相对湿度为60%以下。

3）仓库中空气干净、不含有酸和腐蚀性气体及水蒸气。

4）一般情况下，轴承应该置于专用的贮存货架内，贮存轴承的最底层托盘距离地面高度至少为20cm，不可将轴承直接放置于地面上。

5）不同大小轴承的堆高有自身限制，要严格遵守包装上注明的要求，以免产生危险。

6）对于大型轴承，只能平放，不能竖立存放，且对轴承的全部端面提供有力支撑。

### 二十九、库存轴承需要进行防锈处理吗？

为了防止轴承生锈，在轴承出厂之前会被涂装防锈剂（油）。防锈剂（油）的防锈效果有其时间限制，未经使用的轴承原厂的防锈剂一般在1~3年内会有效（不同品牌具体的时间可以咨询厂家）。在这个时间内不需要对轴承进行额外的防锈处理。对于一般轴承，基本可以在这个时间内被使用，但是如果有些轴承需要长期储存，就需要采取特殊的方法，比如NSK的建议：将轴承浸在机油内以达到防锈的目的。超过防锈保质期的轴承，很有可能在轴承某个表面出现生锈的现象，有的锈迹出现在肉眼可见的地方，有的锈迹很难察觉，比较妥当的处理方式就是送去专门机构进行相应的检测，以检查轴承是否可以继续被使用，或者是需要经过某些处理后方可使用。

# 第二部分　电机轴承使用技术

### 三十、新轴承在安装之前需要进行清洗吗？

轴承生产厂家在轴承生产制造过程中对轴承进行了多次清洗，在出厂之前也在轴承表面喷涂了防锈油。轴承运转对外界污染十分敏感，因此轴承厂对其生产的轴承会保持良好的清洁度。一般电机生产厂很难保证轴承清洗工具及清洗剂的洁净度。

另一方面，轴承生产厂选用的防锈油和大部分油脂和润滑油都能兼容。所以电机厂也不必担心防锈油和润滑剂之间的兼容性。

综上，不建议电机厂在安装新轴承之前对其进行清洗。若有疑问，可查看相关说明或咨询轴承供应商。

### 三十一、怎样清洗新的轴承？

若必须清洗新买或库存轴承上的防锈油脂，则建议按下述方法进行：

用厚油和防锈油脂（如工业用凡士林）进行防锈的轴承，可先用10号机油或变压器油加热溶解清洗（油温不得超过100℃）。把轴承浸入油中，待防锈油脂溶化将其取出冷却后，再用汽油或煤油清洗。

用气相剂、防锈水和其他水溶性防锈材料进行防锈的轴承，可用皂类基清洗剂（如664、6503、6501等清洗剂）清洗。

用汽油或煤油清洗时，应一手捏住轴承内圈，另一手慢慢转动外圈，直至轴承的滚动体、滚道、保持架上的油污完全洗掉之后，再清洗净轴承外圈的表面。清洗时还应注意，开始时宜缓慢转动，往复摇晃，不得过分用力旋转，否则，轴承的滚道和滚动体易被附着的污物损伤。

轴承清洗数量较大时，为了节省汽油、煤油并保证清洗质量，可分粗、细清洗两步进行。对于不便拆卸的轴承，可用热油冲洗。即以90~100℃温度的热机油淋烫轴承，使其旧油脂溶化，用工具把轴承内的旧油脂挖净，再用煤油将轴承内部的残余旧油、机油冲净，最后用汽油冲洗一遍即可。

轴承的清洗质量靠手感检验。轴承清洗完毕后，仔细观察，在其内外圈滚道里、滚动体上及保持架的缝隙里总会有一些剩余的油。检验时，可先用干净的塞尺将剩余的油脂刮出，涂于拇指上，用食指来回慢慢搓研，手指间若有沙沙响声，说明轴承未清洗干净，应再洗一遍。最后将轴承拿在手上，捏住内圈，拨动外圈水平旋转（大型轴承可放在装配台上，内圈垫纸垫，外圈悬空，压紧内圈子，转动外圈），以旋转灵活、无阻滞、无跳动为合格。

对清洗好的轴承，添加润滑剂后，应放在装配台上，下面垫以净布或纸垫，上面盖上塑料布，以待装配。挪动轴承时，不允许直接用手拿，应戴帆布手套或用干净的布将轴承包起后再拿，否则，由于手上有汗气、潮气，接触后易使轴承产生指纹锈。

### 三十二、电机出厂试验时是带载运行好，还是不带载运行好？

首先，这个问题中的"带载"和"不带载"指的是电机轴端的轴径向负荷，而不是转矩负荷。

如果电机转子重量分配到每个轴承上之后的负荷不能够达到轴承的最小负荷时，电机测试过程中将会出现轴承内部滚动不良，由此引发滑动摩擦，出现发热、噪声甚至损坏轴承的情况。在这种情况下，建议对轴承施加一定的轴向和径向负荷。

如果电机不带载，其轴承承受的负荷仍然满足最小负荷要求，则可以不带载运行。

简便起见，电机出厂测试时，对电机施加一定（按照额定工况范围以内）的轴向和径向负荷，将有利于测试中轴承的运行。

### 三十三、密封轴承需要补充润滑脂吗？

在一般电机常用的轴承中，一些深沟球轴承和调心滚子轴承是有带密封设计的。

对于深沟球轴承而言，通常密封的轴承也叫作终身润滑轴承。就是说轴承油脂的寿命应该长于轴承本身的疲劳寿命。因此对于密封的深沟球轴承是不需要进行补充润滑的。

对于密封的调心滚子轴承，需要对轴承润滑寿命和轴承疲劳寿命进行校核。若润滑寿命较短，有时候需要对密封件进行拆卸，而施加补充润滑。

### 三十四、一台电机中不同类型的轴承再润滑时间间隔不同该怎么办？

通常而言，滚子轴承需要的再润滑时间间隔比球轴承要短。当一台电机使用不同类型的轴承时，通常以再润滑时间间隔短的那个时间作为整台电机轴承的再润滑时间间隔。

### 三十五、电机轴承预负荷怎么加？

电机应用中通常对深沟球轴承和角接触球轴承等施加预负荷。

角接触球轴承通常用于承担较大的轴向负荷，施加预负荷的目的主要是为了防止轴承承担反向负荷而脱开，因此在轴承负荷方向施加一定的预负荷以避免轴承反向脱开，是针对角接触球轴承加预负荷的正确方法。

对深沟球轴承，为减小轴承噪声，需要添加的预负荷大小为 5~10 倍轴承内径（mm），计算结果单位为 N；为避免轴承出现伪压痕，施加预负荷大小为 10~20 倍轴承内径（mm）。

深沟球轴承预负荷施加方法细节可以参考本书第二章电机常用滚动轴承的性能及选择相关内容。

### 三十六、电机轴承预负荷弹簧加几个合适？

通常对电机轴承施加预负荷是通过弹簧实现的。对于小型电机的轴承，一般使用波形弹簧施加预负荷；对于中大型电机，一般使用柱形弹簧施加预负荷。

从弹簧弹力的角度，随着弹簧数量的增加，就可以对轴承周边更均匀地施力，这样做有利于负荷的分布。

但是另一方面，弹簧预负荷的变形量与初始长度和压缩后长度的差相关。电机装配之后，弹簧压缩后长度尺寸就被固定了。考虑整个机座尺寸链累计公差的影响，弹簧数量越多，尺寸累计公差带来的影响就越大。例如，机座、端盖、轴承盖尺寸累计公差为 0.5mm，如果用 4 个弹簧，那么弹簧变形量公差就是 2mm；如果是 8 个弹簧，这个变形量累计公差就是 4mm。预负荷的值成倍变化。因此在考虑弹簧数量时，要考虑总尺寸累计公差导致弹簧变形量带来的预负荷误差，可以使这个误差在 5～10 倍轴承内径的范围之内，以避免在装配时累计公差带来的预负荷不足或者过大。

### 三十七、电机轴承能承受多大负荷？

轴承在不旋转或者低转速下旋转时，如果承受负荷折算到电机滚动体与滚道之间的接触力突破了材料表面的屈服极限，就会引发塑性变形。在对低速轴承进行校核时，通常会校核轴承的最大额定静负荷，以避免承载过大。

我们所说的低转速包含以下 3 种情况：

1）轴承静止不动。

2）轴承往复摆动。

3）轴承转速低于 10r/min。

对于正常运行的轴承，通常会用在这个负荷下轴承的寿命来判断轴承的选择是否合适。可以看出，轴承能够承受多大负荷往往与所期望的轴承寿命相关。因此，我们所说的轴承能承受多大负荷，其实是在期望寿命下，轴承能承受的最大负荷是多少。

从轴承的寿命计算可知 $L = (C/P)^p$，由此可得 $P = C/\sqrt[p]{L}$。由于这个计算来自于轴承疲劳寿命计算，因此疲劳寿命计算的所有局限性，也同样适用于这种计算。

### 三十八、怎样除去滚动轴承上的锈蚀？

对出现锈蚀的轴承，经除油清洗后，应对其进行除锈处理。常用的方法有机械除锈法和化学除锈法。

*1. 机械除锈法*

使用 000 号砂纸或 1 号、0 号、00 号细砂布，通过手工研磨。研磨时，方向要一致，用力要均匀。

也可在锈蚀部位涂上研磨膏，然后用棉布进行研磨。应根据锈蚀的程度选择研磨膏的类型和操作程序。对于锈蚀比较严重的，应先用粗磨膏，再用中磨膏，最后用细磨膏进行研磨；锈蚀很轻的，直接用细磨膏进行研磨就可能达到预期的效果。

当用量较少时，细磨膏可用市场上销售的成品（图 11-4 所示的示例）和其他合适的成品。

用量较大时，可以自制，其配方见表 11-3。图 11-5 给出了市场销售的相关原料。

图 11-4　市场销售的研磨膏

表 11-3　除锈用的研磨膏配方

| 组成成分名称 | 含量（质量分数，%） | | |
| --- | --- | --- | --- |
| | 粗磨膏 | 中磨膏 | 细磨膏 |
| 氯化铬（$Cr_2Cl_3$） | 81 | 76 | 74 |
| 硅酸钠（硅胶） | 2 | 2 | 1.8 |
| 硬脂酸 | 10 | 10 | 10 |
| 猪油 | 5 | 10 | 10 |
| 油酸 | — | — | 2 |
| 碳酸钠（纯碱，$Na_2CO_3$） | — | — | 0.2 |
| 煤油 | 2 | 2 | 2 |

a) 硅酸钠(硅胶)　　b) 碳酸钠(纯碱，$Na_2CO_3$)　c) 氯化铬($Cr_2Cl_3$)　　d) 硬脂酸　　e) 油酸

图 11-5　配置除锈膏的主要原料

**2. 化学除锈法**

化学除锈法是利用化学作用去除轴承上的锈斑的方法。其操作流程如下：

将开封的轴承清洗去除油脂→用热水冲洗→用流动的冷水冲洗→化学除锈（将无机酸加缓蚀剂配置的除锈液涂在轴承的锈蚀处，除去金属表面的锈蚀）→用流动的冷水冲洗→中和→用流动的水冲洗→纯化（将氧化剂铬酐涂在轴承金属表面使之产生致密氧化层）→干燥→油封。

除锈液的配方及工作规范见表 11-4。表中的 1，2，3，4 指四类不同的处理工艺，应针对不同的材料、性能进行选择应用。

图 11-6 是三种主要材料的市场销售品。

表 11-4　除锈液的配方及工作规范

| 成分 | 配方类别和工艺要求 | | | |
|---|---|---|---|---|
| | 1 | 2 | 3 | 4 |
| 铬酐[①]（$CrO_3$）（工业用）/质量分数（%） | 1.5 | 1.5 | 1.5 | 1.5 |
| 磷酸（$H_3PO_4$）（工业用）/质量分数（%） | 8 ~ 8.5 | 8 ~ 8.5 | 15 ~ 17 | 15 ~ 25 |
| 硫酸（$H_2SO_4$）（工业用）/质量分数（%） | — | 1 ~ 1.2 | 1 ~ 1.2 | — |
| 蒸馏水（或洁净的自来水） | 76 ~ 76.5 | 75.3 ~ 75.5 | 66.8 ~ 69 | 60 ~ 70 |
| 保持温度/℃ | 85 ~ 95 | 85 ~ 95 | 85 ~ 95 | 85 ~ 95 |
| 持续时间/h | 0.4 ~ 1 | 0.5 ~ 1 | 0.5 ~ 1 | 0.5 ~ 1 |

① 铬酐——又被称为铬酸酐，是一种强氧化剂，主要起钝化作用，使金属表面迅速进入稳定状态，保持基体金属不受腐蚀。

a) 铬酐(铬酸酐，$CrO_3$)　　b) 磷酸($H_3PO_4$)　　c) 硫酸($H_2SO_4$)

图 11-6　配置除锈液的主要原料

使用化学除锈法的具体操作步骤如下：

（1）首先制作两个洗液槽，一个称为酸洗槽，一个称为中和槽。操作人员应穿戴工作服和防酸橡胶手套、防护眼镜，并准备足量的约 50℃ 的温水。

（2）配制酸洗液：先将温水倒入酸洗槽内，水量应根据管材数量而定，一般以全部淹没被除锈的轴承为宜，然后依次加入酸液及缓蚀剂。缓蚀剂可延缓管材与酸液的化学反应速度，以免伤及轴承深部。

酸洗溶液可按如下比例配制：工业盐酸用量为 8% ~ 10%（即 100kg 的水加入 8 ~ 10g 的工业盐酸）。加入盐酸时应尽量缓慢并搅拌均匀，操作者应严格按加入的顺序兑制酸洗液，严禁将水兑入盐酸中引起飞溅现象而灼烧操作者。缓蚀剂可按产品说明加入的比例即可。

（3）将轴承轻轻放入槽内浸泡，以不溢出洗液为宜，浸泡期间经常翻动轴承。浸泡时间一般为 10 ~ 15min，对锈蚀较重者可延长浸泡时间。

（4）中和槽又称钝化槽，主要的作用是使已被去锈的轴承表面在中和槽内形成一层保护膜，阻止金属表面再次氧化腐蚀。

中和液主要是采用一些碱性物质兑制而成，配方可参照如下配制比例：

氢氧化钠：磷酸三钠：水 = 2%：3%：95% 或氢氧化钠：水 = (5%～10%)：(95%～90%)。

在轴承从酸洗槽取出后，先用清水冲洗后再放置在中和槽内。

（5）钝化处理后的轴承取出后用清水冲洗，并晾晒或吹干。如放置时间较长时，应将轴承放置在干燥通风处。

（6）经化学除锈的轴承应及时进行防锈处理。

钝化时一般用重铬酸钾溶液（2～4g/L，有时也加入1～2g磷酸），在80～90℃温度下浸泡2～3min取出，水洗即可。

## 三十九、带轮平行度和轴向对齐的方法有哪些？

对于用带轮传动的电机，其轴承的工作状态与两个带轮的平行度和轴向对齐的好坏有直接关系。下面介绍带轮的平行度和轴向对齐的检查方法。

1. 拉线检查法

用一根细绳靠紧大轴的端面（要求两轮端面平整，否则此法偏差较大），两端拉直，并正对两轴直径，若拉线与两个皮带轮的端面均靠紧，并且整条拉线是一条直线，则符合要求。如图11-7所示。

2. 吊线检查法

将两端均挂上重物（重量要大体相等）的两条细绳分别搭挂在两个皮带轮上，并使其与皮带轮的轴向中心线重合。从一端观察垂下的4条铅垂线。若完全重合，则两轮位置正确；看到两条线，说明两轮前后未对齐；看到3条线，则是两轮不平行。如图11-8所示。

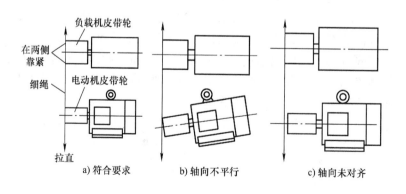

图 11-7　两个皮带轮平行及轴向对齐的拉线检查法

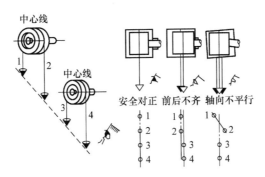

图 11-8    两轮平行及轴向对齐的吊线检查法

## 四十、怎样调好两个联轴器的同轴度？

当设备通过联轴器对接时，应使两个半节达到较高的同轴度，即轴向一致。另外，为防止因少量的轴向窜动造成两个半节"对顶"，应使两个半节对接平面保持 2 ~ 3mm 的间隙。

轴承的工作状态与两个联轴器同轴度的好坏有直接关系。下面介绍两个联轴器同轴度的检查方法。

1. 用塞尺和直尺检查

要求精确时，两个半节对接平面的间隙可用塞尺进行检测。

对同轴度的检查，可用一段直尺或一边较直的铁板、木板等靠在联轴器侧面，在顶面和两个侧面进行检查，若两个半节与直尺均密合，则说明同轴度达到了要求，否则存在轴向平行但不重合或轴向不平行的现象，如图 11-9 所示。

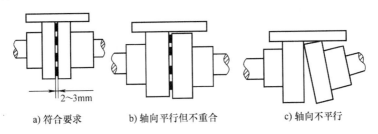

a) 符合要求          b) 轴向平行但不重合          c) 轴向不平行

图 11-9    用直尺检查联轴器对接的同轴度是否符合要求

2. 用百分表检查两个半节的同轴度误差

在两个半节未联结的情况下，将一只百分表通过磁性表架固定在一端的联轴器上。表的测头压在负载端联轴器的侧面上。将百分表调整好后，盘动联轴器转动 1 周。如图 11-10 所示。记录百分表指示值的变化量（最大值与最小值之差）。该变化量即为两个半节的同轴度误差，俗称为"径向圆跳动"。应根据所用设备的精度要求（如整体振动的要求）以及联轴器的类型（刚性连接或弹性连接），将其控制在一个合适的范围之内，例如≤0.05mm。

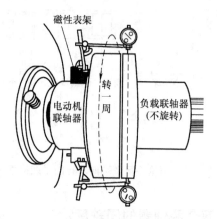

图 11-10    用百分表检查两个联轴器的同轴度

# 第三部分    电机轴承故障诊断和处理方法

## 四十一、电机出厂测试时噪声良好，为什么运抵客户处刚开始运行就出现异常的"吭吭"声？

电机出厂测试时噪声良好，运抵客户处会出现噪声，这就说明在测试和运抵客户处之间出现了一些问题。在本书第七章和第九章中分别介绍了运输过程中轴承可能出现伪压痕从而在电机运抵客户处时出现噪声的原因，可以参考相关部分了解细节。

概括来说，电机在运输过程中，滚动体和滚道之间相对静止。然而在这个过程中的振动（车辆颠簸、加减速、转弯等）使轴承滚动体在滚道表面产生微小的相对移动和振动。如果这个运动往复出现，就会使轴承滚道出现退化（磨损），从而出现伪压痕。伪压痕的间距等于滚动体间距，并且具有都出现在下端，并且呈中间最宽、最深，两边逐渐变窄、变浅的明显特征，图 11-11 所示为一个典型的实例。对外所表现的特征是电机的运转噪声为"咯噔、咯噔"的连续声，轴承温度上升很快。

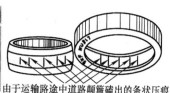

由于运输路途中道路颠簸磕出的条状压痕

图 11-11    由于运输中较大的颠簸造成的轴承内、外环压痕实物

为避免此类伪压痕，需要在电机运输过程中对轴进行轴向和径向的固定。可以参考相关章节的建议，图 11-12 是附加"转子固定支架（或板）"的电机实物图。

转子固定支架

转子固定支架

图 11-12　附加"转子固定支架（或板）"的电机实物图

## 四十二、一台电机在渔船上正常运行一段时间后，停机放置了较长时间再启用时，出现明显的"吭吭"声，是什么原因造成的？

海船上不运转的电机，会因船的上下颠簸而使电机转子也上下"颠簸"，若时间较长（实际案例为 1 年），则对轴承造成的损伤和前面第一题完全相同，当然答案也就完全相同了。此时只能更换原用轴承。为了避免此类损伤，建议将长期不用的电机拆下，放在陆地上，或者按图 11-12 给出的方法对转子进行固定。若按上述方法处理有困难，则经常转动一下转轴，改变转子的位置，当然，若让电机时常轻载或空载运转一小段时间则更好。

## 四十三、电机轴承中的密封轴承会漏油一定是故障吗？

具有密封的轴承在运转起来时，轴承内部的油脂会进行一定的循环流动，并在轴承以及轴承室表面形成一层润滑油脂的附着层。在轴承转动时，密封件出口部分由于有接触力，因而形成波浪状运动形式，所以会在唇口位置有少量油脂被分布到外部。但是一般而言，这个位置只会有少量油脂，并且不会持续增加。这种情况是正常情况。

如果密封轴承唇口部分有大量油脂分布，或者油脂出现不断增多的情况，就属于不正常的漏油，需要检查密封件是否已经出现问题。

## 四十四、为什么电机轴承不能达到计算寿命？

通常我们所说的电机轴承计算寿命指的是可靠性为 90% 的轴承疲劳寿命，这个寿命计算指的是轴承疲劳寿命在某一个失效可靠性下的计算值，这其中的疲劳寿命特指次表面源起型疲劳，且此值为给定工况下，允许最多 10% 轴承出现次表面源起型疲劳的值。

实际工况中，轴承失效往往是综合了轴承疲劳、润滑失效、密封失效等多方面的问题。任何一套轴承零部件（内圈、外圈、滚动体、保持架、润滑、密封件）

失效，最终都会造成电机轴承的失效。所以在运行实际工况下，电机轴承的寿命应该等于电机所有零部件中寿命最短的零部件的寿命。而非单纯的轴承内外圈和滚动体的寿命。

另一方面，即便从轴承本身角度分析，由轴承失效分析的分类可知，轴承的次表面源起型疲劳仅仅是六大类轴承失效中的第一大类中的一个子分类（参见本书电机轴承失效分析部分）。所以，轴承寿命计算并没有涵盖所有轴承失效模式，而仅仅针对轴承失效中的一种情况做了校核计算。

以上讨论还排除了运行工况多变的因素等外界变动的影响。

综上，电机轴承寿命计算通常是不能与其实际寿命进行比较的。而电机轴承寿命计算的目的是在电机轴承选型时校核轴承选择尺寸大小的一个校核工具，而非"算命"程序。

## 四十五、电机轴承噪声冬天比夏天明显吗？

一些电机厂确实遇到了电机冬天噪声比夏天明显的情况，尤其在北方更加明显。

对比冬天和夏天的工作环境，最大的差别就在于温度。而温度的变化会直接影响电机轴承内部油脂的黏度及其基础油的黏度。我们知道，油脂基础油黏度和油脂黏度都随着温度降低而升高，因此，在冬季润滑黏度就会增高。电机设计人员在进行润滑设计时，主要考虑的是额定工况下的润滑状态。在冬季和夏季，电机的工作温度发生改变，如果这个工作温度改变超出了初期润滑设计的考虑，就会带来润滑不良。油脂稠度高初期带来的表征就是电机噪声问题，尤其在电机起动时。在冬季，油脂处于比较冷的状态，此时起动电机，轴承内部润滑膜难于形成，则电机多发噪声。

这就是电机在冬天噪声比夏天明显的原因。当然，上述描述是排除其他故障的角度分析。

如果这种电机的噪声并不剧烈，并且随着电机温度的升高而消失了，则可不做特殊处理；如若想降低这种未见有害的起动噪声，可以适当地对轴承室加热，状况便可缓解。

## 四十六、电机轴承啸叫声是怎么回事？

电机轴承的啸叫声是很多电机厂遇到的电机轴承高频噪声的情况，尤其特指在对轴承、轴、润滑等各个因素进行核查之后未发现异常，而高频噪声依然存在的情况。在工况中，往往可以通过添加过量油脂使这个噪声消失，但是待过多的油脂被挤出之后，噪声恢复如初。这是电机生产厂经常遇到的令人困扰的问题之一。本书中第七章电机运行中的轴承噪声及振动分析相关内容中关于电机轴承啸叫声的原理做了系统的分析。这里仅做概括。

电机在运转时，滚动体在滚道上运行，由于粗糙度等原因，滚动体会在滚道内圈和外圈之间发生往复振动。当滚动体进入负荷区时，两个滚道之间的间距由存在剩余游隙到没有剩余游隙而承载的状态，也就是滚道之间间距变窄，这就使滚动体在其间的振动频率增加，由此产生了高频的振动并发出高频声音（这种状态与用乒乓球拍在桌面上压紧一个正在弹跳的乒乓球时发出的尖锐噪声原理一致）。

从上述原因可以看出，电机轴承啸叫声是由轴承运行状态以及内部尺寸等因素决定的。影响这个声音的因素包括轴承内部的剩余工作游隙和润滑介质的阻尼等。当电机轴承内部添加过量油脂时，滚动体和滚道之间充满油脂。油脂在滚动体振动时起到了阻尼作用，从而减少了滚动体在非负荷区的往复运动，更降低了滚动体进入负荷区时的往复运动频率。因此，填入过量油脂会消除轴承啸叫声。但是，轴承内部油脂添加量不能过多，否则会引起发热等情况。待轴承内部过量油脂被挤出之后，前述的振动依然恢复，噪声也就回来了。

另一个方面，如果我们可以减少轴承内部剩余工作游隙，将有利于削弱轴承啸叫声。对于深沟球轴承而言，可以通过施加预负荷的方法消除轴承内部剩余的工作游隙，从而消除电机轴承的啸叫声。

但是对于圆柱滚子轴承，无非通过施加预负荷的方式消除轴承剩余工作游隙。所以在工程实际中，圆柱滚子轴承啸叫声的情况更加多发。有时在一批电机中，有的电机圆柱滚子轴承有啸叫声，有的没有；有的啸叫声强，有的弱。这是由于轴承剩余工作游隙的不同而导致的。一个比较有效的方法就是选择初始游隙小的圆柱滚子轴承（如 CN 或 C3L）。如果轴承生产厂家可以提供的话，选择 C3L 是一个最保险的方法。但不论如何，剩余游隙依然存在，这个方法可以减弱啸叫声，却不能百分之百地消除（实际用户案例表明，此法可以大幅度改善轴承啸叫声，改善率达80%~90%）。

### 四十七、轴承圈断裂是怎么引起的？

轴承圈断裂大致有 3 种可能的原因：过载断裂、疲劳断裂和热胀裂。

在电机轴承安装使用过程中，不恰当的配合、冲击负荷、轴承圈的跑圈蠕动、安装拆卸过程中的野蛮操作等都可以引起轴承圈的断裂。本书第九章第三节第七部分对轴承断裂各个分类做了更详细的介绍。

### 四十八、一批电机，有的噪声大，有的噪声小，这是怎么回事？

经常有电机生产厂在同一批生产的电机中，发现有的噪声大有的噪声小的情况。当然，如果针对噪声不同来源仔细分析，可以从本书第七章电机运行中的轴承噪声及振动分析相关内容中寻找原因。但是总体上讲，这种噪声有大有小的原因，其实是一个关于产品性能一致性以及工艺稳定性的问题。

首先，轴承（尤其是电机中经常使用的深沟球轴承）是批量生产的，对于一些小型轴承更是批量生产量很大。设备参数设定之后，一批生产成千上万套轴承，其一致性相对稳定。但是对于电机生产厂而言，每个批次的电机数量一般都小于轴承批次数量。所以，如果从轴承本身质量的角度考量，从批量一致性的角度考虑看，更应该是一批次的电机轴承噪声和另一批次的电机轴承噪声有差异的几率更大，而同一批次轴承内不同批次的电机噪声差异很大的几率应该较小（不考虑电机各零部件质量）。

所以，如果出现一个批次电机轴承全部出现噪声问题时，除了查找电机本身的问题以外，应该怀疑轴承质量；相反，如果一个批次电机中仅仅发现几台电机轴承有较大噪声，那么此时电机本身出现问题的几率会大些。

当然，以上判断更多是从概率角度来做粗略描述的，并不能排除个别情况。并且对于大型轴承，其单批次产量有可能和电机单批次产量相似，所以概率也相似。

### 四十九、同批次电机产生噪声差异的原因是什么？

本书第七章电机运行中的轴承噪声及振动分析相关内容中介绍过，电机轴承的噪声分为正常噪声和非正常噪声。应用本书中的相关知识，可以找到绝大多数电机轴承非正常噪声产生的原因。而这些问题也必须被修正，从而消除电机运行轴承失效的潜在风险。

但是，对于电机轴承的正常噪声，是无法完全消除的。好在这些噪声通常会在接受的范围之内。但是，即便在接受的范围之内，也存在噪声的大小之分。其中有一些原因就是从电机生产质量一致性角度需要注意的。

1）电机轴、轴承室、轴承之间公差配合的影响。这个问题经常会遇到。如果轴径偏下差碰到配合的孔径偏上差，再碰到轴承初始游隙接近上差时，轴承工作游隙就会偏大，甚至超过轴承应有的工作游隙。这样就会带来噪声偏大。如果是与上述相反的情况，则会导致轴承发热。这些情况，单独检查任何工件都是合格的，但是装配到一起时就会出现问题。因此，在电机装配时需要尽量回避这一点（这里只是用尺寸公差举例，其他问题也一样）。

2）轴承润滑的一致性。电机厂比较难于控制的就是润滑工艺。我们需要保证操作人员能够正确地对轴承施加合适量的油脂。要做到这一点，在工艺手段上不能失控。电机的工艺工程师需要考虑引入所谓"防呆"设计的理念，减少操作人员的主观自由度对工件之间质量差异的影响。比如使用本书中曾经介绍的填脂工装。根据每个机型的电机设计，让操作人员固定使用定量器添加油脂，这样就可以保证填脂量均匀、合适。

总之，电机批量生产中出现的偶发电机噪声，包含了电机零部件问题、轴承问题、选型安装问题、工艺一致性问题等。这是一个系统性的问题，其一方面考验着技术人员对各个部分知识的掌握，同时也考验着整个生产系统的衔接。

### 五十、为什么拆卸已经失效的轴承时也需要使用合适的工具？

通常我们需要对失效的轴承进行失效分析，本来轴承失效痕迹已经错综复杂，如果在拆卸时对轴承造成了进一步的伤害，将大大增加轴承失效分析的难度。因此，建议使用正确的轴承拆卸工具，在最小限度地伤害轴承的情况下对轴承进行拆卸，以便后续分析。

另一方面，如果必须对失效轴承进行拆解才可以取下轴承，那么，建议拆解破坏点要远离轴承失效部位。实际工况中，有可能需要进行切割轴承内圈才能拆下轴承。如果切割点刚好在轴承失效点上，那后续几乎无法进行良好的分析。

使用良好的工具对轴承进行拆卸，除了保护失效轴承以外，还要对轴、轴承室进行相应保护。因为这些零部件在更新轴承之后还有可能继续使用。

### 五十一、造成风机电机的轴承故障原因有哪些？如何处理？

据不完全统计，水泥厂的风机电机发生振动异常的故障率最高可达58.6%，由于振动将造成风机运行不平衡。其中，轴承紧定套配合调整不当，会导致轴承异常温升与振动。

如某水泥厂在设备维修期间更换了风机轮叶。轮叶两侧用紧定套与轴承座固定配合。重新试车时发生浮动端轴承温度高和振动值偏高的故障。拆开轴承座上盖，手动慢速回转风机，发现处于转轴某一特定位置的轴承滚子，在非负荷区亦有滚动情况，由此可确定轴承运转间隙变动偏高且安装间隙可能不足。经测量得知，轴承内部间隙仅为0.04mm、转轴偏心达0.18mm。

由于左右轴承跨距大，要避免转轴挠曲或轴承安装角度的误差比较困难，因此，大型风机采用可自动对心调整的球面滚子轴承。但当轴承内部间隙不足时，轴承内部滚动体受运动空间的限制，其自动对心的机能受影响，振动值反而会升高。轴承内部间隙随配合紧度的增大而减小，无法形成润滑油膜，当轴承间隙因温度高而降为零时，若轴承运行产生的热量仍大于逸散的热量时，轴承温度即会快速爬升。这时，如不及时停机，轴承终将烧损。轴承内环与轴的配合过紧是本例中轴承运转异常高温的原因。

处理故障时，退下紧定套，重新调整轴与内环的配合紧度，更换轴承之后的间隙取0.1mm。重新安装，起动风机，轴承振动值及温度均恢复正常。

轴承内部间隙太小或机件设计制造精度不佳，均是轴承运转温度偏高的主因，为方便风机设备的安装、拆修和维护，一般在设计上，多采用紧定套轴承锥孔内环配合的轴承座轴承。然而也易因安装程序上的疏忽而发生问题，尤其是适当间隙的调整。轴承内部间隙太小、运转温度急速升高；轴承内环锥孔与紧定套配合太松，轴承易因配合面发生松动而在短期内发生故障烧损。

## 五十二、电机轴向窜动问题和导致轴承烧毁的原因有哪些？

### 1. 电机的轴向窜动问题

通常，电机用得最多的是深沟球轴承和圆柱滚子轴承。并且在布置的时候，一端做轴向定位；另一端做轴向浮动。轴向定位如果可靠，对于深沟球轴承来说，它的轴向窜动量就应该是它的轴向游隙，一般不会太大，即取决于所选的轴承径向游隙。对于圆柱滚子轴承（N 和 NU 系列轴承），不能作为定位轴承，否则，轴向窜动就一定过大。

### 2. 轴承烧毁问题

如果定位轴承承受了过大的轴向负荷，就会导致轴承烧毁。所以，选择定位轴承的时候要了解轴向负荷有多大，所选的轴承是否承受得了。如果是 NJ 系列的圆柱滚子轴承，这种轴向负荷完全是由滑动部分承受的，所以不行。对于深沟球轴承，轴向能力最多只有径向的1/4，对于不同的轴承各有不同。

现在很多的电机都是轴可以来回窜动的，靠一个波形弹簧垫圈来调整，但还是能够窜动。

轴系一般会要求轴向定位。所以需要一端作为定位端；另一端作为游动端。

波形弹簧不是用于定位的，是用于加轴向预负荷的。所以，对于交叉定位的电机，一定会存在波形弹簧垫圈引起的轴向窜动。如果要控制该窜动，就该做成传统的一个定位端，一个非定位端，然后在非定位端加波形弹簧垫圈。

## 五十三、怎样根据轴承润滑脂颜色的变化判定轴承运行状态？

根据润滑脂的颜色来判断轴承运行情况是否正常，比较困难。因为不同的润滑脂内部的添加剂不同、运行条件不同、适应温度范围不同，不可能有统一的标准。即使是同一种润滑脂，也可能会由于出厂的批次不同、配方略有不同而造成颜色的差异。因此，以颜色变化作为依据可能会不尽相同。

另外，即使润滑脂不放在轴承里，也会变色。这是因为润滑脂存在氧化问题。

润滑脂放置（或者运行）一段时间后，因和空气接触，同时金属（轴承本身和轴承室等相关部件）在这个氧化反应中也充当了催化剂的角色。虽然现在有很多润滑脂都有抗氧化添加剂，但只是降低了氧化的速度。所以，润滑脂的颜色会一直发生变化。若轴承运行不正常，或者进入异物等，将促使润滑脂性能和颜色的改变。若温度较高，其中的润滑脂将加速氧化，直至碳化变成炭黑色。原因是轴承本身或者环境温度的变差，将导致润滑脂中的基油不断地进出增稠剂，同时每次基油回去的时候，不一定完全回去。这样时间久了，油脂的性能会变差，将不能满足润滑。基油不足的润滑脂，颜色就有可能发生变化。温度越高，油脂的性能变化就越大，其颜色变化也会越大。如果温度很高，会碳化，即变成黑褐色。

若轴承进入异物，包括轴承自身磨损或异物与轴及轴承室之间的摩擦产生的金属屑，将会随之变成与异物接近甚至相同的颜色。

进入水或其他液体时，其颜色一般会变浅，有时会变成泡沫状或絮状。

### 五十四、使用柱轴承的新电动机无负荷运行时噪声大的原因是什么？

圆柱和圆锥滚子轴承、推力轴承等滚子与轴承内外圈接触面较大的轴承，需要一定的负荷才能在接触面之间形成润滑脂油膜和良好的滚动。若没有负荷或负荷很小，则油膜将很难形成，滚子和轴承内外圈就有可能发生滑动摩擦，造成接触面磨损，产生较大的摩擦噪声，同时将影响轴承的寿命。

轴承的最小负荷与轴承大小也有关系，总体上讲，轴承的负荷能力越大，它所需要的最小负荷也越大。

有很多使用单位在新电机安装之前的检查过程中，给电动机通电空载运行两个多小时（很多验收规程中有这样的规定），这对于使用圆柱和圆锥滚子轴承、推力轴承的电机是很不利的。要想既达到验收目的，又减少对轴承的损伤，可采用带适当负荷的办法。无带负荷的条件时，就只能减少空转时间，只要通电运转正常即可停机，不必非要运转两个小时才停机。

### 五十五、一台电机，在补脂（二硫化钼）后温度上升，其原因是什么？

1. 案例描述

有一台 6kV、1480r/min 的高压电机，以前运行时驱动端轴承温度在 40℃ 左右，但在对轴承补脂（二硫化钼）后，再开车运行时，其轴承温度一路上升，达到 90℃ 左右，而且有"丝丝"的声音，但非驱动端的轴承温度仅为 25℃。此电机结构是驱动端（与设备联结侧）为浮动端，有两套轴承，里面是深沟球轴承，外面是圆柱滚子轴承，深沟球轴承与轴承座是松配合。对其解体后发现，深沟球轴承和圆柱滚子轴承相对的端面间有明显的摩擦痕迹。现场分析后认为，是两轴承间的间隙发生了变化而导致了摩擦。

2. 分析和解答

首先，关于补充油脂的时间问题，应根据使用情况（包括运行时间、负荷大小、环境温度和空气的清洁度等多方面的因素），按使用说明书或其他相关提示进行，有关计算可从本书第四章电机轴承润滑剂选择和应用第三节中第二～四部分相关内容或轴承手册里找到。另外，添加二硫化钼润滑脂不妥，因为通常二硫化钼润滑脂适用于低速，在高速场合不适合，容易产生摩擦和发热。本例说添加润滑脂后轴承温度比原来高，就与此有关。还有就是添加润滑脂的量，不可添加太多。

其次是关于两个轴承相对滑动问题，通常不应该发生。一个好的电机设计，如果使用深沟球轴承和圆柱滚子轴承的布置，那么深沟球轴承的轴承室应该比圆柱滚子轴承的大。如果更讲究一点的设计，应该加橡胶圈防止轴承外圈跑圈。同时应该检查两个轴承安装好之后是否夹得比较紧。以上几点都做到，就应该没有问题了。

### 五十六、粉末冶金轴承常见受损原因及处理方法有哪些？

轴承损坏的原因很多，大体上来说，有 1/3 的粉末冶金轴承损坏缘于疲劳损坏；1/3 因为润滑不良；剩余 1/3 可能是由于污染物进入轴承或安装处理不当。然而，这些损坏形式亦与使用场合有关。例如，纸浆与造纸工业多半是由于润滑不良或污染造成轴承的损坏，而不是由于材料疲劳所致。

分析和处理方法的建议如下：

1. 温度监控

轴承温度高一般表示轴承已处于异常状态。有时轴承过热可归因于轴承的润滑剂。若粉末冶金轴承在超过 125℃ 的温度下长期运转，会降低轴承寿命。引起轴承高温的因素有润滑不足或过分润滑；润滑剂内含有杂质；负载过大；轴承磨损；间隙不足；轴承密封件产生的较大摩擦等。

所以，连续地监测轴承温度是有必要的，无论是量测轴承本身或其他重要的零件。如果是在运转条件不变的情况下，任何的温度改变都可表示已发生故障。

2. 轴承的滚道声及其控制方法

滚道声是当轴承运转时，其滚动体在滚道面上滚动而发出的一种滑溜连续的声音，是所有滚动轴承都会发出的特有的声音。一般的轴承噪声是滚道声其他声音的叠加。

球粉末冶金轴承的滚道声是不规则的，频率在 1000Hz 以上，它的主频率不随滚动体转速的变化而变化，但其总声压级会随轴承转速的加快而增加。

滚道声大的轴承，其滚道声的声压级随润滑脂黏度的增加而减少；而滚道声小的轴承，其声压级在润滑脂黏度增大至 $20mm^2/s$ 以上时，由减少而转为有所增大。

轴承座的刚性越大，滚道声的总声压级越低。如径向游隙过小，滚道声的总声压级和主频率会跟着径向游隙的减少而急剧增加。

控制滚道声的方法是选用低噪声的轴承。

### 五十七、给水泵用电动机轴承异响的原因是什么？怎样处理？

1. 案例描述

一台给水泵，配套电动机为三相高压（6kV）异步电动机，型号为 YKK 400-2，额定功率为 450kW，额定转速为 2975r/min。轴伸端用 NU3E222 型柱轴承，非负荷端用 6222 型深沟球轴承。运行中，轴伸端声音尖锐刺耳，但不像是电磁噪声，也不像是轴承缺油干磨的声音。噪声持续约 2min，然后间歇约 2min。用测振仪测量轴承的振动，声响异常时，测得振动速度有效值为 53.6mm/s，有时甚至达到 97mm/s，远远超过标准限值 2.8mm/s，且电流波动较大。

由于轴伸端的轴承采用间隙配合，无法调整轴承的轴向定位尺寸。在检修过程中，发现内轴承盖有不均匀的磨损痕迹，轴承有两个深沟柱损伤。

　　测量轴承、端盖和内、外轴承盖的定位尺寸，并经过计算，轴承的允许间隙为0.7mm，当电动机的轴承温度达到100℃时，轴承的膨胀值约为0.9mm，不能满足电动机正常运行的要求。多次更换深沟柱轴承后，电动机噪声不仅没有消失，而且异响周期变为4min。

　　2. 故障分析与处理

　　（1）故障分析

　　由于该电动机原来采用 NU 型柱轴承，所以允许电动机具有一定的轴向窜动量。轴承外圈两侧有挡边，内圈无挡边，因此允许转轴相对轴承外圈的双向位移，可以承受因热膨胀引起的轴伸长。同时，轴承的间隙相对深沟球轴承来说偏大，但轴承的受力为线形，比深沟球轴承的点受力效果好。轴承运动轨迹不是一个圆形而是一个椭圆形。轴承的受力主要是在下部，对于深沟柱轴承，其受力点为一条直线，高速运转中，由于轴承的间隙，受力点改变，受力运动轨迹变成抛物线形。

　　（2）处理方法

　　给水泵电动机运行时主要受轴向力作用，且拖动的负载平稳，深沟柱轴承允许的径向窜动必要性减弱，因此将轴伸端（负荷端）的轴承更换为深沟球轴承，轴承的游隙组别仍为 C3，径向游隙值约为 0.04mm，可以满足运行要求。同时考虑轴承的受热膨胀，在挡油环小盖处加一块厚度约为 0.8mm 的垫片，克服来自于给水泵和轴承温度升高引起的轴向窜动。

　　轴承滚动体及滚道的微观表面是粗糙不平的，运动中会发生一定的冲击，但这种冲击产生的脉冲是高频的，因而使用测振仪测量电动机运行的高频干扰的参数值比标准值大。深沟柱轴承的滚子与滚道的接触是一条线，接触较多，产生的高频冲击就大；而深沟球轴承的滚子与滚道的接触是点，产生的高频冲击相对较小。因而本例的电动机可以使用深沟球轴承代替深沟柱轴承，解决设备出现的异常噪声。

　　将深沟柱轴承更换为深沟球轴承后，轴承异响消失。运行一段时间，原有的异常噪声没有再出现，测量电动机的振动幅值达到了要求，带负荷性能稳定，电流也没有较大波动了。

## 五十八、轴流风机的后端轴承为什么温度高?

　　轴流风机在工作时，其风扇叶推动空气向离开风机的方向运动，根据作用力与反作用力的原理可知，此时风扇叶将受到被推动空气的反作用力，该作用力将施加在电机的转轴上，其方向是由风扇端到非风扇端（即"后端"）的。如图 11-13 所示。此轴向力将使后端轴承内圈和外圈产生一个轴向偏离，使滚动

空气的反作用力

图 11-13　轴流风机电机受轴向力的方向

体（滚珠）被压挤到轴承内、外圈的侧面，造成滚动困难，产生过多的热量，造成其温度较高。

### 五十九、造成轴承温度高的原因都有哪些（汇总）？

通过测量，发现某电机的轴承运行温度超过了允许的数值（例如95℃）或上升速度较快，则应进一步通过分析查出原因，并加以解决。

下面介绍电机轴承温度较高的原因。

1）轴承与转轴或轴承室的同轴度不符合要求，如图 11-14a 所示。

2）本应可轴向活动的一端轴承外环被轴承盖压死，如图 11-14b 所示。当运行转轴因温度上升而伸长时，带动轴承内环离开原轴向位置，从而挤压滚珠研磨侧滚道，产生较多的热量。

3）轴承与转轴或轴承室配合过紧，使轴承内环或外环挤压变形，径向游隙变小，滚动困难，产生较多的热量，如图 11-14c 所示。

4）轴承与转轴或轴承室配合过松，使轴承内环在转轴上、外环在轴承室内快速滑动（内环滑动是绝对不允许的，外环有很缓慢的滑动在很多情况下是无害的），如图 11-14d 所示。这种摩擦将产生大量的热量，会造成温度急剧上升，严重时会在很短的时间内将轴承损坏，并进而产生定转子相擦，绕组过电流烧毁等重大事故。

5）润滑脂过多、过少或变质。对附带挡油盘的轴承室结构，若不及时补充油脂，就会逐渐出现润滑脂过少的现象。另外，在低温下使用耐高温的润滑脂，会因其黏度较大而产生相对较多的热量。

6）环境中的粉尘通过轴承盖与转轴之间的间隙进入到轴承中，大幅度地降低

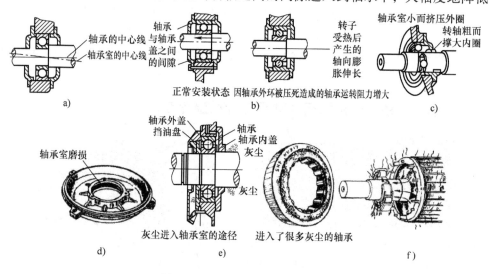

图 11-14　轴承温度较高的原因

油脂的润滑功能，增加摩擦阻力，产生较多的热量，如图11-14e所示。

7）因各种原因造成的转子过热，转子的热量传导到轴承中，使轴承中的润滑脂温度达到其滴点而变成液态而流失，轴承失去润滑而产生较高的热量，如图11-14f所示。

## 六十、造成轴承噪声大或异常噪声的原因都有哪些（汇总）？

轴承噪声大是指其数值超过了规定的标准，异常噪声是指某些间断的或连续的不正常响声，例如"嗡嗡"声、"咔咔"声等，此时测量数值不一定超过规定的标准数值（分贝值），但却让人感觉很不舒服，有时还可能进一步扩大并造成设备的损坏（例如部件之间或进入异物导致转子相擦造成的异常噪声等）。

轴承噪声大或有异常噪声的现象和原因分析见表11-5。

表11-5　轴承噪声大或有异常噪声的现象和原因

| 序号 | 现象 | 原因分析 |
|---|---|---|
| 1 | 相对均匀连续、声音不算高的摩擦声 | 1）润滑脂因使用时间过长而减少，降低润滑作用；<br>2）注入的润滑脂与原有的润滑脂不相容，使润滑效果降低；<br>3）非金属密封装置与轴承内环或外环相擦；<br>4）因安装或相关尺寸问题，造成轴承内外圈轴向错位，使滚珠在滚道的两侧滚动，增大了摩擦阻力 |
| 2 | 相对均匀连续、频率较高、尖锐的摩擦声 | 1）润滑脂中进入灰尘，特别是沙粒和金属颗粒；<br>2）内环或外环滚道磨损后变得粗糙；<br>3）轴承径向间隙小。原因有：<br>① 所选用的轴承径向间隙小；<br>② 转轴轴承档直径大于规定数值，使轴承内圈被撑大；<br>③ 轴承室直径小于规定数值，使轴承外圈被挤小。<br>4）轴承内环与转轴配合松动，造成内环和转轴相互摩擦；<br>5）轴承外环与轴承室配合松动，造成外环转动，摩擦轴承室；<br>6）金属密封装置与轴承内环或外环相摩擦 |
| 3 | 间断的尖锐摩擦声 | 1）个别滚动体破损；<br>2）保持架破损；<br>3）轴承内环或外环破损 |
| 4 | 间断不定时的"咯咯"声或"咔咔"声，随着运转时间的延续，声音逐渐变小并消失 | 一般发生在新机器或全部更换新轴承、新润滑脂的初期运行时。由于油脂没有均匀地分布在轴承空腔内，被包裹在其中的空气在运转时挤压爆破，发出"咯咯"声或"咔咔"声 |
| 5 | 间断但按一定周期的"吭吭"声，随着运转时间的延续，声音逐渐变大 | 在运输过程中，因为颠簸时转子的上下振动，轴承下半部的滚珠或滚柱敲打轴承外环滚道，严重时出现压痕。轴承运转时，在压痕处产生阻碍，发出按转速周期的"吭吭"声，并随着摩擦加重，声音将越来越大 |
| 6 | 间断的"嗡嗡"声，频率较低 | 1）轴承内外环同轴度较差；<br>2）因轴承室径向尺寸较小或圆度较差，使轴承外环被挤压变形；<br>3）轴承室与轴承同轴度较差。常见的原因有：<br>① 零部件加工造成的同轴度较差；<br>② 用冷压法装配轴承时用力不均匀，使轴承偏斜，造成的同轴度较差 |

## 六十一、常见轴承损坏现象有哪些？各是什么原因造成的（汇总）？

对损坏的轴承，可通过观察其损坏的现象来分析造成损坏的原因，从而有针对性地进行改进，避免故障的重复发生。常见轴承损坏现象及其原因见表11-6。

表 11-6　常见轴承损坏现象及其原因

| 轴承损坏现象 | 图例 | 原因分析和处理建议 |
| --- | --- | --- |
| （1）高硬度颗粒所造成的磨痕 | | 轨道面与滚子布满凹痕，保持架上有颗粒物，轨道面磨损，润滑剂变色。可能的原因：通常都是因装配过程不洁所致。安装轴承时必须保持清洁，使用新的润滑脂，检查密封是否完好 |
| （2）润滑不当造成的磨损 | | 表面磨损呈镜面状，经过运转后色泽呈蓝色或棕色。可能的原因：由于润滑不足所造成，并易使温度迅速升高。改善润滑状况，检查润滑周期与油封 |
| （3）振动所造成的损伤 | | 在滚动体上为椭圆形印痕，在滚珠轴承上为圆形印痕。在印痕底部呈闪亮或生锈状。这表示轴承在静止时受到振动。可装置吸振基础，可能的话，尽量采用滚珠轴承代替滚柱轴承，另外，搬运机器时，以预压方式固紧轴承 |
| （4）安装不当与超负荷所造成的凹痕 | | 内外环都有凹痕，且凹痕的间距等于滚子之间的距离。其原因可能为安装时未敲击在正确的环上，或者在圆锥轴上推进太多或在静止状态超负荷。请确实遵守规定的安装方法，或更换一个额定静负荷较高的轴承 |
| （5）异物所造成的凹痕 | | 轨道与滚子布满凹痕。异物可能是在安装时带入的，来自于润滑剂或周围的环境。安装轴承时必须保持清洁，使用干净的润滑脂，并检查密封是否完好 |
| （6）滚子末端与引导凹缘的擦伤 | | 在滚子末端与引导凹缘上，有刻痕与局部变色。可能的原因：由于过重的负荷下，滑动或润滑不足所致。此类损坏可选择适当的润滑剂，亦即黏度较高者，加以避免 |
| （7）滚子与滚道的擦伤 | | 在滚道受力区的开端与滚子上，有刻划的痕迹与局部变色。可能的原因：由于滚子在进入受力区时突然的加速所造成的。有两个可行的办法：一是更换较合适的润滑剂，亦即黏度较高者；二是减小轴承的间隙 |
| （8）轨道面有呈滚子间距的擦伤 | | 轴向的伤痕呈与滚子间距一样的分布。可能的原因：若为圆柱滚子轴承，可能是环与滚子安装歪斜；若为球面滚子轴承，可能是安装时敲打在不正确的环上或超负荷。充分润滑表面；安装时要注意旋转。安装圆柱滚子轴承可采用引导套筒 |
| （9）止推轴承的擦伤 | | 滚道上面有斜条的擦伤。可能的原因：由于与负荷不成比例的过高转速所致。这类损坏可以用增加预压力的方式加以避免。例如加装弹簧。安装时，请确认轴向预压力达到最小值 |

（续）

| 轴承损坏现象 | 图例 | 原因分析和处理建议 |
| --- | --- | --- |
| （10）外表面的擦伤 | | 内环内孔与外环表面有刻痕与局部变色。可能的原因：由于轴承外环与轴承室有相对转动所致。此类损坏只有加紧环与轴或轴承室的配合才能阻止它们的相对转动。轴向制动或夹紧并无法解决此问题 |
| （11）表面受挫 | | 小而浅的坑痕，并且呈现结晶状的破坏形态。可能的原因：由于润滑不当所致。例如失油或由于温度过高所造成的黏度改变，致使油膜无法将接触面分开，表面会有瞬间的接触，宜改善润滑 |
| （12）腐蚀或深层锈蚀 | | 灰黑色的条纹横越滚道，大部分都呈现与滚子间距一样的分布。可能的原因：由于轴承内部的水汽或侵蚀性物质所造成的损坏的最后阶段，表面会呈现凹坑。检查油封是否有效，或使用防锈性较佳的润滑剂 |
| （13）微动腐蚀 | | 在轴承环与轴承室之间有相对运动才发生的现象。而在轴承内孔与外表面会有锈痕，在轴承滚道面上的相关位置亦可能出现受力痕迹。可能的原因：由于太松的配合或状态不佳的轴承座所致，轴承座需加以改善 |
| （14）电流通过所造成的损坏 | | 在滚道或滚子表面有暗棕色或灰黑色的直条痕或麻点。可能的原因：当电流流过轴承时，轴承零件的表面会发生熔接现象，引导电流使其不流过轴承，或有绝缘措施阻止电流流通，使用绝缘轴承可解决此问题 |
| （15）预压所造成的剥落 | | 轨道之受力痕迹非常明显。此预压可能是来自过渡的干涉配合或圆锥座上推进太多。在调整单列斜角接触轴承或圆锥滚子轴承时，都有可能发生过度预压。剥落的位置通常都会在负荷最重的区域。改变配合或选择间隙较大的轴承，按规程安装 |
| （16）椭圆压缩造成的剥落 | | 在两环中的一个环上，径向对角两端的位置，有明显的受压痕迹，并且有表皮脱落。通常都必须重新制造轴承箱，但有一个变通的办法，对轴承座喷焊再重新修磨。而若轴承箱被安装在一个不平整的基础上，轴承箱的圆度将被破坏 |
| （17）轴向负荷造成的剥落 | | 受力痕迹明显。环的一侧或双列轴承的某一滚道表皮剥落。可能的原因：不正确的安装所造成的轴向负荷，预压过度，非固定轴承被卡住，或轴向位移预留量不足 |
| （18）歪斜造成的剥落 | | 若为深沟球轴承，受力痕迹出现在轨道斜对角相对的两端。可能的原因：由于歪斜所致。若为圆柱滚子轴承，剥落现象从轨道的边缘开始发展，这是由于不当的安装所致 |

（续）

| 轴承损坏现象 | 图例 | 原因分析和处理建议 |
|---|---|---|
| （19）印痕所造成的剥落 | | 轨道表皮剥落，并有与滚子间距相对应的印痕。这是由于不当安装所造成的并导致轴承在静止状态超负荷。至于与剥落并存的细微印痕，则可能是由在安装时所带入的异物或混合在润滑剂中的异物造成的 |
| （20）擦伤所造成的剥落 | | 擦伤或演变成剥落。此剥落区靠近受力区滚子开始被加速的地方。改用含抗磨损添加剂的润滑剂。若为轴向的擦伤痕迹，则是不当的安装所造成的 |
| （21）微动腐蚀所造成的剥落 | | 环的轨道表皮剥落，相对于剥落区的外表面则有腐蚀现象。此微动腐蚀是由于太松的配合或形状不正确的轴承座所造成的 |
| （22）直条痕与坑洞所造成的剥落 | | 闪亮或遭腐蚀的直条痕与坑洞，是由于静止状态发生的振动所致，或是黑色或呈现烧焦状的痕迹，则是电流所造成的。应设置吸振装置或引开电流通过 |
| （23）粗暴的敲打所造成的裂痕 | | 此裂痕或崩裂的缺口，通常只发生在一旁，是由于过力敲打造成的 |
| （24）过度的推进所造成的裂痕 | | 裂痕通过全断面。可能的原因：在圆锥座上推进太多或圆柱座上的干涉配合太大所造成的 |
| （25）擦伤造成的裂痕 | | 裂痕与轴承环上的擦伤痕迹并存，甚至可能横跨整个环宽。可能的原因：由于擦伤发展到最后的状态。使用增加了防磨损添加剂的润滑剂可以防止此现象 |
| （26）微动腐蚀所造成的裂痕 | | 若是微动腐蚀所造成的裂痕，内环裂痕为横断向，在外环则为圆周方向。可能的原因：由于太松的配合或形状不正确的轴承座所造成的 |
| （27）保持架磨损 | | 滚动体转动速度过高、润滑脂失效等原因，造成过度磨损。可能的原因：保持架材质耐磨度偏低，更换符合运行要求的轴承 |
| （28）保持架磨损并破裂 | | 可能的原因：机械振动大、滚动体或保持架卡死、转动速度过高、润滑脂失效、材质耐磨度偏低等，造成过度磨损，更换符合运行要求的轴承 |

# 附　　录

## 附录A　深沟球轴承的径向游隙（GB/T 4604.1—2012）

| 内径范围/mm | 游隙组别（代号） | | | | |
|---|---|---|---|---|---|
| | 2组（C2） | 0组 | 3组（C3） | 4组（C4） | 5组（C5） |
| | 游隙范围/μm | | | | |
| >6 ~ 10 | 0 ~ 7 | 2 ~ 13 | 8 ~ 23 | 14 ~ 29 | 20 ~ 37 |
| >10 ~ 18 | 0 ~ 9 | 3 ~ 18 | 11 ~ 25 | 18 ~ 33 | 25 ~ 45 |
| >18 ~ 24 | 0 ~ 10 | 5 ~ 20 | 13 ~ 28 | 20 ~ 36 | 28 ~ 48 |
| >24 ~ 30 | 1 ~ 11 | 5 ~ 20 | 13 ~ 23 | 23 ~ 41 | 30 ~ 53 |
| >30 ~ 40 | 1 ~ 11 | 6 ~ 20 | 15 ~ 33 | 28 ~ 46 | 40 ~ 64 |
| >40 ~ 50 | 1 ~ 11 | 6 ~ 23 | 18 ~ 36 | 30 ~ 51 | 45 ~ 73 |
| >50 ~ 65 | 1 ~ 15 | 8 ~ 28 | 23 ~ 43 | 38 ~ 61 | 55 ~ 90 |
| >65 ~ 80 | 1 ~ 15 | 10 ~ 30 | 25 ~ 51 | 46 ~ 71 | 65 ~ 105 |
| >80 ~ 100 | 1 ~ 18 | 12 ~ 36 | 30 ~ 58 | 53 ~ 84 | 75 ~ 120 |
| >100 ~ 120 | 2 ~ 20 | 15 ~ 41 | 36 ~ 66 | 61 ~ 97 | 90 ~ 140 |
| >120 ~ 140 | 2 ~ 23 | 18 ~ 48 | 41 ~ 81 | 71 ~ 114 | 105 ~ 160 |
| >140 ~ 160 | 2 ~ 23 | 18 ~ 53 | 46 ~ 91 | 81 ~ 130 | 120 ~ 180 |
| >160 ~ 180 | 2 ~ 25 | 20 ~ 61 | 53 ~ 102 | 91 ~ 147 | 135 ~ 200 |
| >180 ~ 200 | 2 ~ 30 | 25 ~ 71 | 63 ~ 117 | 107 ~ 163 | 150 ~ 230 |
| >200 ~ 225 | 2 ~ 35 | 25 ~ 85 | 75 ~ 140 | 125 ~ 195 | 175 ~ 265 |
| >225 ~ 250 | 2 ~ 40 | 30 ~ 95 | 85 ~ 160 | 145 ~ 225 | 205 ~ 300 |
| >250 ~ 280 | 2 ~ 45 | 35 ~ 105 | 90 ~ 170 | 155 ~ 245 | 225 ~ 340 |

附录B 圆柱滚子轴承的径向游隙（GB/T 4604.1—2012）

| 内径范围/mm | 游隙组别（代号） | | | | |
|---|---|---|---|---|---|
| | 2组（C2） | 0组 | 3组（C3） | 4组（C4） | 5组（C5） |
| | 游隙范围/μm | | | | |
| 10 | 0~25 | 20~45 | 35~60 | 50~75 | — |
| >10~24 | 0~25 | 20~45 | 35~60 | 50~75 | 65~90 |
| >24~30 | 0~25 | 20~45 | 35~60 | 50~75 | 70~95 |
| >30~40 | 5~30 | 25~50 | 45~70 | 60~85 | 80~105 |
| >40~50 | 5~35 | 30~60 | 50~80 | 70~100 | 95~125 |
| >50~65 | 10~40 | 40~70 | 60~90 | 80~110 | 110~140 |
| >65~80 | 10~45 | 40~75 | 65~100 | 90~125 | 130~165 |
| >80~100 | 15~50 | 50~85 | 75~110 | 105~140 | 155~190 |
| >100~120 | 15~55 | 50~90 | 85~125 | 125~165 | 180~220 |
| >120~140 | 15~60 | 60~105 | 100~145 | 145~190 | 200~245 |
| >140~160 | 20~70 | 70~120 | 115~165 | 165~215 | 225~275 |
| >160~180 | 25~75 | 75~125 | 120~170 | 170~220 | 250~300 |
| >180~200 | 35~90 | 90~145 | 140~195 | 195~250 | 275~330 |
| >200~225 | 45~105 | 105~165 | 160~220 | 220~280 | 305~365 |
| >225~250 | 45~110 | 110~175 | 170~235 | 235~300 | 330~395 |
| >250~280 | 55~125 | 125~195 | 190~260 | 260~330 | 370~440 |

附录C 开启式深沟球轴承（60000型）的极限转速值

| 规格/mm | | 极限转速/(r/min) | 规格/mm | | 极限转速/(r/min) |
|---|---|---|---|---|---|
| 内径 | 外径 | | 内径 | 外径 | |
| 10 | 19，22，26，30，35 | 26000~18000 | 60 | 78，85，95，110，130，150 | 6700~4500 |
| 12 | 21，24，28，32，37 | 22000~17000 | 65 | 90，100，120，160 | 6000~4300 |
| 15 | 24，28，32，35，42 | 20000~16000 | 70 | 90，110，125，150，180 | 6000~3800 |
| 17 | 26，30，35，40，47，62 | 19000~11000 | 75 | 95，105，115，130，160，190 | 5600~3600 |
| 20 | 32，37，42，47，52，72 | 17000~9500 | 80 | 100，110，125，140，170，200 | 5300~3400 |
| 25 | 37，42，47，52，62，80 | 15000~8500 | 85 | 110，120，130，150，180，210 | 4800~3200 |
| 30 | 42，47，55，62，72，90 | 12000~8000 | 90 | 125，140，160，190，225 | 4500~2800 |
| 35 | 47，55，62，72，80，100 | 10000~6700 | 95 | 120，145，170，200 | 4300~3200 |
| 40 | 52，62，68，80，90，110 | 9500~6300 | 100 | 140，150，180，215，250 | 4000~2400 |
| 45 | 58，75，85，100，120 | 8500~5600 | 105 | 130，160，190，225 | 3800~2600 |
| 50 | 65，72，80，90，110，130 | 8000~5300 | 110 | 150，170，200，240，280 | 3600~2000 |
| 55 | 72，90，100，120，140 | 7500~4800 | 120 | 150，165，180，215，260 | 3400~2200 |

**附录 D　带防尘盖的深沟球轴承（60000 – Z 型和 60000 – 2Z 型）的极限转速值**

| 规格/mm | | 极限转速 /(r/min) | 规格/mm | | 极限转速 /(r/min) |
|---|---|---|---|---|---|
| 内径 | 外径 | | 内径 | 外径 | |
| 20 | 42，47，52 | 15000～13000 | 55 | 90，100，120 | 6300～5300 |
| 25 | 47，52，62 | 13000～10000 | 60 | 95，110，130 | 6000～5000 |
| 30 | 55，62，72 | 10000～8000 | 65 | 100，120，140 | 5600～4500 |
| 35 | 62，72，80 | 9000～8000 | 70 | 110，125，150 | 5300～4300 |
| 40 | 68，80，90 | 8500～7000 | 75 | 115，130，160 | 5000～4000 |
| 45 | 75，85，100 | 8000～6300 | 80 | 125，140 | 4800～4300 |
| 50 | 80，90，110 | 7000～6000 | 85 | 130，150 | 4500～4000 |

**附录 E　带密封圈的深沟球轴承（60000 – RS 型、2RS 型、RZ 型、2RZ 型）的极限转速值**

| 规格/mm | | 极限转速 /(r/min) | 规格/mm | | 极限转速 /(r/min) |
|---|---|---|---|---|---|
| 内径 | 外径 | | 内径 | 外径 | |
| 20 | 42，47，52 | 9500～8500 | 55 | 90，100，120 | 4500～3800 |
| 25 | 47，52，62 | 8500～7000 | 60 | 95，110，130 | 4300～3600 |
| 30 | 55，62，72 | 7500～6300 | 65 | 100，120，140 | 4000～3200 |
| 35 | 62，72，80 | 6300～5600 | 70 | 110，125，150 | 3800～3000 |
| 40 | 68，80，90 | 6000～5000 | 75 | 115，130，160 | 3600～2800 |
| 45 | 75，85，100 | 5600～4500 | 80 | 125，140，170 | 3400～2600 |
| 50 | 80，90，110 | 5000～4300 | 85 | 130，150，180 | 3200～2400 |

**附录 F　内圈或外圈无挡边的圆柱滚子轴承（NU0000 型、NJ0000 型、NUP0000 型、N0000 型和 NF0000 型）的极限转速值**

| 规格/mm | | 极限转速 /(r/min) | 规格/mm | | 极限转速 /(r/min) |
|---|---|---|---|---|---|
| 内径 | 外径 | | 内径 | 外径 | |
| 50 | 80，90，110，130 | 6300～4800 | 95 | 170，200，240 | 3200～2200 |
| 55 | 90，100，120，140 | 5600～4300 | 100 | 150，180，215，250 | 3400～2000 |
| 60 | 95，110，130，150 | 5300～4000 | 105 | 160，190，225 | 3200～2200 |
| 65 | 120，140，160 | 4500～3800 | 110 | 170，200，240，280 | 3000～1800 |
| 70 | 110，125，150，180 | 4800～3400 | 120 | 180，215，260，310 | 2600～1700 |
| 75 | 130，160，190 | 4000～3200 | 130 | 200，230，280，340 | 2400～1500 |
| 80 | 125，140，170，200 | 4300～3000 | 140 | 210，250，300，360 | 2000～1400 |
| 85 | 150，180，210 | 3600～2800 | 150 | 225，270，320，380 | 1900～1300 |
| 90 | 140，160，190，225 | 3800～2400 | 160 | 240，290，340 | 1800～1400 |

附录 G  单列圆锥滚子轴承（30000 型）的极限转速值

| 规格/mm | | 极限转速/(r/min) | 规格/mm | | 极限转速/(r/min) |
|---|---|---|---|---|---|
| 内径 | 外径 | | 内径 | 外径 | |
| 50 | 72, 80, 90, 110 | 5000～3800 | 90 | 125, 140, 160, 190 | 3200～1900 |
| 55 | 90, 100, 120 | 4000～3400 | 95 | 145, 170, 200 | 2400～1800 |
| 60 | 85, 95, 110, 130 | 4000～3200 | 100 | 150, 180, 215 | 2200～1600 |
| 65 | 100, 120, 140 | 3600～2800 | 105 | 160, 190, 225 | 2000～1500 |
| 70 | 100, 110, 125, 150 | 3600～2600 | 110 | 150, 170, 200, 240 | 2000～1400 |
| 75 | 115, 130, 160 | 3200～2400 | 120 | 180, 215, 260 | 1700～1300 |
| 80 | 125, 140, 170 | 3000～2200 | 130 | 180, 200, 230, 280 | 1700～1100 |
| 85 | 120, 130, 150, 180 | 3400～2000 | 140 | 190, 210, 250, 300 | 1600～1000 |

附录 H  单向推力球轴承（510000 型）的极限转速值

| 规格/mm | | 极限转速/(r/min) | 规格/mm | | 极限转速/(r/min) |
|---|---|---|---|---|---|
| 内径 | 外径 | | 内径 | 外径 | |
| 50 | 70, 78, 95, 110 | 3000～1300 | 90 | 120, 135, 155, 190 | 1700～670 |
| 55 | 78, 90, 105, 120 | 2800～1100 | 100 | 135, 150, 170, 210 | 1600～600 |
| 60 | 85, 95, 110, 130 | 2600～1000 | 110 | 145, 160, 190, 230 | 1500～530 |
| 65 | 90, 100, 115, 140 | 2400～900 | 120 | 155, 170, 210 | 1400～670 |
| 70 | 95, 105, 125, 150 | 2200～850 | 130 | 170, 190, 225, 270 | 1300～430 |
| 75 | 100, 110, 135, 160 | 2000～800 | 140 | 180, 200, 240, 280 | 1200～400 |
| 80 | 105, 115, 140, 170 | 1900～750 | 150 | 190, 215, 250, 300 | 1100～380 |
| 85 | 110, 125, 150, 180 | 1800～700 | 160 | 200, 225, 270 | 1000～500 |

附录 I  单向推力圆柱滚子轴承（80000 型）的极限转速值

| 规格/mm | | 极限转速/(r/min) | 规格/mm | | 极限转速/(r/min) |
|---|---|---|---|---|---|
| 内径 | 外径 | | 内径 | 外径 | |
| 40 | 60, 68 | 2400, 1700 | 85 | 110, 125 | 1300, 900 |
| 50 | 78 | 2400 | 90 | 120 | 1200 |
| 55 | 78, 90 | 1900, 1400 | 100 | 150 | 800 |
| 65 | 90, 100 | 1700, 1200 | 120 | 155 | 950 |
| 75 | 110 | 1000 | 130 | 190 | 670 |

### 附录 J　单列角接触轴承（70000C 型、70000AC 型、70000B 型）的极限转速值

| 规格/mm | | 极限转速<br>/(r/min) | 规格/mm | | 极限转速<br>/(r/min) |
|---|---|---|---|---|---|
| 内径 | 外径 | | 内径 | 外径 | |
| 50 | 80，90，110，130 | 6700～5000 | 90 | 140，160，190，215 | 4000～2600 |
| 55 | 90，100，120 | 6000～5000 | 95 | 145，170，200 | 3800～3000 |
| 60 | 95，110，130，150 | 5600～4300 | 100 | 150，180，215 | 3800～2600 |
| 65 | 100，120，140 | 5300～4300 | 105 | 160，190，225 | 3700～2400 |
| 70 | 110，125，150，180 | 5000～3600 | 110 | 170，200，240 | 3600～2200 |
| 75 | 115，130，160 | 4800～3800 | 120 | 180，215，260 | 2800～2000 |
| 80 | 125，140，170，200 | 4500～3200 | 130 | 200，230 | 2600～2200 |
| 85 | 130，150，180 | 4300～3400 | 140 | 210，250，300 | 2200～1700 |

### 附录 K　ISO 公差等级尺寸规则

| 标准尺寸/mm | 不同公差等级（IT）下的尺寸/μm | | | | | | | | | | | | |
|---|---|---|---|---|---|---|---|---|---|---|---|---|---|
| | IT0 | IT1 | IT2 | IT3 | IT4 | IT5 | IT6 | IT7 | IT8 | IT9 | IT10 | IT11 | IT12 |
| 1～3 | 0.5 | 0.8 | 1.2 | 2 | 3 | 4 | 6 | 10 | 14 | 25 | 40 | 60 | 100 |
| >3～6 | 0.6 | 1 | 1.5 | 2.5 | 4 | 5 | 8 | 12 | 18 | 30 | 48 | 75 | 120 |
| >6～10 | 0.6 | 1 | 1.5 | 2.5 | 4 | 6 | 9 | 15 | 22 | 36 | 58 | 90 | 150 |
| >10～18 | 0.8 | 1.2 | 2 | 3 | 5 | 8 | 11 | 18 | 27 | 43 | 70 | 110 | 180 |
| >18～30 | 1 | 1.5 | 2.5 | 4 | 6 | 9 | 13 | 21 | 33 | 52 | 84 | 130 | 210 |
| >30～50 | 1 | 1.5 | 2.5 | 4 | 7 | 11 | 16 | 25 | 39 | 62 | 100 | 160 | 250 |
| >50～80 | 1.2 | 2 | 3 | 5 | 8 | 13 | 19 | 30 | 46 | 74 | 120 | 190 | 300 |
| >80～120 | 1.5 | 2.5 | 4 | 6 | 10 | 15 | 22 | 35 | 54 | 87 | 140 | 220 | 350 |
| >120～180 | 2 | 3.5 | 7 | 8 | 12 | 18 | 25 | 40 | 63 | 100 | 160 | 250 | 400 |
| >180～250 | 3 | 4.5 | 7 | 10 | 14 | 20 | 29 | 46 | 72 | 115 | 185 | 290 | 460 |
| >250～315 | 4 | 6 | 8 | 12 | 16 | 23 | 32 | 52 | 81 | 130 | 210 | 320 | 520 |
| >315～400 | 5 | 7 | 9 | 13 | 18 | 25 | 36 | 57 | 89 | 140 | 230 | 360 | 570 |
| >400～500 | 6 | 8 | 10 | 15 | 20 | 27 | 40 | 63 | 97 | 155 | 250 | 400 | 630 |
| >500～630 | — | — | — | — | — | 28 | 44 | 70 | 110 | 175 | 280 | 440 | 700 |
| >630～800 | — | — | — | — | — | 35 | 50 | 80 | 125 | 200 | 320 | 500 | 800 |
| >800～1000 | — | — | — | — | — | 56 | 56 | 90 | 140 | 230 | 360 | 560 | 900 |

## 附录 L 深沟球轴承新老标准型号对比及基本尺寸表

| 基本尺寸/mm | | | 新型号 | 老型号 | 基本尺寸/mm | | | 新型号 | 老型号 |
|---|---|---|---|---|---|---|---|---|---|
| 内径 | 外径 | 宽度 | | | 内径 | 外径 | 宽度 | | |
| 20 | 47 | 14 | 6204 | 204 | 75 | 115 | 20 | 6015 | 115 |
| | 52 | 15 | 6304 | 304 | | 130 | 25 | 6215 | 215 |
| | 72 | 19 | 6404 | 404 | | 160 | 37 | 6315 | 315 |
| 25 | 52 | 15 | 6205 | 205 | | 190 | 45 | 6415 | 415 |
| | 62 | 17 | 6305 | 305 | 80 | 125 | 22 | 6016 | 116 |
| | 80 | 21 | 6405 | 405 | | 140 | 26 | 6216 | 216 |
| 30 | 62 | 16 | 6206 | 206 | | 170 | 39 | 6316 | 316 |
| | 72 | 19 | 6306 | 306 | | 200 | 48 | 6416 | 416 |
| | 90 | 23 | 6406 | 406 | 85 | 130 | 22 | 6017 | 117 |
| 35 | 72 | 17 | 6207 | 207 | | 150 | 28 | 6217 | 217 |
| | 80 | 21 | 6307 | 307 | | 180 | 41 | 6317 | 317 |
| | 100 | 25 | 6407 | 407 | | 210 | 52 | 6417 | 417 |
| 40 | 80 | 18 | 6208 | 208 | 90 | 140 | 24 | 6018 | 118 |
| | 90 | 23 | 6308 | 308 | | 160 | 30 | 6218 | 218 |
| | 110 | 27 | 6408 | 408 | | 190 | 43 | 6318 | 318 |
| 45 | 85 | 19 | 6209 | 209 | | 225 | 54 | 6418 | 418 |
| | 100 | 25 | 6309 | 309 | 95 | 145 | 24 | 6019 | 119 |
| | 120 | 29 | 6409 | 409 | | 170 | 38 | 6219 | 219 |
| 50 | 80 | 16 | 6010 | 110 | | 200 | 25 | 6319 | 319 |
| | 90 | 20 | 6210 | 210 | 100 | 150 | 24 | 6020 | 120 |
| | 110 | 27 | 6310 | 310 | | 180 | 34 | 6220 | 220 |
| | 130 | 31 | 6410 | 410 | | 215 | 47 | 6320 | 320 |
| 55 | 90 | 18 | 6011 | 111 | | 250 | 58 | 6420 | 420 |
| | 100 | 21 | 6211 | 211 | 105 | 160 | 26 | 6021 | 121 |
| | 120 | 29 | 6311 | 311 | | 190 | 36 | 6221 | 221 |
| | 140 | 33 | 6411 | 411 | | 225 | 49 | 6321 | 321 |
| 60 | 95 | 18 | 6012 | 112 | 110 | 170 | 28 | 6022 | 122 |
| | 110 | 22 | 6212 | 212 | | 200 | 38 | 6222 | 222 |
| | 130 | 31 | 6312 | 312 | | 240 | 50 | 6322 | 322 |
| | 150 | 35 | 6412 | 412 | 120 | 180 | 28 | 6024 | 124 |
| 65 | 100 | 18 | 6013 | 113 | | 215 | 40 | 6224 | 224 |
| | 120 | 23 | 6213 | 213 | | 260 | 55 | 6324 | 324 |
| | 120 | 33 | 6313 | 313 | 130 | 200 | 33 | 6026 | 126 |
| | 160 | 37 | 6413 | 413 | | 230 | 40 | 6226 | 226 |
| 70 | 110 | 20 | 6014 | 114 | | 280 | 58 | 6326 | 326 |
| | 125 | 24 | 6214 | 214 | 140 | 210 | 33 | 6028 | 128 |
| | 150 | 35 | 6314 | 314 | | 250 | 42 | 6228 | 228 |
| | 180 | 42 | 6414 | 414 | | 300 | 62 | 6328 | 328 |

## 附录 M 带防尘盖的深沟球轴承新老标准型号及基本尺寸对比表

| 基本尺寸/mm | | | 新型号 | | 老型号 | |
| --- | --- | --- | --- | --- | --- | --- |
| 内径 | 外径 | 宽度 | 单封闭 60000-Z型 | 双封闭 60000-2Z型 | 单封闭 | 双封闭 |
| 10 | 26 | 8 | 6000Z | 6000-2Z | 60100 | 80100 |
| | 30 | 9 | 6200Z | 6200-2Z | 60200 | 80200 |
| | 35 | 11 | 6300Z | 6300-2Z | 60300 | 80300 |
| 12 | 28 | 8 | 6001Z | 6001-2Z | 60101 | 80101 |
| | 32 | 10 | 6201Z | 6201-2Z | 60201 | 80201 |
| | 37 | 12 | 6301Z | 6301-2Z | 60301 | 80301 |
| 15 | 32 | 9 | 6002Z | 6002-2Z | 60102 | 80102 |
| | 35 | 11 | 6202Z | 6202-2Z | 60202 | 80202 |
| | 42 | 13 | 6302Z | 6302-2Z | 60302 | 80302 |
| 17 | 35 | 10 | 6003Z | 6003-2Z | 60103 | 80103 |
| | 40 | 12 | 6203Z | 6203-2Z | 60203 | 80203 |
| | 47 | 14 | 6303Z | 6303-2Z | 60303 | 80303 |
| 20 | 42 | 12 | 6004Z | 6004-2Z | 60104 | 80104 |
| | 47 | 14 | 6204Z | 6204-2Z | 60204 | 80204 |
| | 52 | 15 | 6304Z | 6304-2Z | 60304 | 80304 |
| 25 | 47 | 12 | 6005Z | 6005-2Z | 60105 | 80105 |
| | 52 | 15 | 6205Z | 6205-2Z | 60205 | 80205 |
| | 62 | 17 | 6305Z | 6305-2Z | 60305 | 80305 |
| 30 | 55 | 13 | 6006Z | 6006-2Z | 60106 | 80106 |
| | 62 | 16 | 6206Z | 6206-2Z | 60206 | 80206 |
| | 72 | 19 | 6306Z | 6306-2Z | 60306 | 80306 |
| 35 | 62 | 14 | 6007Z | 6007-2Z | 60107 | 80107 |
| | 72 | 17 | 6207Z | 6207-2Z | 60207 | 80207 |
| | 80 | 21 | 6307Z | 6307-2Z | 60307 | 80307 |

（续）

| 基本尺寸/mm | | | 新型号 | | 老型号 | |
|---|---|---|---|---|---|---|
| 内径 | 外径 | 宽度 | 单封闭<br>60000 - Z 型 | 双封闭<br>60000 - 2Z 型 | 单封闭 | 双封闭 |
| 40 | 68 | 15 | 6008Z | 6008 - 2Z | 60108 | 80108 |
| | 80 | 18 | 6208Z | 6208 - 2Z | 60208 | 80208 |
| | 90 | 23 | 6308Z | 6308 - 2Z | 60308 | 80308 |
| 45 | 75 | 16 | 6009Z | 6009 - 2Z | 60109 | 80109 |
| | 85 | 19 | 6209Z | 6209 - 2Z | 60209 | 80209 |
| | 100 | 25 | 6309Z | 6309 - 2Z | 60309 | 80309 |
| 50 | 80 | 16 | 6010Z | 6010 - 2Z | 60110 | 80110 |
| | 90 | 20 | 6210Z | 6210 - 2Z | 60210 | 80210 |
| | 110 | 27 | 6310Z | 6310 - 2Z | 60310 | 80310 |
| 55 | 90 | 18 | 6011Z | 6011 - 2Z | 60111 | 80111 |
| | 100 | 21 | 6211Z | 6211 - 2Z | 60211 | 80211 |
| | 120 | 29 | 6311Z | 6311 - 2Z | 60311 | 80311 |
| 60 | 95 | 18 | 6012Z | 6012 - 2Z | 60112 | 80112 |
| | 110 | 22 | 6212Z | 6212 - 2Z | 60212 | 80212 |
| | 130 | 31 | 6312Z | 6312 - 2Z | 60312 | 80312 |

### 附录 N　带骨架密封圈的深沟球轴承新老标准型号及基本尺寸对比表

| 基本尺寸/mm | | | 新型号 | | 老型号 | |
|---|---|---|---|---|---|---|
| 内径 | 外径 | 宽度 | 单封闭<br>60000 - RS 型 | 双封闭<br>60000 - 2RS 型 | 单封闭 | 双封闭 |
| 10 | 26 | 8 | 6000RS | 6000 - 2RS | 160100 | 180100 |
| | 30 | 9 | 6200RS | 6200 - 2RS | 160200 | 180200 |
| | 35 | 11 | 6300RS | 6300 - 2RS | 160300 | 180300 |
| 12 | 28 | 8 | 6001RS | 6001 - 2RS | 160101 | 180101 |
| | 32 | 10 | 6201RS | 6201 - 2RS | 160201 | 180201 |
| | 37 | 12 | 6301RS | 6301 - 2RS | 160301 | 180301 |
| 15 | 32 | 9 | 6002RS | 6002 - 2RS | 160102 | 180102 |
| | 35 | 11 | 6202RS | 6202 - 2RS | 160202 | 180202 |
| | 42 | 13 | 6302RS | 6302 - 2RS | 160302 | 180302 |
| 17 | 35 | 10 | 6003RS | 6003 - 2RS | 160103 | 180103 |
| | 40 | 12 | 6203RS | 6203 - 2RS | 160203 | 180203 |
| | 47 | 14 | 6303RS | 6303 - 2RS | 160303 | 180303 |

（续）

| 基本尺寸/mm | | | 新型号 | | 老型号 | |
|---|---|---|---|---|---|---|
| 内径 | 外径 | 宽度 | 单封闭 60000 - RS 型 | 双封闭 60000 - 2RS 型 | 单封闭 | 双封闭 |
| 20 | 42 | 12 | 6004RS | 6004 - 2RS | 160104 | 180104 |
| | 47 | 14 | 6204RS | 6204 - 2RS | 160204 | 180204 |
| | 52 | 15 | 6304RS | 6304 - 2RS | 160304 | 180304 |
| 25 | 47 | 12 | 6005RS | 6005 - 2RS | 160105 | 180105 |
| | 52 | 15 | 6205RS | 6205 - 2RS | 160205 | 180205 |
| | 62 | 17 | 6305RS | 6305 - 2RS | 160305 | 180305 |
| 30 | 55 | 13 | 6006RS | 6006 - 2RS | 160106 | 180106 |
| | 62 | 16 | 6206RS | 6206 - 2RS | 160206 | 180206 |
| | 72 | 19 | 6306RS | 6306 - 2RS | 160306 | 180306 |
| 35 | 62 | 14 | 6007RS | 6007 - 2RS | 160107 | 180107 |
| | 72 | 17 | 6207RS | 6207 - 2RS | 160207 | 180207 |
| | 80 | 21 | 6307RS | 6307 - 2RS | 160307 | 180307 |
| 40 | 68 | 15 | 6008RS | 6008 - 2RS | 160108 | 180108 |
| | 80 | 18 | 6208RS | 6208 - 2RS | 160208 | 180208 |
| | 90 | 23 | 6308RS | 6308 - 2RS | 160308 | 180308 |
| 45 | 75 | 16 | 6009RS | 6009 - 2RS | 160109 | 180109 |
| | 85 | 19 | 6209RS | 6209 - 2RS | 160209 | 180209 |
| | 100 | 25 | 6309RS | 6309 - 2RS | 160309 | 180309 |
| 50 | 80 | 16 | 6010RS | 6010 - 2RS | 160110 | 180110 |
| | 90 | 20 | 6210RS | 6210 - 2RS | 160210 | 180210 |
| | 110 | 27 | 6310RS | 6310 - 2RS | 160310 | 180310 |
| 55 | 90 | 18 | 6011RS | 6011 - 2RS | 160111 | 180111 |
| | 100 | 21 | 6211RS | 6211 - 2RS | 160211 | 180211 |
| | 120 | 29 | 6311RS | 6311 - 2RS | 160311 | 180311 |
| 60 | 95 | 18 | 6012RS | 6012 - 2RS | 160121 | 180121 |
| | 110 | 22 | 6212RS | 6212 - 2RS | 160212 | 180212 |
| | 130 | 31 | 6312RS | 6312 - 2RS | 160312 | 180312 |

### 附录O　内圈无挡边的圆柱滚子轴承新老标准型号及基本尺寸对比表

| 内径 | 外径 | 宽度 | 内圈外径 | 新型号 NU0000 | 老型号 32000 | 内径 | 外径 | 宽度 | 内圈外径 | 新型号 NU0000 | 老型号 32000 |
|---|---|---|---|---|---|---|---|---|---|---|---|
| 20 | 47 | 14 | 27 | NU204 | 32204 | | 85 | 19 | 55 | NU209 | 32209 |
| | 47 | 14 | 26.5 | NU204E | 32204E | | 85 | 19 | 54.5 | NU209E | 32209E |
| | 47 | 18 | 26.5 | NU2204E | 32504E | | 85 | 23 | 55 | NU2209 | 32509 |
| | 52 | 15 | 28.5 | NU304 | 32304 | | 85 | 23 | 54.5 | NU2209E | 32509E |
| | 52 | 15 | 27.5 | NU304E | 32304E | 45 | 100 | 25 | 58.5 | NU309 | 32309 |
| 25 | 52 | 15 | 32 | NU205 | 32205 | | 100 | 25 | 58.5 | NU309E | 32309E |
| | 52 | 15 | 31.5 | NU205E | 32205E | | 100 | 36 | 58.5 | NU2309 | 32609 |
| | 52 | 18 | 32 | NU2205 | 32505 | | 100 | 36 | 58.5 | NU2309E | 32609E |
| | 52 | 18 | 31.5 | NU2205E | 32505E | | 120 | 29 | 64.5 | NU409 | 32409 |
| | 62 | 17 | 35 | NU305 | 32305 | | 80 | 16 | 57.5 | NU1010 | 32110 |
| | 62 | 17 | 34 | NU305E | 32305E | | 90 | 20 | 60.4 | NU210 | 32210 |
| | 62 | 24 | 33.6 | NU2305 | 32605 | | 90 | 20 | 59.5 | NU210E | 32210E |
| | 62 | 24 | 34 | NU2305E | 32605E | | 90 | 23 | 60.4 | NU2210 | 32510 |
| 30 | 62 | 16 | 38.5 | NU206 | 32206 | 50 | 90 | 23 | 59.5 | NU2210E | 32510E |
| | 62 | 16 | 37.5 | NU206E | 32206E | | 110 | 27 | 65 | NU310 | 32310 |
| | 62 | 20 | 38.5 | NU2206 | 32506 | | 110 | 27 | 65 | NU310E | 32310E |
| | 62 | 20 | 37.5 | NU2206E | 32506E | | 110 | 40 | 65 | NU2310 | 32610 |
| | 72 | 19 | 42 | NU306 | 32306 | | 110 | 40 | 65 | NU2310E | 32610E |
| | 72 | 19 | 40.5 | NU306E | 32306E | | 130 | 31 | 65 | NU410 | 32410 |
| | 72 | 27 | 42 | NU2306 | 32606 | | 90 | 18 | 64.5 | NU1011 | 32111 |
| | 72 | 27 | 40.5 | NU2306E | 32606E | | 100 | 21 | 66.5 | NU211 | 32211 |
| | 90 | 23 | 45 | NU406 | 32406 | | 100 | 21 | 66.0 | NU211E | 32211E |
| 35 | 72 | 17 | 43.8 | NU207 | 32207 | | 100 | 25 | 66.5 | NU2211 | 32511 |
| | 72 | 17 | 44 | NU207E | 32207E | 55 | 100 | 25 | 66.0 | NU2211E | 32511E |
| | 72 | 23 | 43.8 | NU2207 | 32507 | | 120 | 29 | 70.5 | NU311 | 32311 |
| | 72 | 23 | 44 | NU2207E | 32507E | | 120 | 29 | 70.5 | NU311E | 32311E |
| | 80 | 21 | 46.2 | NU307 | 32307 | | 120 | 43 | 70.5 | NU2311 | 32611 |
| | 80 | 21 | 46.2 | NU307E | 32307E | | 120 | 43 | 70.5 | NU2311E | 32611E |
| | 80 | 31 | 46.2 | NU2307 | 32607 | | 140 | 33 | 77.2 | NU411 | 32411 |
| | 80 | 31 | 46.2 | NU2307E | 32607E | | 95 | 18 | 69.5 | NU1012 | 32112 |
| | 100 | 25 | 53 | NU407 | 32407 | | 110 | 22 | 73 | NU212 | 32212 |
| 40 | 80 | 18 | 50 | NU208 | 32208 | | 110 | 22 | 72 | NU212E | 32212E |
| | 80 | 18 | 49.5 | NU208E | 32208E | | 110 | 28 | 73 | NU2212 | 32512 |
| | 80 | 23 | 50 | NU2208 | 32508 | | 110 | 28 | 72 | NU2212E | 32512E |
| | 80 | 23 | 49.5 | NU2208E | 32508E | 60 | 130 | 31 | 77 | NU312 | 32312 |
| | 90 | 23 | 53.2 | NU308 | 32308 | | 130 | 31 | 77 | NU312E | 32312E |
| | 90 | 23 | 52 | NU308E | 32308E | | 130 | 46 | 77 | NU2312 | 32612 |
| | 90 | 33 | 53.5 | NU2308 | 32608 | | 130 | 46 | 77 | NU2312E | 32612E |
| | 90 | 33 | 52 | NU2308E | 32608E | | 150 | 35 | 83 | NU412 | 32412 |
| | 110 | 27 | 58 | NU408 | 32408 | | | | | | |

### 附录 P　外圈无挡边的圆柱滚子轴承新老标准型号及基本尺寸对比表

| 基本尺寸/mm | | | 新型号 | | 老型号 | |
|---|---|---|---|---|---|---|
| 内径 | 外径 | 宽度 | N0000 型 | NF0000 型 | 2000 型 | 12000 型 |
| 20 | 42 | 12 | N1004 | — | 2104 | — |
| | 47 | 14 | N204 | NF204 | 2204 | 12204 |
| | 47 | 14 | N204E | — | 2204E | — |
| | 52 | 15 | N304 | NF304 | 2304 | 12304 |
| | 52 | 15 | N304E | — | 2304E | — |
| 25 | 47 | 12 | N1005 | — | 2105 | — |
| | 52 | 15 | N205 | NF205 | 2205 | 12205 |
| | 52 | 15 | N205E | — | 2205E | — |
| | 52 | 18 | N2205 | NF2205 | 2505 | 12505 |
| | 62 | 17 | N305 | NF305 | 2305 | 12305 |
| | 62 | 17 | N305E | — | 2305E | — |
| | 62 | 24 | N2305 | NF2305 | 2605 | 12605 |
| 30 | 62 | 16 | N206 | NF206 | 2206 | 12206 |
| | 62 | 16 | N206E | — | 2206E | — |
| | 62 | 20 | N2206 | — | 2506 | — |
| | 72 | 19 | N306 | NF306 | 2306 | 12306 |
| | 72 | 19 | N306E | — | 2306E | — |
| | 72 | 27 | N2306 | NF2306 | 2606 | 12606 |
| | 90 | 23 | N406 | — | 2406 | — |
| 35 | 72 | 17 | N207 | NF207 | 2207 | 12207 |
| | 72 | 17 | N207E | — | 2207E | — |
| | 72 | 23 | N2207 | — | 2507 | — |
| | 80 | 21 | N307 | NF307 | 2307 | 12307 |
| | 80 | 21 | N307E | — | 2307E | — |
| | 80 | 31 | N2307 | NF2307 | 2607 | 12607 |
| | 100 | 25 | N407 | — | 2407 | — |
| 40 | 68 | 15 | N1008 | — | 2108 | — |
| | 80 | 18 | N208 | NF208 | 2208 | 12208 |
| | 80 | 18 | N208E | — | 2208E | — |
| | 80 | 23 | N2208 | NF2208 | 2508 | 12508 |
| | 90 | 23 | N308 | NF308 | 2308 | 12308 |
| | 90 | 23 | N308E | — | 2308E | — |
| | 90 | 23 | N2308 | NF2308 | 2608 | 12608 |
| | 110 | 27 | N408 | — | 2408 | — |

（续）

| 基本尺寸/mm | | | 新型号 | | 老型号 | |
|---|---|---|---|---|---|---|
| 内径 | 外径 | 宽度 | N0000 型 | NF0000 型 | 2000 型 | 12000 型 |
| 45 | 85 | 19 | N209 | NF209 | 2209 | 12209 |
| | 85 | 19 | N209E | — | 2209E | — |
| | 85 | 23 | N2209 | — | 2509 | — |
| | 100 | 25 | N309 | NF309 | 2309 | 12309 |
| | 100 | 25 | N309E | NF309E | 2309E | 12309E |
| | 100 | 36 | N2309 | NF2309 | 2609 | 12609 |
| | 120 | 29 | N409 | — | 2409 | — |
| 50 | 80 | 16 | N1010 | — | 2110 | — |
| | 90 | 20 | N210 | NF210 | 2210 | 12210 |
| | 90 | 20 | N210E | — | 2210E | — |
| | 90 | 23 | N2210 | — | 2510 | — |
| | 110 | 27 | N310 | NF310 | 2310 | 12310 |
| | 110 | 27 | N310E | NF310E | 2310E | 12310E |
| | 110 | 40 | N2310 | NF2310 | 2610 | 12610 |
| | 130 | 31 | N410 | NF410 | 2410 | 12410 |
| 55 | 90 | 18 | N1011 | — | 2111 | — |
| | 100 | 21 | N211 | NF211 | 2211 | 12211 |
| | 100 | 21 | N211E | — | 2211E | — |
| | 100 | 25 | N2211 | NF2211 | 2511 | 12511 |
| | 120 | 29 | N311 | NF311 | 2311 | 12311 |
| | 120 | 29 | N311E | NF311E | 2311E | 12311E |
| | 120 | 43 | N2311 | NF2311 | 2611 | 12611 |
| | 140 | 33 | N411 | — | 2411 | — |
| 60 | 95 | 18 | N1012 | — | 2112 | — |
| | 110 | 22 | N212 | NF212 | 2212 | 12212 |
| | 110 | 22 | N212E | — | 2212E | — |
| | 110 | 28 | N2212 | — | 2512 | — |
| | 130 | 31 | N312 | NF312 | 2312 | 12312 |
| | 130 | 31 | N312E | NF312E | 2312E | 12312E |
| | 130 | 46 | N2312 | NF2312 | 2612 | 12612 |
| | 150 | 35 | N412 | — | 2412 | — |

（续）

| 基本尺寸/mm | | | 新型号 | | 老型号 | |
|---|---|---|---|---|---|---|
| 内径 | 外径 | 宽度 | N0000 型 | NF0000 型 | 2000 型 | 12000 型 |
| | 120 | 23 | N213 | NF213 | 2213 | 12213 |
| | 120 | 23 | N213E | — | 2213E | — |
| | 120 | 31 | N2213 | — | 2513 | — |
| 65 | 140 | 33 | N313 | NF313 | 2313 | 12313 |
| | 140 | 33 | N313E | NF313E | 2313E | 12313E |
| | 140 | 48 | N2312 | NF2313 | 2613 | 12613 |
| | 160 | 37 | N413 | — | 2413 | — |
| | 110 | 20 | N1014 | — | 2114 | |
| | 125 | 24 | N214 | NF214 | 2214 | 12214 |
| | 125 | 24 | N214E | — | 2214E | — |
| 70 | 125 | 31 | N2214 | — | 2514 | |
| | 150 | 35 | N314 | NF314 | 2314 | 12314 |
| | 150 | 35 | N314E | NF314E | 2314E | 12314E |
| | 150 | 51 | N2314 | NF2314 | 2614 | 12614 |
| | 180 | 42 | N414 | — | 2414 | — |
| | 130 | 25 | N215 | NF215 | 2215 | 12215 |
| | 130 | 25 | N215E | — | 2215E | |
| | 130 | 31 | N2215 | NF2215 | 2515 | 12515 |
| 75 | 160 | 37 | N315 | NF315 | 2315 | 12315 |
| | 160 | 37 | N315E | NF315E | 2315E | 12315E |
| | 160 | 55 | N2315 | NF2315 | 2615 | 12615 |
| | 190 | 45 | N415 | — | 2415 | — |
| | 125 | 22 | N1016 | — | 2116 | |
| | 140 | 26 | N216 | NF216 | 2216 | 12216 |
| | 140 | 26 | N216E | — | 2216E | — |
| | 140 | 33 | N2216 | — | 2516 | |
| 80 | 170 | 39 | N316 | NF316 | 2316 | 12316 |
| | 170 | 39 | N316E | NF316E | 2316E | 12316E |
| | 170 | 58 | N2316 | NF2316 | 2616 | 12616 |
| | 200 | 48 | N416 | NF416 | 2416 | 12416 |

（续）

| 基本尺寸/mm | | | 新型号 | | 老型号 | |
|---|---|---|---|---|---|---|
| 内径 | 外径 | 宽度 | N0000 型 | NF0000 型 | 2000 型 | 12000 型 |
| 85 | 150 | 28 | N217 | NF217 | 2217 | 12217 |
| | 150 | 28 | N217E | — | 2217E | — |
| | 150 | 36 | N2217 | — | 2517 | — |
| | 180 | 41 | N317 | NF317 | 2317 | 12317 |
| | 180 | 41 | N317E | NF317E | 2317E | 12317E |
| | 180 | 60 | N2317 | NF2317 | 2617 | 12617 |
| | 210 | 52 | N417 | — | 2417 | |
| 90 | 140 | 24 | N1018 | — | 2118 | — |
| | 160 | 30 | N218 | NF218 | 2218 | 12218 |
| | 160 | 30 | N218E | — | 2218E | — |
| | 160 | 40 | N2218 | — | 2518 | — |
| | 190 | 43 | N318 | NF318 | 2318 | 12318 |
| | 190 | 43 | N318E | NF318E | 2318E | 12318E |
| | 190 | 64 | N2318 | NF2318 | 2618 | 12618 |
| | 225 | 54 | N418 | NF418 | 2418 | 12418 |
| 95 | 170 | 32 | N219 | NF219 | 2219 | 12219 |
| | 170 | 32 | N219E | — | 2219E | — |
| | 170 | 43 | N2219 | — | 2519 | — |
| | 200 | 45 | N319 | NF319 | 2319 | 12319 |
| | 200 | 45 | N319E | NF319E | 2319E | 12319E |
| | 200 | 67 | N2319 | NF2319 | 2619 | 12619 |
| | 240 | 55 | N419 | — | 2419 | — |
| 100 | 150 | 24 | N1020 | — | 2120 | — |
| | 180 | 34 | N220 | NF220 | 2220 | 12220 |
| | 180 | 34 | N220E | — | 2220E | — |
| | 180 | 46 | N2220 | — | 2520 | — |
| | 215 | 47 | N320 | NF320 | 2320 | 12320 |
| | 215 | 47 | N320E | NF320E | 2320E | 12320E |
| | 215 | 73 | N2320 | NF2320 | 2620 | 12620 |
| | 250 | 58 | N420 | NF420 | 2420 | 12420 |
| 105 | 160 | 26 | N1021 | — | 2121 | — |
| | 190 | 36 | N221 | NF221 | 2221 | 12221 |
| | 225 | 49 | — | NF321 | 2321 | 12321 |

（续）

| 基本尺寸/mm | | | 新型号 | | 老型号 | |
|---|---|---|---|---|---|---|
| 内径 | 外径 | 宽度 | N0000 型 | NF0000 型 | 2000 型 | 12000 型 |
| 110 | 170 | 28 | N1022 | — | 2122 | — |
| | 200 | 38 | N222 | NF222 | 2222 | 12222 |
| | 200 | 38 | N222E | — | 2222E | — |
| | 200 | 53 | N2222 | NF2222 | 2522 | 12522 |
| | 240 | 50 | N322 | NF322 | 2322 | 12322 |
| | 240 | 80 | N2322 | NF2322 | 2622 | 12622 |
| | 280 | 65 | N422 | — | 2422 | — |
| 120 | 180 | 28 | N1024 | — | 2124 | — |
| | 215 | 40 | N224 | NF224 | 2224 | 12224 |
| | 215 | 40 | N224E | — | 2224E | — |
| | 215 | 58 | N2224 | NF2224 | 2524 | 12524 |
| | 260 | 55 | N324 | NF324 | 2324 | 12324 |
| | 260 | 86 | N2324 | NF2324 | 2624 | 12624 |
| | 310 | 72 | N424 | — | 2424 | — |
| 130 | 200 | 33 | N1026 | — | 2126 | — |
| | 230 | 40 | N226 | NF226 | 2226 | 12226 |
| | 230 | 64 | N2226 | NF2226 | 2526 | 12526 |
| | 280 | 58 | N326 | NF326 | 2326 | 12326 |
| | 280 | 93 | N2326 | NF2326 | 2626 | 12626 |
| | 340 | 78 | N426 | — | 2426 | — |
| 140 | 210 | 33 | N1028 | — | 2128 | — |
| | 250 | 42 | N228 | NF228 | 2228 | 12228 |
| | 250 | 68 | N2228 | — | 2528 | — |
| | 300 | 62 | N328 | NF328 | 2328 | 12328 |
| | 300 | 102 | N2328 | NF2328 | 2628 | 12628 |
| | 360 | 82 | N428 | — | 2428 | — |
| 150 | 225 | 35 | N1030 | — | 2130 | — |
| | 270 | 45 | N230 | NF230 | 2230 | 12230 |
| | 320 | 65 | N330 | NF330 | 2330 | 12330 |
| | 320 | 108 | N2330 | NF2330 | 2630 | 12630 |
| | 380 | 85 | N430 | — | 2430 | — |
| 160 | 240 | 38 | N1032 | — | 2132 | — |
| | 290 | 48 | N232 | NF232 | 2232 | 12232 |
| | 290 | 80 | N2232 | — | 2532 | — |
| | 340 | 68 | N332 | NF332 | 2332 | 12332 |
| 170 | 260 | 42 | N1034 | — | 2134 | — |
| | 310 | 52 | N234 | NF234 | 2234 | 12234 |
| | 360 | 72 | N334 | — | 2334 | — |
| | 360 | 120 | N2334 | NF2334 | 2634 | 12634 |

## 附录 Q 单向推力球轴承新老标准型号及基本尺寸对比表

| 基本尺寸/mm | | | 新型号 510000 | 老型号 8000 | 基本尺寸/mm | | | 新型号 510000 | 老型号 8000 |
|---|---|---|---|---|---|---|---|---|---|
| 内径 | 外径 | 高度 | | | 内径 | 外径 | 高度 | | |
| 30 | 47 | 11 | 51106 | 8106 | 80 | 105 | 19 | 51116 | 8116 |
| | 52 | 16 | 51206 | 8206 | | 115 | 28 | 51216 | 8216 |
| | 60 | 21 | 51306 | 8306 | | 140 | 44 | 51316 | 8316 |
| | 70 | 28 | 51406 | 8406 | | 170 | 68 | 51416 | 8416 |
| 35 | 52 | 12 | 51107 | 8107 | 85 | 110 | 19 | 51117 | 8117 |
| | 62 | 18 | 51207 | 8207 | | 125 | 31 | 51217 | 8217 |
| | 68 | 24 | 51307 | 8307 | | 150 | 49 | 51317 | 8317 |
| | 80 | 32 | 51407 | 8407 | | 180 | 72 | 51417 | 8417 |
| 40 | 60 | 13 | 51108 | 8108 | 90 | 120 | 22 | 51118 | 8118 |
| | 68 | 19 | 51208 | 8208 | | 135 | 35 | 51218 | 8218 |
| | 78 | 26 | 51308 | 8308 | | 155 | 50 | 51318 | 8318 |
| | 90 | 36 | 51408 | 8408 | | 190 | 77 | 51418 | 8418 |
| 45 | 65 | 14 | 51109 | 8109 | 100 | 135 | 25 | 51120 | 8120 |
| | 73 | 20 | 51209 | 8209 | | 150 | 38 | 51220 | 8220 |
| | 85 | 28 | 51309 | 8309 | | 170 | 55 | 51320 | 8320 |
| | 100 | 39 | 51409 | 8409 | | 210 | 85 | 51420 | 8420 |
| 50 | 70 | 14 | 51110 | 8110 | 110 | 145 | 25 | 51122 | 8122 |
| | 78 | 22 | 51210 | 8210 | | 160 | 38 | 51222 | 8222 |
| | 95 | 31 | 51310 | 8310 | | 190 | 63 | 51322 | 8322 |
| | 110 | 43 | 51410 | 8410 | | 230 | 95 | 51422 | 8422 |
| 55 | 78 | 16 | 51111 | 8111 | 120 | 155 | 25 | 51242 | 8242 |
| | 90 | 25 | 51211 | 8211 | | 170 | 39 | 51324 | 8324 |
| | 105 | 35 | 51311 | 8311 | | 210 | 70 | 51424 | 8424 |
| | 120 | 48 | 51411 | 8411 | 130 | 170 | 30 | 51126 | 8126 |
| 60 | 85 | 17 | 51112 | 8112 | | 190 | 45 | 51226 | 8226 |
| | 95 | 26 | 51212 | 8212 | | 225 | 75 | 51326 | 8326 |
| | 110 | 35 | 51312 | 8312 | | 270 | 110 | 51426 | 8426 |
| | 130 | 51 | 51412 | 8412 | 140 | 180 | 31 | 51128 | 8128 |
| 65 | 90 | 18 | 51113 | 8113 | | 200 | 46 | 51228 | 8228 |
| | 100 | 27 | 51213 | 8213 | | 240 | 80 | 51328 | 8328 |
| | 115 | 36 | 51313 | 8313 | | 280 | 112 | 51428 | 8428 |
| | 140 | 56 | 51413 | 8413 | 150 | 190 | 31 | 51130 | 8130 |
| 70 | 95 | 18 | 51114 | 8114 | | 215 | 50 | 51230 | 8230 |
| | 105 | 27 | 51214 | 8214 | | 250 | 80 | 51330 | 8330 |
| | 125 | 40 | 51314 | 8314 | | 300 | 120 | 51430 | 8430 |
| | 150 | 60 | 51414 | 8414 | 160 | 200 | 31 | 51132 | 8132 |
| 75 | 100 | 19 | 51115 | 8115 | | 225 | 51 | 51232 | 8232 |
| | 110 | 27 | 51215 | 8215 | | 270 | 87 | 51332 | 8332 |
| | 135 | 44 | 51315 | 8315 | 170 | 215 | 34 | 51134 | 8134 |
| | 160 | 65 | 51415 | 8415 | | 240 | 55 | 51234 | 8234 |

### 附录 R　推力圆柱滚子轴承新老标准型号及基本尺寸对比表

| 基本尺寸/mm | | | 新型号 | 老型号 | 基本尺寸/mm | | | 新型号 | 老型号 |
|---|---|---|---|---|---|---|---|---|---|
| 内径 | 外径 | 高度 | 80000 | 9000 | 内径 | 外径 | 高度 | 80000 | 9000 |
| 10 | 24 | 9 | 81100 | 9100 | 50 | 70 | 14 | 81110 | 9110 |
| 12 | 26 | 9 | 81101 | 9101 | 55 | 78 | 16 | 81111 | 9111 |
| 15 | 28 | 9 | 81102 | 9102 | 60 | 85 | 17 | 81112 | 9112 |
| 17 | 30 | 9 | 81103 | 9103 | 65 | 90 | 18 | 81113 | 9113 |
| 20 | 35 | 10 | 81104 | 9104 | 70 | 95 | 18 | 81114 | 9114 |
| 25 | 42 | 11 | 81105 | 9105 | 75 | 100 | 19 | 81115 | 9115 |
| 30 | 47 | 11 | 81106 | 9106 | 80 | 105 | 19 | 81116 | 9116 |
| 35 | 52 | 12 | 81107 | 9107 | 85 | 110 | 19 | 81117 | 9117 |
| 40 | 60 | 13 | 81108 | 9108 | 90 | 120 | 22 | 81118 | 9118 |
| 45 | 65 | 14 | 81109 | 9109 | 100 | 135 | 25 | 81120 | 9120 |

### 附录 S　我国和国外主要轴承生产厂电机常用滚动轴承型号对比表（内径≥10mm）

| 轴承名称 | | 型　　号 | | | | |
|---|---|---|---|---|---|---|
| | | 中国 | | 日本 NSK | 日本 NTN | 瑞典 SKF |
| | | 新 | 旧 | | | |
| 向心深沟球轴承 | 开启式 | 61800 | 1000800 | 6800 | 6800 | 61800 |
| | | 6200 | 200 | 6200 | 6200 | 6200 |
| | 一面带防尘盖 | 61800 - Z | 106008 | 6800Z | 6800Z | — |
| | 两面带防尘盖 | 61800 - 2Z | 1080800 | 6800ZZ | 6800ZZ | — |
| | | 6200 - 2Z | 80200 | 6200ZZ | 6200ZZ | 6200 - 2Z |
| | 一面带密封圈 | 61800 - RS | 1160800 | 6800D | 6800LU | 61800 - RS1 |
| | | 6200 - RS | 160200 | 6200DU | 6200LU | 6200 - RS1 |
| | | 61800 - RZ | 1160800K | 6800V | 6800LB | 61800 - RZ |
| | | 6200 - RZ | 160200K | 6200V | 6200LB | 6200 - RZ |
| | 两面带密封圈 | 61800 - 2RS | 1180800 | 6800DD | 6800LLU | 61800 - 2RS1 |
| | | 6200 - 2RS | 180200 | 6200DDU | 6200LLU | 6200 - 2RS1 |
| | | 61800 - 2RZ | 1180800K | 6800VV | 6800LLB | 61800 - 2RZ |
| | | 6200 - 2RZ | 180200K | 6200VV | 6200LB | 6200 - 2RZ |
| 内圈无挡边圆柱滚子轴承 | | NU1000 | 32100 | NU1000 | NU1000 | NU1000 |
| | | NU200 | 32200 | NU200 | NU200 | — |
| | | NU200E | 32200E | NU200ET | NU200E | NU200EC |
| 推力球轴承 | | 51100 | 8100 | 51100 | 51100 | 51100 |
| 推力圆柱滚子轴承 | | 81100 | 9100 | — | 81100 | 81100 |

注：NSK 为日本精工公司（Nippon Seiko K. K. Japan）；NTN 为日本东洋轴承公司（the Tokyo Bearing Mfg Co. Ltd., Japan）；SKF 为瑞典斯凯孚集团。

### 附录 T 径向轴承（圆锥滚子轴承除外）内环尺寸公差表

| 内径范围 d/mm | 公差范围/μm | | | | | | | | | | |
|---|---|---|---|---|---|---|---|---|---|---|---|
| | 0 级（普通级） | | | | P6 级 | | | | P5 级 | | |
| | 内径 | 圆度 | | | 内径 | 圆度 | | | 内径 | 圆度 | |
| | | 直径系列 | | | | 直径系列 | | | | 直径系列 | |
| | | 8, 9 | 0, 1 | 2, 3, 4 | | 8, 9 | 0, 1 | 2, 3, 4 | | 8, 9 | 0~4 |
| >2.5~10 | 0~ -8 | 10 | 8 | 6 | 0~ -7 | 9 | 7 | 5 | 0~ -5 | 5 | 4 |
| >10~18 | 0~ -8 | 10 | 8 | 6 | 0~ -7 | 9 | 7 | 5 | 0~ -5 | 5 | 4 |
| >18~30 | 0~ -10 | 13 | 10 | 8 | 0~ -8 | 10 | 8 | 6 | 0~ -6 | 6 | 5 |
| >30~50 | 0~ -12 | 15 | 12 | 9 | 0~ -10 | 13 | 10 | 8 | 0~ -8 | 8 | 6 |
| >50~80 | 0~ -15 | 19 | 19 | 11 | 0~ -12 | 15 | 15 | 9 | 0~ -9 | 9 | 7 |
| >80~120 | 0~ -20 | 25 | 25 | 15 | 0~ -15 | 19 | 19 | 11 | 0~ -10 | 10 | 8 |
| >120~180 | 0~ -25 | 31 | 31 | 19 | 0~ -18 | 23 | 23 | 14 | 0~ -13 | 13 | 10 |
| >180~250 | 0~ -30 | 38 | 38 | 23 | 0~ -22 | 28 | 28 | 17 | 0~ -15 | 15 | 12 |
| >250~315 | 0~ -35 | 44 | 44 | 26 | 0~ -25 | 31 | 31 | 19 | 0~ -18 | 18 | 14 |
| >315~400 | 0~ -40 | 50 | 50 | 30 | 0~ -30 | 38 | 38 | 23 | 0~ -23 | 23 | 18 |
| >400~500 | 0~ -45 | 56 | 56 | 34 | 0~ -35 | 44 | 44 | 26 | 0~ -27 | 27 | 21 |

### 附录 U 径向轴承（圆锥滚子轴承除外）外环尺寸公差表

| 外径范围 d/mm | 公差范围/μm | | | | | | | | | | |
|---|---|---|---|---|---|---|---|---|---|---|---|
| | 0 级（普通级） | | | | P6 级 | | | | P5 级 | | |
| | 外径 | 圆度 | | | 外径 | 圆度 | | | 外径 | 圆度 | |
| | | 直径系列 | | | | 直径系列 | | | | 直径系列 | |
| | | 8, 9 | 0, 1 | 2, 3, 4 | | 8, 9 | 0, 1 | 2, 3, 4 | | 8, 9 | 0~4 |
| >6~18 | 0~ -8 | 10 | 8 | 6 | 0~ -7 | 9 | 7 | 5 | 0~ -5 | 5 | 4 |
| >18~30 | 0~ -9 | 12 | 9 | 7 | 0~ -8 | 10 | 8 | 6 | 0~ -6 | 6 | 5 |
| >30~50 | 0~ -11 | 14 | 11 | 8 | 0~ -9 | 11 | 9 | 7 | 0~ -7 | 7 | 5 |
| >50~80 | 0~ -13 | 16 | 13 | 10 | 0~ -11 | 14 | 11 | 9 | 0~ -9 | 9 | 7 |
| >80~120 | 0~ -15 | 19 | 19 | 11 | 0~ -13 | 16 | 16 | 10 | 0~ -10 | 10 | 8 |
| >120~150 | 0~ -18 | 23 | 23 | 14 | 0~ -15 | 19 | 19 | 11 | 0~ -11 | 11 | 8 |
| >150~180 | 0~ -25 | 31 | 31 | 19 | 0~ -18 | 23 | 23 | 14 | 0~ -13 | 13 | 10 |
| >180~250 | 0~ -30 | 38 | 38 | 23 | 0~ -20 | 25 | 25 | 15 | 0~ -15 | 15 | 11 |
| >250~315 | 0~ -35 | 44 | 44 | 26 | 0~ -25 | 31 | 31 | 19 | 0~ -18 | 18 | 14 |
| >315~400 | 0~ -40 | 50 | 50 | 30 | 0~ -28 | 35 | 35 | 21 | 0~ -20 | 20 | 15 |
| >400~500 | 0~ -45 | 56 | 56 | 34 | 0~ -33 | 41 | 41 | 25 | 0~ -23 | 23 | 17 |

### 附录 V　径向轴承（圆锥滚子轴承除外）内外圈厚度尺寸公差表

| 内径范围 d/mm | 公差范围/μm | 内径范围 d/mm | 公差范围/μm |
|---|---|---|---|
| >2.5~10 | 0~-120 (-40)[①] | >120~180 | 0~-250 |
| >10~18 | 0~-120 (-80)[①] | >180~250 | 0~-300 |
| >18~30 | 0~-120 | >250~315 | 0~-350 |
| >30~50 | 0~-120 | >315~400 | 0~-400 |
| >50~80 | 0~-150 | >400~500 | 0~-450 |
| >80~120 | 0~-200 | | |

① 括号内的数字为 P5 级。

### 附录 W　Y（IP44）系列三相异步电动机现用和曾用轴承牌号

| 机座号 | 轴承牌号 | | | |
|---|---|---|---|---|
| | 主轴伸端 | | 非主轴伸端 | |
| | 2 极 | 4、6、8、10 极 | 2 极 | 4、6、8、10 极 |
| 80 | 6204-2RZ/Z2（180204K-Z2） | | | |
| 90 | 6205-2R/Z2（180205K-Z2） | | | |
| 100 | 6206-2R/Z2（180206K-Z2） | | | |
| 112 | 6206-2R/Z2（180306K-Z2） | | | |
| 132 | 6208-2R/Z2（180308K-Z2） | | | |
| 160 | 6209/Z2（309-Z2） | | | |
| 180 | 6311/Z2（311-Z2） | | | |
| 200 | 6312/Z2（312-Z2） | | | |
| 225 | 6313/Z2（313-Z2） | | | |
| 250 | 6314/Z2（314-Z2） | | | |
| 280 | 6314/Z2（314-Z2） | 6317/Z2（317-Z2） | 6314/Z2（314-Z2） | 6317/Z2（317-Z2） |
| 315 | 6316/Z2（316-Z2） | NU319（2319） | 6316/Z2（316-Z2） | 6319/Z2（319-Z2） |
| 355 | 6317/Z2（317-Z2） | NU322（2322） | 6317/Z2（316-Z2） | 6322/Z2（322-Z2） |

注：括号内的为以前曾用过的轴承行业标准 ZBJ11027—1989 中规定的轴承牌号。

### 附录 X　Y2（IP54）系列三相异步电动机现用和曾用轴承牌号

| 机座号 | 轴承牌号 | | | |
|---|---|---|---|---|
| | 主轴伸端 | | 非主轴伸端 | |
| | 2 极 | 4、6、8、10 极 | 2 极 | 4、6、8、10 极 |
| 80~100 | 同 Y（IP44）系列 | | | |
| 112 | 6206-2Z（180206K-Z2） | | | |
| 132 | 6208-2Z（180208K-Z2） | | | |
| 160 | 6209-2Z（180209K-Z2） | 6309-2Z（180309K-Z2） | 6209-2Z（180209K-Z2） | |

(续)

| 机座号 | 轴　承　牌　号 | | | |
|---|---|---|---|---|
| | 主轴伸端 | | 非主轴伸端 | |
| | 2 极 | 4、6、8、10 极 | 2 极 | 4、6、8、10 极 |
| 180 | 6211 (211 - ZV2) | 6311 - 2Z (311 - ZV2) | 6211 (211 - ZV2) | |
| 200 | 6212 (212 - ZV2) | 6212 (312 - ZV2) | 6212 (212 - ZV2) | |
| 225 | 6312 (312 - ZV2) | 6313 (313 - ZV2) | 6312 (312 - ZV2) | |
| 250 | 6313 (313 - ZV2) | 6314 (314 - ZV2) | 6313 (313 - ZV2) | |
| 280 | 6314 (314 - ZV2) | 6317 (316 - ZV2) | 6314 (314 - ZV2) | |
| 315 | 6317 (317 - ZV2) | NU319 (2319 - ZV2) | 6317 (317 - ZV2) | 6319 (319 - ZV2) |
| 355 | 6319 (319 - ZV2) | NU322 (2322 - ZV2) | 6319 (319 - ZV2) | 6322 (322 - ZV2) |

注：同附录 W。

## 附录 Y　滚动轴承国家标准

| 序号 | 编　号 | 名　称 |
|---|---|---|
| 1 | GB/T 271—2017 | 滚动轴承　分类 |
| 2 | GB/T 272—2017 | 滚动轴承　代号方法 |
| 3 | GB/T 273.1—2011 | 滚动轴承　外形尺寸总方案　第 1 部分：圆锥滚子轴承 |
| 4 | GB/T 273.2—2018 | 滚动轴承　外形尺寸总方案　第 2 部分：推力轴承 |
| 5 | GB/T 273.3—2015 | 滚动轴承　外形尺寸总方案　第 3 部分：向心轴承 |
| 6 | GB/T 274—2000 | 滚动轴承　倒角尺寸最大值 |
| 7 | GB/T 275—2015 | 滚动轴承　配合 |
| 8 | GB/T 276—2013 | 滚动轴承　深沟球轴承　外形尺寸 |
| 9 | GB/T 281—2013 | 滚动轴承　调心球轴承　外形尺寸 |
| 10 | GB/T 283—2007 | 滚动轴承　圆柱滚子轴承　外形尺寸 |
| 11 | GB/T 285—2013 | 滚动轴承　双列圆柱滚子轴承　外形尺寸 |
| 12 | GB/T 288—2013 | 滚动轴承　调心滚子轴承　外形尺寸 |
| 13 | GB/T 290—2017 | 滚动轴承　无内圈冲压外圈滚针轴承　外形尺寸 |
| 14 | GB/T 292—2007 | 滚动轴承　角接触球轴承　外形尺寸 |
| 15 | GB/T 294—2015 | 滚动轴承　三点和四点接触球轴承　外形尺寸 |
| 16 | GB/T 296—2015 | 滚动轴承　双列角接触球轴承　外形尺寸 |
| 17 | GB/T 297—2015 | 滚动轴承　圆锥滚子轴承　外形尺寸 |
| 18 | GB/T 299—2008 | 滚动轴承　双列圆锥滚子轴承　外形尺寸 |
| 19 | GB/T 300—2008 | 滚动轴承　四列圆锥滚子轴承　外形尺寸 |
| 20 | GB/T 301—2015 | 滚动轴承　推力球轴承　外形尺寸 |
| 21 | GB/T 305—2019 | 滚动轴承　向心轴承止动槽和止动环尺寸、产品几何技术规范（GPS）和公差值 |

（续）

| 序号 | 编　号 | 名　称 |
|----|-------|------|
| 22 | GB/T 307.1—2017 | 滚动轴承　向心轴承　产品几何技术规范（GPS）和公差值 |
| 23 | GB/T 307.2—2005 | 滚动轴承　测量和检验的原则及方法 |
| 24 | GB/T 307.3—2017 | 滚动轴承　通用技术规则 |
| 25 | GB/T 307.4—2017 | 滚动轴承　推力轴承　产品几何技术规范（GPS）和公差值 |
| 26 | GB/T 4199—2003 | 滚动轴承　公差　定义 |
| 27 | GB/T 4604.1—2012 | 滚动轴承　游隙　第1部分：向心轴承的径向游隙 |
| 28 | GB/T 4662—2012 | 滚动轴承　额定静载荷 |
| 29 | GB/T 4663—2017 | 滚动轴承　推力圆柱滚子轴承　外形尺寸 |
| 30 | GB/T 5859—2008 | 滚动轴承　推力调心滚子轴承　外形尺寸 |
| 31 | GB/T 5868—2003 | 滚动轴承　安装尺寸 |
| 32 | GB/T 6391—2010 | 滚动轴承　额定动载荷和额定寿命 |

# 参 考 文 献

［1］才家刚，李兴林，王勇，等．滚动轴承使用常识［M］.2 版．北京：机械工业出版社，2015.

［2］刘泽九．滚动轴承应用手册［M］.3 版．北京：机械工业出版社，2014.

［3］王勇．SKF 大型混合陶瓷深沟球轴承——风力发电机的可靠解决方案［J］.电机控制与应用，2008（12）：54 – 57.

［4］王勇．风力发电机中的轴承过电流问题［J］.电机控制与应用，2008（9）：15 – 19.

［5］王勇．工业电机中的滚动轴承噪声［J］.电机控制与应用，2008（6）：38 – 41.

［6］王勇．工业电机中的滚动轴承失效分析［J］.电机控制与应用，2009（9）：38 – 43.

［7］王勇．滚动轴承寿命计算［J］.电机控制与应用，2009（7）：14 – 18.

［8］王勇．工业电机滚动轴承润滑方案设计［J］.电机控制与应用，2009（12）：52 – 56.

［9］王勇．工业电机滚动轴承的安装与使用［J］.电机控制与应用，2010（1）：56 – 60.

［10］才家刚．电机故障诊断及修理［M］.北京：机械工业出版社，2016.

［11］才家刚．电机选、用、修现代技术问答［M］.北京：机械工业出版社，2012.

［12］才家刚．零起步看图学电机使用与维护［M］.北京：化学工业出版社，2010.

［13］才家刚．零起步看图学三相异步电动机维修［M］.北京：化学工业出版社，2010.